高等学校计算机科学与技术教材

离散数学及其应用

栾尚敏　文小艳　谭立云　编著

清华大学出版社
北京交通大学出版社
·北京·

内 容 简 介

离散数学在信息技术领域有着广泛的应用，是计算机类相关专业必备的基础知识，也是计算机类及其他信息类相关专业的一门重要基础课程。离散数学研究的对象是离散数量关系和离散结构的数学模型，包含集合理论、数理逻辑、图论、代数系统和计算理论。这些概念、理论以及方法广泛地应用在数字电路、编译原理、数据结构、操作系统、数据库系统、算法的分析与设计、人工智能、计算机网络、密码学等专业课程中。该课程所提供的训练有助于提高学生概括抽象能力、逻辑思维能力、归纳构造能力，有益于学生严谨、完整、规范的科学态度的培养，实践环节的内容对提高学生的编程技能也有很大帮助。

本书可作为信息技术领域相关专业本科生"离散数学"及相关课程的教材，也可作为想了解离散数学及其应用人员的参考书。

图书在版编目（CIP）数据

离散数学及其应用/栾尚敏，文小艳，谭立云编著．—北京：北京交通大学出版社：清华大学出版社，2021.11（2025.3 重印）

ISBN 978-7-5121-4572-6

Ⅰ．①离…　Ⅱ．①栾…　②文…　③谭…　Ⅲ．①离散数学-教材　Ⅳ．①O158

中国版本图书馆 CIP 数据核字（2021）第 190442 号

离散数学及其应用
LISAN SHUXUE JI QI YINGYONG

责任编辑：谭文芳
出版发行：清 华 大 学 出 版 社　　邮编：100084　　电话：010-62776969　　http://www.tup.com.cn
　　　　　北京交通大学出版社　　邮编：100044　　电话：010-51686414　　http://www.bjtup.com.cn
印 刷 者：北京虎彩文化传播有限公司
经　　销：全国新华书店
开　　本：185 mm×260 mm　　印张：14.5　　字数：371 千字
版 印 次：2021 年 11 月第 1 版　2025 年 3 月第 3 次印刷
定　　价：45.00 元

本书如有质量问题，请向北京交通大学出版社质监组反映。对您的意见和批评，我们表示欢迎和感谢。
投诉电话：010-51686043，51686008；传真：010-62225406；E-mail：press@bjtu.edu.cn。

前　言

离散数学是研究离散结构数学模型的数学分支的统称，是计算机类专业的必修课程，也是计算机科学与技术、软件工程等专业的核心基础课程。

“离散”和“连续”之间是对立与统一的关系。在数学发展史的初期阶段，因为人们对数的认识局限于整数，所以研究的问题主要是离散问题。由于描述离散数据的模型在处理某些事物时的局限性，再加上后来数域扩展到了实数，从而近代数学主要研究连续数量关系及其模型，并取得了极其辉煌的成果，如微积分等，乃至现在这一情况仍然在继续着。

然而，自从1946年数字电子计算机诞生以来，情况就逐步发生了变化。因为计算机的快速发展和普遍应用，出现了大量的离散结构问题，亟须给出它们的模型，描述清楚它们的关系。出现这种情况的原因在于，现代的数字电子计算机不识别连续量，只识别0、1代码，用计算机处理问题时，最终都要翻译成这样的符号。这里涉及两个问题，一个是这些连续的量如何离散化，并且离散化的量还能反映原来事物的特性。另一个是如何为离散量建立模型，方便使用计算机处理，以及这些离散量之间的关系如何描述。这些问题大大促进了离散数学理论的发展，人们由此重新开始重视离散数学理论，也重新认识离散数量关系的研究意义，重新重视讨论离散数量关系的数学分支，并取得新的进展。

一方面，人们借助早期的一些离散数学的理论和方法来描述计算机系统中的一些问题，常用的理论包括集合理论、图论、数理逻辑、代数系统、递归理论和组合理论等。例如，人们利用布尔代数理论研究开关电路，建立了一套完整的数理逻辑理论，对计算机逻辑设计起了很大作用。另一方面，人们也借助其他学科的一些研究成果来解决计算机系统中遇到的问题。例如，计算机的编译系统，它的理论基础就来源于心理学领域中用形式化方法研究语言学的成果，这一成果由乔姆斯基给出。

对于连续量的离散化，最为显著的成果就是图像数字化、语音数字化等，正是对模拟量的离散化才使得图像和语音的数字化成为可能，并取得了很大发展，得到了广泛应用。

全书共分为8章，第1章是绪论，总体上介绍了离散数学在信息技术，特别是计算技术中的作用，以及连续量的离散化方法。第2章介绍了集合理论及其应用。主要介绍了集合和关系的表示方法，以及它们的交、并、补、差等运算；还介绍了等价关系和序关系，以及由等价关系导出的等价类和集合的划分问题；作为应用，讲述了关系模型在数据库中的应用，也就是关系数据库理论中的关系代数，以及等价关系和等价类在机器学习中的应用，也就是粗糙集理论；作为实践内容，要求实现集合的交、并、差运算。第3章介绍了数理逻辑的基本知识及其应用。包含命题逻辑和谓词逻辑；作为应用，讨论了数理逻辑在人工智能自动推理和程序设计中的应用；作为实践内容，要求编程实现SAT的算法。第4章介绍了图的基本知识及其应用。包含图的定义、表示方法，以及一些特殊的图，如欧拉图、哈密顿图、树和可平面化图等；还包含图论在计算机科学中的应用，有印刷电路板的平面化问题、最优前缀代码问题和文件压缩问题；作为实践的内容，要求编程实现文件压缩。第5章讲述了代数系统的知识及其应用。包含群、环、域、格、布尔代数；还讲述了代数系统成果的应用，包括代数语义，以及多项式环在密码学中的应用。第6章介绍了形式语言及其应用。包括形式文法与自动机理论，以及它们在编译系统中的应用。作为实践的内容，要求实现一个词法分析器。第7章是递归理论及其应用。内容包括递归关系和递归理论，以及递归式的求解方法、把递归转化为迭代的方法；作为实践的内容，要求实现递归算法到迭代算法的转化。第8章是组合理论初步。内容包括排列组合、鸽巢原理、二项式系数、排列组合生成算法和组合设计。本书第1章、第5章、第6章和第7章由栾尚敏撰写；第2章由谭立云撰写；第3章、第4章和第8章由文小艳撰写。全书由栾尚敏统稿处理，并进行了修正和校对。

本书具有如下特点：

（1）注重了基础性。本书详细介绍了每个主题涉及的基础理论知识，为进一步地应用打好基础。

（2）注重了理论和实践的结合。对每个主题，既注重了理论知识的介绍，也讲述了其应用案例。让读者既能学习到理论知识，也能了解其应用场景，还能掌握编程实现的技巧。

（3）注重了时效性。本书介绍的一些应用案例都是比较新的研究成果，有的是近些年才兴起的研究领域，如多项式环在密码学中的应用等。

本书可作为信息领域相关专业本科生的教材，特别是计算机类相关专业“离散数学”“离散结构及应用”等课程的教材，也可作为想了解离散数学理论、应用情况的人员的参考书。

本书受到国家重点研发计划（批准号：2018YFC0808306）、青海省重点实验室重点研发项目（批准号：2017-ZJ-Y21和2017-ZJ-752）、河北省物联网监控中心和河北省重点项目（批准号：3142016020和19270318D）、河北省重点研发计划项目（批准号：18210339）、河北省高等学校科学技术项目（批准号：Z2019044）和中央高校基本业务费（批准号：HKJYZD201808、HKJYZD201526和HKJYGH201817）的资助。作者对以上项目的支持深表感谢。还要感谢编辑谭文芳老师，她不仅在格式、文字和图表符号方面给予了很多指导，还在书稿内容方面提出了很好的建议，也正是她的努力才使本书得以顺利出版。

限于作者水平，书中难免会有一些错误和不足，希望读者指正，联系方式623320726@qq.com。

作者

2021年2月

目　录

第1章 绪 论

本章主要内容

本章简单介绍离散数学研究的对象以及在信息技术中的应用，主要内容包含连续量和离散量的定义，以图像数字化和语音数字化为例说明了连续量的离散化过程；以数据库理论、编译系统、人工智能、密码学和程序语义为例简单介绍了离散数学在信息技术方面的应用。

1.1 离散数学的研究对象

在现实生活和生产中会产生各种数据，它们的性质各不相同，有的数据在时间上和数量上是连续变化的，在坐标平面上的图像表现为一条连续的曲线，这种量称为连续量，物理学上把连续量称为模拟量。例如，交流电的电压就是一个周期性连续变化的量，是一个连续量；一个人身高的变化也是一个连续量等。

还有一些量是分散开来的，不存在中间值，也就是说它的变化在时间上是不连续的，总是发生在一系列离散的瞬间，这样的量称为离散量。自然界的很多量都是离散的，例如，某个时刻在你视野里的桌椅板凳的数量等，其变化都是整数之间的跳变。以上这些例子的数值是有限的，但也可能有无限个数值的情况，如整数是离散量，但它是无限的。

信息技术的发展使得计算机已经深入到了千家万户，并大大改变了人们的生活方式。计算机只能识别0和1两个数字，也就是它只能处理离散数据。为了在计算机中表示离散数据，需要对离散数据进行编码处理，得到的量称为数字化量。

用计算机处理某个问题时，首先要用计算机能识别的方式把问题描述出来。对于离散量来说，就是要把它们转化为数字量；对于连续量来说，首先需要离散化，转化为离散量，再转化为数字量。不仅如此，还需要把离散量之间的关系描述清楚。这个研究离散量的结构及其相互关系的学科称为离散数学。由于数字电子计算机只能处理离散的或离散化了的数量关系，因此，在数字电子计算机问世之后离散数学学科的研究显得尤为重要，因为无论计算机科学本身，还是与计算机科学及其应用密切相关的现代科学研究领域，都面临着如何对离散结构建立相应的数学模型的问题，以及如何把已经用连续数量关系建立起来的数学模型离散化的问题。离散数学课程包含以下6个方面的内容。

① 集合论部分：集合及其运算、二元关系与函数及其应用。

② 图论部分：图的基本概念、图的矩阵表示、特殊图、树、平面图及其应用。

③ 代数结构部分：代数系统的基本概念、半群与独异点、群、环与域、格与布尔代数及其应用。

④ 数理逻辑部分：命题逻辑、一阶谓词演算、消解原理及其应用。

⑤ 形式语言与自动机理论：语言的表示与生成、语言的识别及其在编译系统中的应用。

⑥ 组合数学部分：递推和递归、组合存在性定理、基本的计数公式、组合计数方法、

组合计数定理和组合设计等。

离散数学课程中所包含的思想和方法被广泛地应用于信息技术相关专业的诸多领域，从科学计算到信息处理，从理论计算机科学到计算机应用技术，从计算机硬件到计算机软件，从人工智能到认知系统和大数据，无不与离散数学密切相关。

1.2 连续量的数字化

这一节以图像的数字化和语音的数字化为例说明连续量的数字化过程。

1.2.1 图像的数字化

图像在计算机中的表示方式有两种，一种是用像素点阵方法记录，即位图；另一种是通过数学方法记录图像，即矢量图。这里以位图表示法为例进行说明。

像素是指构成图像的小方块，这些小方块都有一个明确的位置和被分配的色彩数值，小方格颜色和位置就决定该图像所呈现出来的样子。可以将像素视为整个图像中不可分割的单位或者是元素。不可分割的意思是它不能够再切割成更小单位，是一个单一颜色的小格。每一个点阵图像包含了一定量的像素，这些像素决定图像在屏幕上所呈现的大小。这样，图像是由一个个像素组成的，并且赋予像素一个表示颜色的值，可以用数组存储这些像素。如果是黑白图像，那就可以用 1 位二进制数表示即可，也就是 0 代表白，1 代表黑。对于彩色图像，可以用一个数来表示其颜色。根据三基色原理，利用 R（红）、G（绿）、B（蓝）三色不同比例的混合来表现丰富多彩的现实世界，每个颜色的深度可以使用 0～255 这 256 个数字来表达，例如（255,255,255）就可以表示白色，（0,0,0）就可以表示黑色。如果规定了图片的长和宽的比例，如 3 像素×3 像素的图片，该图像的表示方式如图 1-1 所示。

(0,0,0)	(0,0,0)	(0,0,0)
(255,255,255)	(0,0,0)	(255,255,255)
(255,255,255)	(0,0,0)	(255,255,255)

图 1-1　3 像素×3 像素的图片示例

将每一个格子的数据按照从左到右、从上到下依次写下来，便可以存储图片的信息。存储位图的文件通常包含多种信息，如每个像素的颜色信息、行数和列数等。另外，此类文件可能还包含颜色表，也称为颜色调色板。颜色表将位图中的数值映射到特定的颜色。

将模拟图像数字化的步骤包含采样和量化两个过程。

采样：将空间上连续的图像变换成离散点的操作称为采样。简单地讲，对二维空间上连续的图像在水平方向和垂直方向上等间距地分割成矩形网状结构，所形成的微小方格称为像素点。

量化：将像素灰度转换成离散的整数值的过程叫量化。采样后图像被分割成空间上离散的像素，但其灰度是连续的，还不能用计算机进行处理。必须把它们的灰度也离散化处理后，才能进行计算机处理。

数字化后得到的图像数据量十分巨大，必须采用编码技术来压缩其信息量。从一定意义上讲，编码压缩技术是实现图像传输与储存的关键。

1.2.2 语音的数字化

声音是由物体振动产生的，是一种波。例如，人们面对话筒说话时，声波通过话筒转变为时间上连续的电压波，电压波与引起电压波的声波的变化规律是一致的，因此，可以利用电压波来模拟声音信号，这种电压波被称为模拟音频信号，如磁带、录像带上的声音信号，其波形图如图1-2所示。播放时音响设备将电压波传至扬声器，扬声器的振动产生声音，从而将模拟音频电信号还原为声音。

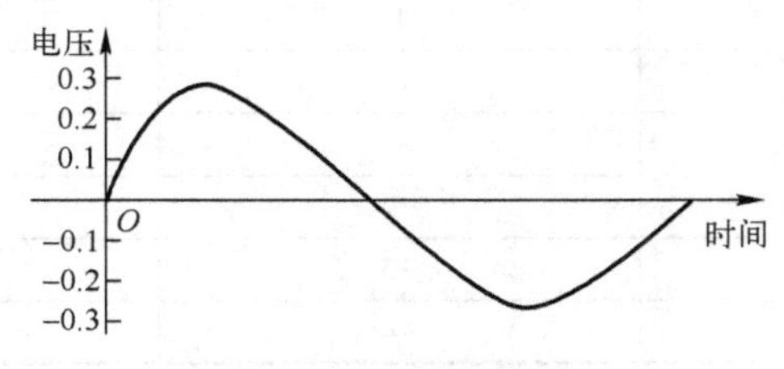

图1-2　声波示意图

把模拟量的语音信号转化为数字量的语音信号需要经过采样、量化、编码三个过程。

（1）采样

对连续信号按一定的时间间隔采样。奈奎斯特采样定理认为，只要采样频率大于等于信号中所包含的最高频率的两倍，则可以根据其采样完全恢复出原始信号，这相当于当信号是最高频率时，每一周期至少要采取两个点。但这只是理论上的定理，在实际操作中，人们用混叠波形，从而使取得的信号更接近原始信号。把分割线与信号图形交叉处的坐标位置记录下来，就得到了所需要的数据。例如，假设采样时间间隔是固定的0.01 s，则得到（0.01，0.10），（0.02,0.20），（0.03,0.26），（0.04,0.30），…，这样就把这个波形以数字记录下来了，如图1-3所示。事实上，只要把纵坐标记录下来就可以了，得到的结果是0.10，0.20，0.26，0.30，…。

（2）量化

采样的离散音频要转化为计算机能够表示的数据范围，这个过程称为量化。量化的等级取决于量化精度，也就是用多少位二进制数来表示一个音频数据。一般有8位、12位或16位。量化精度越高，声音的保真度越高。

（3）编码

对音频信号采样并量化成二进制，实际上就是对音频信号进行编码，但用不同的采样频率和不同的量化位数记录声音，在单位时间中，所需存储空间是不一样的。波形声音的主要参数包括采样频率、量化位数、声道数、压缩编码方案和码率等。未压缩前，波形声音的码率计算公式为：波形声音的码率=采样频率×量化位数×声道数/8。量化和编码后的图像示例如图1-4所示。采样电压、量化和编码的示例如表1-1所示。波形声音的码率一般比较大，所以必须对转换后的数据进行压缩。

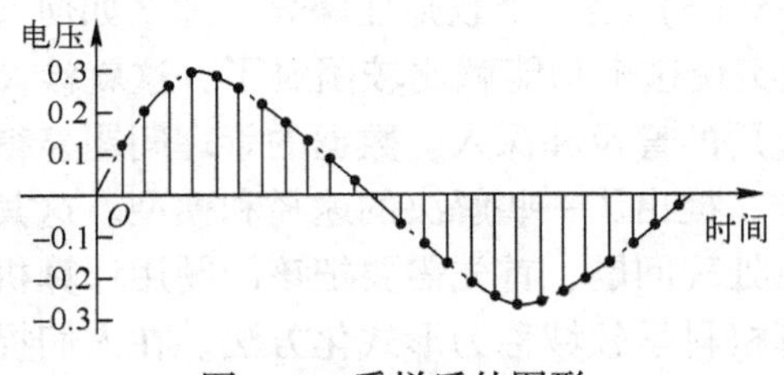

图1-3　采样后的图形

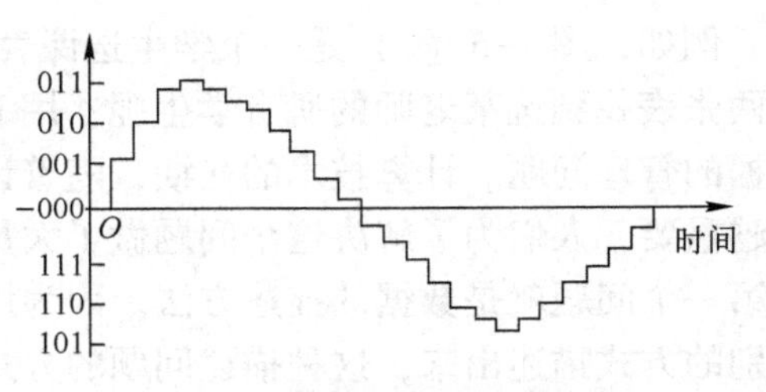

图1-4　量化和编码后的图形

表 1-1 采样电压、量化和编码的示例

采样电压	量化（十进制数）	编码（二进制数）
0.5~0.7	3	011
0.3~0.5	2	010
0.1~0.3	1	001
-0.1~0.1	0	000
-0.3~-0.1	-1	111
-0.5~-0.3	-2	110
-0.7~-0.5	-3	101
-0.9~-0.7	-4	100

1.3 离散数学在信息技术中的应用

离散数学在信息技术中的应用非常广泛，这里列举部分实例作简要介绍。

1.3.1 离散数学与关系数据库

日常生活中，经常用到如图 1-5 所示的表格，如果是单张不复杂的表格，可以直接用 Excel 表处理就行，甚至数据之间不存在关联的表格，都可以方便地用 Excel 表处理，但对于数据之间相互关联的表格，如何处理呢？

学号	姓名	计算机导论	离散数学	数据结构	操作系统	编译原理
00001	张三	89	65	75	86	85
00002	李四	98	93	67	68	87
00003	王五	77	87	83	91	66

（a）

学号	姓名	课程名称
00001	张三	离散数学
00002	李四	数据结构
00003	王五	操作系统
00001	张三	编译原理
00003	王五	离散数学
00002	李四	离散数学
00001	张三	数据结构

（b）

职工号	姓名	课程名称
12001	钱三	离散数学
21002	童四	数据结构
14003	栗五	操作系统
12001	钱三	编译原理
14003	栗五	离散数学
21002	童四	离散数学
12001	钱三	数据结构

（c）

图 1-5 学生成绩信息和选课信息以及教师的任课信息表

例如，图 1-5（b）是一个学生选课表，图 1-5（c）是一个教师任课表，那么如何通过这两张表找到选某老师的所有学生呢？用 Excel 表实现这个功能就比较困难了，这就涉及了数据的管理问题。计算技术的初期，随着计算机应用的普及和深入，数据的管理问题显得越来越重要，人们为了解决这个问题做了大量的工作，提出了一些解决的途径和模型。这其中的第一个问题就是数据的描述方法。因为用计算机处理问题，首先需要把该问题用计算机能识别的方式描述出来，这种描述问题的方式在计算机科学领域称为形式化方法。在人们提出的模型中，有三种方法得到了实现和使用，它们分别是层次模型、网络模型和关系模型，其中的关系数据模型被广泛采用，因为它有着完备的理论基础和实现方法。

事实上，一个具有 n 个属性的二维表格是由一条一条的信息组成的，一条信息也称为记录，一组记录就构成了一个二维表。图 1-5（a）的表格，可以以班级为单位，每个班级有一个表格，可以把一个专业的几个班的表格集中起来形成一个专业的成绩单；同样，可以把各个专业的表格集中起来形成全校学生的成绩单。从形式化的角度看，或者说从数学的角度看，数据之间的关系可以用集合理论中的关系来表述，一条记录也就是 n 条数据的一个 n 元组，一个二维表也就是一个 n 元组的集合，即一个 n 元关系，也就是说，一个表格就是一个 n 元关系；表格的合并就相当于关系的并运算；找两个表的相同元组相当于求两个关系的交集。以此类推，数据集上的一些其他操作也都对应着关系中的某个操作。

科德（Codd）对这种思想和方法进行了深入研究，于 1970 年首次提出了数据库系统的关系模型，也就是数据库就是一个 n 元关系，可以存放在计算机中的一个具有 m 行和 n 列的二维数组中，其中每一行的分量组成一个 n 元组，它是一条记录，代表一个完整的数据，它的分量称为记录的域；对应的实体可以有 m 条记录（m 个数据）；这就是数据库的关系模型，以关系模型为基础建立的数据库系统被称为关系数据库，也就是说，所谓关系数据库系统是指支持关系模型的数据库系统。

用户使用关系数据库就是对一些二维数组进行检索、插入、修改和删除等操作。为此数据库管理系统必须向用户提供使用数据库的语言，即数据子语言。这种语言目前是以关系代数或谓词逻辑为其数学基础。由于引入了数学方法，使得关系数据库比其他几种数据库更具有优越性，从而得到了迅猛的发展，目前已替代了其他类型的数据库，并成为数据库中最有实用价值和理论价值的数据模型。当今流行的各种大型网络数据库都支持关系模型，如 Oracle、SQL server 等。

关系模型由关系数据结构、关系操作集合和关系完整性约束三部分组成。

（1）关系模型的关系数据结构

在关系模型中，现实世界的实体以及实体间的各种联系均用关系来表示，所以其数据结构非常单一。在用户看来，关系模型中数据的逻辑结构是一张二维数据表。

（2）关系模型的关系操作集合

关系模型只给出了关系操作的能力的描述，但没有对关系数据库系统语言给出具体的语法要求。

关系模型中常用的操作包括并（union）、交（intersection）、差（difference）、选择（select）、投影（project）、连接（join）、除（divide）等查询（query）操作和插入（insert）、删除（delete）、修改（update）操作两大部分。查询的表达能力是其中最主要的部分。

早期的关系操作能力通常用代数方式或逻辑方式来表示，分别称为关系代数和关系演算。关系代数是用对关系的运算来表达查询要求的方式；关系演算是用谓词来表达查询要求的方式。关系演算又可按谓词变元的基本对象是元组变量还是域变量分为元组关系演算和域关系演算。关系代数、元组关系演算和域关系演算三种语言的表达能力是完全等价的。关系语言是一种高度非过程化的语言，用户不必请求数据库管理员为其建立特殊的存取路径，存取路径的选择由数据库管理系统的优化机制来完成。此外，用户不必求助于循环结构就可以完成数据操作。

关系代数、元组关系演算和域关系演算均是抽象的查询语言，与具体的数据库管理系统中实现的实际语言并不完全一样，是评估实际系统中查询语言能力的标准或基础。实际的查询语言除了提供关系代数或关系演算的功能外，还提供了许多附加功能，如集函数、关系赋值和算术运算等。

(3) 关系模型的关系完整性约束

关系模型允许定义三类关系完整性约束，分别是实体完整性、参照完整性和用户定义的完整性。其中实体完整性和参照完整性是关系模型必须满足的关系完整性约束条件，体现了具体领域中的语义约束。

① 实体完整性。实体完整性是针对基本关系而言的。一个基本表通常对应现实世界的一个实体集，如学生关系对应于学生的集合。现实世界中的实体是可区分的，即它们具有某种唯一性标志，相应地，关系模型中以主码作为唯一性标志。主码中的属性即主属性不能取空值。所谓空值就是“不知道”或“无意义”的值。如果主属性取空值，就说明存在某个不可标识的实体，即存在不可区分的实体，因此，这个规则称为实体完整性。

② 参照完整性。若属性（或属性组）F 是基本关系 R 的外码，它与基本关系 S 的主码 K 相对应（基本关系 R 和 S 不一定是不同的关系），则对于 R 中的每个元组在 F 上的值必须为（或者取）空值（F 的每个属性值均为空值），或者等于 S 中某个元组的主码值。

③ 用户自定义的完整性。用户定义的完整性就是针对某一具体关系数据库的约束条件，反映某一具体应用所涉及的数据必须满足的语义要求。例如，某个属性必须取唯一值、某些属性值之间应满足一定的函数关系、某个属性的取值范围在 0~100 之间等。关系模型应提供定义和检验这类完整性的机制，以便于用统一的系统的方法处理它们，而不是由应用程序承担这一功能。

1.3.2 形式语言与编译系统

所谓程序设计语言就是计算机所能识别的语言。程序设计语言由命令的集合构成，通过这些命令构成的序列得到求解问题的过程，这就是程序，也就是说，计算机程序就是用计算机语言书写的、能完成一定功能的代码序列。随着计算机技术的发展，用于程序设计的计算机语言也不断地向语言更加丰富、语句更容易理解的方向发展，以扩大计算机的应用范围。同样，计算机程序设计语言也经历了从机器语言到汇编语言，再到高级程序设计语言的发展历程。由于计算机只识别 0、1 代码，高级程序语言写成的语言需要翻译为 0、1 代码的机器语言，这个工作就是由编译系统完成的，编译系统的理论基础就是形式语言及自动机理论。

利用高级语言编写程序的过程是：首先借助编辑软件系统编辑得到高级语言源程序；利用高级语言的翻译程序将高级语言源程序自动翻译成目标程序；再将目标程序通过连接程序自动生成可执行文件。整个过程如图 1-6 所示。

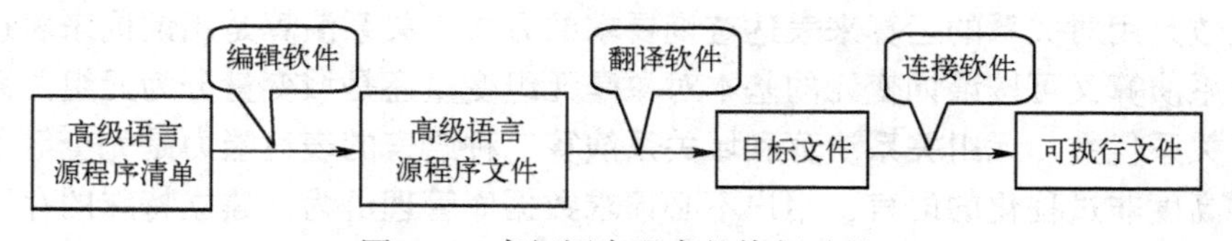

图 1-6 高级语言程序的执行过程

随着计算机软件的发展，出现了集成化环境。所谓集成化环境就是将程序的编辑、编译或解释、连接、运行等操作集成在一个环境中，把各种命令设计成菜单命令。这样，更加方便了非计算机专业人员掌握利用高级语言设计程序的过程。在集成环境中除了程序的主要操作命令外，还设计了文件操作的命令，如打开、保存、关闭等，以及程序调试命令、分步操作、跟踪、环境设置等，方便程序员在集成环境下进行程序的编写、调试、运行。例如，在 VC++6.0 的集成环境中，编写一个求 1~100 的整数的和，并输出结果的程序，如图 1-7 所示。

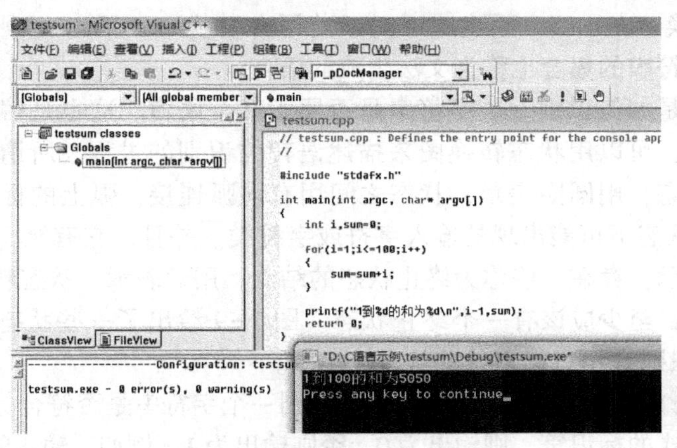

图 1-7　编译系统的执行示例

在上述程序中，如果没有声明变量 i，则会提示错误，如图 1-8 所示。在这个过程中，如果程序正确，则得到一个可执行的 exe 文件，运行该文件就输出执行结果。如果程序中存在错误，系统就会提示程序存在错误。系统是如何识别出错误的呢？其工作的原理和基础是什么？其工作原理的基础就是形式语言及自动机理论，这涉及两个问题。第一个问题就是如何生成一个语言。例如，C 语言规定标识符只能由字母、数字和下划线组成，并且以下划线或者字母开头。那么如何生成 C 语言的标识符呢？这就涉及了形式语言中的所谓的文法，可以定义如下的文法来生成 C 语言的标识符。

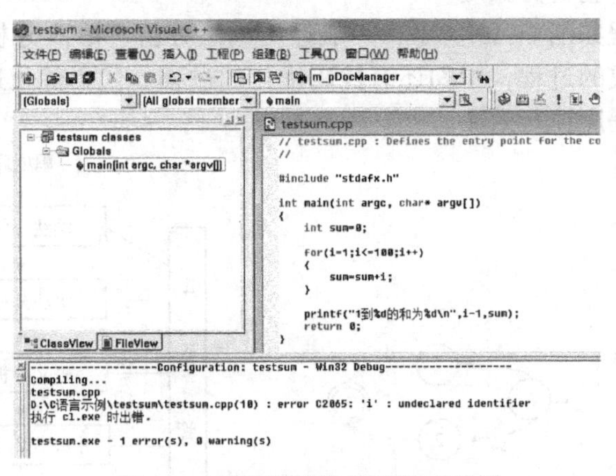

图 1-8　编译系统的错误提示示例

<LABEL>→<LABEL><LETTER> | <LABEL><DIGITAL> | <LABEL>_　　(1)

<LABEL>→<LETTER> | _　　(2)

<LETTER>→a | b | c | … | z | A | B | C | … | Z　　(3)

<DIGITAL>→1 | 2 | 3 | 4 | 5 | 6 | 7 | 8 | 9　　(4)

<LABEL>用于表示标识符，<LETTER>表示字母。符号“→”最早来源于Post的产生式，表示推出的意思，在语言生成中表示替换。例如，式（1）表示在<LABEL>出现的地方可以用<LABEL><LETTER>、<LABEL><DIGITAL>或<LABEL>_替换，其中的符号“|”表示“或”的意思。如果用“_”替换<LABEL>，也就得到“_”，即得到了标识符“_”。如果用<LETTER>替换<LABEL>，再由式（3），若用A替换<LETTER>，则得到标识符“A”。一个文法生成的字符串的集合也称为文法生成的语言。

第二个问题就是如何识别一个字符串是否属于某个语言。这也是编译系统的第一步工作，称为词法分析，可以用状态转换图来描述语言的识别的过程。所谓状态图是一个有向图，其结点代表状态，用圆圈表示；状态之间用有向弧连接，弧上的标记代表在射出结点（即箭弧始结点）状态下可能出现的输入字符或字符类。并且，它有至少一个称为初始状态的结点，用→○表示；存在一些称为终止状态的结点，用◎表示。状态转换图中可以没有终止状态，但事实上，至少应该有一个终止状态。图1-9给出了一些状态转换图的例子，其中图1-9（c）是识别C语言标识符的状态转换图。

根据图1-9（c），可以很容易地编程实现识别一个字符串是否符合标识符的要求，如果输入的字符串是合式的标识符，则输出为0，否则输出为1。例如，输入的字符串为“fskfsk_fldg33”“_gkfdgd323n_fs”“_”等合法的字符串，该函数的返回值为0。但对于“34fflsl”“gss+sfs2”等不合法的字符串，返回值为1。甚至可以把错误的具体位置等信息反馈给编程者作为参考，这就是如图1-8所示的编译系统提示错误的情况。

编译器的输入是语言的源文件，一般是文本文件。对于输入的文件，首先要分离出这个输入文件的每个元素，如关键字、变量等。然后根据语言的文法，分析这些元素的组合是否合法，以及这些组合所表达的意思。程序设计语言的每个特定的符号表示特定的意思，而且程序设计语言是上下文无关的。上下文无关就是某一个特定语句所要表达的意思和它所处的上下文没有关系，只由它自身决定。

编译器的执行过程如图1-10所示，一般经历词法分析、语法分析、语义分析、中间代码生成和目标代码生成的过程，中间还有代码优化的过程。代码优化过程很重要，可以节省程序所占空间，提高程序执行效率。

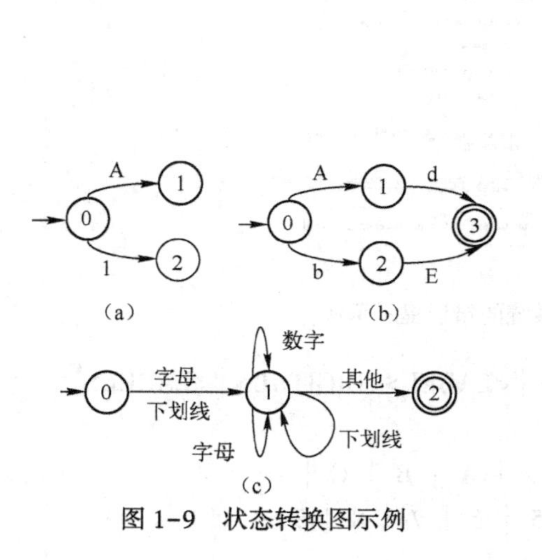

图1-9 状态转换图示例

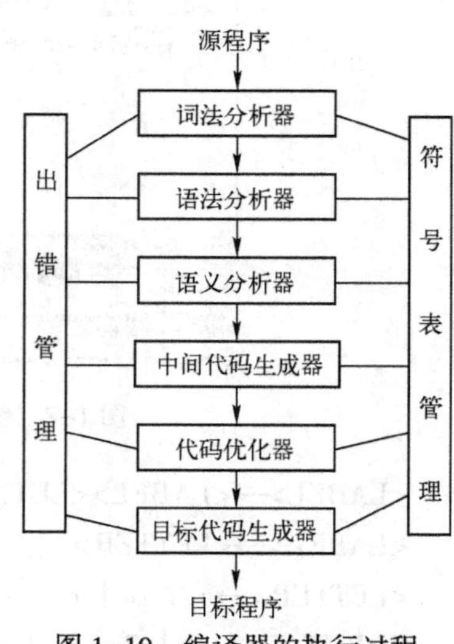

图1-10 编译器的执行过程

1.3.3　数理逻辑与程序设计语言

在程序设计语言的家族中，典型的范型有过程式、面向对象、函数式和逻辑式。过程式程序设计语言的基本观点就是强制改变内存中的值，所以人们也称这种语言为命令式或者强制式，C 语言是其中的典型代表之一。面向对象语言的基本观点就是将数据和其上的操作封装于对象中，最显著的特点是封装、继承和多态，典型的语言有 Java、C++等。函数式语言的基本观点就是程序对象是函数及高阶函数，组织程序的范型是函数定义及引用，代表语言有 LISP、FP、ML、Miranda。逻辑式语言的基本观点就是程序对象是常量、变量和谓词，组织程序的范型是定义谓词，引用谓词的公式，并构造满足谓词的事实库和约束关系库，代表语言有 Prolog。

逻辑式程序设计语言基于自动定理证明理论，有其独特的程序设计风格，命令风格就是“A:-B1,B2,B3,…,Bn”，其意义就是：A 成立的前提条件是 B1,B2,B3,…,Bn 成立，所以要证明 A 成立，则需要证明 B1,B2,B3,…,Bn 成立；也可以理解为，若要求解 A，需要求解 B1,B2,B3,…,Bn。这样的语句称为规则，用数理逻辑的公式表示为“B1∧B2∧B3∧…∧Bn→A”，子句的形式为“¬B1∨¬B2∨¬B3∨…∨¬Bn∨A”。

对于某个 Bj，如果已知其成立或者知道其求解结果，不需要再进一步证明或者求解，把这样的语句称为事实，在语法上用“Bj.”表示。

对于不是事实的 Bi($1 \leqslant i \leqslant n$)还可以进一步细化，如“Bi:- C1,C2,C3,…,Cm”，意思就是“若要证明 Bi 成立，则需要证明 $C1, C2, C3, \cdots, Cm$ 成立”，如此下去。

如上形式的一些规则和事实组成规则库。在规则库建立完后，就可以进行问题求解或者定理的证明了。对于要求的问题或者要证明的结论，用“?-D”的形式表示。

【例 1-1】 由如下①~⑥条的规则和事实构成规则库，⑦是问题。

① likes(bell,sports).

② likes(mary,music).

③ likes(mary,sports).

④ likes(jane,smith).

⑤ friend(john,X):-likes(X,reading),likes(X,music).

⑥ friend(john,X):-likes(X,sports),likes(X,music).

⑦ ?-friend(john,Y).

可以看出，这个程序中有四条事实、两条规则和一个问题，都是分行书写的。规则和事实可连续排列在一起，其顺序可随意安排，但同一谓词名的事实或规则必须集中排列在一起。问题不能与规则及事实排在一起，它作为程序的目标要么单独列出，要么在程序运行时临时给出。

这个程序的事实描述了一些对象（包括人和事物）间的关系；而规则描述了 john 交朋友的条件，即如果一个人喜欢读书并且喜欢音乐（或者喜欢运动和喜欢音乐），则这个人就是 john 的朋友，当然，这个规则也可看作是 john 朋友的定义；程序中的询问是“约翰的朋友是谁?”。

如上的四条事实和两条规则可以用逻辑公式表示为 likes(bell,sports)、likes(mary,music)、likes(mary,sports)、likes(mary,sports)、friend(john,X)∨¬likes(X,reading)∨

¬ likes(X,music)和 friend(john,X) ∨¬ likes(X,sports) ∨¬ likes(X,music)。求解的过程也就是把询问否定了，这里就是¬ friend(john,Y)，然后从目标的否定开始执行归结推理的过程，直到得到问题的答案或者不能再执行归结为止，对于该例来说答案就是“mary”。具体的求解过程，将在 3.4.2 节中讨论。

例 1-1 中只有一个 Prolog 程序中的目标，也可以含有多个语句。例如，对上面的程序，其问题也可以是“?-likes(bell,sports),likes(mary,music),friend(john,X).”等。如果有多个语句，则这些语句称为子目标。

1.3.4　代数系统与密码学

密码学从古至今都有着非常重要的作用，从以前的手动加密解密，到机械加密解密，再到现在的计算机加密和解密，经历了一个很长的过程，也出现了很多加密的方法。其中有一种方法，它不改变明文的符号，只是根据一定的规则把明文重新排列，以便打破明文的结构特性，这种密码称为置换密码，又称换位密码。

接下来的问题就是如何描述位置的变换？这里，可以用置换的形式来表示位置的变换。例如，对于一个有限集合 $S=\{1,2,\cdots,n\}$ 的置换 f，可以用如下的形式表示。

$$\begin{pmatrix} 1 & 2 & \cdots & n \\ f(1) & f(2) & \cdots & f(n) \end{pmatrix}$$

也就是说，第 1 个位置上的字符用 $f(1)$ 位置上的字符替换，第 2 个位置上的字符用 $f(2)$ 位置上的字符替换，以此类推，第 n 个位置上的字符用 $f(n)$ 位置上的字符替换，也就是说，所有的字符都没改变，只是位置改变了。

更具体地，对于置换 $f=\begin{pmatrix} 1 & 2 & 3 & 4 \\ 2 & 3 & 1 & 4 \end{pmatrix}$ 就是把第 1 个位置的字符换到第 2 个位置上，把第 2 个位置上的字符换到第 3 个位置上，第 3 个位置上的字符换到第 1 个位置上，第 4 个位置上的字符保持不变。在做了这样的变换后，原来文字表达的信息就都变化了。

$$\begin{pmatrix} B & e & i & j \\ i & n & g & 2 \\ 0 & 0 & 8 & O \\ l & y & m & p \\ i & c & G & a \\ m & e & s & \end{pmatrix} \qquad \begin{pmatrix} i & B & e & j \\ g & i & n & 2 \\ 8 & 0 & 0 & O \\ m & l & y & p \\ G & i & c & a \\ s & m & e & \end{pmatrix}$$

（a）明文　　（b）密文

图 1-11　置换密码实例

例如，假设明文为“Beijing 2008 Olympic Games”，首先把明文中的空格去掉，明文变为“Beijing2008OlympicGames”，如果使用置换 f 进行加密，明文有 23 个字符，则需要再把明文分为一个 6×4 的矩阵，剩余不够的位置空缺即可，得到如图 1-11（a）中的矩阵。对矩阵中的每一行，按照 f 的定义进行变换，得到新的矩阵如图 1-11（b）所示，密文为“iBejgin2800OmlypGicasme”。

如果要把密文再还原为明文，则对密文应用逆置换就可以了。对置换 f 来说，逆置换为 $f^{-1}=\begin{pmatrix} 1 & 2 & 3 & 4 \\ 3 & 1 & 2 & 4 \end{pmatrix}$，对密文在此应用该逆置换就可还原为原文。

对于这种方法，如果密码空间很小，很容易被破译，就是穷举密钥直到得到有意义的明文为止，最坏的情况就是把所有的置换都试一遍，就可以破译。例如，对于置换 f 来说，密钥空间只有 4!个元素，最坏也就是把这 24 种情况全部试一遍也就破译了密文。为了增加破译的难度，需要增加密钥空间。

增加密钥空间的途径有两种，一种是增加置换的维度，但英文字母只有 26 个，也就是说如果仅仅是英文的内容，置换密码中密钥空间最大为26!，破译的难度也不大。

另一种是在置换一次之后，再对新得到的密文进一步置换，甚至还可以再进一步地进行置换，这就大大地增加了密钥空间，增加了破译的难度。例如，对于英文来说，如果连续三次采用不同的置换进行加密，则密钥空间就变成了(26!)×(26!)×(26!)，这就是一个很大的数字了，也就是说密钥空间已经很大了，也就很难破译了。

对于这种方法，可以采用置换群来进行描述。设 G 是集合 S 上的所有置换的集合，○是置换的合成运算，则 $\langle G, \circ \rangle$ 就构成一个群，那么就可以用代数学的知识来研究密码。

置换密码最典型的一个例子就是转轮密码机。直到第一次世界大战结束，所有密码都是使用手工来编码的，就是笔加纸的方式。1918 年亚瑟·谢尔比乌斯（Arthur Scherbius）发明了转轮密码机，称为恩尼格玛（enigma），才彻底改变了手工加密的历史，实现了加密的机械化。图 1-12 是转轮密码机的基本组成示意图，转轮密码机由三个部分组成，分别是键盘、转子和显示器。

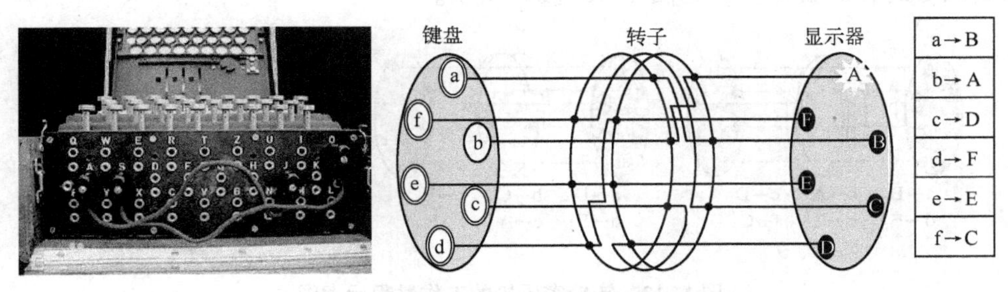

图 1-12　转轮密码机的基本组成示意图

恩尼格玛（enigma）上面共有 26 个键，键盘排列接近现在使用的计算机键盘。为了使消息尽量地短和更难以破译，空格和标点符号都被省略。在示意图中只画了 6 个键。实物照片中，键盘上方就是显示器，它由标示了同样字母的 26 个小灯组成，当键盘上的某个键被按下时，和此字母被加密后的密文相对应的小灯就在显示器上亮起来。同样地，在示意图上只画了 6 个小灯。在显示器的上方是 3 个转子，它们的主要部分隐藏在面板之下，在示意图中暂时只画了 1 个转子。

键盘、转子和显示器由电线相连，转子本身也集成了 6 条线路（在实物中是 26 条），把键盘的信号对应到显示器不同的小灯上去。在示意图中可以看到，如果按下 a 键，那么灯 B 就会亮，这意味着 a 被加密成了 B。同样，b 被加密成了 A，c 被加密成了 D，d 被加密成了 F，e 被加密成了 E，f 被加密成了 C。如果在键盘上依次键入 cafe（咖啡），显示器上就会依次显示 DBCE。这是最简单的加密方法之一，把每一个字母都按一一对应的方法替换为另一个字母，这样的加密方式叫作“简单替换密码”。

简单替换密码在历史上很早就出现了。著名的“恺撒法”就是一种简单替换法，它把每个字母和它在字母表中后若干个位置中的那个字母相对应。比如说取后三个位置，那么字母的一一对应就如下所示。

明文字母表：a b c d e f g h i j k l m n o p q r s t u v w x y z

密文字母表：D E F G H I J K L M N O P Q R S T U V W X Y Z A B C

于是就可以从明文得到密文。假设明文为“veni，vidi，vici”，则密文为“YHQL，

YLGL，YLFL”。一般情况下这种对应关系比较随意，例如下面是另外一个例子。

明文字母表：a b c d e f g h i j k l m n o p q r s t u v w x y z

密文字母表：J Q K L Z N D O W E C P A H R B S M Y I T U G V X F

甚至可以自己定义一个密码字母图形而不采用字母。但是用这种方法所得到的密文还是相当容易被破译的。所以，如果转子的作用仅仅是把一个字母换成另一个字母，那就没有太大的意义了。但是大家可能已经猜到，所谓的“转子”，它会转动！这就是谢尔比乌斯关于ENIGMA的最重要的设计——当键盘上一个键被按下时，相应的密文在显示器上显示，然后转子的方向就自动地转动一个字母的位置，在示意图中就是转动1/6圈，而在实际中转动1/26圈。图1-13展示了连续键入3个b的情况。当第一次键入b时，信号通过转子中的连线，灯A亮起来，如图1-13（a）所示。放开键后，转子转动一格，各字母所对应的密码就改变了，第二次键入b时，它所对应的字母就变成了C，如图1-13（b）所示。同样地，第三次键入b时，灯E闪亮，如图1-13（c）所示。

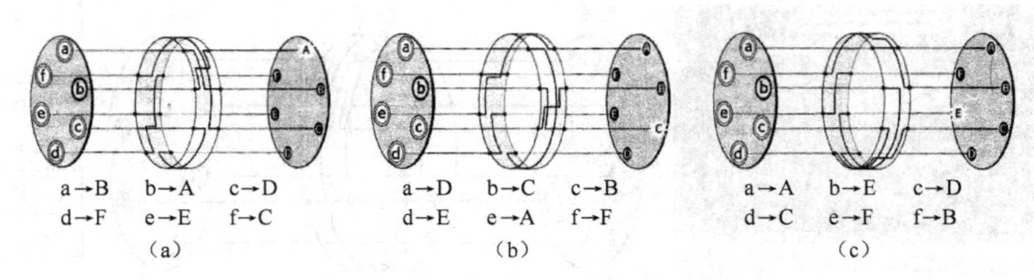

图1-13 转轮密码机的工作过程示意图

这里作为一个应用的案例，介绍了置换密码和转轮密码机，目的是让读者了解代数系统在信息技术方面的应用。

1.3.5 代数系统与程序语义

作为语言，人工语言和自然语言一样，有语法、语义和语用范畴。计算机高级程序设计语言是重要的人工语言之一，它同样有语法、语义和语用范畴；进一步地，对于构成它的词汇也需要详细地定义出来，这就是所谓的词法。程序设计语言的语法是指程序的组成规则，语义是指程序的含义。语法的描述问题在形式语言理论中已经深入地进行了研究，并且得到了切实的应用。

程序设计语言的语义通常是由设计者用一种自然语言非形式地解释，实现者和使用者则依据各自的理解去实现和使用这种语言。然而，使用自然语言和非形式化的方法解释语义，容易产生歧义，造成语言设计者、用户和实现者对语义的不同理解，影响语言的正确实施和有效使用。程序设计语言中的过程调用语句就是这方面的一个典型例子：人们发现对过程调用语句的非形式解释可能导致各种不同的理解，产生多种不同的效果。

为了正确、有效地使用程序设计语言，必须了解语言中各个成分的含义，并且要求计算机系统执行这些成分所产生的效果与其含义完全一致，这种对语义精确解释的要求使得形式语义学应运而生。形式语义学的研究始于20世纪60年代初期，在程序设计语言ALGOL 60的设计中，第一次明确区分了语言的语法和语义，并使用巴克斯范式（Backus-Naur form，BNF）

符号系统成功地实现了语法的形式描述。语法的形式化大大推动了语义形式化的研究，围绕 ALGOL 60 的语义出现了形式语义学早期的研究热潮。以后的程序设计语言，如 Pascal、Ada 等，都有人给出了严格的形式语义，旨在为编译程序语言的编译程序提供正确依据。

语义学不像语法学那样只关心表达式的形式而不关心它们的意义，而是充分地考虑这些语言表达式在自然语言中的意义以及它们之间的关系。在语义学概念中，有真值、指派、可满足、有效模型等概念。语义学研究系统中公式的意义、系统的解释，都与模型论相关。例如，赋值语句 C=A+B 的语义是，把赋值号右边的表达式 A+B 的值赋给左边的变量 C。在编译过程中，不但要对源程序的语法检查其正确性，而且也要对语义进行检查，保证语义上的正确。在编译程序中，语义分析程序是由许多加工处理子程序组成的，其中很重要的一部分是对标识符的处理。

用程序设计语言编写的程序，规定了它对计算机系统中数据的一个加工过程，形式语义的基本方法是将程序加工数据的过程及其结果形式化，从而定义程序的语义。由于形式化中侧重面和使用的数学工具不同，形式语义主要分为四大类。

操作语义：着重模拟数据加工过程中计算机系统的操作。

指称语义：主要刻画数据加工的结果，而不是加工过程的细节。

公理语义：用公理化的方法描述程序对数据的加工。

代数语义：将程序设计语言看作是刻画数据和加工数据的一种抽象数据类型，使用研究抽象数据类型的代数方法来描述程序设计语言的形式语义。

代数语义用代数方法对形式语言系统进行语义解释，即用代数公理刻画语言成分的语义，且只研究抽象数据类型的代数规格说明。抽象数据类型的代数规格说明通过构造算子和一组有关运算的代数公理刻画类型操作的行为。抽象数据类型的语法称为基调，一个基调由它的类子集（基本语法元素）和运算集（语法元素间的组合关系）两部分组成。在论证这种规格说明满足协调性和完全性的基础上，通过寻找适当的模型代数，可以定义一个抽象类型的不同层次的语义，如初始语义、终止语义等。然后就可以用普通的代数方法论证规格说明的正确性和实现的正确性。通过引入一组公理为基调指定语义，不同的公理规定不同的语义，最基本的公理形式是等式。

例如，在某些计算机的程序设计语言中，布尔类型是一种基本的数据类型，布尔类型中有两个常量“T”和“F”，对于其上的操作有与运算“and”、或运算“or”和非运算“not”。从语法的角度上来看，可以用一个代数系统 $<\{T,F\},and,or,not>$ 来描述布尔类型。同样地，还可以给出一组公式来描述对象及操作的性质，以及对象之间的关系等，这样的公式通常用等式的形式给出，称为公理。事实上，这些公理描述了程序设计语言语句的意义，所以，代数系统集成了语法的描述，也提供了描述语义的机制，为程序设计语言语义的研究提供了一种途径。具体地讲，在语法上，$bool=\{T,F\}$，$not:bool\to bool$，$and:bool\times bool\to bool$，$or:bool\times bool\to bool$；在语义上，如下的等式公理描述了操作所满足的性质：对于任意 $t，u\in bool$，not(true)= false，not(flase)= true，t and true = t，t and false = false，t and u = u and t，t or true=true，t or false = t，t or u = u or t。第 5 章代数系统中将详细给出布尔类型的代数规格说明。

1.3.6 印刷电路板布线问题

个人计算机都有主板，如图 1-14（a）所示。主板上连接着很多元器件，没有这些元器件的板子称为印刷线路板（printed circuit board，PCB），如图 1-14（b）所示。

（a） （b）

图 1-14 计算机的主板及印刷线路板示例

在印刷电路板出现之前，电子元件之间的互连都是依靠电线直接连接而组成完整的线路。在当代，印刷电路成为电子设备不可或缺的部分，它的主要功能是提供各项零件的相互连接。随着电子设备越来越复杂，需要的元件越来越多，印刷电路板上的导线与元件也越来越密集。

在进行印刷电路板图绘制时，首先需要确定的是印刷电路板的层数。单层板无论是成本还是制作难度都远远低于多层板，因此，绝大多数低成本的电子产品内的印刷电路板都是单层设计。但是怎样判断一个给定的电路图是否能印刷在单层印刷电路板上，而使走线间不发生交叉短路，并尽可能给出布线方案，是电路板设计中必须解决的一个问题。对于比较简单的电路拓扑结构来说，能否单层布线一目了然，但对于稍复杂的原理图，很难看出它能否通过单层布线来实现其功能。

如果把元器件看作结点，把元器件之间的连线看做边，那么一个电路图就是一个图，印刷线路板的布线问题就转化为图的可平面化问题了，这样就可以利用图的可平面化算法来检测一个电路图能否在印刷线路板上完成布线。这就是图论在电路板布线中的应用案例。

1.4 本课程的特点和学习方法

离散数学是计算机科学基础理论的核心课程之一，是计算机及应用、通信等专业的一门重要的基础课。它以研究离散量的结构和相互关系为主要目标，其研究对象一般是有限个或可数个元素，充分体现了计算机科学离散性的特点。学习离散数学的目的是为学习计算机、通信等专业的后续课程做好必要的知识准备，进一步提高抽象思维和逻辑推理的能力，为计算机的应用提供必要的描述工具和理论基础。

离散数学是建立在大量定义、定理之上的逻辑推理学科，因此，对概念的理解是学习这门课程的核心。在学习这些概念的基础上，要特别注意概念之间的联系，而描述这些联系的实体则是大量的定理和性质，因此，需要真正理解离散数学中所给出的每个基本概念的真正含义。例如，命题的定义、五个基本联结词、公式的主析取范式和主合取范式、三个推理规则以及反证法；集合的五种运算的定义；关系的定义和关系的四个性质；函数（映射）和几种特殊函数（映射）的定义；图、完全图、简单图、子图、补图的定义；图中简单路、基本路的定义以及两个图同构的定义；树与最小生成树的定义；代数系统、群、环、域和布尔代数的定义；各类语言与各种文法、各种类型的自动机的定义；递推和递归、排列、组合和组合设计等。掌握和理解这些概念对于学好离散数学是至关重要的。

在离散数学的学习过程中，一定要注重和掌握离散数学处理问题的方法，在习题解答时，找到一个合适的解题思路和方法是极为重要的。如果知道了一道题用怎样的方法去做或证明，就能很容易地做或证出来。反之，则事倍功半。在离散数学中，虽然题型种类繁多，但每类题的解法均有规律可循。所以，在听课和平时的复习中，要善于总结和归纳具有规律性的内容，并且熟练运用这些知识。同时，还要勤于思考，对于一道题，尽可能地多探讨几种解法。

离散数学的特点是知识点集中，对抽象思维能力的要求较高。由于这些定义的抽象性，初学者往往不能在脑海中直接建立起它们与现实世界中客观事物的联系。不管是哪本离散数学教材，都会在每一章中首先列出若干个定义和定理，接着就是这些定义和定理的直接应用，如果没有较好的抽象思维能力，学习离散数学确实具有一定的困难。因此，在离散数学的学习中，要注重抽象思维能力、逻辑推理能力的培养和训练，这种能力的培养对今后从事各种工作都是极其重要的。本书中，为了改进这个问题，我们给出了一些理论成果的实际应用案例。

离散数学是理论性较强的学科，学习离散数学的关键是对离散数学有关基本概念的准确掌握，对基本原理及基本运算的运用，并多做练习。

学习离散数学的目的更多的是应用，所以，多关注数学知识的应用，既能增加自己学习的兴趣，也能从中知道数学之美。本书的每一部分内容都安排了相关的应用场景，如等价关系及等价类在粗糙集理论中的应用、关系及关系运算在数据库中的应用、图的平面化算法、最优前缀编码在文件压缩中的应用、代数系统在密码学中的应用、形式语言与自动机理论在编译系统中的应用、递归理论在程序设计中的应用、递归方程式求解在算法分析中的应用和组合理论在算法分析和组合设计中的应用等，希望读者加强这些知识的学习。

1.5　本章小结

这一章主要掌握离散数学在信息技术中的一些应用场景，了解离散数学在本专业中所处的位置，以及学习离散数学的重要性，特别是计算机类的相关专业，更要学好离散数学，为后续课程的学习打好基础。另外，还需要了解把模拟量进行数字化的过程，掌握把模拟量数字化的步骤。

1.6　习题

1. 什么是模拟量？什么是数字量？
2. 简述模拟图像数字化的过程。
3. 简述模拟音频数字化的过程。
4. 简述离散数学的研究内容及其意义。

第2章 集合理论

本章主要内容

集合理论已经成为现代数学的基础，不仅在数学学科领域占据着重要地位，而且在计算机科学中也具有十分广泛的应用。本章主要讲解集合论的基本知识及其在计算机科学技术中的某些应用，内容包括集合的定义及其上面的操作，关系的定义和性质以及一些特殊的关系及其性质，如偏序关系、等价关系等，最后简单介绍了集合理论在数据库理论中的应用，以及等价关系在粗糙集理论中的应用。

2.1 集合理论的发展历史

17 世纪，数学领域出现了一门新的分支，就是微积分。在之后的一二百年中这一学科得到了飞速发展，并取得了丰硕成果。19 世纪初，出现了一场重建数学基础的运动，也正是在这场运动中，康托开始探讨前人从未碰过的实数点集，这是集合论研究的开端。1874 年康托提出“集合”的概念，其定义是：把若干确定的有区别的（不论是具体的或抽象的）对象合并起来，看作一个整体，就称为一个集合，其中各对象称为该集合的元素。1876—1883 年康托发表了一系列有关集合论的文章，对任意元素的集合进行了深入探讨，提出了基数、序数和偏序集等理论，奠定了集合论深厚的基础。数学家们还从自然数与康托集合论出发建立起了整个数学大厦，因而，集合论成为现代数学的基石，从而使人们认为“一切数学成果均可建立在集合论基础上”。

但遗憾的是，1903 年，一个震惊数学界的消息传出，那就是集合论是有漏洞的。这就是英国数学家罗素提出的著名的罗素悖论。罗素构造了一个集合 S：S 由一切不属于自身的集合所组成。然后他问：S 是否属于 S 呢？根据排中律，一个元素或者属于某个集合，或者不属于某个集合。因此，对于一个给定集合，问是否属于它自己是有意义的。但对这个看似合理的问题的回答却会陷入两难境地。如果 S 属于 S，则根据 S 的定义，S 就不属于 S；反之，如果 S 不属于 S，同样根据定义，S 就属于 S。无论如何都是矛盾的。

罗素的这条悖论使集合论产生了危机。它非常浅显易懂，而且所涉及的只是集合论中最基本的东西，所以，罗素悖论一提出就在当时的数学界与逻辑学界引起了极大震动。德国的著名逻辑学家弗雷格在他的关于集合的基础理论完稿付印时，收到了罗素关于这一悖论的信。他立刻发现，自己忙了很久得出的一系列结果却被这条悖论打乱了。他只能在自己著作的末尾写道“一个科学家所碰到的最倒霉的事，莫过于是在他的工作即将完成时却发现所做的工作的基础崩溃了”。从此，整个数学的基础被动摇了，由此引发了数学史上的第三次数学危机。

危机产生后，众多数学家投入到解决危机的工作中去。人们希望能够通过对集合论进行改造、对集合的定义加以限制来排除悖论，这就需要建立新的原则。德国数学家策梅洛

(Zermelo) 提出了第一个公理化集合论体系，其中包含七条公理，这一公理化集合论体系在很大程度上弥补了康托朴素集合论的缺陷；后经过弗伦克尔（Fraenkel）的完善和补充，形成了 ZF 公理系统，该系统包含如下 8 条公理。

① 外延公理：一个集合完全由它的元素所决定。如果两个集合含有的元素相同，则它们是相等的。

② 分离公理模式：对任意集合 S_1 和任意对 S_1 的元素有定义的逻辑谓词 $P(z)$，存在集合 S_3，使 $z \in S_3$，当且仅当 $z \in S_1$ 且 $P(z)$ 为真。也就是说：若 S_1 是一个集合，那么可以断定 $S_3 = \{x \in S_1 \mid P(x)\}$ 也是一个集合。

③ 无序对公理：对任意集合 S_1 和 S_2，存在集合 S_3，使得 S_1 和 S_2 是它仅有的元素，即用 $S_3 = \{S_1, S_2\}$ 来表示任给的两个集合 S_1 和 S_2 的集合，称之为 S_1 和 S_2 的无序对。

④ 并集公理：任给一族 S，称 $\cup S$ 为 S 的并，也就是 $\cup S$ 的元素恰好为 S 中所含元素的元素，即把族 S 的元素的元素汇集到一起，组成一个新集合。

⑤ 幂集公理：对任意集合 S，存在集合 2^S，它的元素恰好就是 S 的一切子集，即：存在以已知集合的一切子集为元素的集合。

⑥ 无穷公理：存在一集合 S，它有无穷多元素。

⑦ 替换公理模式：对于任意的公式 $A(x,y)$，对于任意的集合 S，当 x 属于 S 时，都有 y，使得在 $A(x,y)$ 成立的前提下，就一定存在一集合 S_1，使得对于所有的 x 属于 S，在集合 S_1 中都有一元素 y，使得 $A(x,y)$ 成立。也就是，如果由 $A(x,y)$ 所定义的有序对的类的定义域在 S 中，那么它的值域可限定在 S_1 中。

⑧ 正则公理：所有集都是良基集。说明一个集合的元素都具有最小性质，例如，不允许出现 S 属于 S 的情况；更精确的定义为：对任意非空集合 S，S 至少有一元素 S_1 使得 $S \cap S_1$ 为空集。

以上 8 条公理组成了 ZF 公理系统，再加上选择公理，便组成了 ZFC 公理系统。

⑨ 选择公理：对任意集 S，存在以 S 为定义域的选择函数 g，使得对 S 的每个非空元集 S_1，$g(S_1) \in S_1$。

上述公理对集合进行了限制，避免了很多问题，但为了更加可靠，数学家们还提出了一些公理来进一步限制集合的外延，如可构造性公理、马丁公理、大基数公理和决定性公理等。

2.2 集合的定义和运算

这一节讨论集合的定义和表示，以及集合上的各种运算。

2.2.1 集合的基本概念

“集合”是集合论中的一个基础概念，可以如下陈述。

定义 2-1 集合 把具有某种共同性质的一些个体的整体称为集合，每个个体称为集合的元素。通常用大写的英文字母表示集合，用小写的英文字母表示元素。

构成集合的个体可以是具体事物，如教室内的桌椅、图书馆的藏书、全国的高等学校等；也可以是抽象事物，如自然数、有理数和实数等。

定义 2-2 元素和集合的关系 把元素 a 属于集合 A 记作 $a \in A$，读作 a 属于 A；把元素

a不属于集合A记作$a \notin A$，读作a不属于A。

若组成集合的元素个数是有限的，则称该集合为有限集，否则称为无限集。

集合的表示方法有两种。一种是列举法，又称穷举法，它是将集合中的元素全部列出来，元素之间用逗号“,”隔开，并用花括号“{}”在两边括起来。例如，$A=\{a,b,c,d\}$；$B=\{1,2,3,\cdots\}$。

集合的另一种表示方法叫描述法，它是概括集合中元素的属性，以便决定某一事物是否属于该集合的方法。设x为某类对象的一般表示，$P(x)$为关于x的一个属性，用$B=\{x \mid P(x)\}$表示“使$P(x)$成立的对象x所组成的集合”，其中竖线“|”前写的是对象的一般表示，后边写出对象应满足的属性。例如，$S=\{x \mid x$是素数$\}$，是所有素数集合。

集合的元素也可以是集合。例如，$S=\{a,\{1,2\},p,\{q\}\}$。需要注意$q \in \{q\}$，而$q \notin S$。

定义 2-3　空集　不含任何元素的集合称为空集，记为$\varnothing$。

【例 2-1】 方程$x^2+1=0$的实根的集合是空集。

定义 2-4　设A、B是任意两个集合，如果A中的每一个元素都是B的元素，则称A是B的子集，记作$A \subseteq B$或$B \supseteq A$，读作A包含于B，或者B包含A。

如果A不是B的子集，则记为$A \nsubseteq B$，读作A不包含于B，或者B不包含A。

定义 2-5　设A和B是任意两个集合，如果它们有相同的元素，则称A和B相等，记作$A=B$。两个集合不相等，记作$A \neq B$。

集合中的元素是无次序的、不能重复的。

【例 2-2】 $\{a,\{1,2\},p,\{q\}\}=\{a,p,\{q\},\{1,2\}\}$。

【例 2-3】 设$A=\{2,3\}$，B为方程$x^2-5x+6=0$的根组成的集合，则$A=B$。

定义 2-6　如果集合A的每一个元素都属于集合B，而集合B中至少有一个元素不属于A，则称A为B的真子集，记作$A \subset B$。

如果A不是B的真子集，则记为$A \not\subset B$，此时，或者A不是B的子集，或者$A=B$。

【例 2-4】 $\{a,b\}$是$\{a,b,c\}$的真子集，$\{a,b,d\}$不是$\{a,b,c\}$的真子集。

定义 2-7　在一定范围内，若所有集合均为某集合的子集，则称该集合为全集，记作$\boldsymbol{E}$。

全集的概念相当于论域，只包含与讨论有关的所有对象，并不一定包含一切对象与事物。例如，在初等数论中，全体整数组成了全集。

定义 2-8　给定集合A，由集合A的所有子集为元素组成的集合，称为集合A的幂集，记为$P(A)$或2^A，即$P(A)=2^A=\{x \mid x \subseteq A\}$。

【例 2-5】 设$A=\{0,1,2\}$，则$P(A)=\{\varnothing,\{0\},\{1\},\{2\},\{0,1\},\{0,2\},\{1,2\},\{0,1,2\}\}$。

用$|A|$表示集合A中元素的个数，对于$|A|=n$的集合A，有$|2^A|=2^n$成立。

2.2.2　集合上的基本运算

这里介绍集合的并（$\cup$）、交（$\cap$）、差（$-$）、补（$\sim$）和对称差（$\oplus$）运算。

定义 2-9　设A、B为任意两个集合，所有属于集合A或属于集合B的元素组成的集合称为集合A和B的并集，记作$A \cup B$，即$A \cup B=\{x \mid x \in A$或者$x \in B\}$。

集合是由互不相同的元素组成的，所以在A和B中重复出现的元素在并集中只出现一次。

【例 2-6】 设$A=\{1,2,3,4\}$，$B=\{2,4,5,6\}$，则$A \cup B=\{1,2,3,4,5,6\}$。

定义 2-10　对n个集合$A_1,A_2,\cdots,A_n$的并集$A_1 \cup A_2 \cup \cdots \cup A_n=\{x \mid$存在某个$i,1 \leqslant i \leqslant n,$

$x \in A_i\}$，通常缩写成 $\bigcup_{i=1}^{n} A_i$。

【例 2-7】设 $A_1=\{1,2,3\}$，$A_2=\{3,8\}$，$A_3=\{2,3,6\}$，则 $\bigcup_{i=1}^{3} A_i=\{1,2,3,6,8\}$。

定义 2-11 设 A 和 B 为任意两个集合，所有属于集合 A 且属于集合 B 的元素组成的集合称为集合 A 和 B 的交集，记作 $A\cap B$，即 $A\cap B=\{x \mid x\in A$ 且 $x\in B\}$。如果 $A\cap B=\varnothing$，则称 A 和 B 不相交。

【例 2-8】设 $A=\{1,2,3,4\}$，$B=\{2,4,5,6\}$，则 $A\cap B=\{2,4\}$。

定义 2-12 对 n 个集合 $A_1,A_2,\cdots,A_n$ 的交集 $A_1\cap A_2\cap\cdots\cap A_n=\{x \mid$ 对于任意 $i,1\leqslant i\leqslant n$，$x\in A_i\}$，通常缩写成 $\bigcap_{i=1}^{n} A_i$。

定义 2-13 若集合 $A_1,A_2,\cdots,A_n$ 中任意两个 A_i 和 $A_j(i\neq j)$ 都不相交，则称 $A_1,A_2,\cdots,A_n$ 是两两不相交的集序列。

定义 2-14 设 A 和 B 为任意两个集合，由属于 A 而不属于 B 的一切元素构成的集合称为 A 与 B 的差集，记为 $A-B$。若 $A=E$（E 为全集），则 $E-B$ 为 B 的补集，记为 $\sim B$。

【例 2-9】设 $A=\{1,2,3,4,5\}$，$B=\{1,2,4,7,9\}$，则 $A-B=\{3,5\}$。设全集 $E=\{1,2,3,4,7,9\}$，则 $\sim B=\{3\}$。

定义 2-15 设 A 和 B 为任意两个集合，由属于 A 而不属于 B 或属于 B 而不属于 A 的一切元素构成的集合称为 A 和 B 的对称差，记作 $A\oplus B$，即 $A\oplus B=(A-B)\cup(B-A)$。

【例 2-10】设 $A=\{1,2,3,4,5\}$，$B=\{1,2,4,7,9\}$，则 $A\oplus B=\{3,5,7,9\}$。

集合的运算具有如下性质。

① 幂等律：$A\cup A=A$；$A\cap A=A$。

② 交换律：$A\cup B=B\cup A$；$A\cap B=B\cap A$。

③ 结合律：$(A\cup B)\cup C=A\cup(B\cup C)$；$(A\cap B)\cap C=A\cap(B\cap C)$。

④ 零律：$A\cup E=E$；$\varnothing\cap A=\varnothing$。

⑤ 同一律：$A\cup\varnothing=A$；$E\cap A=A$。

⑥ 分配律：$A\cap(B\cup C)=(A\cap B)\cup(A\cap C)$；$A\cup(B\cap C)=(A\cup B)\cap(A\cup C)$。

⑦ 吸收律：$A\cup(A\cap B)=A$；$A\cap(A\cup B)=A$。

⑧ 对合律：$\sim(\sim A)=A$。

⑨ 排中律：$A\cup(\sim A)=E$。

⑩ 矛盾律：$A\cap(\sim A)=\varnothing$。

⑪ 德·摩根律：$\sim(A\cup B)=(\sim A)\cap(\sim B)$；$\sim(A\cap B)=(\sim A)\cup(\sim B)$。

2.3 关系及其性质

这一节讨论关系及其上的操作和性质。

2.3.1 序对和笛卡儿积

定义 2-16 由两个元素 x 和 y 按一定的顺序排列成的二元组叫作序对，记作 $\langle x,y\rangle$。其中 x 是它的第一元素，y 是它的第二元素。

【例 2-11】 平面直角坐标系中点的坐标$<1,2>$和$<3.4,6.3>$就是序对，代表着不同的点。

序对具有以下特点。

① 序对可以看成是两个具有固定次序的客体组成的有序对，常常用它来表达两个客体之间的关系，它与一般集合不同的是序对具有确定的次序。在集合中$\{a,b\}=\{b,a\}$，但序对$<a,b>\neq<b,a>$，这里$a\neq b$。

② 两个序对相等，$<x,y>=<u,v>$，当且仅当$x=u$且$y=v$。

③ 序对$<a,b>$中两个元素不一定来自同一集合，它们可以代表不同类型的事物。

在实际问题中，有时会用到有序 3 元组，有序 4 元组，…，有序 n 元组。

定义 2-17 一个有序 n 元组（$n\geqslant 3$）是一个序对，其中第一个元素是一个有序 $n-1$ 元组，第二个元素是一个客体，记作$<x_1,x_2,\cdots,x_n>$，即$<x_1,x_2,\cdots,x_n>=<<x_1,x_2,\cdots,x_{n-1}>,x_n>$。

由序对相等的定义，$<<x_1,x_2,\cdots,x_{n-1}>,x_n>=<<y_1,y_2,\cdots,y_{n-1}>,y_n>$当且仅当$(x_1=y_1)$，$(x_2=y_2),\cdots,(x_{n-1}=y_{n-1})$和$(x_n=y_n)$。

定义 2-18 设 A 和 B 为两个集合，A 和 B 的笛卡儿积为集合$\{<x,y>\mid x\in A 且 y\in B\}$，记为 $A\times B$。

【例 2-12】 设$A=\{1,2,3\}$，$B=\{a,b\}$，$C=\varnothing$，则

$$A\times B=\{<1,a>,<1,b>,<2,a>,<2,b>,<3,a>,<3,b>\}$$

$$B\times A=\{<a,1>,<b,1>,<a,2>,<b,2>,<a,3>,<b,3>\}$$

$$A\times C=\varnothing,\ C\times A=\varnothing$$

笛卡儿积运算对集合的并、交、差运算分别满足分配律。

① $A\times(B\cup C)=(A\times B)\cup(A\times C)$

② $(A\cup B)\times C=(A\times C)\cup(B\times C)$

③ $A\times(B\cap C)=(A\times B)\cap(A\times C)$

④ $(A\cap B)\times C=(A\times C)\cap(B\times C)$

⑤ $A\times(B-C)=(A\times B)-(A\times C)$

⑥ $A\times(B-C)=(A\times B)-(A\times C)$

定义 2-19 设有$n(n\geqslant 2)$个集合$A_1,A_2,\cdots,A_n$，它们的笛卡儿积定义为$A_1\times A_2\times\cdots\times A_n=\{<x_1,x_2,\cdots,x_n>\mid x_1\in A_1,x_2\in A_2,\cdots,x_n\in A_n\}$。当$A_1=A_2=\cdots=A_n$时，它们的笛卡儿积简记为 A^n。

【例 2-13】 设$A=\{a,b\}$，则$A^3=\{<a,a,a>,<a,a,b>,<a,b,a>,<a,b,b>,<b,a,a>,<b,a,b>,<b,b,a>,<b,b,b>\}$。

2.3.2 二元关系

1. 二元关系的基本概念

定义 2-20 如果集合 R 为空集，或者为非空集合且它的元素都是序对，则称 R 为一个二元关系，简称为关系。

定义 2-21 设 A 和 B 为集合，称 $A\times B$ 的子集为从 A 到 B 的二元关系。当 $A=B$ 时，称 R 是 A 上的二元关系。

如果$|A|=n$，那么$|A|\times|A|=n^2$，$A\times A$ 的子集有 2^{n^2} 个，每一个子集代表一个 A 上的关系，所以 A 上有 2^{n^2} 个不同的二元关系。例如$|A|=3$，则 A 上可以定义 $2^{3^2}=512$ 个不同的

关系。

【例 2-14】设 $A=\{2,3,4\}$，$B=\{2,3,4,5,6\}$，$R=\{<x,y> \mid x\in A, y\in B$, 且 x 整除 $y\}=\{<2,2>,<2,4>,<2,6>,<3,3>,<3,6>,<4,4>\}$。

定义 2-22　设 A 和 B 是两个集合。

① A 到 B 的全关系是指集合 $A\times B$ 的全集，也称为全域关系；若 $A=B$，则称为 A 上的全关系，记为 E_A。

② A 到 B 的空关系是指 $A\times B$ 的子集$\varnothing$。若 $A=B$，则称为 A 上的空关系。

③ A 上的恒等关系 $I_A=\{<x,x> \mid x\in A\}$。

【例 2-15】设 $A=\{1,2\}$，$E_A=\{<1,1>,<1,2>,<2,1>,<2,2>\}$，$I_A=\{<1,1>,<2,2>\}$。

2. 二元关系的表示

二元关系除了用二元组的集合表示外，还可以用关系矩阵、关系图表示。

(1) 关系的矩阵表示

设给定两个集合 $A=\{a_1,a_2,\cdots,a_m\}$ 和 $B=\{b_1,b_2,\cdots,b_n\}$，R 为从 A 到 B 的二元关系，则对应于关系 R 有一个关系矩阵 $\boldsymbol{M}_R=[r_{ij}]_{m\times n}$，其中

$$r_{ij}=\begin{cases}1, <a_i,b_j>\in R\\ 0, <a_i,b_j>\notin R\end{cases}\quad (i=1,2,\cdots,m;\ \ j=1,2,\cdots,n)$$

【例 2-16】设 $A=\{1,2,3,4\}$，其上的关系“>”定义为 $\{<2,1>,<3,1>,<3,2>,<4,1>,<4,2>,<4,3>\}$，则关系矩阵 $\boldsymbol{M}_{>}=\begin{bmatrix}0&0&0&0\\1&0&0&0\\1&1&0&0\\1&1&1&0\end{bmatrix}$。

(2) 关系的图形表示

设 $A=\{a_1,a_2,\cdots,a_m\}$ 和 $B=\{b_1,b_2,\cdots,b_n\}$，$R\subseteq A\times B$。对于 A 和 B 中任意元素 x，用标注为 x 的圆圈表示，称为 x 的结点；如果 $<a,b>\in R$，则自 a 的结点至 b 的结点画一条有向弧，箭头指向 b；如果 $<a,b>\notin R$，则自 a 的结点至 b 的结点没有有向弧，采用这种方法连接起来的图称为 R 的关系图。

【例 2-17】设 $A=\{1,2,3,4\}$，$R=\{<1,1>,<1,3>,<2,3>,<4,4>\}$，则 R 的关系图如图 2-1 所示。

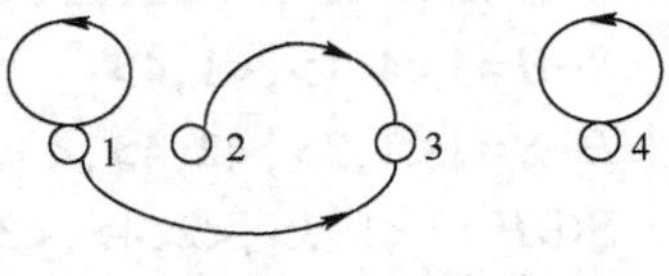

图 2-1　例 2-17 中关系 R 的关系图

关系的性质及表现形式如表 2-1 所示。

表 2-1　关系的性质及表现形式

关系的表现形式	自 反 性	对 称 性	传 递 性	反 自 反 性	反 对 称 性
定义	$\forall x\in A$ 都有 $<x,x>\in R$	$<x,y>\in R$，则 $<y,x>\in R$	$<x,y>\in R$ 和 $<y,z>\in R$，则 $<x,z>\in R$	$\forall x\in A$ 都有 $<x,x>\notin R$	$<x,y>\in R$ 且 $x\neq y$，则 $<y,x>\notin R$
矩阵表示	主对角线元素全是 1	矩阵为对称矩阵		主对角线元素全是 0	如果 $r_{ij}=1$ 且 $i\neq j$，则 $r_{ij}=0$
图表示	每个结点都有环	两个结点之间有边，一定是一对方向相反的边	结点 x 到 y 有边，y 到 z 有边，则 x 到 z 也有边	每个结点都无环	两个结点之间最多有一条有向边

2.3.3 关系的运算

1. 关系的定义域、值域、域

定义 2-23 二元关系 R 的定义域 $dom(R)=\{x \mid \exists <x,y> \in R\}$；值域 $ran(R)=\{y \mid \exists <x,y> \in R\}$；域 $fld(R)=dom(R) \cup ran(R)$。

【例 2-18】 分别求二元关系 R 和 S 的定义域、值域、域。

① $R=\{<2,2>,<2,4>,<2,6>,<3,3>,<3,6>,<4,4>\}$。

② $S=\{<x,y> \mid x、y \in Z, 且\ x^2+y^2=1\}$。

解： ① $dom(R)=\{2,3,4\}$，值域 $ran(R)=\{2,3,4,6\}$，$fld(R)=\{2,3,4,6\}$。

② $dom(R)=\{0,1,-1\}$，值域 $ran(R)=\{0,1,-1\}$，$fld(R)=\{0,1,-1\}$。

2. 关系的并、交、补、差、对称差运算

一个关系就是一个序对的集合，所以集合上的并、交、差、对称差等运算也适用于关系。

定义 2-24 设 R 和 S 是集合 A 上的两个二元关系，则

① $R \cup S$ 称为二元关系的并运算。

② $R \cap S$ 称为二元关系的交运算。

③ $R-S$ 称为二元关系的差运算。

④ $R \oplus S$ 称为二元关系的对称差运算。

⑤ $\sim S=A \times A-S$ 称为 S 的补。

【例 2-19】 设 $A=\{1,2,3,4\}$，若 $H=\{<x,y> \mid (x-y)/2 是整数\}=\{<1,1>,<1,3>,<2,2>,<2,4>,<3,3>,<3,1>,<4,4>,<4,2>\}$，$S=\{<x,y> \mid (x-y)/3 是整数\}=\{<1,1>,<2,2>,<3,3>,<4,4>,<4,1>,<1,4>\}$。则

$H \cup S=\{<1,1>,<1,3>,<2,2>,<2,4>,<3,3>,<3,1>,<4,4>,<4,2>,<4,1>,<1,4>\}$

$H \cap S=\{<1,1>,<2,2>,<3,3>,<4,4>\}$

$\sim H=A \times A-H=\{<1,2>,<2,1>,<2,3>,<3,2>,<3,4>,<4,3>,<1,4>,<4,1>\}$

$S-H=\{<4,1>,<1,4>\}$

$H-S=\{<1,3>,<2,4>,<3,1>,<4,2>\}$

$S \oplus H=\{<1,3>,<2,4>,<3,1>,<4,2>,<4,1>,<1,4>\}$

3. 关系的合成运算

定义 2-25 设 $R \subseteq A \times B$ 和 $S \subseteq B \times C$ 是两个二元关系，则 $\{<a,c> \mid \exists b \in B 使得 <a,b> \in R 和 <b,c> \in S\}$ 定义了一个 A 到 C 的关系，称为 R 与 S 的合成，记为 $R \circ S$。当 $A=B$ 时，规定 $R^0=I_A$，$R^1=R, \cdots, R^{n+1}=(R^n) \circ R$，$n$ 为自然数。

【例 2-20】 设 $A=\{1,2,3,4\}$，A 上的关系 $R=\{<1,1>,<1,2>,<2,4>\}$，$S=\{<1,4>,<2,3>,<2,4>,<3,2>\}$。则 $R \circ S=\{<3,4>\}$，$S \circ R=\{<1,4>,<1,3>\}$，$R^2=R \circ R=\{<1,1>,<1,2>,<1,4>\}$。

4. 关系的逆运算

定义 2-26 给定二元关系 $R \subseteq A \times B$，则 $\{<y,x> \mid <x,y> \in R\} \subseteq B \times A$ 称为 R 的逆关系，记为 R^{-1}。

【例 2-21】 设 $R=\{<x,y> \mid x,y \in \mathbf{N}, 且\ y=x+1\}$ 是自然数集 $\mathbf{N}$ 上的二元关系，则 $R^{-1}=$

$\{<y,x> \mid x,y \in \mathbf{N}, 且\ y=x+1\} = \{<1,0>,<2,1>,<3,2>,\cdots,<x+1,x>,\cdots\}$。

关系 R 的逆关系 R^{-1} 的关系图恰好是关系 R 的关系图中将有向弧的方向反置；R^{-1} 的关系矩阵恰好是 $\boldsymbol{M}_R$ 的转置矩阵。逆运算具有如下性质，其中 R，S 是二元关系。

① $(R^{-1})^{-1}=R$

② $\mathrm{dom}(R^{-1})=\mathrm{ran}(R)$

③ $(R \circ S)^{-1}=S^{-1} \circ R^{-1}$

5. 关系的限制运算

定义 2-27 设 R 为关系，A 为集合，则 R 在 A 上的限制 $R \uparrow A=\{<x,y> \in R, 且\ x \in A\}$。

定义 2-28 设 A 在 R 下的像 $R[A]=\mathrm{ran}(R \uparrow A)$。

【例 2-22】 设 $R=\{<0,1>,<0,2>,<0,3>,<1,2>,<1,3>,<2,3>\}$。$R \uparrow \{0,1\}=\{<0,1>,<0,2>,<0,3>,<1,2>,<1,3>\}$，$R[\{1,2\}]=\mathrm{ran}(R \uparrow \{1,2\})=\{2,3\}$。

2.3.4 关系的性质

二元关系 R 的主要性质有自反性、对称性、传递性、反自反性和反对称性。

定义 2-29 设 R 为定义在集合 A 上的二元关系。

① 对于任意 $x \in A$ 都有 $<x,x> \in R$，则称 R 具有自反性。

② 对于任意 $<x,y> \in R$ 都有 $<y,x> \in R$，则称 R 具有对称性。

③ 对任意 $<x,y> \in R$ 和 $<y,z> \in R$ 都有 $<x,z> \in R$，则称 R 具有传递性。

④ 对于任意 $x \in A$ 都有 $<x,x> \notin R$，则称 R 具有反自反性。

⑤ 对任意 $<x,y> \in R$ 和 $<y,x> \in R$ 必有 $x=y$，则称 R 具有反对称性。也可以表述为，对任意 $<x,y> \in R$ 且 $x \neq y$ 必有 $<y,x> \notin R$，则称 R 具有反对称性。

【例 2-23】 设 A 为任意集合。

① A 上的恒等关系 I_A 具有自反性、对称性和传递性，但不具有反自反性。

② 实数集合 $\mathbf{R}$ 上的小于等于关系“$\leqslant$”具有自反性、反对称性和传递性，但不具有对称性。

③ 平面三角形上的全等关系“$\cong$”具有自反性、对称性、传递性，但不具有反自反性。

④ 设 A 是人的集合，R 是 A 上的二元关系，$<x,y> \in R$ 当且仅当 x 是 y 的祖先，显然祖先关系 R 是传递的。

⑤ 平面三角形上的相似关系“$\backsim$”具有对称性。

【例 2-24】 设 $A=\{1,2,3\}$，$R_1=\{<1,2>,<2,2>\}$，$R_2=\{<1,2>\}$，$R_3=\{<1,2>,<2,3>,<1,3>,<2,1>\}$，$R_4=\{<1,1>,<1,2>,<3,2>,<2,3>,<3,3>\}$，$R_5=\{<1,1>,<2,2>,<3,3>\}$，则：

① R_1 和 R_2 是传递的。

② 对于 R_3，因为 $<1,2> \in R_3$，$<2,1> \in R_3$，由 $<1,1> \notin R_3$ 或 $<2,2> \notin R_3$，故 R_3 不是传递的。

③ 由 $2 \in A$，但 $<2,2> \notin R_4$，故 R_4 不是自反的。又因 $1 \in A$，但 $<1,1> \in R_4$，故 R_4 不是反自反的，因此 R_4 既不是自反的，也不是反自反的。

④ R_5 在 A 上既是对称的又是反对称的。

2.3.5 关系的闭包运算

这一节讨论关系运算的自反、对称和传递的闭包。

定义 2-30 设 R 是集合 A 上的二元关系，如果有另一个关系 R'满足下列条件：

① R'是自反的（或对称的，或传递的）。

② $R \subseteq R'$。

③ 若还有 A 上的二元关系 R''也符合条件①和②，则必有 $R' \subseteq R''$，称 R'为 R 的自反闭包（或对称闭包、传递闭包），记为 $r(R)$、（或 $s(R)$，$t(R)$）。

由闭包定义可知，R'是包含 R 且具有自反性或对称性或传递性的最小关系，并且具有如下性质：

① $r(R)=R \cup I_A$

② $s(R)=R \cup R^{-1}$

③ $t(R)=R \cup R^2 \cup R^3 \cup \cdots$

【例 2-25】 设 $A=\{1,2,3\}$，$R_1=\{<1,2>,<2,3>,<3,1>\}$，则：

① $r(R)=R \cup I_A=\{<1,2>,<2,3>,<3,1>,<1,1>,<2,2>,<3,3>\}$

② $s(R)=R \cup R^{-1}=\{<1,2>,<2,3>,<3,1>,<2,1>,<3,2>,<1,3>\}$

③ 由于 $R^2=\{<1,3>,<2,1>,<3,2>\}$，$R^3=\{<1,1>,<2,2>,<3,3>\}$，$R^4=R$，$R^5=R^2$，$R^6=R^3$，如此循环，所以得到一般的结论 $R^{3n+1}=R$，$R^{3n+2}=R^2$，$R^{3n}=R^3(n=1,2,3,\cdots)$，由此得到$t(R)=A \times A$。

通过计算 R^i来求闭包是可行的，可以采用矩阵和图的方式来求 $t(R)$。采用矩阵的形式求解的方法如下。设 R 的关系矩阵为 $\boldsymbol{M}$，其自反、对称、传递闭包的矩阵 $\boldsymbol{M}_r$、$\boldsymbol{M}_s$和 $\boldsymbol{M}_t$的求法如下：

① $\boldsymbol{M}_r=\boldsymbol{M}+\boldsymbol{E}$

② $\boldsymbol{M}_s=\boldsymbol{M}+\boldsymbol{M}^{\mathrm{T}}$

③ $\boldsymbol{M}_t=\boldsymbol{M}+\boldsymbol{M}^2+\boldsymbol{M}^3+\cdots$

其中 $\boldsymbol{E}$ 表示同阶的单位矩阵（主对角线元素是 1，其他元素都是 0），$\boldsymbol{M}^{\mathrm{T}}$表示 $\boldsymbol{M}$ 的转置，而+表示矩阵中对应元素的逻辑加。

【例 2-26】 将例 2-25 中的问题用关系矩阵方法求解。

解： $\boldsymbol{M}=\begin{bmatrix}0&1&0\\0&0&1\\1&0&0\end{bmatrix}$，$\boldsymbol{M}_r=\boldsymbol{M}+\boldsymbol{E}=\begin{bmatrix}0&1&0\\0&0&1\\1&0&0\end{bmatrix}+\begin{bmatrix}1&0&0\\0&1&0\\0&0&1\end{bmatrix}=\begin{bmatrix}1&1&0\\0&1&1\\1&0&1\end{bmatrix}$

$$\boldsymbol{M}_s=\boldsymbol{M}+\boldsymbol{M}^{\mathrm{T}}=\begin{bmatrix}0&1&0\\0&0&1\\1&0&0\end{bmatrix}+\begin{bmatrix}0&0&1\\1&0&0\\0&1&0\end{bmatrix}=\begin{bmatrix}0&1&1\\1&0&1\\1&1&0\end{bmatrix}$$

$$\boldsymbol{M}^2=\boldsymbol{M}\boldsymbol{M}=\begin{bmatrix}0&1&0\\0&0&1\\1&0&0\end{bmatrix}\begin{bmatrix}0&1&0\\0&0&1\\1&0&0\end{bmatrix}=\begin{bmatrix}0&0&1\\1&0&0\\0&1&0\end{bmatrix}$$

$$M^3 = M^2M = \begin{bmatrix} 0 & 0 & 1 \\ 1 & 0 & 0 \\ 0 & 1 & 0 \end{bmatrix}\begin{bmatrix} 0 & 1 & 0 \\ 0 & 0 & 1 \\ 1 & 0 & 0 \end{bmatrix} = \begin{bmatrix} 1 & 0 & 0 \\ 0 & 1 & 0 \\ 0 & 0 & 1 \end{bmatrix}$$

于是

$$M_t = M + M^2 + M^3 + \cdots$$

$$= \begin{bmatrix} 0 & 1 & 0 \\ 0 & 0 & 1 \\ 1 & 0 & 0 \end{bmatrix} + \begin{bmatrix} 0 & 0 & 1 \\ 1 & 0 & 0 \\ 0 & 1 & 0 \end{bmatrix} + \begin{bmatrix} 1 & 0 & 0 \\ 0 & 1 & 0 \\ 0 & 0 & 1 \end{bmatrix} = \begin{bmatrix} 1 & 1 & 1 \\ 1 & 1 & 1 \\ 1 & 1 & 1 \end{bmatrix}$$

即得到例 2-25 中的问题的解。

只需将关系图 R 中的每个结点加入环，得到自反闭包 $r(R)$。将关系图 R 中的单向边变成双向边，得到对称闭包 $s(R)$。只要依次检查 R 的关系图的每个结点 x，把从 x 出发的长度不超过 n（n 是图中结点的个数）的所有路径的终点找到；如果 x 到这样的终点没有边，就加上一条边；最后得到传递闭包 $t(R)$。

【例 2-27】将例 2-25 中的问题用关系图方法求解，如图 2-2 所示。

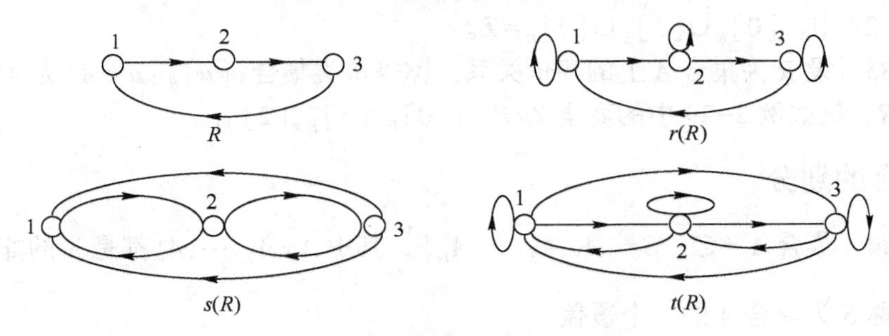

图 2-2　关系图方法求解示例

就这个例题来说，直接从关系图求闭包是最方便的。

2.4 等价关系与集合的划分

这一节讨论等价关系及集合的划分。

2.4.1 等价关系与等价类

定义 2-31　设非空集合 A 上的二元关系 R，同时具有自反性、对称性和传递性，则称 R 是 A 上的等价关系。

【例 2-28】设 $\mathbf{Z}$ 为整数集，k 是 $\mathbf{Z}$ 中任意固定的正整数，定义 $\mathbf{Z}$ 上的二元关系 R 为：任意 $a,b \in \mathbf{Z}$，$<a,b> \in R$ 的充要条件是 $a \equiv b(\bmod k)$，则 R 是 $\mathbf{Z}$ 上的等价关系。

证明：① $\forall a \in \mathbf{Z}$，因为 $a-a=k\times 0$，$0 \in \mathbf{Z}$，所以 $<a,a> \in R$，即 R 是 $\mathbf{Z}$ 上自反关系。

② 如果 $<a,b> \in R$，则 $a \equiv b(\bmod k)$，$a-b=kq_1$，其中 $q_1 \in \mathbf{Z}$，因此，$b-a=-kq_1$，即 $b \equiv a(\bmod k)$，于是 $<b,a> \in R$，所以 R 是 $\mathbf{Z}$ 上对称关系。

③ 如果 $<a,b> \in R$ 且 $<b,c> \in R$，则 $a-b=kq_1$，$b-c=kq_2$，其中 q_1、$q_2 \in \mathbf{Z}$，故 $a-c=(a-b)+(b-c)=k(q_1+q_2)(q_1+q_2 \in \mathbf{Z})$，因此 $<a,c> \in R$，所以 R 是 $\mathbf{Z}$ 上传递关系。

综上所述，R 是 $\mathbf{Z}$ 上的等价关系，称为 $\mathbf{Z}$ 上的模 k 等价关系。证毕。

定义 2-32 设 R 是集合 A 上的等价关系，$A \neq \varnothing$，对 $a \in A$，A 的子集 $\{x \mid (x \in A)$ 且 $(<a,x> \in R)\}$，称为 R 的一个等价类，记为$[a]_R$，称为由元素 a 产生的 R 等价类，在不引起混淆时简记为$[a]$。由于等价关系是自反的，显然 $a \in [a]$，故等价类是 A 的非空子集。

【例 2-29】 根据例 2-28，设 $k=3$，则 R 的等价类有$[0]_R=\{3k \mid k \in \mathbf{Z}\}$，$[1]_R=\{3k+1 \mid k \in \mathbf{Z}\}$，$[2]_R=\{3k+2 \mid k \in \mathbf{Z}\}$。

设 R 是集合 A 上的等价关系，则对任意 a，$b \in A$，有下面的性质。

① $[a] \neq \varnothing$，且$[a] \subseteq A$。

② 若$<a,b> \in R$，则$[a]=[b]$。

③ 若$<a,b> \notin R$，则$[a] \cap [b]=\varnothing$。

④ $\cup_{a \in A}[a]=A$。

①表示任何等价类都是非空子集，等价类都是 A 的子集，如例 2-29，三个等价类都是 $\mathbf{Z}$ 的子集。②、③是 A 中任取两个元素，它们的等价类或者相等或者不交。例如例 2-29 中有$[0]_R=[3]_R=[6]_R$，$[2]_R=[5]_R=[8]_R$，但是$[0]_R \cap [2]_R=\varnothing$。④表示所有等价类的并集是集合 A。例如例 2-29 中，$[0]_R \cup [1]_R \cup [2]_R=\mathbf{Z}$。

定义 2-33 设 R 为集合 A 上的等价关系，称等价类集合$\{[a]_R \mid a \in A\}$为 A 关于 R 的商集，记作 A/R。例如例 2-29 中的商集 $\mathbf{Z}/R=\{[0]_R,[1]_R,[2]_R\}$。

2.4.2 集合的划分

定义 2-34 集合 $A \neq \varnothing$，$S=\{A_1,A_2,\cdots,A_m\}$，其中 $A_1,A_2,\cdots,A_m$都是 A 的非空子集，若 $\bigcup_{i=1}^{m} A_i=A$，称 S 为集合 A 的一个覆盖。

定义 2-35 设集合 $A \neq \varnothing$，$S=\{A_1,A_2,\cdots,A_m\}$是 A 的一个覆盖，且对于 $i, j=1,2,\cdots,m$，$i \neq j$，$A_i \cap A_j=\varnothing$，则称 S 为 A 的一个划分，称 S 中的元素为 A 的划分块。

【例 2-30】 $A=\{a,b,c\}$，对于下列集合 $P=\{\{a\},\{b,c\}\}$，$Q=\{\{a,b,c\}\}$，$R=\{\{a\},\{b\},\{c\}\}$，$S=\{\{a,b\},\{b,c\}\}$，$T=\{\{a\},\{a,c\}\}$，由定义 2-35 知，P，Q 和 R 都是集合 A 的划分，而 S 和 T 不是集合 A 的划分。

如果划分 Q 中的元素是由集合 A 的全部元素组成的一个分块（A 的子集），则称 Q 为集合 A 的最小划分。

如果划分 R 由集合 A 中每个元素构成的一个单元素分块（A 的子集）组成，则称 R 为集合 A 的最大划分。

由商集和划分的定义不难看出，非空集合 A 定义等价关系 R，由它产生的等价类都是 A 的非空子集，不同的等价类之间不交，并且所有等价类的并集就是 A，因此，所有等价的集合，即商集 A/R，就是 A 的一个划分，称为由 R 诱导的划分。

集合的划分不是唯一的，但已知一个集合却很容易构造出一种划分。在非空集合 A 上给定一个划分 S，定义 A 上的二元关系 R 为每个划分块的笛卡儿积的并集，即对任何元素 a，$b \in A$，如果 a 和 b 在同一划分块中，则$<a,b> \in R$，那么 R 是 A 上的等价关系，称为由划分 S 所诱导的等价关系，且该等价关系的商集就是 S。所以，集合 A 上的等价关系与集合 A 上的划分是一一对应的。

【例 2-31】设 $A=\{a,b,c,d,e\}$，划分 $S=\{\{a,b\},\{c\},\{d,e\}\}$ 确定的等价关系 $R=\{a,b\}\times\{a,b\}\cup\{c\}\times\{c\}\cup\{d,e\}\times\{d,e\}=\{<a,a>,<a,b>,<b,a>,<b,b>,<c,c>,<d,d>,<d,e>,<e,e>,<e,d>\}$。

2.5 序关系

在集合上，常常需要考察元素的序关系问题，其中一种重要的序关系称为偏序关系。

2.5.1 偏序关系的定义

定义 2-36 设 R 是集合 A 上的二元关系，若 R 具有自反性、反对称性和传递性，则称 R 为 A 上的偏序关系，记为“≤”。序对 $<A,\leqslant>$ 称为偏序集。

【例 2-32】集合 A 上的恒等关系是偏序关系，实数集上的小于等于关系是偏序关系；集合 $A\neq\varnothing$，集合 A 的幂集 2^A 上的包含关系是偏序关系。

2.5.2 偏序集的哈斯图

定义 2-37 设 $<A,\leqslant>$ 是一个偏序集，若对任意的 a，$b\in A$，如果 $a\leqslant b$ 或者 $b\leqslant a$ 成立，则称 a 与 b 是可比的；如果 $a<b$，即 $a\leqslant b$ 且 $a\neq b$，且不存在 $c\in A$ 使得 $a<c<b$，则称 b 盖住 a。

【例 2-33】设 $A=\{1,2,3,4,6,12\}$，R 是集合 A 上的整除关系，则偏序集 $<A,R>$ 的盖住关系为 $\{<1,2>,<1,3>,<2,4>,<2,6>,<3,6>,<4,12>,<6,12>\}$。

可以用图来表达关系，这里引入哈斯图来表达偏序关系，利用盖住关系作“≤”的哈斯图既简单又层次清楚。哈斯图的作图规则如下。

① 用实圆点代表元素，并标注上元素的名。

② 如果 $x\leqslant y$ 且 $x\neq y$，则将代表 y 的小圆点画在代表 x 的小圆点的上面。

③ 如果 y 盖住 x，则在 x 与 y 之间用直线连接。

【例 2-34】设 $A=\{1,2,3,4,6,12\}$，R 是集合 A 上的整除关系，则偏序集 $<A,R>=\{<1,2>,<1,3>,<1,4>,<1,6>,<1,12>,<2,4>,<2,6>,<2,12>,<3,6>,<3,12>,<6,12>,<4,12>\}\cup I_A$。其哈斯图如图 2-3 所示。

定义 2-38 设 $<A,\leqslant>$ 是一个偏序集，若对任意的 a，$b\in A$ 都有 a 与 b 是可比的，则称 ≤ 为 A 上的全序关系，称 $<A,\leqslant>$ 为全序集。

【例 2-35】设 $\mathbf{Z}$ 是整数集，“≤”为数的小于等于关系，则 $<\mathbf{Z},\leqslant>$ 的哈斯图如图 2-4 所示。

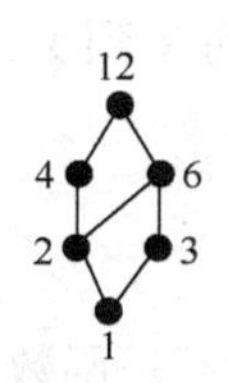

图 2-3　例 2-34 的哈斯图

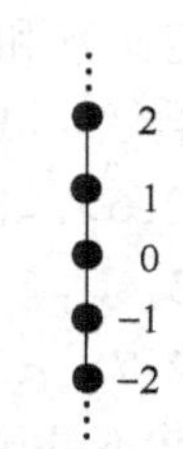

图 2-4　整数集上≤关系的哈斯图

定义 2-39　设$<A,\leqslant>$为偏序集，B是A的子集。

① 如果$\exists b\in B$，在B中不存在a使得$a<b$，则称b是B的极小元。

② 如果$\exists b\in B$，在B中不存在a使得$b<a$，则称b是B的极大元。

③ 如果$\exists b\in B$，对于B中的任意元素a都有$b\leqslant a$，则称b是B的最小元。

④ 如果$\exists b\in B$，对于B中的任意元素a都有$a\leqslant b$，则称b是B的最大元。

【例 2-36】 在例 2-34 中，设$B=\{2,3,6,12\}\subseteq A$，则$B$的极小元是 2 和 3，没有最小元，$B$的极大元和最大元都是 12。

极大元、极小元存在，但不是唯一的，但如果存在最大元和最小元，则一定是唯一的。

定义 2-40　设$<A,\leqslant>$为偏序集，B是A的任意非空子集。

① 如果$\exists a\in A$，对于任意$b\in B$都有$b\leqslant a$成立，则称a为B的上界。

② 如果$\exists a\in A$，对于任意$b\in B$都有$a\leqslant b$成立，则称a为B的下界。

③ 设$C=\{a\mid a$是B的上界$\}\subseteq A$，C的最小元称为B的最小上界（上确界）。

④ 设$D=\{a\mid a$是B的下界$\}\subseteq A$，D的最大元称为B的最大下界（下确界）。

要注意到，上界和下界不唯一，但上确界和下确界是唯一的。

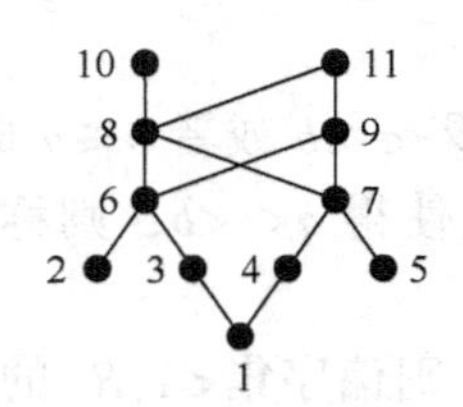

图 2-5　例 2-37 的哈斯图

【例 2-37】 设集合$A=\{1,2,3,4,5,6,7,8,9,10,11\}$，偏序集$<A,\leqslant>$的哈斯图如图 2-5 所示，则有 8 和 9 分别是集合$B_1=\{1,2,3,4,5,6,7\}\subseteq A$的上界；1，2，3，4，5，6 和 7 都是集合$B_2=\{8,9,10,11\}\subseteq A$的下界；2，3，4 和 5 都不是集合$B_3=\{6,7,8,9\}\subseteq A$的下界；$B_4=\{6,7,8,9,10,11\}\subseteq A$的最大下界（下确界）是 1。

2.6　函数

函数是一个基本的数学概念，这里把函数作为一种特殊的关系进行讨论。

2.6.1　函数的定义

定义 2-41　设X和Y是两个集合，f是X到Y的一个关系。

① 如果对任一$x\in X$，都有唯一的$y\in Y$，使得$<x,y>\in f$，则称f是X到Y的函数，记作$f:X\to Y$。

② 如果$<x,y>\in f$，称x为自变元，y为在f作用下x的像，记作$y=f(x)$，并称$f(X)=\{y\mid$存在$x\in X$使得$y=f(x)\}$为函数f的像集。

③ 若$f:X\to Y$，则称X为函数f的定义域，记为$\mathrm{dom}(f)$；称$f(X)$为函数f的值域，记为$\mathrm{ran}(f)$。这和关系的定义域和值域的定义是一致的。

【例 2-38】 设集合$X=\{1,2,3\}$，$Y=\{4,5,6,7\}$。判断下列X到Y二元关系是否是函数。

① $R=\{<1,4>,<2,6>,<3,5>\}$。

② $S=\{<1,5>,<2,4>\}$。

③ $T=\{<1,6>,<2,7>,<3,5>,<1,7>\}$。

解： ①是函数。②不是函数，因为定义域不是集合X。③不是函数，因为集合Y不是唯一的元素与集合X的元素对应。

函数与关系的区别主要有以下两点：

① 函数 $f:X \to Y$ 的定义域是 X，而不能是 X 的某个真子集。

② 函数 $f:X \to Y$ 中，$\forall x \in X$ 有且仅有一个 $y \in Y$ 使得 $y=f(x)$。

定义 2-42　设函数 $f:X \to Y$。

① 如果 $\mathrm{ran}(f)=Y$，则称 f 为满射。也就是，若 $f:X \to Y$ 为满射，则对任意 $y \in Y$，必存在 $x \in X$ 使得 $y=f(x)$。

② $\forall x_1, x_2 \in X$，如果 $x_1 \neq x_2$，则 $f(x_1) \neq f(x_2)$，则称 f 为单射。单射是原像不同，则像也不同的函数。

③ 如果 f 既是满射又是单射，则称 f 为双射（一一映射）。

【例 2-39】 ① 设 X 和 Y 都是自然数集，对于函数 $f(n)=n^2+1$，因为在自然数集中任取 x，y，且 $x \neq y$，则 $x^2+1 \neq y^2+1$，所以 f 是单射。$0 \in Y$，但是 $0 \notin \mathrm{ran}(f)$，所以 f 不是满射。

② 设 X 为整数集，Y 为自然数集，$f(x)=|x|$。因为在整数集中任取 x，取 $y=-x$，$f(x)=f(y)$，所以该函数不是单射。但对于任意 $y \in Y$，有 $y \in X$ 且 $y=f(y)$，所以该函数是满射。

2.6.2 逆函数与复合函数

函数是一种特殊的关系，关系有逆运算和复合运算，因此函数也有逆运算和复合运算。

1. 逆函数

在关系 R 的定义中曾提到，从 X 到 Y 的关系，其逆关系 R^{-1} 是 Y 到 X 的关系，$<x,y> \in R$ 当且仅当 $<y,x> \in R^{-1}$。但对于函数来说就不能简单地用交换序对元素顺序的办法得到逆函数，这是因为若有函数 $f:X \to Y$，它的值域 $\mathrm{ran}(f)$ 仅是 Y 的一个真子集，这时 $\mathrm{dom}(f^{-1})=\mathrm{ran}(f) \subset Y$，这不符合函数定义域的要求。另外，若函数 $f:X \to Y$ 不是单射，即有 $<x_1,y> \in f$ 和 $<x_2,y> \in f$ 成立，且 $x_1 \neq x_2$。其逆关系将有 $<y,x_1> \in f^{-1}$ 和 $<y,x_2> \in f^{-1}$ 成立，这又违反了函数值的唯一性要求。为此，函数的逆需要满足某些条件。

定义 2-43　设 $f:X \to Y$ 是一个双射函数，称 $f^{-1}:Y \to X$ 为 f 的逆函数，记为 f^{-1}。

【例 2-40】 设 $A=\{1,2,3\}$，$B=\{a,b,c\}$，$f=\{<1,a>,<2,c>,<3,b>\}$ 是 A 到 B 的双射函数，则 f 的逆关系 $f^{-1}=\{<a,1>,<c,2>,<b,3>\}$ 是 B 到 A 的双射函数。

若 $g=\{<1,a>,<2,b>,<3,b>\}$，则 g 的逆关系 $g^{-1}=\{<a,1>,<b,2>,<b,3>\}$ 就不是一个函数。

2. 复合函数

定义 2-44　设 $f:X \to Y$，$g:W \to Z$，若 $f(X) \subseteq W$，则称 $g \circ f=\{<x,z> \mid$ 对于 $x \in X$ 和 $z \in Z$，$\exists y \in Y$ 使得 $<x,y> \in f$ 和 $<y,z> \in g$ 成立$\}$ 为 g 对 f 的复合函数。

【例 2-41】 设 $X=\{1,2,3\}$，$Y=\{p,q\}$，$Z=\{a,b\}$，$f=\{<1,p>,<2,p>,<3,q>\}$，$g=\{<p,b>,<q,b>\}$，则 $g \circ f=\{<1,b>,<2,b>,<3,b>\}$。

2.7 集合理论在计算机科学中的应用

本节主要讨论关系在数据库理论中的应用，也就是关系代数。另外，讨论等价类在机器学习中的应用，也就是粗糙集理论。

2.7.1 集合理论在关系数据库理论中的应用：关系代数

根据 1.3.1 节的介绍可知，关系数据库是基于关系模型的，它由关系数据结构、关系操作集合和关系完整性约束三部分组成。关系操作能力通常用代数方式或逻辑方式来表示，分别称为关系代数和关系演算。关系代数是用对关系的运算来表达查询要求的方式，作为集合理论的一个应用案例，这里对关系代数做个简单介绍。

首先讨论一下二维表格的表达问题。例如，对于图 1-5（a）中的表格，每一列称为一个属性，也就是说该表有属性“学号”“姓名”“计算机导论”“离散数学”“数据结构”“操作系统”“编译原理”。同样，对每一个属性，它的取值具有共同的属性，例如，属性“学号”是整数类型，属性“姓名”是字符串类型，其他属性都可以是实数类型。把具有相同数据类型的数据的集合称为“域”。为了更准确详细地描述二维表，下面给出一些定义。

定义 2-45　域　域是一组具有相同数据类型的值的集合。

【例 2-42】 图 1-5（a）中的表格，属性“学号”的值组成的集合{00001,00002,00003}就是一个域。

定义 2-46　笛卡儿积　给定一组域 $D_1,D_2,\cdots,D_n$，这些域可以重复，它们的笛卡儿积定义为：$D_1\times D_2\times\cdots\times D_n=\{<d_1,d_2,\cdots,d_n> \mid d_i\in D_i, i=1,2,\cdots,n\}$，其中每一个元素 $<d_1,d_2,\cdots,d_n>$ 叫作一个 n 元组（n-tuple）或简称元组（tuple）。元素中的每一个值 d_i 叫作一个分量（component）。

定义 2-47　*n* 元关系　在域 $D_1,D_2,\cdots,D_n$ 上，笛卡儿积 $D_1\times D_2\times\cdots\times D_n$ 的子集称为 n 元关系，表示为 $R(D_1,D_2,\cdots,D_n)$，其中 R 是关系名称，n 是关系的度（degree）。在不引起混淆的情况下，也简称关系。

【例 2-43】 图 1-5（b）中的表格，属性“学号”“姓名”“课程名称”的值分别构成域 D_1={00001,00002,00003}、D_2={张三,李四,王五}、D_3={离散数学,数据结构,编译原理,操作系统}。它们的笛卡儿积 $D_1\times D_2\times D_3$ 的子集{(00001,张三,离散数学),(00002,李四,数据结构),(00003,王五,操作系统),(00001,张三,编译原理),(00003,王五,离散数学),(00002,李四,离散数学),(00001,张三,数据结构)}构成一个关系，如果把该关系命名为 R，则可以表示为 $R(D_1\times D_2\times D_3)$。该子集中的每个元素都是一个三元组。

定义 2-48　元组　关系中的每个元素称为关系中的元组。

定义 2-49　属性　关系也是一个二维表，表的每行对应一个元组，表的每列对应一个域。由于域可以相同，为了加以区分，必须对每列起一个名字，称为属性（attribute）。

定义 2-50　关系模式　关系的描述称为关系模式（relation schema），可以形式化地表示为 $R(U,D,\mathrm{dom},F)$，其中 R 为关系名，U 为组成该关系的属性名集合，D 为属性组 U 中属性的域，dom 为属性向域的映象集合，F 为属性间数据的依赖关系集合。关系模式通常可以简记为 $R(U)$ 或 $R(A_1,A_2,\cdots,A_n)$，其中 R 是关系名，$A_1,A_2,\cdots,A_n$ 是属性名。

关系是关系模式在某一时刻的状态或内容。关系模式是静态的、稳定的，而关系是动态的、随时间不断变化的，因为关系操作在不断地更新着数据库中的数据。

【例 2-44】 图 1-5 中的三个表格可以构成一个数据库，三个表格对应三个关系，它们对应的三个关系模式分别为“成绩单(学号,姓名,计算机导论,离散数学,数据结构,操作系统,编译原理)”“选课表(学号,姓名,课程名)”和“任课表(职工号,姓名,课程名)”。

定义 2-51　关系数据库的型和值　关系数据库的型也称为关系数据库模式，是对关系数据库的描述，它包括若干域的定义以及在这些域上定义的若干关系模式。关系数据库的值是这些关系模式在某一时刻对应的关系的集合，通常就称为关系数据库。

定义 2-52 超码 对于关系 R 的一个或多个属性的集合 A，如果属性集 A 可以唯一地标识关系 R 中的一个元组，则称属性集 A 为关系 R 的一个超码（superkey）。

定义 2-53 候选码 若关系中的某一属性组的值能唯一地标识一个元组，则称该属性组为候选码（candidate key）。

定义 2-54 主码 若一个关系有多个候选码，则选定其中一个为主码（primary key）。

定义 2-55 外码 设 F 是基本关系 R 的一个或一组属性，但不是关系 R 的码，如果 F 与基本关系 S 的主码 K 相对应，则称 F 是基本关系 R 的外码（foreign key），简称外码。

关系模型中的关系操作有查询操作和更新操作（插入、删除和修改）两大类。查询操作是关系操作中最主要的部分，有选择（select）、投影（project）、连接（join）、除（divide）、并（union）、交（intersection）、差（except）、笛卡儿积等，其中的并、差、笛卡儿积、投影和选择5种运算为基本的运算，交、连接和除均可以用这5种基本运算来表达。

定义 2-56 并 设关系 R 和关系 S 具有 n 个相同的属性，且相应的属性取自同一个域，则 R 与 S 的并由属于 R 或属于 S 的元组组成，记作 $R\cup S=\{t\mid t\in R$ 或 $t\in S\}$，仍为 n 元关系。

【例 2-45】 图 2-6（a）和图 2-6（b）中的关系 R 和 S，符合定义 2-56 中的要求，其并如图 2-6（c）所示。

学号	姓名	课程名称
00001	张三	离散数学
00002	李四	数据结构
00003	王五	操作系统
00002	李四	离散数学

（a）关系R

学号	姓名	课程名称
00001	张三	编译原理
00003	王五	离散数学
00002	李四	离散数学
00001	张三	数据结构

（b）关系S

学号	姓名	课程名称
00001	张三	离散数学
00002	李四	数据结构
00003	王五	操作系统
00001	张三	编译原理
00003	王五	离散数学
00002	李四	离散数学
00001	张三	数据结构

（c）关系$R\cup S$

图 2-6 关系的并运算示例

定义 2-57 差（difference） 设关系 R 和关系 S 具有 n 个相同的属性，且相应的属性取自同一个域，则关系 R 与关系 S 的差由属于 R 而不属于 S 的所有元组组成，记作 $R-S=\{t\mid t\in R$ 且 $t\notin S\}$，仍为 n 元关系。

【例 2-46】 图 2-6（a）和图 2-6（b）中的关系 R 和 S 符合定义 2-57 中的要求，它们的差如图 2-7 所示。

定义 2-58 交（intersection） 设关系 R 和关系 S 具有 n 个相同的属性，且相应的属性取自同一个域，则关系 R 与关系 S 的交由既属于 R 又属于 S 的元组组成，记作 $R\cap S=\{t\mid t\in R$ 且 $t\in S\}$，仍为 n 元关系。

【例 2-47】 图 2-6（a）和图 2-6（b）中的关系 R 和 S 符合定义 2-58 的条件，它们的交如图 2-8 所示。

定义 2-59 广义笛卡儿积（extended Cartesian product） 两个分别为 n 元和 m 元的关系 R 和 S 的广义笛卡儿积是一个$(n+m)$列的元组的集合。元组的前 n 列是关系 R 的一个元组，后 m 列是关系 S 的一个元组。若 R 有 k_1 个元组，S 有 k_2 个元组，则关系 R 和关系 S 的

广义笛卡儿积有 $k_1 \times k_2$ 个元组，记作 $R\times S=\{(t_r,t_s)\mid t_r\in R,\text{且}\ t_s\in S\}$。在不会出现混淆的情况下广义笛卡儿积也称为笛卡儿积。

学号	姓名	课程名称
00001	张三	离散数学
00002	李四	数据结构
00003	王五	操作系统

图 2-7　关系的差运算示例

学号	姓名	课程名称
00002	李四	离散数学

图 2-8　关系的交运算示例

【例 2-48】 图 2-6（a）和图 2-6（b）中 R 和 S 符合定义 2-59 中的要求，其笛卡儿积如图 2-9 所示。

学号	姓名	课程名称	学号	姓名	课程名称
00001	张三	离散数学	00001	张三	编译原理
00001	张三	离散数学	00003	王五	离散数学
00001	张三	离散数学	00002	李四	离散数学
00001	张三	离散数学	00001	张三	数据结构
00002	李四	数据结构	00001	张三	编译原理
00002	李四	数据结构	00003	王五	离散数学
00002	李四	数据结构	00002	李四	离散数学
00002	李四	数据结构	00001	张三	数据结构
00003	王五	操作系统	00001	张三	编译原理
00003	王五	操作系统	00003	王五	离散数学
00003	王五	操作系统	00002	李四	离散数学
00003	王五	操作系统	00001	张三	数据结构
00002	李四	离散数学	00001	张三	编译原理
00002	李四	离散数学	00003	王五	离散数学
00002	李四	离散数学	00002	李四	离散数学
00002	李四	离散数学	00001	张三	数据结构

图 2-9　关系的笛卡儿积运算示例

下面介绍专门针对关系的运算（specific relation operations），包括选择、投影、连接和除运算。为了更好地表述，首先给出几个记号。

① 设关系模式为 $R(A_1,A_2,\cdots,A_n)$，它的一个关系设为 R。$t\in R$ 表示 t 是 R 的一个元组。$t[A_i]$ 表示元组 t 中相应于属性 A_i 的分量。

② 若 $A=\{A_{i1},A_{i2},\cdots,A_{ik}\}$，其中 $A_{i1},A_{i2},\cdots,A_{ik}$ 是 $A_1,A_2,\cdots,A_n$ 中的一部分，则 A 称为属性列或域列。$\neg A$ 则表示 $\{A_1,A_2,\cdots,A_n\}$ 中去掉 $\{A_{i1},A_{i2},\cdots,A_{ik}\}$ 后剩余的属性组。$t[A]=(t[A_{i1}],t[A_{i2}],\cdots,t[A_{ik}])$ 表示元组 t 在属性列 A 上诸分量的集合。

定义 2-60　选择（selection）　选择又称为限制（restriction），它是在关系 R 中选择满足给定条件的元组，记作 $\sigma_F(R)=\{t\mid t\in R\ \text{且}\ F(t)\ \text{为真}\}$，其中 F 表示选择条件，是一个逻

辑表达式，取逻辑值“真”或“假”。选择运算从关系 R 中选取使逻辑表达式 F 为真的元组。

【例2-49】 图2-6（a）中的关系 R，设逻辑表达式 F 为“课程名=离散数学”，则执行 $\sigma_F(R)$ 得到的结果如图2-10所示。

定义2-61　投影（projection） 关系 R 上的投影是从 R 中选择出若干属性列组成新的关系，记作 $\Pi_A(R)=\{t[A]\mid t\in R\}$，其中 A 为 R 中的属性列。

【例2-50】 图2-6（a）中的关系 R，设 $A=\{$学号,姓名$\}$，则 $\Pi_A(R)$ 的结果如图2-11所示。

学号	姓名	课程名称
00001	张三	离散数学
00002	李四	离散数学

图2-10　关系的选择运算

学号	姓名
00001	张三
00002	李四
00003	王五

图2-11　关系的投影运算

定义2-62　连接（join） 连接包括 θ 连接、等值连接、自然连接，它是从两个关系的笛卡儿积中选取属性间满足一定条件的元组。

① θ 连接运算。它是从 R 和 S 的笛卡儿积 $R\times S$ 中选取（R 关系）在 A 属性组上的值与（S 关系）在 B 属性组上的值满足比较关系 θ 的元组，记为 $R\underset{A\theta B}{\bowtie}S=\sigma_{R.A\theta S.B}(R\times S)$。

② 等值连接（equi-join）。θ 为“=”的连接运算称为等值连接。它是从关系 R 与 S 的笛卡儿积中选取 A、B 属性值相等的那些元组，记为 $R\underset{A=B}{\bowtie}S=\sigma_{R.A=S.B}(R\times S)$。

③ 自然连接（natural join）。自然连接是一种特殊的等值连接，它要求两个关系中进行比较的分量必须是相同的属性组，并且要在结果中把重复的属性去掉。用 B 标记如下集合：就是 R 中的属性和 S 中属性，且删除 S 中和 R 中重复的属性后的属性集合，则 $R\bowtie S=\Pi_B(\sigma_{R.A=S.A}(R\times S))$。

连接操作是从行的角度进行运算，但自然连接还需要取消重复列，所以是同时从行和列的角度进行运算。

【例2-51】 图2-12中的关系 R 和 S，$R\underset{C<E}{\bowtie}S$、$R\underset{C=E}{\bowtie}S$ 和 $R\bowtie S$ 分别如图2-12（c）、图2-12（d）和图2-12（e）所示。

A	B	C
a_1	b_1	8
a_1	b_2	5
a_2	b_3	6
a_4	b_2	9

（a）关系R

B	E
b_1	8
b_2	7
b_3	9

（b）关系S

A	$R.B$	C	$S.B$	E
a_1	b_1	8	b_3	9
a_1	b_2	5	b_1	8
a_1	b_2	5	b_2	7
a_1	b_2	5	b_3	9
a_2	b_3	6	b_1	8
a_2	b_3	6	b_2	7
a_2	b_3	6	b_3	9

（c）$R\underset{C<E}{\bowtie}S$

A	$R.B$	C	$S.B$	E
a_1	b_1	8	b_1	8
a_4	b_2	9	b_3	9

（d）$R\underset{C=E}{\bowtie}S$

A	$R.B$	C	E
a_1	b_1	8	8
a_1	b_2	5	7
a_1	b_2	9	7
a_2	b_3	6	9

（e）$R\bowtie S$

图2-12　关系的连接运算示例

定义 2-63 象集（images set） 给定一个关系 $R(X,Z)$，X 和 Z 为属性组。当 $t[X]=x$ 时，定义 x 在 R 中的象集 $Z_x=\{t[Z]\mid t\in R,t[X]=x\}$。也就是说，$x$ 在 R 中的象集为 R 中 Z 属性对应分量的集合，而这些分量所对应的元组中的属性组 X 上的值为 x。

A	B	C
a_1	b_1	8
a_1	b_2	5
a_2	b_3	6
a_1	b_2	8

（a）关系R

B	E
b_1	8
b_2	7

（b）关系S

A	C
a_1	8

（c）$R\div S$

图 2-13 关系的除法运算示例

【例 2-52】如图 2-13 中的关系 R，设 $X=\{A\}$，$Z=\{B,C\}$，则 $Z_{a1}=\{(b_1,8),(b_2,5),(b_2,8)\}$。

定义 2-64 除（division） 给定关系 $R(X,Y)$ 和 $S(Y,Z)$，其中 X，Y，Z 为属性组。R 中的 Y 与 S 中的 Y 可以有不同的属性名，但必须出自相同的域集。R 与 S 的除运算得到一个新的关系 $P(X)$，P 是 R 中满足下列条件的元组在 X 属性列上的投影：元组在 X 上的分量值 x 的象集 Y_X 包含 S 在 Y 上投影的集合，记作 $R\div S$。

显然，除操作是同时从行和列的角度进行运算的。根据关系运算的除法定义，可以得出它的运算步骤。

① 将被除关系的属性分为象集属性和结果属性两部分，与除关系相同的属性属于象集属性，与除关系不相同的属性属于结果属性。

② 在除关系中，将对象集属性投影，得到除目标数据集。

③ 将被除关系分组。分组原则是：结果属性值一样的元组分为一组。

④ 逐一考察每个组，如果它的象集属性值中包括目标数据集，则对应的结果属性应属于该除法运算结果集。

除法运算是一个复合的二元运算。如果把笛卡儿积看作“乘法”运算，则除法运算可以看作这个“乘法”运算的逆运算。

【例 2-53】如图 2-13 中的关系 R 和 S，则 $R\div S$ 如图 2-13（c）所示。

2.7.2 集合理论在机器学习中的应用：粗糙集理论

人工智能研究中的一个重要理念是智能需要知识。知识是人类通过实践对客观世界的运动规律的认识，是人类实践经验的总结和提炼，具有抽象和普遍的特性。认知科学通常认为知识来源于人类对客观事物的分类（classification）能力，概念是事物类别的描述或符号，知识则是概念之间的关系和联系。根据前面的结论可知，集合上的等价关系和集合的划分是等价的概念，并且划分就是分类。粗糙集理论建立在分类机制的基础上，它也是将分类理解为在特定空间上的等价关系，而等价关系构成对该空间的划分，所以粗糙集理论和等价关系、划分等是密切相关的。

1. 粗糙集的基本概念

定义 2-65 概念 设 U 是人们研究对象组成的非空集合，也称为论域，U 的一个子集称为论域 U 中的一个概念。

定义 2-66 知识 论域中的一个子集族（概念的集合）称为论域 U 中的一个抽象知识。

通常的子集族非常复杂，难以处理，人们主要考虑一些特殊的子集族，例如划分和覆盖。论域 U 的一个分类也就是“划分”确定的一个子集族。根据 2.4.2 节的知识可知，论域 U 上的划分和等价关系相互唯一确定，可以将划分转换为等价关系，也可以把等价关系转化为划分，这样一个知识就对应着论域 U 上的一个等价关系，论域 U 上的一个划分簇也决定了一个等价关系簇，也就是决定了一个知识的集合，即知识库。例如，例 2-54 中按照颜色、形状和大小形成不同的分类，把这样的分类的集合称为知识库。

定义 2-67　知识库　给定论域 U，S 为 U 上的一个等价关系簇，则称 (U,S) 为论域 U 上的一个知识库。

【例 2-54】 设集合 $U=\{x_1,x_2,x_3,x_4,x_5,x_6,x_7,x_8\}$ 中有 8 个积木，情况如表 2-2 所示。每个积木都有颜色属性，按照颜色的不同，可以把这堆积木分成红、黄和蓝三个大类。设 R_1 是一个定义在颜色上的关系，且对于两个积木 x_i 和 x_j，如果 x_i 和 x_j 的颜色相同，则 $<x_i,x_j>\in R_1$，则 R_1 把 U 划分为了三个集合：黄颜色积木构成的集合 $X_1=\{x_1,x_5,x_8\}$，红颜色积木构成的集合 $X_2=\{x_2,x_4,x_6\}$，蓝颜色积木构成的集合 $X_3=\{x_3,x_7\}$。按照颜色这个属性，就把积木集合 A 进行了一个划分，也就是说颜色属性就是一种知识。由此看出，一种对集合 A 的划分就对应着关于 U 中元素的一个知识。对于形状和大小，也会有同样的结论，设它们对应的等价关系分别是 R_2 和 R_3，则这三种属性上定义的等价关系的商集如下。

表 2-2　积木属性表

积木属性	颜　色	形　状	大　小	稳 定 性
x_1	黄色	圆形	小	不稳定
x_2	红色	方块	大	不稳定
x_3	蓝色	三角	中	稳定
x_4	红色	方块	大	不稳定
x_5	黄色	圆形	中	不稳定
x_6	红色	三角	小	稳定
x_7	蓝色	圆形	大	不稳定
x_8	黄色	方块	中	不稳定

$U/R_1=\{X_1,X_2,X_3\}=\{\{x_1,x_5,x_8\},\{x_2,x_4,x_6\},\{x_3,x_7\}\}$　按照颜色分类

$U/R_2=\{Y_1,Y_2,Y_3\}=\{\{x_1,x_5,x_7\},\{x_2,x_4,x_8\},\{x_3,x_6\}\}$　按照形状分类

$U/R_3=\{Z_1,Z_2,Z_3\}=\{\{x_1,x_6\},\{x_3,x_5,x_8\},\{x_2,x_4,x_7\}\}$　按照大小分类

论域 U 和关系 R_1，R_2 和 R_3 形成一个知识库 $(U,\{R_1,R_2,R_3\})$，上述等价类就是知识库中的概念，商集就是知识库中的知识。除了红的 $\{x_2,x_4,x_6\}$、大的 $\{x_2,x_4,x_7\}$ 和三角形 $\{x_3,x_6\}$ 这样的概念以外，还可以表达如大圆形积木 $\{x_2,x_4,x_7\}\cap\{x_1,x_5,x_7\}=\{x_7\}$，红色小的三角积木 $\{x_2,x_4,x_6\}\cap\{x_1,x_6\}\cap\{x_3,x_6\}=\{x_6\}$。所有的这些能够用交、并表示的概念及三个基本知识（U/R_1、U/R_2 和 U/R_3）就构成了一个知识系统。

由此可知，知识和论域 U 上的等价关系是一致的，知识库包含论域 U 上的由等价关系导出的各种知识，即划分；它同样代表了对论域的分类能力，并隐含着知识库中各概念之间的关系。

定义 2-68　不可区分关系　对于知识库 (U,S)，若 $P\subseteq S$，且 $P\neq\varnothing$，则 $\cap P$ 也是一个等价关系，称为 P 上的不可区分（indiscemibifity）关系，记为 $\mathrm{Ind}(P)$，且有 $[x]_{\mathrm{Ind}(P)}=$

$\cap_{R\in P}[x]_R$。

定义 2-69 对于知识库 $K=(U,S)$，定义 $\text{Ind}(K)=\{\text{Ind}(P)\mid P\subseteq S,且P\neq\varnothing\}$。

粗糙集中的“粗糙”主要体现在边界域的存在，而边界又是由下、上近似来刻画的。

定义 2-70 近似 设 $K=(U,S)$ 为一个知识库，对于任意 $X\subseteq U$，X 关于 R 的下、上近似分别定义为：$\underline{R}(X)=\{x\in U\mid[x]_R\subseteq X\}$，$\overline{R}(X)=\{x\in U\mid[x]_R\cap X\neq\varnothing\}$。

定义 2-71 正域、负域和边界域

① X 的 R 正域 $\text{Pos}_R(X)=\underline{R}(X)$，是指论域 U 中那些在现有知识 R 之下能够确定地归入集合 X 的元素的集合。

② $\text{Neg}_R(X)=U-\overline{R}(X)$ 被称为 X 的 R 负域。

③ $\text{Bnd}_R(X)=\overline{R}(X)-\underline{R}(X)$。边界域是某种意义上论域的不确定域，即在现有知识 R 之下 U 中那些既不能肯定在 X 中，又不能肯定归入 $U-X$ 中的元素的集合。

样本子集 X 的不确定性程度可以用粗糙度来刻画。

定义 2-72 粗糙度 $\text{Card}(X)$ 表示集合 X 的基数，对有限集来说就是集合中元素的个数。称 $\alpha_R(X)=(\text{Card}(\underline{R}(X)))/\text{Card}(\overline{R}(X))$ 为粗糙度。显然有 $0\leqslant\alpha_R(X)\leqslant1$。如果 $\alpha_R(X)=1$，则称集合 X 关于 R 是确定的；如果 $\alpha_R(X)<1$，则称集合 X 关于 R 是粗糙的。$\alpha_R(X)$ 可认为是在等价关系 R 下逼近集合 X 的精度。

下面用一个例子来进一步说明。

【例 2-55】 设知识库 $K=(U,S)$，$U=\{x_0,x_1,x_2,x_3,x_4,x_5,x_6,x_7,x_8,x_9,x_{10}\}$，$R\in\text{Ind}(K)$，且 R 把 U 划分为 $E_1=\{x_0,x_1\}$，$E_2=\{x_2,x_6,x_9\}$，$E_3=\{x_3,x_5\}$，$E_4=\{x_4,x_8\}$，$E_5=\{x_7,x_{10}\}$。集合 $X_1=\{x_0,x_1,x_4,x_8\}=\underline{R}(X_1)=\overline{R}(X_1)=E_1\cup E_4$，所以 X_1 关于 R 是确定的。$X_2=\{x_0,x_3,x_4,x_5,x_8,x_{10}\}$，$\underline{R}(X_2)=E_3\cup E_4=\{x_3,x_4,x_5,x_8\}$，$\overline{R}(X_2)=E_1\cup E_3\cup E_4\cup E_5=\{x_0,x_1,x_3,x_4,x_5,x_7,x_8,x_{10}\}$，$\text{Bnd}_R(X_2)=E_1\cup E_5=\{x_0,x_1,x_7,x_{10}\}$，$\alpha_R(X_2)=4/8=0.5$；所以 X_2 关于 R 是粗糙的。

2. 知识约简

知识约简是粗糙集的核心内容之一，它是研究知识库中哪些知识是必要的，以及在保持分类能力不变的前提下，删除冗余的知识。在粗糙集理论中，约简与核是两个最重要的基本概念。

定义 2-73 独立和依赖 设 S 是一族等价关系，$R\in S$。如果 $\text{Ind}(S)=\text{Ind}(S-\{R\})$，则称 R 在 S 中是可省略的；否则称 R 在 S 中是不可省略的。如果对于每一个 $R\in S$ 都为 S 中不可省略的，则称 S 为独立的；否则称 S 为依赖的。

定义 2-74 约简和核 设 S_1 和 S_2 是一族等价关系，且 $S_1\subseteq S_2$，如果 S_1 是独立的，且 $\text{Ind}(S_1)=\text{Ind}(S_2)$，则称 S_1 是 S_2 的一个约简，记为 $\text{Red}(S_2)$。S_2 中所有不可省略的关系组成的集合称为 S_2 的核，记为 $\text{Core}(S_2)$。

【例 2-56】 设 $K=(U,S)$，$U=\{x_0,x_1,x_2,x_3,x_4,x_5,x_6,x_7,x_8\}$，$S=\{R_1,R_2,R_3\}$。

$$U/R_1=\{\{x_1,x_4,x_5\},\{x_2,x_8\},\{x_3\},\{x_6,x_7\}\}$$
$$U/R_2=\{\{x_1,x_3,x_5\},\{x_6\},\{x_2,x_4,x_7,x_8\}\}$$
$$U/R_3=\{\{x_1,x_5\},\{x_6\},\{x_3,x_4\},\{x_2,x_7,x_8\}\}$$

关于关系 $\text{Ind}(S)$ 有如下结果。

$$U/\text{Ind}(S)=\{\{x_1,x_5\},\{x_2,x_8\},\{x_3\},\{x_4\},\{x_2\},\{x_7\}\}$$

因为 $U/\text{Ind}(S-\{R_1\})=\{\{x_1,x_5\},\{x_2,x_7,x_8\},\{x_3\},\{x_4\},\{x_6\}\}\neq U/\text{Ind}(S)$，所以 R_1 是 S 中不可省略的。

因为$U/\mathrm{Ind}(S-\{R_2\})=\{\{x_1,x_5\},\{x_2,x_8\},\{x_3\},\{x_4\},\{x_2\},\{x_7\}\}=U/\mathrm{Ind}(S)$，所以$R_2$是$S$中可省略的。

因为$U/\mathrm{Ind}(S-\{R_3\})=\{\{x_1,x_5\},\{x_2,x_8\},\{x_3\},\{x_4\},\{x_2\},\{x_7\}\}=U/\mathrm{Ind}(S)$，所以$R_3$也是$S$中可省略的。

也就是说，通过等价关系R_1，R_2和R_3定义的分类与根据R_1和R_2或R_1和R_3定义的分类相同，即该系统的知识可以通过$U/\mathrm{Ind}(\{R_1,R_2\})$或$U/\mathrm{Ind}(\{R_1,R_3\})$来表达。因为$U/\mathrm{Ind}(\{R_1,R_2\})\neq U/\mathrm{Ind}(\{R_1\})$，且$U/\mathrm{Ind}(\{R_1,R_2\})\neq U/\mathrm{Ind}(\{R_2\})$，所以$\{R_1,R_2\}$是独立的。类似地可以证明$\{R_1,R_3\}$也是独立的。所以，得到两个约简$\{R_1,R_2\}$和$\{R_1,R_3\}$。

3. 决策表的约简

这一节主要介绍信息系统和决策表的概念以及决策表上的约简。决策表上的约简主要介绍不可分辨矩阵的约简方法。

(1) 信息系统和决策表的定义

粗糙集理论的知识表达方式一般采用信息系统的形式，也称为知识表达系统。

定义2-75 信息系统 称$K=(U,A,V,f)$为一个信息系统，其中$U=\{x_1,x_2,\cdots,x_n\}$为论域；属性集合$A=C\cup D$，$C=\{a_i\mid i=1,2,\cdots,m\}$为条件属性集，$D=\{d_i\mid i=1,2,\cdots,l\}$为决策属性集；$V$是属性值的集合；$f:U\times A\rightarrow V$为信息函数，用于确定$U$中每一个对象$x$的属性值。$a_k(x_j)$是样本$x_j$在属性$a_k$上的取值。信息系统也简记为$(U,A)$。

由于信息系统可以方便地写成关系表的形式，行表示对象，列表示属性，所以信息系统也称为信息表。对于任意属性，如果定义U上两个元素在该属性上的值相等，则在该属性上无法区分开这两个元素，如果此时定义这两个对象就具有关系R，则R就是一个等价关系。进一步地，对于一组属性，如果U中两个元素在该组属性上的值相等，则在该组属性上无法区分开这两个元素，如果此时定义这两个对象就具有关系R，则R也是一个等价关系。由此可以看出，一个属性对应一个等价关系，一组属性也对应着一个等价关系，一个表定义了一组等价关系。

定义2-76 信息系统上的不可区分关系 设K为信息系统(U,A,V,f)，$B\subseteq A$为一个非空子集，如果x_i，$x_j\in U$，均有$f(x_i,b)=f(x_j,b)$，$\forall b\in B$成立，那么称x_i和$x_j\in$关于属性子集B不可区分。把关系$\{(x_i,x_j)\in U\times U\mid \forall b\in B,b(x_i)=b(x_j)\}$称为$B$上的不可区分关系，简记为$\mathrm{Ind}(B)$。

定义2-77 决策表 设$K=(U,A,V,f)$为一个信息系统，若A可划分为条件属性集C和决策属性集D，即$A=C\cup D$且$C\cap D=\varnothing$，则称K为决策表，记为$T=(U,A,C,D)$。$\mathrm{Ind}(C)$的等价类称为条件类，$\mathrm{Ind}(D)$的等价类称为决策类。

决策表是一类特殊而重要的知识表达系统，它是指当满足某些条件时，决策应该怎样进行，多数决策问题都可以用决策表形式来表达。

【例2-57】 表2-3展示了部分人员的医疗信息，用信息系统的形式表达出来，即$U=\{x_1,x_2,x_3,x_4,x_5,x_6\}$，$A=\{$头疼,肌肉疼,体温,流感$\}$，$C=\{$头疼,肌肉疼,体温$\}$，$D=\{$流感$\}$，$V=\{$是,否,正常,高,很高$\}$，$f:\{x_1,x_2,x_3,x_4,x_5,x_6\}\times\{$头疼,肌肉疼,体温,流感$\}$，对于$x_i$和属性$a$，$f(x_i,a)$为$x_i$的属性$a$的值，例如，$f(x_1,$肌肉疼$)=$是，$f(x_4,$体温$)=$正常，$f(x_6,$头疼$)=$否。

表 2-3 部分人员的医疗信息表

对象属性	条件属性			决策属性
	头疼	肌肉疼	体温	流感
x_1	是	是	正常	否
x_2	是	是	高	是
x_3	是	是	很高	是
x_4	否	是	正常	否
x_5	否	否	高	否
x_6	否	是	很高	是

(2) 决策表的约简的区分矩阵方法

决策表的属性对应着关系，也就是知识，所以可以采用知识约简的方法简化决策属性，使得约简前后的决策表具有相同的功能，这样就可以通过更少量的条件获得同样要求的结果，简化了问题的决策过程，提高了效率。

当决策属性 D 完全依赖于条件属性 C 时，称决策表为一致的；当决策属性 D 部分依赖于条件属性 C 时，称决策表是不一致的。这里主要介绍一致决策表约简的区分矩阵方法。

区分矩阵是粗糙集中又一个重要概念，它将决策表中关于属性区分的信息浓缩进一个矩阵中，可用于决策表的属性约简。区分矩阵定义为一个 $n\times n$ 的矩阵 $\boldsymbol{M}(K)=[m_{ij}]_{n\times n}$，其中第 i 行 j 列元素为

$$m_{ij}=\begin{cases}\{c\in C\mid c(x_i)\neq c(x_j)\wedge D(x_i)\neq D(x_j)\},C(x_i)\neq C(x_j)\wedge D(x_i)\neq D(x_j)\\-1,C(x_i)=C(x_j)\wedge D(x_i)\neq D(x_j)\\\varnothing,D(x_i)=D(x_j),i,j=1,2,\cdots,n\end{cases}\tag{2-1}$$

也即 $1\leqslant j<i\leqslant n$，区分矩阵中元素 m_{ij} 是能够区别对象 x_i 和 x_j 的所有属性的集合。但若 x_i 和 x_j 属于同一个决策类，则区分矩阵中元素 m_{ij} 的取值为空集 $\varnothing$。当条件属性的值相同，但决策属性的值不一样时，取值-1，此时，决策表是不一致的，否则，决策表是一致的。由定义可见，对于一致的决策表，$\boldsymbol{M}(K)=[m_{ij}]_{n\times n}$ 是一个对称矩阵，主对角线上的元素是空集，因此只要考虑上半或者下半三角部分就可以。

每一个区分矩阵 $\boldsymbol{M}(K)$，可以诱导出一个区分函数 $f_{\boldsymbol{M}(K)}$：

$$f_{\boldsymbol{M}(K)}(a_1,a_2,\cdots,a_m)=\wedge\{\vee m_{ij}\mid 1\leqslant j<i\leqslant n,m_{ij}\neq\varnothing\}\tag{2-2}$$

它实际上是一个具有 m 元变量 $a_1,a_2,\cdots,a_m(a_i\in C,i=1,2,\cdots,m)$ 的布尔函数，它是 $\vee m_{ij}$ 的合取，而 $\vee m_{ij}$ 是矩阵项 m_{ij} 中的各元素的析取。

根据区分函数与约简的对应关系，可以得到计算信息系统 S 约简 Red(S) 的步骤为：

第一步，计算信息系统 K 的区分矩阵 $\boldsymbol{M}(K)$。

第二步，计算区分矩阵的区分函数 $f_{\boldsymbol{M}(K)}$。

第三步，计算区分函数 $f_{\boldsymbol{M}(K)}$ 的最小析取范式，其中每个析取分量对应一个约简。

下面举例说明如何利用区分矩阵及区分函数求约简及核。

【例 2-58】 设信息系统 $K=(U,A)$，$U=\{x_1,x_2,\cdots,x_5\}$，$A=\{a,b,c,d,e\}$，其数据表格如表 2-4 所示，条件属性 $C=\{a,b,c,d\}$，决策属性为 $D=\{e\}$，该决策表是一致的。根据式（2-1）计算得到区分矩阵 $\boldsymbol{M}(K)$，如表 2-5 所示。核为 $\{c\}$，再根据式（2-2）求得区分

函数为：$f_{M(K)}(a,b,c,d)=c\wedge(a\vee d)=(c\wedge a)\vee(c\wedge d)$。因此，该信息系统有两个约简$\{a,c\}$和$\{c,d\}$，由此得到两个约简的数据表格，如表 2-6 所示。

表 2-4 信息系统数据表

属性 / U	a	b	c	d	e
x_1	1	0	2	1	0
x_2	0	0	1	2	1
x_3	2	0	2	1	0
x_4	0	0	2	2	2
x_5	1	1	2	1	0

表 2-5 区分矩阵

U	x_1	x_2	x_3	x_4	x_5
x_1					
x_2	a, c, d				
x_3		a, c, d			
x_4	a, d	c	a, d		
x_5		a, b, c, d		a, b, d	

表 2-6 约简后的两个表

属性 / U	a	c	e
x_1	1	2	0
x_2	0	1	1
x_3	2	2	0
x_4	0	2	2
x_5	1	2	0

属性 / U	c	d	e
x_1	2	1	0
x_2	1	2	1
x_3	2	1	0
x_4	2	2	2
x_5	2	1	0

有的信息系统约简之后只有一个表格。

【例 2-59】 设信息系统 $K=(U,A)$，$U=\{x_1,x_2,\cdots,x_6\}$，$A=\{a,b,c,d\}$，其数据表格如表 2-7 所示，条件属性 $C=\{a,b,c\}$，决策属性为 $D=\{d\}$，该决策表是一致的。根据式（2-1）计算得到区分矩阵 $M(K)$，如表 2-8 所示。根据式（2-2）求得区分函数为 $f_{M(K)}(a,b,c)=a\wedge b$。因此，该信息系统只有一个约简$\{a,b\}$，由此得到一个约简后的数据表格，如表 2-9 所示。

表 2-7 信息系统数据表

属性 / U	a	b	c	d
x_1	0	0	0	0
x_2	0	2	1	1
x_3	0	1	1	0
x_4	1	2	0	2
x_5	1	0	0	1
x_6	1	2	1	2

表 2-8 区分矩阵

U	x_1	x_2	x_3	x_4	x_5	x_6
x_1						
x_2	b, c					
x_3		b				
x_4	a, b	a, c	a, b, c			
x_5	a		a, b, c	b		
x_6	a, b, c	a	a, b		b, c	

表 2-9 约简后的表

属性 / U	a	b	d
x_1	0	0	0
x_2	0	2	1
x_3	0	1	0
x_4	1	2	2
x_5	1	0	1
x_6	1	2	2

2.8 实践内容：集合上的运算

这一节主要介绍实践方面的内容，包含两部分，一个是编程实现集合的交、并和差运算，另一个是二元关系性质的自动验证。

2.8.1 编程实现集合的交、并和差运算

用 C++语言编程实现集合的交、并和差运算。

1. 实践内容

设计程序实现集合的并、交、差和补的混合运算；同时，可以进行集合中元素的判定、集合子集的判定和求集合的补集；还可以对不同元素类型的集合进行运算，如整数、浮点数和字符型等。

这里运用 C++语言进行编程，采用顺序表来记录集合及其元素个数，同时顺序表采用动态分布空间；然后，使用多个子函数、一个主函数的方法进行运算，即编写并运算、交运算、差运算等多个子函数，在主函数中进行调用即可。同时，使用循环进行连续运算和混合运算，并采用条件选择方法进行不同运算的判定。

2. 编程实现

程序采用顺序存储和链式存储都可以。如果采用顺序存储，则可以采用 malloc 或 new 命令申请得到存储空间，这样避免了集合大小的限制。也可以采用链表的形式。之所以建议采用这两种形式，是因为对于集合存放元素的多少，只受到内存空间大小的限制，而不受其他原因的制约。

```
typedef struct
    {   type *data;
        int length;
    }list;
```

该结构体中，data 指向集合的元素，整型变量 length 用来存放集合中的元素多少。对于集合数据元素的类型，可以根据实际情况，在程序的前面提前定义。例如，如果为字符型，则可以给出命令“typedef char type”，将 char 类型与 type 等同起来，以便设置集合的元素类型。

(1) 建立集合的函数 void List(list *&L,type a[],int n)

该函数用来建立一个集合。参数 list *&L 引用一个顺序表指针 L，当调用该函数创建完成 L 所指定的集合后，因为使用了引用符“&”，所以会回传给对应的实参。参数 type a[] 传入一个 type 型数组 a，这个参数也只是一个示例，也可以采用其他数据结构，这就需要根据具体情况确定具体的数据结构，甚至可以直接从键盘输入，从而省略该参数。参数 int n 传入一个整型变量 n，用来传入集合中元素的个数。

(2) 实现集合并运算的函数 void un(list *&L,list *p)

该函数用来实现两个集合的并运算。参数 list *&L 引用一个集合的指针 L；list *p 是一个集合指针 p。根据表示集合的集体的数据结构给出实现。例如，如果使用数组表示的集合，则可以把 L 的空间扩大为 L 中元素个数和 p 中元素个数之和，然后把 p 中的元素直接复制到 L 中，如果采用链表的形式，则实现集合的并运算更简单，直接让 L 中 data 的最后一个元素的指针指向 p 中 data 指向的元素即可。

(3) 实现集合交运算的函数 void jiao(list *&L,list *p)

该函数用来实现两个集合的交运算。参数 list *&L 引用一个集合的指针 L；list *p 是

一个集合指针 p。对于 L 中 data 的每一个元素，都检查在 p 中的 data 是否出现，如果出现，则保留，如果没出现，则删除，最后得到两个集合的交集。

（4）实现集合差运算或求集合补集的函数 void chabu(list *&L,list *p)

该函数用来实现两个集合的差运算或求集合的补集。参数 list *&L 引用一个集合的指针 L。list *p 是一个集合指针 p。L 表示被减的集合或全集，p 表示要减去的集合，把 L 的 data 数据中出现在 p 的 data 数据中的元素删除，得到的集合就是差集。

（5）判定集合元素的函数 void pand(list *L,type y)

该函数用来判定一个元素是否属于某个集合。参数 list *L 是一个集合；参数 type y 是一个 type 型变量 y，表示要判定的元素。在 L 中顺序查找是否存在 y 即可。

2.8.2　二元关系性质的验证

编程验证任意二元关系的自反性、对称性、传递性、反自反性和反对称性。二元关系的表示方法有多种，二元组和图的形式直观，矩阵的形式更容易用于验证关系的性质，所以可以采用矩阵的形式来表示二元关系。

1. 二元关系的矩阵表示

在不知道集合 *A* 中元素多少的情况下，需要用动态数组的形式来存储二元关系的矩阵，在矩阵的行列都不能确定的情况下，可以如下建立。

```
int N;
cout<<"请输入集合元素的个数:"<<endl;
cin>>N;
int **p=new int*[N];    //int*[N]表示一个有 N 个元素的指针数组
for (int i = 0; i<N; ++i){p[i] = new int[N]; }
```

2. 自反性验证

自反关系的关系矩阵的主对角线全为 1，据此来判断即可，程序如下。

```
void Reflexive ()          //判断自反性
{     for(int i=0; i<N&&A[i][i]==1; i++);
      if (i==N) cout<<"该二元关系具有自反性"<<endl;
      else cout<<"该二元关系不具有自反性"<<endl;
}
```

3. 反自反性验证

反自反关系的关系矩阵的主对角线全为 0，据此来判断即可，程序如下。

```
void Irreflexive()         //判断反自反性
{     for(int i=0; i<N&&A[i][i]==0; i++);
      if(i==N) cout<<"该二元关系具有反自反性"<<endl;
      else cout<<"该二元关系不具有反自反性"<<endl;
}
```

4. 对称性验证

对称关系的关系矩阵也是对称矩阵，即 A[i][j]=A[j][i]，i≠j。对于 i=j 的情况反映了自反情况，对对称性没什么影响，并且也有A[i][i]=A[i][i]成立。为了简化编程，可以把条件放宽到A[i][j]=A[j][i]，程序如下。

```
void Symmetry()          //判断对称性
{    for(int i=0; i<N; i++)
        for(int j=0; (j<N&&A[i][j]==A[j][i]); y++);
     if(j!=N) {cout<<"该二元关系不具有对称性"<<endl; return;}
     cout<<"该二元关系具有对称性"<<endl;
}
```

5. 反对称性验证

对于i≠j，反对称关系的关系矩阵中要么A[i][j]=1，则A[j][i]=0；要么A[i][j]和A[j][i]同时为0；所以可以通过A[i][j] * A[j][i]是否等于1来判定是否为反对称的，如果为1，则不是反对称的。对于i=j的情况，则跳过不做处理。程序如下。

```
void Antisymmetry()          //判断反对称性
{    for(int i=0; i<N; i++)
       for(int j=0; (j<N&&((x==y)||(A[i][j] * A[j][i]!=1))); j++);
     if(j!=N) {cout<<"该二元关系不具有反对称性"<<endl; return;}
     cout<<"该二元关系具有反对称性"<<endl;
}
```

6. 传递性验证

传递关系的关系矩阵中，A[i][k]=A[k][j]=1，则A[i][j]=1，对所有的k、i、j<N都成立；否则就不是传递的。程序如下。

```
void Transitivity()          //判断传递性
{    int sign=1;
     for(int k=0; (k<N&&sign!=0); k++)
        for(int i=0; (i<N&&sign!=0); i++)
            for(int j=0; (j<N&&sign!=0); j++)
                if(A[i][k] * A[k][j]==1&&A[i][j]!=1) sign=0;
     if(sign==1) cout<<"该二元关系具有传递性"<<endl;
     else cout<<"该二元关系不具有传递性"<<endl;
}
```

2.9 本章小结

本章需要掌握集合的基本概念和集合上的运算；掌握笛卡儿积、二元关系、二元关系的表示方法；熟练掌握关系的运算，重点掌握关系的合成运算和闭包运算；掌握关系的性质，特别是等价关系、偏序关系和全序关系，以及关系的关系图和关系矩阵的表示方法；掌握偏序关系和全序关系的哈斯图表示；了解函数的基本知识，并掌握一些重要的函数，如满射函数、单射函数、双射函数等；了解集合理论在计算机科学技术中的应用；掌握关系代数和粗糙集理论。

2.10　习题

1. 求下列集合的幂集合。

(1) $\varnothing$

(2) $\{\varnothing\}$

(3) $\{a,b,\{a,b\}\}$

(4) $\{1,\{1\},2,\{2\}\}$

2. 证明下列各等式：$A\cap(B-C)=(A\cap B)-(A\cap C)$，$(A-B)\cup(A-C)=A-(B\cap C)$

3. 设 $A=\{1,2,3,4\}$，$R_1=\{<1,3>,<2,2>,<3,4>\}$，$R_2=\{<1,4>,<2,3>,<3,4>\}$，求：$R_1\cup R_2$，$R_1\cap R_2$，$R_1-R_2$，$\mathrm{dom}(R_1)$，$\mathrm{dom}(R_2)$，$\mathrm{ran}(R_1)$，$\mathrm{ran}(R_2)$，$\mathrm{dom}(R_1\cup R_2)$，$\mathrm{dom}(R_1\cap R_2)$。

4. 设 $A=\{1,2,3,4\}$，定义 A 上的下列关系：

$R_1=\{<1,1>,<1,2>,<3,3>,<3,4>\}$，$R_2=\{<1,2>,<2,1>\}$

$R_3=\{<1,1>,<1,2>,<2,2>,<2,1>,<3,3>,<3,4>,<4,3>,<4,4>\}$

$R_4=\{<1,2>,<2,4>,<3,3>,<4,1>\}$

$R_5=\{<1,2>,<1,3>,<1,4>,<2,3>,<2,4>,<3,4>\}$

$R_6=A\times A$，$R_7=\varnothing$

请给出上述每一个关系的关系图与关系矩阵，并指出它具有的性质。

5. 设 $A=\{1,2,3,4\}$，R_1，R_2 为 A 上的关系，$R_1=\{<1,1>,<1,2>,<2,4>\}$，$R_2=\{<1,4>,<2,3>,<2,4>,<3,2>\}$，求 $R_1\circ R_2$，$R_2\circ R_1$，$R_1\circ R_2\circ R_1$，R_1^3。

6. 设 R_1 和 R_2 是集合 A 上的关系，判断下列命题的真假性，并阐明理由。

(1) 如果 R_1 和 R_2 都是自反的，那么 $R_1\circ R_2$ 是自反的。

(2) 如果 R_1 和 R_2 都是反自反的，那么 $R_1\circ R_2$ 是反自反的。

(3) 如果 R_1 和 R_2 都是对称的，那么 $R_1\circ R_2$ 是对称的。

(4) 如果 R_1 和 R_2 都是反对称的，那么 $R_1\circ R_2$ 是反对称的。

(5) 如果 R_1 和 R_2 都是传递的，那么 $R_1\circ R_2$ 是传递的。

7. 设 $A=\{1,2,3,4,5\}$，$R\subseteq A\times A$，$R=\{<1,2>,<2,3>,<2,5>,<3,4>,<4,3>,<5,5>\}$，用作图方法和矩阵运算的方法求 $r(R)$，$s(R)$，$t(R)$。

8. 设 $A=\{1,2,3,4,5\}$，请指出 A 上所有等价关系是多少？

9. 设 $A=\{1,2,3,4,5,6\}$，确定 A 上的等价关系 R，使此 R 能产生划分 $\{\{1,2,3\},\{4\},\{5,6\}\}$。

10. 画出集合 $A=\{1,2,3,4,5,6,7,8,9,10,11,12\}$ 上的整除关系的哈斯图，并对其中的子集 $\{2,3,6\}$，$\{2,4,6\}$，$\{4,8,12\}$ 找出最大元、最小元、极大元、极小元、上确界、下确界。

11. 对图 2-14 中所示偏序集 $<A,\leqslant>$ 的哈斯图，写出集合 A 及 $<A,\leqslant>$ 的偏序关系。

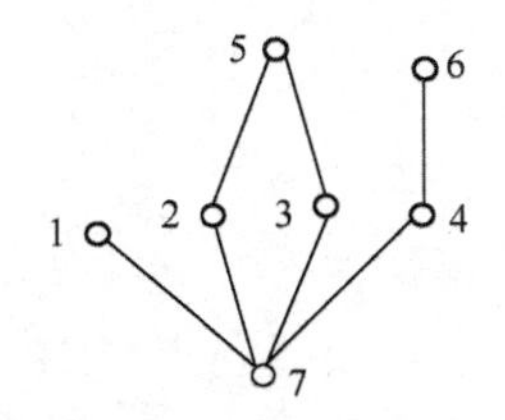

图 2-14　习题 11 的图例

12. 设$f:R\to R$，$f(x)=x^2-1$，$g:R\to R$，$g(x)=x+2$

（1）求$f\circ g$和$g\circ f$。

（2）说明上述函数是单射、满射还是双射。

13. 有医疗记录表 2-10，设条件属性为体温、咳嗽、头痛和周身痛，决策属性为流感，请用分辨矩阵的方法约简该表。

表 2-10　医疗信息表示例

U \ 属性	体温	咳嗽	头痛	周身痛	流感
x_1	正常	无	无	有	否
x_2	正常	无	有	无	否
x_3	偏高	无	有	无	是
x_4	高	有	有	无	是
x_5	高	有	无	无	是
x_6	偏高	有	有	无	是

14. 一个数据库中有三个表，如图 2-15 所示。如果想查询姓名为“李四”的学生的课程名为“操作系统”的成绩，请用关系代数表达式表示出来。

学号	姓名	性别	年龄	系
02001	张三	男	20	CS
02002	李四	女	18	IA
02003	王五	女	18	CE
02004	赵六	男	19	SE

课程号	课程名	学分
0001	数据库	3
0002	操作系统	4
0003	数据结构	4
0004	信息系统	3
0005	大数据	2

学号	课程号	成绩
02001	0001	92
02002	0002	85
02001	0001	73
02002	0003	98

图 2-15　习题 14 数据库中的表格

第3章　数理逻辑

本章主要内容

数理逻辑在计算机科学与技术中有着广泛应用，特别是在人工智能推理、知识库、专家系统中，都应用了它的理论和结果。本章主要介绍数理逻辑的基本知识，包括命题逻辑和谓词逻辑，还介绍了数理逻辑在定理自动证明中的应用，即归结原理。最后作为应用案例介绍了逻辑式程序设计语言 Prolog，包括它的工作原理、机制、语法和实例。

3.1　数理逻辑的发展历史

数理逻辑的产生和发展大致可分为三个阶段。

第一阶段是17世纪60年代至19世纪80年代，这个阶段开始采用数学方法研究和处理形式逻辑。在古典形式逻辑不足之处日益凸显之后，人们感到演绎推理和数学计算有相似之处，希望能把数学方法推广到思维领域。数理逻辑的先驱莱布尼茨（Leibniz）首先明确地提出了数理逻辑的设想：能建立一种普遍的符号语言，每一个基本概念应由一个表意符号来表示；一种完善的符号语言和思维演算。莱布尼茨提出的这种符号语言和思维演算正是现代数理逻辑的主要特征，并成功地将古典形式逻辑的四个简单命题表达为符号公式。

19世纪中叶，英国数学家和逻辑学家布尔（Boole）成功地建立了一个逻辑演算系统，被视为数理逻辑的第二个创始人。他所建立的逻辑代数是数理逻辑的早期形式，主张使用“类”来处理思维形式，用判断表示“类”与“类”之间的关系。他所创立的逻辑是“类”的逻辑，也称“类的代数”。他还创立了“命题代数”，而这两种代数是今天数理逻辑的基本部分，即有名的“布尔代数”。布尔代数中运算的元素只有两个：1（TRUE，真）和0（FALSE，假）。基本的运算只有“与”（and 或∧）、“或”（or 或∨）和“非”（not 或¬）三种。全部运算只用下列一张真值表就能完全描述清楚，如表3-1所示。

表3-1　与、或和非的真值表

A	B	$A \wedge B$	$A \vee B$	$\neg A$
0	0	0	0	1
0	1	0	1	1
1	0	0	1	0
1	1	1	1	0

如果∧运算的两个元素有一个是0，则运算结果是0；如果两个元素都是1，运算结果是1。

如果∨运算的两个元素有一个是1，则运算结果总是1；如果两个元素都是0，运算结果是0。

¬运算把1变成0，把0变成1。

在布尔代数创立之后，人们一时也没看出来它究竟有什么作用。后来，香农（Shannon）1938年发表了著名的论文《继电器和开关电路的符号分析》，首次用布尔代数进行开关电路分析，并证明了布尔代数的逻辑运算可以通过继电器电路来实现，明确地给出了实现加、减、乘、除等运算的电子电路的设计方法，从而使布尔代数得到真正的应用。这篇论文成为开关电路理论的开端。

这一阶段研究的中心问题是运用一些初级的数学方法，如符号和简单的代数方法来处理古典形式逻辑中演绎推理的形式和规律。将逻辑进一步形式化，用代数的方法，把命题的形式结构用符号和公式来表达，把推理中前提与结论之间的关系转换为公式与公式之间的运算，从而推动逻辑学的发展。

第二阶段是19世纪80年代到20世纪30年代，在此阶段的前半时期已经发现了逻辑演算系统。首先由德国数学家和逻辑学家弗雷格引进和使用了量词和约束变元，并完备地发展了命题演算和谓词演算，建立了第一个比较严格的逻辑演算系统，并且经过多国数学家的研究和发展，最终形成了数理逻辑的三大学派：逻辑主义学派、直觉主义学派和形式主义学派。这一阶段研究的中心问题是把初等数论和集合论等数学方法运用到逻辑上，并开始研究和讨论悖论问题，研究数学及处理的无穷问题、证明论、公理方法等。

第三阶段是20世纪30年代末到现在。20世纪30年代所创建的那些方法在40年代后得到了进一步的迅速发展，形成了自己的理论体系，即数理逻辑的五大部分：逻辑演算、证明论、集合论、模型论和递归论。由于技术的发展，此阶段的数理逻辑成为计算机科学的基础理论之一，它的研究围绕着语义和形式系统的语法进行，并将这些研究应用在计算机科学上，解决计算机软件的语言设计问题等。在这一阶段，主要的两个成果是非单调推理理论与自动推理理论和技术。

3.2 命题逻辑

数理逻辑是用数学的方法来研究推理的形式结构和推理规律，分为命题逻辑和谓词逻辑，这一节讨论命题逻辑。

3.2.1 命题演算的基本概念

1. 命题

在日常生活中，人们不仅使用语句描述一些客观事物和现象、陈述某些历史和现实事件，而且往往还要对陈述的事实加以判断，从而辨其真假。语句可以分为疑问句、祈使句、感叹句与陈述句等，其中只有陈述句能分辨真假，其他类型的语句无所谓真假。

定义 3-1　命题　把每个能分辨真假的陈述句称为一个命题。

陈述句的这种真或假性质称为真值或值，有“真”和“假”两种情况。因而命题有以下两个基本特征，一是它必须为陈述句；二是它所陈述的事情要么成立，其值为真，要么不成立，其值为假；不可能同时既成立又不成立，即它的真值是唯一的。

【例 3-1】 判断以下句子是否为命题。

① 2 是素数。

② 请开窗通风。

③ 今天谁没来上课？

④ 今天天气真热啊！

⑤ 明年 10 月 1 日是晴天。

解：在以上 5 个句子中，②是祈使句，③是疑问句，④是感叹句，它们都不是陈述句，因此都不是命题。其余 2 个句子都是命题，⑤的真值虽然现在还不知道，但到明年 10 月 1 日就知道了，所以是具有唯一真值的陈述句。

定义 3-2　真值　若一个命题是真的，则称该命题为真命题，其真值为真，用 1 表示；若一个命题是假的，则称该命题为假命题，其真值为假，用 0 表示。

定义 3-3　简单命题　不可能再分解成更简单命题的命题称为简单命题。

定义 3-4　复合命题　由联结词及简单命题构成的命题称为复合命题。

复合命题仍为陈述句。任意有限个简单命题或复合命题，还可用若干不同的联结词复合成更为复杂的复合命题。

定义 3-5　命题标识符　用以表示命题的标识称为命题标识符。

定义 3-6　命题常元　一个命题标识符如表示确定的命题，就称为命题常元。用 P 和 Q 及其下标形式表示命题常元。

定义 3-7　命题变元　如果命题标识符代表任意未知命题，就称为命题变元。仍然用 P 和 Q 及其下标形式表示命题变元，根据上下文可以确定它们是常元还是变元。

因为命题变元可以表示任意命题，所以命题变元不能确定真值，不是命题。

【例 3-2】 用 P 表示“中国的首都是北京”，则 P 就是一个命题常元，P 是命题标识符。在式子 $P_1 \lor P_2 \lor (P_3 \land P_4)$ 中，P_1，P_2，P_3 和 P_4 没有明确代表具体的命题，所以 P_1，P_2，P_3 和 P_4 就是命题变元，也是命题标识符。

一个简单命题，它的真值不是真就是假；命题变元虽然没有确定的真值，但当用一个具体的命题常元代入时，它的真值就可确定了。

2. 命题联结词及其完备性

日常用语中有很多不同意义的联结词可将较简单的语句联结成复杂的复合语句。命题逻辑中简单命题也可以通过联结词复合成复合命题，因此，复合命题的真值不仅与其中所含的简单命题的真值有关，而且还与联结词的意义有关。一个逻辑联结词其实就是一个映射，一个从 $\{0,1\}^n$ 到 $\{0,1\}$ 的映射，因此通常也称为真值函数，它的真值函数值可以通过真值表来表示。

定义 3-8　真值表　把公式 A 在其一切可能的赋值下的值列成表，该表称为 A 的真值表。

含 $n(n \geq 1)$ 个命题变元的命题公式，共有 2^n 组赋值。构造真值表的步骤如下：

① 找出命题公式中所有命题变项，若无下角标就按字典顺序给出，列出所有的可能的赋值；

② 按从低到高的顺序写出各层次；

③ 对应每个赋值，计算命题公式各层次的值，直到最后计算出命题公式的值。

数理逻辑中可以定义很多联结词，这里只介绍五个常用的联结词：$\neg$、$\land$、$\lor$、$\rightarrow$ 和 $\leftrightarrow$。

定义 3-9　非　设 P 为命题，复合命题“$\neg P$”称为 P 的否命题，符号“$\neg$”称为否定联结词，为一元联结词。P 为真当且仅当 $\neg P$ 为假，或者说 P 为假当且仅当 $\neg P$ 为真。表 3-1

给出了它的真值表。

【例 3-3】设 P 表示“燕郊是北京的一部分”，则 $\neg P$ 表示“燕郊不是北京的一部分”。因为燕郊属于河北，所以 P 的真值是 0，$\neg P$ 的真值是 1。

定义 3-10　合取　设 P 和 Q 均为命题，复合命题“$P \wedge Q$”称为 P 和 Q 的合取；符号“$\wedge$”称为合取联结词，是二元联结词。$P \wedge Q$ 为真当且仅当 P 和 Q 同时为真。表 3-1 给出了它的真值表。

“$\wedge$”相当于日常用语中的“与”“且”“和”“又”“并且”“以及”“既……又……”“不仅……而且……”“虽然……但是……”“尽管……仍然……”等词语的逻辑抽象。

【例 3-4】设 P 表示“小王聪明”，Q 表示“小王用功”，则 $P \wedge Q$ 表示“小王既聪明又用功”，也表示“小王不但聪明而且用功”；$\neg P \wedge Q$ 表示“小王虽然不聪明，但是很用功”。

在数理逻辑中，$\wedge$ 可以将两个没有内在逻辑关系的语句组合在一起。例如，设 P 表示“今天天气寒冷”，Q 表示“2 是偶数”，则 $P \wedge Q$ 表示“今天天气寒冷且 2 是偶数”。这在现实生活中是不合理的，但是在数理逻辑中是合理的。

定义 3-11　析取　设 P 和 Q 均为命题，复合命题“$P \vee Q$”称为 P 和 Q 的析取；符号“$\vee$”称为析取联结词，是二元联结词。$P \vee Q$ 为假当且仅当 P 和 Q 同时为假。表 3-1 给出了它的真值表。

符号“$\vee$”与通常用语中的“……或……”的含义相同，但也有不同之处。通常用语中的“或者”一词的意义可根据上下文理解成“可兼或”（即“相容或”）或“不可兼或”（即“排斥或”），是一个有二义性的词。“$\vee$”是可兼或，它允许所联结的两个命题同时为真。

【例 3-5】有如下两个命题：

① 甲班选举小王或小张一人担任班长；

② 甲班推荐小王或小张参加数学建模竞赛。

设 P 表示“甲班选举小王担任班长”，Q 表示“甲班选举小张担任班长”，由于只能选举一人担任班长，所以本命题中的或是排斥的。联合 P 和 Q 的真值会产生四种情况：同真、同假、P 真 Q 假和 P 假 Q 真。直接将命题①符号化为 $P \vee Q$，如果按照定义 3-11，则有可能选举两个人同时担任班长，这与原命题显然不符。此时，应使用多个命题联结词进行符号化，所以命题①应符号化为 $(\neg P \wedge Q) \vee (P \wedge \neg Q)$，即只有当两个原子命题一个为真另一个为假时，该复合命题真值为真。这种“或”是相互排斥的。

对于命题②，其中的“或”是相容的。设 R 表示“甲班推荐小王参加数学建模竞赛”，S 表示“甲班推荐小张参加数学建模竞赛”。因此该命题可以符号化为 $R \vee S$。对于 R 和 S 的真值会产生四种情况：同真、同假、R 真 S 假、R 假 S 真，只有同假时，$R \vee S$ 的真值为 0，其他的均为真。

从逻辑表达上来看，上述三个联结词就足够了，但为了更方便的表述，还可根据需要定义其他联结词，它们在某些场合特别有用。

定义 3-12　蕴含　设 P 和 Q 均为命题，复合命题“$P \to Q$”称为 P 和 Q 的蕴含式，读作“P 蕴含 Q”。其中 P、Q 分别称为蕴含式的前件和后件；符号“→”称为蕴含联结词，是二元联结词。$P \to Q$ 为假当且仅当 P 为真和 Q 为假同时成立。表 3-2 给出了蕴含运算的真值表。

“→”是日常用语中“如果……那么……”“只要……就……”“必须……以便……”“仅当……则……”等词汇的逻辑抽象。

表 3-2 蕴含运算的真值表

P	Q	$P \to Q$
1	1	1
1	0	0
0	1	1
0	0	1

【例 3-6】 P 表示“两个三角形的三边相等”，Q 表示“两个三角形全等”，则 $P \to Q$ 表示“如果两个三角形的三边相等，则两个三角形全等”。设 P_1 表示“4 是偶数”，Q_1 表示“太阳是恒星”，显然这里的前提和结论是没有内在关系的，但仍然可以使用蕴含式进行符号化为 $P_1 \to Q_1$，它表示“如果 4 是偶数，则太阳是恒星”。

定义 3-13 等价 设 P 和 Q 均为命题，复合命题“$P \leftrightarrow Q$”称为 P 和 Q 的等价式，读作“P 等价于 Q”。符号“↔”称为等价联结词，是二元联结词。$P \leftrightarrow Q$ 为真当且仅当 P、Q 同为真或者同为假。表 3-3 给出了等价运算的真值表。

表 3-3 等价运算的真值表

P	Q	$P \leftrightarrow Q$
1	1	1
1	0	0
0	1	0
0	0	1

“↔”是日常用语中的“当且仅当”“充分必要”“相当于”“……和……一样”“等价”等词汇的逻辑抽象。

【例 3-7】 P 表示“一元二次方程 $ax^2+bx+c=0$ 有解”，Q 表示“$b^2-4ac \geqslant 0$”，则 $P \leftrightarrow Q$ 表示“一元二次方程 $ax^2+bx+c=0$ 有解当且仅当 $b^2-4ac \geqslant 0$”。

尽管为了需要可以定义很多的命题联结词，事实上，只要用少数几种联结词所构造出的命题公式就能表达所有的真值函数，这就是命题联结词的完备性。

定义 3-14 给定联结词的一个集合，若对于任何一个公式均可以用该集合中的联结词来表示或等值表示，就称联结词的集合为联结词完备集。

寻求最少联结词的完备集主要是为了满足工程实践中的需要，但是，一般情况下为了不因联结词的数目减少而使得公式的形式变得复杂，仍常采用“¬”“∧”“∨”“→”“↔”这 5 个联结词。

定理 3-1 $\{\neg, \wedge, \vee\}$ 是完备的联结词集合。

证明： 即证对任一 n 元联结词均可由 $\{\neg, \wedge, \vee\}$ 表示，只需要证明任一 n 元联结词所对应的 n 元真值函数 $f(P_1, P_2, \cdots, P_n)$ 可由 $\{\neg, \wedge, \vee\}$ 表示出来即可。对 n 进行归纳证明。

① 当 $n=1$，2 时，上述真值函数均可由 $\{\neg, \wedge, \vee\}$ 表示出来。

② 假设当 $n=k$ 时成立，即对于 k 元联结词可以由 $\{\neg, \wedge, \vee\}$ 表示出来，下面证明当 $n=k+1$ 时也可以由 $\{\neg, \wedge, \vee\}$ 表示出来。

$$f(P_1, P_2, \cdots, P_k, P_{k+1}) = \begin{cases} f(0, P_2, \cdots, P_k, P_{k+1}), & P_1 \text{ 为假} \\ f(1, P_2, \cdots, P_k, P_{k+1}), & P_1 \text{ 为真} \end{cases}$$

根据归纳假设知 $f(0, P_2, \cdots, P_k, P_{k+1})$，可由 $\{\neg, \wedge, \vee\}$ 表示，记为 $f(0, P_2, \cdots, P_k, P_{k+1}) = A$。

同样地，有 $f(1, P_2, \cdots, P_k, P_{k+1})$，也可由 $\{\neg, \wedge, \vee\}$ 表示，记为 $f(1, P_2, \cdots, P_k, P_{k+1}) = B$。

即 $f(P_1, P_2, \cdots, P_k, P_{k+1}) = (\neg P_1 \to A) \wedge (P_1 \to B) = (P \vee A) \wedge (\neg P \vee B)$

所以当 $n=k+1$ 时，$f(P_1,P_2,\cdots,P_n)$ 也可由 $\{\neg,\wedge,\vee\}$ 表示。证毕。

类似的联结词完备集还有 $\{\neg,\wedge\}$，$\{\neg,\vee\}$，$\{\neg,\rightarrow\}$ 等，因为：

$P\vee Q\leftrightarrow\neg(\neg P\wedge\neg Q)$

$P\wedge Q\leftrightarrow\neg(\neg P\vee\neg Q)$

$P\vee Q\leftrightarrow\neg P\rightarrow Q$

在研究推理时，把命题分析到简单命题为止，不再进一步地分解了，这种建立在以简单命题为基本的推理单位的逻辑体系称为命题逻辑或命题演算。

3.2.2 命题逻辑的合式公式及范式

本节主要讲述命题逻辑的合式公式及范式。

1. 合式公式及等值推理

由命题变元、联结词和圆括号组成的字符串可构成命题合式公式，但并不是由这三类符号组成的每一个字符串都是命题合式公式。下面给出命题合式公式的定义。

定义 3-15 命题合式公式是满足下列条件的合式公式：

① 真值 0、1 是合式公式；

② 命题常元、命题变元是合式公式，即 P 和 Q 及其下标形式为合式公式；

③ 若 A 是合式公式，则 $(\neg A)$ 也是合式公式；

④ 若 A 和 B 是合式公式，则 $(A\wedge B)$，$(A\vee B)$，$(A\rightarrow B)$ 和 $(A\leftrightarrow B)$ 也是合式公式；

只有有限次地应用①~④构成的符号串才是合式公式，简称公式。

用 A 和 B 及其下标形式表示公式。$\neg P$，$P\wedge Q$，$P\vee Q$，$P\rightarrow Q$ 和 $P\leftrightarrow Q$ 既可看作是具体命题的符号化表达式，也可把其中的 P、Q 看作是命题变元，联结词看成是运算符，从而成为真值不唯一确定的抽象命题公式。命题公式不是命题，只有当公式中的每一个命题变元都被赋以确定的真值时，公式的真值才能被确定，从而成为一个命题。

【例 3-8】 符号串"$P\rightarrow R(Q\wedge P)$"不符合命题公式的定义，不是命题公式；符号串"$(P\vee Q)\rightarrow(\neg(Q\wedge R))$"符合命题公式的定义，是命题公式。

定义 3-16 对于命题变元 P_1，P_2，$\cdots$，P_n，指定一种取值状态，称为该组变量的一个赋值或真值指派。

【例 3-9】 命题公式"$(P\vee Q)\rightarrow(\neg(Q\wedge R))$"中，令 P，Q，R 的取值分别为 1，0，1，则就得到一组赋值，或称为真值指派。在该组真值赋值下，该公式为真。

定义 3-17 若命题公式 A 在任何一个赋值下的值都真，则 A 称为重言式或永真式，用 T 或 1 表示永真式。常用的重言式有如下公式。

① $A\vee\neg A$

② $A\rightarrow(B\rightarrow A)$

③ $A\rightarrow(A\vee B)$，$B\rightarrow(A\vee B)$

④ $A\wedge B\rightarrow A$，$A\wedge B\rightarrow B$

⑤ $A\wedge(A\rightarrow B)\rightarrow B$ 假言推理

⑥ $(A\rightarrow B)\wedge(B\rightarrow C)\rightarrow(A\rightarrow C)$ 三段论

⑦ $(A\rightarrow(B\rightarrow C))\rightarrow((A\rightarrow B)\rightarrow(A\rightarrow C))$

⑧ $\neg(\neg A)\leftrightarrow A$

⑨ $A \vee A \leftrightarrow A$，$A \wedge A \leftrightarrow A$　　幂等律

⑩ $A \vee B \leftrightarrow B \vee A$，$A \wedge B \leftrightarrow B \wedge A$　　交换律

⑪ $A \wedge (B \wedge C) \leftrightarrow (A \wedge B) \vee (A \wedge C)$，
$A \vee (B \wedge C) \leftrightarrow (A \vee B) \wedge (A \vee C)$　　分配律

⑫ $\neg(A \vee B) \leftrightarrow \neg A \wedge \neg B$，$\neg(A \wedge B) \leftrightarrow \neg A \vee \neg B$　　德摩根定律

⑬ $A \vee (A \wedge B) \leftrightarrow A$，$A \wedge (A \wedge B) \leftrightarrow A$　　吸收律

⑭ $(A \rightarrow B) \leftrightarrow (\neg A \vee B)$

⑮ $(A \rightarrow (B \rightarrow C)) \leftrightarrow ((A \wedge B) \rightarrow C)$　　前件前移

⑯ $(A \rightarrow B) \leftrightarrow (\neg B \rightarrow \neg A)$　　逆否定理

⑰ $(A \leftrightarrow B) \leftrightarrow (A \rightarrow B) \wedge (B \rightarrow A)$，
$(A \leftrightarrow B) \leftrightarrow (A \wedge B) \vee (\neg A \wedge \neg B)$　　充分必要

⑱ $A \vee 1 = 1$，$A \wedge 0 = 0$　　零律

定义 3-18　若 A 在任何一个赋值下的值都假，则 A 称为矛盾式或永假式，用 F 或 0 表示。在后面要讲述的自动推理中，用“ ”表示矛盾式。

定义 3-19　若 A 至少有一个赋值使其值为真，则 A 称为可满足式。

从公式真值的角度看，公式可分为重言式、矛盾式、可满足式三类，其中重言式最重要，在推理时所引用的公理和定理都是重言式。重言式和矛盾式的性质截然相反，但它们之间可以互相转化，即：重言式的否定是矛盾式；矛盾式的否定是重言式。因此只研究其中的一个即可，一般均着重研究重言式。根据它们的定义可以看出三者之间的关系为：

① 公式 A 永真，当且仅当 $\neg A$ 永假；

② 公式 A 可满足，当且仅当 $\neg A$ 非永真；

③ 不是可满足的公式必永假；

④ 不是永假的公式必可满足。

【例 3-10】 判断下列命题公式的类型。

① $(P \wedge (P \rightarrow Q)) \rightarrow Q$

② $(Q \rightarrow P) \wedge (\neg P \wedge Q)$

③ $((P \vee Q) \rightarrow (Q \wedge R)) \rightarrow (P \wedge \neg R)$

解：三个公式的真值表分别如表 3-4～表 3-6 所示。由真值表可知，G_1是重言式，G_2是矛盾式，G_3是可满足式。

表 3-4　例 3-10 中①的真值表

P	Q	$P \rightarrow Q$	$P \wedge (P \rightarrow Q)$	G_1
0	0	1	0	1
0	1	1	0	1
1	0	0	0	1
1	1	1	1	1

表 3-5　例 3-10 中②的真值表

P	Q	$\neg P$	$Q \rightarrow P$	$\neg P \wedge Q$	G_2
0	0	1	1	0	0
0	1	1	0	1	0
1	0	0	1	0	0
1	1	0	1	0	0

表 3-6 例 3-10 中③的真值表

P	Q	R	$P\vee Q$	$Q\wedge R$	$\neg R$	$P\wedge\neg R$	$(P\vee Q)\rightarrow(Q\wedge R)$	G_3
0	0	0	0	0	1	0	1	0
0	0	1	0	0	0	0	1	0
0	1	0	1	0	1	0	0	1
0	1	1	1	1	0	0	1	0
1	0	0	1	0	1	1	0	1
1	0	1	1	0	0	0	0	1
1	1	0	1	0	1	1	0	1
1	1	1	1	1	0	0	1	0

定义 3-20 设 A 和 B 是命题公式，若 $A\leftrightarrow B$ 是重言式，则称 A 和 B 等值，记作 $A\Leftrightarrow B$。

【例 3-11】 判断等值式 $\neg(P\vee Q)\Leftrightarrow\neg P\wedge\neg Q$ 是否成立，可以采用真值表的方法。令 $A=\neg(P\vee Q)$，$B=\neg P\wedge\neg Q$，构造 A，B 以及 $A\leftrightarrow B$ 的真值表，如表 3-7 所示。

表 3-7 例 3-11 的真值表

P	Q	$P\vee Q$	$\neg(P\vee Q)$	$\neg P$	$\neg Q$	$\neg P\wedge\neg Q$	$A\leftrightarrow B$
0	0	0	1	1	1	1	1
0	1	1	0	1	0	0	1
1	0	1	0	0	1	0	1
1	1	1	0	0	0	0	1

由于公式 $A\leftrightarrow B$ 所标记的列全为 1，因此 $A\Leftrightarrow B$。

下面给出比较重要的等值式。设 A，B，C 均为任意命题公式。

① $A\Leftrightarrow\neg(\neg A)$ 双重否定律

② $A\vee B\Leftrightarrow B\vee A$，$A\wedge B\Leftrightarrow B\wedge A$ 交换律

③ $(A\vee B)\vee C\Leftrightarrow A\vee(B\vee C)$ 结合律

$(A\wedge B)\wedge C\Leftrightarrow A\wedge(B\wedge C)$

④ $A\wedge(B\vee C)\Leftrightarrow(A\wedge B)\vee(A\wedge C)$ 分配律

$A\vee(B\wedge C)\Leftrightarrow(A\vee B)\wedge(A\vee C)$

⑤ $\neg(A\vee B)\Leftrightarrow\neg A\wedge\neg B$，$\neg(A\wedge B)\Leftrightarrow\neg A\vee\neg B$ 德摩根律

⑥ $A\wedge A\Leftrightarrow A$，$A\vee A\Leftrightarrow A$ 等幂律

⑦ $A\vee(A\wedge B)\Leftrightarrow A$，$A\wedge(A\vee B)\Leftrightarrow A$ 吸收律

⑧ $A\vee 1\Leftrightarrow 1$，$A\wedge 0\Leftrightarrow 0$ 零元律

⑨ $A\vee 0\Leftrightarrow A$，$A\wedge 1\Leftrightarrow A$ 同一律

⑩ $A\vee\neg A\Leftrightarrow T$ 排中律

⑪ $A \wedge \neg A \Leftrightarrow F$ 矛盾律

⑫ $A \rightarrow B \Leftrightarrow \neg A \vee B$ 蕴含等值式

⑬ $A \leftrightarrow B \Leftrightarrow (A \rightarrow B) \wedge (B \rightarrow A)$ 等价等值式

⑭ $A \rightarrow B \Leftrightarrow \neg B \rightarrow \neg A$ 假言易位式

⑮ $A \leftrightarrow B \Leftrightarrow \neg A \leftrightarrow \neg B$ 等价否定等值式

⑯ $(A \rightarrow B) \wedge (A \rightarrow \neg B) \Leftrightarrow \neg A$ 归谬论

以上给出的等值式是最基本的等值式，由它们可以推演出更多的等值式。由已知的等值式推演出另外一些等值式的过程称为等值演算。

在以上各式中，A，B，C 是任意的命题公式，每个等值式实际上代表了无数多个命题公式的等值式。

定义 3-21 仅含联结词¬，∧，∨的命题公式称为限定性公式。

定义 3-22 设 A 为限定性公式，若在 A 中用∨代换∧，用∧代换∨，用1代换0，用0代换1，所得的新公式记作 A^*，则称 A 和 A^* 互为对偶式。

定理 3-2 设 A 和 A^* 是对偶式，P_1、P_2、…、P_n 是出现在 A 和 A^* 中的所有变元，则

$$A(P_1,P_2,\cdots,P_n) \Leftrightarrow \neg A^*(\neg P_1,\neg P_2,\cdots,\neg P_n) \tag{3-1}$$

证明：使用结构归纳法进行证明。

① 归纳基

若 A 为原子公式，那么 A 为 $P_1,P_2,\cdots,P_n$ 或1、0之一。由于 $P_i \Leftrightarrow \neg\neg P_i (i=1,2,\cdots,n)$，$1 \Leftrightarrow \neg 0 \Leftrightarrow \neg(1^*)$ 和 $0 \Leftrightarrow \neg 1 \Leftrightarrow \neg(0^*)$，因此，当 A 为原子公式时，式（3-1）成立。

② 归纳假设

A 的形式可以为 $\neg A_1$，$A_1 \vee A_2$ 和 $A_1 \wedge A_2$，假设 A_1 和 A_2 满足式（3-1），则

对于 A 为 $\neg A_1$ 的形式，那么

$$\begin{aligned} A &\Leftrightarrow \neg A_1 \Leftrightarrow \neg(\neg A_1{}^*(\neg P_1,\neg P_2,\cdots,\neg P_n)) \\ &\Leftrightarrow \neg((\neg A_1)^*(\neg P_1,\neg P_2,\cdots,\neg P_n)) \\ &\Leftrightarrow \neg(A^*(\neg P_1,\neg P_2,\cdots,\neg P_n)) \end{aligned}$$

对于 A 为 $A_1 \vee A_2$ 的形式，那么

$$\begin{aligned} A \Leftrightarrow A_1 \vee A_2 &\Leftrightarrow \neg A_1^*(\neg P_1,\neg P_2,\cdots,\neg P_n) \vee \neg A_2{}^*(\neg P_1,\neg P_2,\cdots,\neg P_n) \\ &\Leftrightarrow \neg(A_1^*(\neg P_1,\neg P_2,\cdots,\neg P_n) \wedge A_2{}^*(\neg P_1,\neg P_2,\cdots,\neg P_n)) \\ &\Leftrightarrow \neg(A_1^* \wedge A_2{}^*(\neg P_1,\neg P_2,\cdots,\neg P_n)) \\ &\Leftrightarrow \neg(A_1 \vee A_2)^*(\neg P_1,\neg P_2,\cdots,\neg P_n) \\ &\Leftrightarrow \neg A^*(\neg P_1,\neg P_2,\cdots,\neg P_n) \end{aligned}$$

对于 A 为 $A_1 \wedge A_2$ 的形式，其证明与归纳假设中的类似，故省略。证毕。

定理 3-3 设 A 和 B 为限定性公式，若 $A \Leftrightarrow B$，则 $A^* \Leftrightarrow B^*$。

证明：设 $P_1,P_2,\cdots,P_n$ 是出现在命题公式 A 和 B 中的原子变元，因为 $A \Leftrightarrow B$，即 $A(P_1,P_2,\cdots,P_n) \leftrightarrow B(P_1,P_2,\cdots,P_n)$ 是一个重言式，由此得到 $A(\neg P_1,\neg P_2,\cdots,\neg P_n) \leftrightarrow B(\neg P_1,\neg P_2,\cdots,\neg P_n)$ 也是一个重言式，即 $A(\neg P_1,\neg P_2,\cdots,\neg P_n) \Leftrightarrow B(\neg P_1,\neg P_2,\cdots,\neg P_n)$。所以，有 $\neg A^* \Leftrightarrow \neg B^*$ 成立，即 $A^* \Leftrightarrow B^*$。证毕。

定理 3-3 说明了在上述给出的等值式中，每一个都有与其相对应的对偶式。

定义 3-23 设 A 是一个命题公式，$P_1,P_2,\cdots,P_n$ 是 A 中的所有命题变元。

用某些公式代换 A 中的某些命题变元。

用公式 B 代换 P_i，则必须用 B 代换 A 中所有的 P_i。

由此而得的新公式 C，称为 A 的一个代入或代换。

【例 3-12】 对于重言式 $P\vee\neg P$，用 $R\vee S$ 代换 P 得到 $(R\vee S)\vee\neg(R\vee S)$，仍然是重言式。

定理 3-4 设 A 为含命题变元 P 的重言式，将 A 中的 P 的所有出现均代换为命题公式 B，得到一个新的公式，这个新公式仍为重言式。该规则为代入规则。

证明：由于重言式的真值与分量的真值指派无关，故对同一变元以任何一个命题公式置换后，重言式的真值不变。证毕。

定义 3-24 设 B 是命题公式 A 的一部分，若 B 也是一个公式，则称 B 是 A 的子公式。

定理 3-5 设 A_1 是命题公式 A 的子公式，且 $A_1\Leftrightarrow B_1$。将 A 中的 A_1 用 B_1 来替换，得到公式 B，则 B 与 A 等值，即 $A\Leftrightarrow B$。该规则称为置换规则。

证明：因为对变元的任一组指派，A_1 与 B_1 真值相同，故以 B_1 取代 A_1 后，公式 B 与公式 A 相对于变元的任一指派的真值也必相同，所以 $A\Leftrightarrow B$。证毕。

【例 3-13】 因为 $P\rightarrow Q\Leftrightarrow\neg P\vee Q$，可以用 $\neg P\vee Q$ 置换 $P\rightarrow Q$。例如：

$$(P\rightarrow Q)\wedge((P_1\rightarrow(P\rightarrow Q))\vee(\neg Q_1\wedge(P\rightarrow Q)))$$
$$\Leftrightarrow(\neg P\vee Q)\wedge((P_1\rightarrow(P\rightarrow Q))\vee(\neg Q_1\wedge(\neg P\vee Q)))$$

有了置换规则和代入规则，可以利用前面的等值式推导其他一些更为复杂公式的等值式。公式的等值演算在实际中还有很多用处，它可以简化公式，简化复杂的逻辑电路，化简一个程序。

对一个命题公式，除了用真值表法外，怎样判定其类型？已知一公式为真和为假的赋值，能否写出该公式的表达式？如何找出命题公式的标准形式？仅根据这种标准形式就能判断两公式是否等值？这些都可由范式加以解决。范式的研究对命题逻辑的发展起了重大的作用。

2. 析取范式与合取范式

定义 3-25 简单命题变元及其否定称为文字。

定义 3-26 文字的合取称为简单合取式。

定义 3-27 文字的析取称为简单析取式，也称为子句。

定义 3-28 设命题公式 A 的形式为 $A_1\wedge A_2\wedge\cdots\wedge A_n(n\geqslant 1)$，其中 $A_i(i=1,\cdots,n)$ 为简单析取式，则 A 称为合取范式，$A_i(i=1,\cdots,n)$ 称为合取项。

定义 3-29 设命题公式 A 的形式为 $A_1\vee A_2\vee\cdots\vee A_n(n\geqslant 1)$，其中 $A_i(i=1,\cdots,n)$ 为简单合取式，则称 A 为析取范式，$A_i(i=1,\cdots,n)$ 称为析取项。

定理 3-6 任何一个命题公式均可表示成析取范式与合取范式。

证明：首先，利用如下的等值式消去公式中的联结词→和↔。

$$A\rightarrow B\Leftrightarrow\neg A\vee B$$
$$A\leftrightarrow B\Leftrightarrow(\neg A\vee B)\wedge(A\vee\neg B)$$

其次，对于形如 $\neg\neg A$、$\neg(A\wedge B)$ 和 $\neg(A\vee B)$ 的公式，利用如下的双重否定律和德摩

根律。

$$\neg\neg A \Leftrightarrow A$$

$$\neg(A\wedge B)\Leftrightarrow\neg A\vee\neg B$$

$$\neg(A\vee B)\Leftrightarrow\neg A\wedge\neg B$$

最后，对于形如$A\wedge(B\vee C)$的公式采用分配律$A\wedge(B\vee C)\Leftrightarrow(A\wedge B)\vee(A\wedge C)$；对于形如$A\vee(B\wedge C)$的公式采用分配律$A\vee(B\wedge C)\Leftrightarrow(A\vee B)\wedge(A\vee C)$。

由上述3步，可将任一公式化成与之等值的析取范式和合取范式。证毕。

【例3-14】求公式$(P\wedge Q)\rightarrow(\neg Q\wedge P_1)$的合取范式和析取范式。

$(P\wedge Q)\rightarrow(\neg Q\wedge P_1)\Leftrightarrow\neg(P\wedge Q)\vee(\neg Q\wedge P_1)$

$\Leftrightarrow(\neg P\vee\neg Q)\vee(\neg Q\wedge P_1)\Leftrightarrow((\neg P\vee\neg Q)\vee\neg Q)\wedge((\neg P\vee\neg Q)\vee P_1)$

$\Leftrightarrow(\neg P\vee\neg Q)\wedge(\neg P\vee\neg Q\vee P_1)$ ------------- 合取范式

$\Leftrightarrow(\neg P\wedge(\neg P\vee\neg Q\vee P_1))\vee(\neg Q\wedge(\neg P\vee\neg Q\vee P_1))$

$\Leftrightarrow(\neg P\wedge\neg P)\vee(\neg P\wedge\neg Q)\vee(\neg P\wedge P_1)\vee(\neg Q\wedge\neg P)\vee(\neg Q\wedge\neg Q)\vee(\neg Q\wedge P_1)$

$\Leftrightarrow\neg P\vee(\neg P\wedge\neg Q)\vee(\neg P\wedge P_1)\vee\neg Q\vee(\neg Q\wedge P_1)$ ------------- 析取范式

$\Leftrightarrow\neg P\vee\neg Q$ ------- 对上式用吸收律后为析取范式，也可看成合取范式。

范式为命题公式提供了一种标准形式，但由例3-14可见，合取范式与析取范式的形式不唯一。根据范式的异同来判定公式的等值问题还有困难和不便，因此需要给出更为标准的范式结构，使每一命题公式仅有唯一的范式与之等值，这就是主析取范式和主合取范式。

3. 主析取范式

(1) 主析取范式的定义和性质

定义3-30　含有n个命题变元（或其否定）的简单合取式中，若每个命题变元和其否定不同时存在，而二者之一必出现且仅出现一次，且第i个命题变元或其否定出现在从左算起的第i位上（若命题变元无角标，则按字典顺序排列），这样的简单合取式称为极小项。

【例3-15】2个命题变元P和Q产生4个极小项：$\neg P\wedge\neg Q$，$\neg P\wedge Q$，$P\wedge\neg Q$，$P\wedge Q$。3个命题变元P，Q，R产生8个极小项：$\neg P\wedge\neg Q\wedge\neg R$，$\neg P\wedge\neg Q\wedge R$，$\neg P\wedge Q\wedge\neg R$，$\neg P\wedge Q\wedge R$，$P\wedge\neg Q\wedge\neg R$，$P\wedge\neg Q\wedge R$，$P\wedge Q\wedge\neg R$，$P\wedge Q\wedge R$。

n个命题变元共形成2^n个极小项。2个命题变元的极小项的真值表如表3-8所示。

表3-8　2个命题变元的极小项的真值表

P	Q	$\neg P$	$\neg Q$	$\neg P\wedge\neg Q$	$\neg P\wedge Q$	$P\wedge\neg Q$	$P\wedge Q$
0	0	1	1	1	0	0	0
0	1	1	0	0	1	0	0
1	0	0	1	0	0	1	0
1	1	0	0	0	0	0	1

由表3-8可得极小项具有如下性质。

① 各极小项的真值表都是不同的，任何2个极小项都不等值。

② 每个极小项只有一组真值指派，使该极小项的真值为1，因此，可以给极小项进行编

码，当赋值与其对应的二进制编码相同时，其真值为真，且其真值 1 位于主对角线上。

③ 任意两个不同极小项的合取式是永假式。

④ 所有极小项的析取式为永真式。

极小项的二进制编码：约定命题变元按字典顺序排列，命题变元与 1 对应，命题变元的否定与 0 对应，则得到极小项的二进制编码，记为 m_i，其下标 i 是由二进制转化的十进制数。n 个命题变元形成的 2^n 个极小项，分别记为 m_0，m_1，…，m_{2^n-1}。

2 个命题变元，4 个极小项对应编码情况如表 3-9 表示；3 个命题变元，8 个极小项对应编码情况如表 3-10 所示。

表 3-9 2 个命题变元极小项的编码情况

极小项	编码	数字	标识	极小项	编码	数字	标识
$\neg P\wedge\neg Q$	00	0	m_0	$\neg P\wedge Q$	01	1	m_1
$P\wedge\neg Q$	10	2	m_2	$P\wedge Q$	11	3	m_3

表 3-10 3 个命题变元极小项的编码情况

极小项	编码	数字	标识	极小项	编码	数字	标识
$\neg P\wedge\neg Q\wedge\neg R$	000	0	m_0	$\neg P\wedge\neg Q\wedge R$	001	1	m_1
$\neg P\wedge Q\wedge\neg R$	010	2	m_2	$\neg P\wedge Q\wedge R$	011	3	m_3
$P\wedge\neg Q\wedge\neg R$	100	4	m_4	$P\wedge\neg Q\wedge R$	101	5	m_5
$P\wedge Q\wedge\neg R$	110	6	m_6	$P\wedge Q\wedge R$	111	7	m_7

定义 3-31 由若干个不同的极小项组成的析取式称为主析取范式；与 A 等值的主析取范式称为 A 的主析取范式。

定理 3-7 任意含 n 个命题变元的非永假命题公式 A 都存在与其等值的主析取范式，并且是唯一的。

求主析取范式的方法有真值表法和公式法。

（2）*求主析取范式的真值表法*

在真值表中，命题公式 A 的真值为 1 的赋值所对应的极小项的析取即为此公式 A 的主析取范式。

【例 3-16】 令 $A=\neg(P\vee Q)\leftrightarrow(P\wedge Q)$ 的真值表如表 3-11 所示，该公式仅在其真值表的 01 行和 10 行处取真值 1，所以 $\neg(P\vee Q)\leftrightarrow(P\wedge Q)\Leftrightarrow m_1\vee m_2$。

表 3-11 例 3-16 中公式 A 的真值表

P	Q	$P\vee Q$	$P\wedge Q$	$\neg(P\vee Q)$	A
0	0	0	0	1	0
0	1	1	0	0	1
1	0	1	0	0	1
1	1	1	1	0	0

（3）*求主析取范式的公式法*

求主析取范式的步骤如下：

① 求 A 的析取范式 A'；

② 若 A'的某简单合取式 B 中不含某个命题变元 P 或其否定$\neg P$，则将 B 展成形式

$$B \Leftrightarrow B \wedge 1 \Leftrightarrow B \wedge (P \vee \neg P) \Leftrightarrow (B \wedge P) \vee (B \wedge \neg P)$$

③ 将重复出现的命题变元、矛盾式及重复出现的极小项都消去；

④ 将极小项按顺序排列。

【例 3-17】 用公式法求$(P \to Q) \wedge Q$的主析取范式。

$$\begin{aligned}(P \to Q) \wedge Q &\Leftrightarrow (\neg P \vee Q) \wedge Q \\ &\Leftrightarrow (\neg P \wedge Q) \vee Q \\ &\Leftrightarrow (\neg P \wedge Q) \vee ((P \vee \neg P) \wedge Q) \\ &\Leftrightarrow (\neg P \wedge Q) \vee ((P \wedge Q) \vee (\neg P \wedge Q)) \\ &\Leftrightarrow (\neg P \wedge Q) \vee (P \wedge Q) \\ &\Leftrightarrow m_1 \vee m_3\end{aligned}$$

4. 主合取范式

(1) 主合取范式的定义和性质

定义 3-32 含有n个命题变元（或其否定）的简单析取式中，若每个命题变元和其否定不同时存在，而二者之一必出现且仅出现一次，且第i个命题变元或其否定出现在从左算起的第i位上（若命题变元无角标，则按字典顺序排列），这样的简单析取式称为极大项。

两个命题变元P和Q的极大项真值表如表 3-12 所示。

表 3-12 两个命题变元极大项的真值表

P	Q	$\neg P$	$\neg Q$	$\neg P \vee \neg Q$	$\neg P \vee Q$	$P \vee \neg Q$	$P \vee Q$
0	0	1	1	1	1	1	0
0	1	1	0	1	1	0	1
1	0	0	1	1	0	1	1
1	1	0	0	0	1	1	1

由表 3-12 可得极大项具有如下性质。

① 各极大项的真值表都是不同的，任何两个极大项不等值。

② 每个极大项只有当赋值与其对应的二进制编码相同时，其真值为假，且其真值 0 位于副对角线上。

③ 任意两个不同极大项的析取式是永真式。

④ 所有极大项的合取式为永假式。

极大项的二进制编码：约定命题变元按字典顺序排列，命题变元与 0 对应，命题变元的否定与 1 对应，则得到极大项的二进制编码，记为M_i，其下标i是由二进制转化的十进制数。n个命题变元形成2^n个极大项，分别记为$M_0, M_1, \cdots, M_{2^n-1}$。两个命题变元，四个极大项对应编码情况如表 3-13 所示；三个命题变元，八个极大项对应编码情况如表 3-14 所示。

表 3-13 两个命题变元极大项的编码情况

极大项	编码	数字	标识	极大项	编码	数字	标识
$P \vee Q$	00	0	M_0	$P \vee \neg Q$	01	1	M_1
$\neg P \vee Q$	10	2	M_2	$\neg P \vee \neg Q$	11	3	M_3

表 3-14 三个命题变元极大项的编码情况

极大项	编码	数字	标识	极大项	编码	数字	标识
$P\vee Q\vee R$	000	0	M_0	$P\vee Q\vee\neg R$	001	1	M_1
$P\vee\neg Q\vee R$	010	2	M_2	$P\vee\neg Q\vee\neg R$	011	3	M_3
$\neg P\vee Q\vee R$	100	4	M_4	$\neg P\vee Q\vee\neg R$	101	5	M_5
$\neg P\vee\neg Q\vee R$	110	6	M_6	$\neg P\vee\neg Q\vee\neg R$	111	7	M_7

定义 3-33 由极大项所组成的合取范式，称为主合取范式。

定理 3-8 任何命题公式的主合取范式都是存在的，并且是唯一的。

求主合取范式的方法有真值表法和公式法。

(2) *求主合取范式的真值表法*

定理 3-9 在真值表中，命题公式 A 的真值为 0 的赋值所对应的极大项的合取即为此公式的主合取范式。

表 3-15 例 3-18 中公式 A 的真值表

P	Q	$P\to Q$	A
0	0	1	0
0	1	1	1
1	0	0	0
1	1	1	1

【例 3-18】 用真值表法求 $A=(P\to Q)\wedge Q$ 的主合取范式，其真值表如表 3-15 所示。该公式仅在 00 行、10 行处取真值 0，所以

$$(P\to Q)\wedge Q\Leftrightarrow(P\vee Q)\wedge(\neg P\vee Q)\Leftrightarrow M_0\wedge M_2$$

(3) *求主合取范式的公式法*

求主合取范式的步骤如下。

① 求 A 的合取范式 A'。

② 若 A' 的某简单析取式 B 中不含某个命题变元 P 或其否定 $\neg P$，则将 B 展成如下形式：

$$B\Leftrightarrow B\vee 0\Leftrightarrow B\vee(P\wedge\neg P)\Leftrightarrow(B\vee P)\wedge(B\vee\neg P)$$

③ 将重复出现的命题变元、永真式及重复出现的极大项都消去。

④ 将极大项按顺序排列。

【例 3-19】 用公式法求 $(P\to Q)\to(P\wedge\neg R)$ 的主合取范式。

解： $(P\to Q)\to(P\wedge\neg R)$

$$\begin{aligned}
&\Leftrightarrow(P\wedge\neg Q)\vee(P\wedge\neg R)\\
&\Leftrightarrow P\wedge(\neg Q\vee\neg R)\\
&\Leftrightarrow(P\vee Q)\wedge(P\vee\neg Q)\wedge(P\vee\neg Q\vee\neg R)\wedge(\neg P\vee\neg Q\vee\neg R)\\
&\Leftrightarrow(P\vee Q\vee R)\wedge(P\vee Q\vee\neg R)\wedge(P\vee\neg Q\vee R)\\
&\quad\wedge(P\vee\neg Q\vee\neg R)\wedge(P\vee\neg Q\vee\neg R)\wedge(\neg P\vee\neg Q\vee\neg R)\\
&\Leftrightarrow M_0\wedge M_1\wedge M_2\wedge M_3\wedge M_7
\end{aligned}$$

另外，主析取范式和主合取范式之间存在着密切的关系。由于主范式实际是由极小项（或极大项）构成的，根据定义，可知 $\neg m_i\Leftrightarrow M_i$ 或 $m_i\Leftrightarrow\neg M_i$，即具有“互补”的关系。因此，可以通过主析取范式（主合取范式）求解主合取范式（主析取范式）。具体求法是：

① 找出主合取范式中没有出现的极大（小）项；

② 将找出的极大（小）项中的变元换成相应的否定式，而变元的否定式换成相应的变元，并将析（合）取换成合（析）取，求得相应的极小（大）项；

③ 最后用析（合）取词将它们联结成主析（合）取范式。

3.2.3 命题逻辑的推理理论

在数理逻辑中，把从一个或几个已知的判断得出一个新的判断的思维过程称为推理，称这些已知的判断为前提，得到的新的判断为前提的有效结论。如果前提是真的，推理过程中依据的又是公认的推理规则，那么得到的新的判断为合法结论。

在数理逻辑中，主要关心的问题不是结论的真实性，而是推理的有效性。有效的推理不一定产生真实的结论，产生真实结论的推理过程也未必是有效的。另外，有效的推理可能使用了假的前提，而无效的推理却可能包含真的前提。因此，推理的有效性与前提和结论的真实与否不存在必然关系。当然，如果前提都为真，那么有效推理的结论也必定为真。数理逻辑中重点研究的是从前提推出结论的推理规则和认证原理，即推理理论。

1. 推理的定义和性质

定义 3-34 设 A 和 B 是命题公式，如果命题公式 $A \to B$ 为重言式，则称 B 是前提 A 的结论或从 A 推出结论 B，记作 $A \quad B$，称为重言蕴含式。更一般地，设 $H_1, H_2, \cdots, H_n$ 和 C 是一些命题公式，称命题公式 $H_1 \land H_2 \land \cdots \land H_n \to C$ 为推理的形式结构，当 $H_1 \land H_2 \land \cdots \land H_n \quad C$ 时，称从前提 $H_1, H_2, \cdots, H_n$ 推出结论 C，记为 $H_1, H_2, \cdots, H_n \quad C$，并称 $\{H_1, H_2, \cdots, H_n\}$ 为 C 的前提的集合。

一组前提是否可以推出某个结论，或者说判断推理是否正确，可以按照定义进行。判断 $H_1, H_2, \cdots, H_n \to C$ 是否为重言式，可以用真值表法、等值演算法和主范式的方法。

当命题变元较多时，利用真值表法或等值演算法都不方便，下面介绍用构造证明的方法来证明某些推理是正确的。这些方法是按照给定规则进行的，其中有些规则建立在推理规律之上。以下列出重要的推理规则，也就是重言蕴含式。这里的 A，B，C 是任意的命题公式。

① $A \land B \quad A$，$A \land B \quad B$	化简定律
② $A \quad A \lor B$	附加定律
③ $A \land (A \to B) \quad B$	假言推理
④ $\neg B \land (A \to B) \quad \neg A$	拒取式
⑤ $\neg A \land (A \lor B) \quad B$	析取三段论
⑥ $(A \to B) \land (B \to C) \quad (A \to C)$	假言三段论
⑦ $(A \lor B) \land (A \to C) \land (B \to C) \quad C$	二难推论
⑧ $(P \leftrightarrow Q) \land (Q \leftrightarrow S) \quad (P \leftrightarrow S)$	等价三段论

在实际证明过程中，常用的推理规则主要有四个。

① 前提引用规则：在证明的任何步骤上都可以引用前提。

② 结论引用规则：在证明的任何步骤上所得到的结论都可以在其后的证明中引用。

③ 置换规则：在证明的任何步骤上，命题公式的子公式都可以用与它等值的其他命题公式置换。

④ 代入规则：在证明的任何步骤上，重言式中的任一命题变元都可以用一命题公式代入，得到的仍是重言式。

在证明时经常使用直接证明法和间接证明法。

2. 直接证明法

由一组前提，利用已知的推理规则，根据已知的等值式，推演得到有效的结论。

【例 3-20】 把下面的描述符号化，并写出推理证明。

如果今天天气晴朗，就进行篮球或排球比赛，如果篮球场维修，则不进行篮球比赛。今天天气晴朗，篮球场在维修，所以进行排球比赛。

解：设 P 为“今天天气晴朗”，Q 为“今天进行篮球比赛”，R 为“今天进行排球比赛”，S 为“篮球场在维修”，则得到的前提为 $P\to(Q\vee R)$，$S\to\neg Q$，P，S；结论为 R。证明过程如下：

① $P\to(Q\vee R)$　　前提引入
② P　　前提引入
③ $Q\vee R$　　①②假言推理
④ $S\to\neg Q$　　前提引入
⑤ S　　前提引入
⑥ $\neg Q$　　④⑤假言推理
⑦ R　　③⑥析取三段论

3. 间接证明法

间接证明法包括附加前提证明法与归谬法。

（1）附加前提证明法

欲证明结论含有蕴含式的推理形式结构

前提：$A_1,A_2,\cdots,A_k$，结论：$C\to B$

可以等价地证明

前提：$A_1,A_2,\cdots,A_k,C$，结论：B

理由：$(A_1\wedge A_2\wedge\cdots\wedge A_k)\to(C\to B)$

$$\Leftrightarrow\neg(A_1\wedge A_2\wedge\cdots\wedge A_k)\vee(\neg C\vee B)$$
$$\Leftrightarrow\neg(A_1\wedge A_2\wedge\cdots\wedge A_k)\vee\neg C\vee B$$
$$\Leftrightarrow\neg(A_1\wedge A_2\wedge\cdots\wedge A_k\wedge C)\vee B$$
$$\Leftrightarrow(A_1\wedge A_2\wedge\cdots\wedge A_k\wedge C)\to B$$

【例 3-21】 用附加前提证明法构造下面推理的证明：

2 是素数或合数。若 2 是素数，则$\sqrt{2}$是无理数。若$\sqrt{2}$是无理数，则 4 不是素数。所以，如果 4 是素数，则 2 是合数。

解：设 P 为“2 是素数”，Q 为“2 是合数”，R 为“$\sqrt{2}$是无理数”，S 为“4 是素数”，则得到的前提为 $P\vee Q$，$P\to R$，$R\to\neg S$；结论为 $S\to Q$。证明过程为：

① S　　附加前提引入
② $P\to R$　　前提引入
③ $R\to\neg S$　　前提引入
④ $P\to\neg S$　　②③假言推理
⑤ $\neg P$　　①④拒取式
⑥ $P\vee Q$　　前提引入

⑦ Q　　⑤⑥析取三段论

(2) 归谬法

前提为 $A_1, A_2, \cdots, A_k$；结论为 B。将$\neg B$ 加入前提，若推出矛盾，则说明推理正确。

【例 3-22】用归谬法构造下面推理的证明。假设前提为 $P \to Q$，$\neg(Q \vee R)$，结论为$\neg P$，则证明过程为：

① $P \to Q$　　前提引入

② P　　附加前提引入

③ $\neg(Q \vee R)$　　前提引入

④ $\neg Q \wedge \neg R$　　③置换

⑤ Q　　①②假言推理

⑥ $\neg Q$　　④化简

⑦ $\neg Q \wedge Q$　　矛盾

3.3 谓词逻辑

命题逻辑的基本元素是命题。命题是有真假意义的陈述句，而对陈述句的结构和成分是不考虑的，很多思维过程不能用这种方法表达出来。例如，逻辑学中著名的三段论：

凡人必死；张三是人；张三必死。

在命题逻辑中就无法表示这种推理过程。因为，如果用 P_1 代表“凡人必死”这个命题，P_2 代表“张三是人”这个命题，P_3 代表“张三必死”这个命题，则按照三段论，P_3 应该是 P_1 和 P_2 的逻辑结果。但是，在命题逻辑中，P_3 却不是 P_1 和 P_2 的逻辑结果。

发生这种情况的原因是：命题逻辑中描述出来的三段论，即 $P_1 \wedge P_2 \to P_3$，使 P_3 成为一个与 P_1 和 P_2 无关的独立命题。因此，在指定真值赋值时，可将 P_1，P_2 取真，P_3 取假，从而使公式 $P_1 \wedge P_2 \to P_3$ 为假。但是，实际上命题 P_3 和命题 P_1，P_2 是有关系的，只是这种关系在命题逻辑中无法表示。因此，对命题的成分、结构和命题间的共同特性等需要做进一步分析，这正是谓词逻辑所要研究的问题。为了表示出这三个命题的内在关系，需要引进谓词的概念。在谓词演算中，可将命题分解为谓词与个体两部分。例如，在前面的例子“张三是人”中，“是人”是谓语，称为谓词，“张三”是主语，称为个体。

3.3.1 谓词逻辑的基本概念

定义 3-35 可以独立存在的物体称为个体，它可以是抽象的，也可以是具体的。

定义 3-36 用于表示研究对象的词称为个体词，分为个体常元与个体变元。

定义 3-37 个体变元的取值范围称为个体域或论域，用D表示。

定义 3-38 表示研究对象或个体的性质或对象之间关系的词称为谓词。具体的，设D是非空个体名称集合，定义在D^n上取值于$\{1,0\}$上的 n 元函数，称为 n 元命题函数或 n 元谓词，其中D^n表示集合D的 n 次笛卡儿乘积。

一般地，一元谓词描述个体的性质，二元谓词或多元谓词描述两个或多个个体间的关系。0 元谓词中无个体，理解为就是命题，所以谓词逻辑包括命题逻辑。

【例 3-23】前面说的三段论可以如下符号化：令 $P_1(x)$ 表示“x 是人”，$P_2(x)$ 表示“x

必死”。则三段论的三个命题表示如下：$A=P_1(x)\to P_2(x)$；P_1(张三)；P_2(张三)。

定义 3-39 用于描述从一个个体域到另一个个体域的映射称为函词。函词的定义和基本意义上的函数定义一样，作为谓词的一部分，常用小写字母或小写英文单词来表示。对于含有 n 个个体变元的函词常记为 $f^{(n)}$。

在例 3-23 中的公式 $A=P_1(x)\to P_2(x)$ 没有表达出“所有”这个信息，也就是没有指出变量的范围。为了解决这个问题，引入量词这个概念。

定义 3-40 用于限制个体的数量的词称为量词，分为全称量词与存在量词。

① 全称量词（$\forall$）：表任意，从量上表示“所有的”“任意的”。

② 存在量词（$\exists$）：表存在，从量上表示“至少有一个”。

全称量词与存在量词的关系为

$$\forall xP(x)\Leftrightarrow\neg\exists x\neg P(x)$$
$$\exists xP(x)\Leftrightarrow\neg\forall x\neg P(x)$$
$$\forall x\forall yP\Leftrightarrow\forall y\forall xP$$
$$\exists x\exists yP\Leftrightarrow\exists y\exists xP$$

【例 3-24】 有了量词，例 3-23 中的命题 A 就可确切地符号化如下：$\forall x(P_1(x)\to P_2(x))$。命题 A 的否定命题为 $\neg A=\neg(\forall x(P_1(x)\to P_2(x)))\Leftrightarrow\exists x(P_1(x)\vee\neg P_2(x))$，也就是“存在一个人是不死的”，这个命题确实是“所有人都要死”的否定。

需要注意的是，当同时存在多个量词时，其次序不能随意调换，否则原命题含义会发生改变。

定义 3-41 量词所约束的范围称为辖域。

定义 3-42 $\forall xA$ 和 $\exists xA$ 中的 x 称为指导变元，其辖域 A 中 x 的所有出现称为约束出现。不受量词约束的个体变元称为自由变元。

定义 3-43 把公式中量词的指导变元及其辖域中的该变元换成该公式中没有出现的个体变元，公式的其余部分不变，该规则称为改名规则。

改名时，新变元要用在辖域中未曾出现过的变元符号，最好是整个公式中未出现过的变元符号。

【例 3-25】 ① $\forall xF(x)\to\exists yG(x,y)$，对约束变元 x 改名为 z，得到 $\forall zF(z)\to\exists yG(x,y)$。

② $\forall xF(x)\vee\exists xG(x,y)$，对 $\forall x$ 约束变元 x 改名为 z，得到 $\forall zF(z)\vee\exists xG(x,y)$，或者对 $\exists x$ 约束变元 x 改名为 t，得到 $\forall xF(x)\vee\exists tG(t,y)$。

定义 3-44 公式中某个个体变元的所有自由出现同时换成在原公式中没有出现的符号，公式的其余部分不变，该规则称为自由变元的代替规则。

【例 3-26】 在公式 $\forall x(P(x,y)\to\exists yQ(x,y,z))\vee S(x,z)$ 中，x 和 y 都既是约束出现，又是自由出现，用改名规则将 x,y 的约束出现分别改为 u,v，得到 $\forall u(P(u,y)\to\exists vQ(x,v,z))\vee S(x,z)$。也可以用代替规则将 x,y 的自由出现分别改为 s,t，得到 $\forall x(P(x,t)\to\exists yQ(x,y,z))\vee S(s,z)$，这样也避免了重名的问题。

3.3.2 谓词逻辑的合式公式

定义 3-45 如下递归定义项：

① 个体变元、个体常元是项；

② 若$f^{(n)}$是一个n元函词，且$t_1,t_2,\cdots,t_n$为项，则$f^{(n)}(t_1,t_2,\cdots,t_n)$是项；

③ 由①和②有限次复合所产生的结果是项。

【例 3-27】 设一元谓词 Father(x)表示“x的父亲”，则 Father(张三)，Father(Father(张三))均为项。

定义 3-46 如下递归定义合式公式：

① 原子谓词公式是合式公式；

② 若A为合式公式，则$\neg A$也是合式公式；

③ 若A和B为合式公式，则$A\wedge B$、$A\vee B$、$A\rightarrow B$和$A\leftrightarrow B$均是合式公式；

④ 若A为合式公式，而x在A中为自由变元，则$\forall xA(x)$和$\exists xA(x)$均是合式公式；

⑤ 有限次应用①~④所形成的公式为合式公式。

定义 3-47 x为A中的自由变元，且项t中不含A中的约束变元符（若有可改名），则称项t对x是可代入的。

【例 3-28】 令$A=\forall x_1P(x_1,x_2)$，设t为不含约束变元x_1的项，则项t对变元x_2是可代入的。

定义 3-48 对公式A中的自由变元x，t对x是可代入的，则x的所有自由出现都换为项t，记为$A[t/x]$；若A中没有自由变量x，则$A[t/x]=A$；该过程称为代入。

【例 3-29】 令$A=P_1(x)\rightarrow P_2(x)$，项$t=f(3)$，则$A[t/x]=A[f(3)/x]=P_1(f(3))\rightarrow P_2(f(3))$。

定义 3-49 设$x_1,x_2,\cdots,x_n$为公式A中的自由变元，则公式$\forall x_{i1}\forall x_{i2}\cdots\forall x_{in}A$称为$A$的全称化，其中$1\leqslant i_k\leqslant n,k=1,2,\cdots,n$，且若$j\neq k$，则$i_j\neq i_k$。如果$x_1,x_2,\cdots,x_n$包含了$A$中的所有自由变元，则公式$\forall x_{i1}\forall x_{i2}\cdots\forall x_{in}A$称为$A$的全称封闭式。

【例 3-30】 令$A=\neg P(x,y,z)\rightarrow Q(x,y,z)$，变元$x$，$y$，$z$为公式$A$中的自由变元。则$\forall xA$，$\forall yA$，$\forall zA$，$\forall x\forall yA$均为$A$的全称化，$\forall x\forall y\forall zA$为$A$的全称封闭式。

3.3.3 谓词形式系统的语义

由于公式是由常量符号、变量符号、函数符号、谓词符号通过逻辑联结词和量词（当然还有括号）联结起来的抽象符号串，所以若不对它们给以具体解释，则公式没有实际意义。所谓给公式以解释，就是将公式中的常量符号指为常量，函数符号指为函数，谓词符号指为谓词。

定义 3-50 设$Đ$为谓词公式A的非空个体域，公式A的一个解释I是对A中常量符号、函数符号、谓词符号按照以下列规则进行的赋值：

① 对每个常量符号，指定$Đ$中一个元素；

② 对每个n元函数符号，指定一个函数，即指定$Đ^n$到$Đ$的一个映射；

③ 对每个n元谓词符号，指定一个谓词，即指定$Đ^n$到$\{0,1\}$的一个映射。

定义 3-51 如果存在解释I使得A真，则称I满足A，记为$I\vDash A$；否则，就称I不满足A。

定义 3-52 如果不存在解释I满足公式A，则称A是永假的，或不可满足的；如果A的所有解释I都满足公式A，则称A是永真的。若至少存在一个解释I使A为真，则称A为可满足式。

【例 3-31】给定如下的解释 I：

① 个体域 $D=\{2,3,4\}$；

② 公式 A 中的两个个体常元指定为：$a=2,b=3$；

③ 公式 A 中的函数 f 指定为 D 到 D 的特定函数：$f(2)=2$，$f(3)=3$，$f(4)=4$；

④ 指定公式 A 中的二元谓词 F 为 D^2 到 $\{0,1\}$ 的谓词：x 与 y 相等时 $F(x,y)$ 为假；x 与 y 不相等时 $F(x,y)$ 为真。指定 A 中的一元谓词 G 为 D 到 $\{0,1\}$ 的特定谓词：$G(2)=1$，$G(3)=G(4)=0$。

$$\begin{aligned}\exists xF(x,f(a))\wedge G(b)&\Leftrightarrow(F(2,f(2))\vee F(3,f(2))\vee F(4,f(2)))\wedge G(3)\\&\Leftrightarrow(F(2,2)\vee F(3,2)\vee F(4,2))\wedge 0\\&\Leftrightarrow 1\wedge 0\\&\Leftrightarrow 0\end{aligned}$$

所以公式 $\exists xF(x,f(a))\wedge G(b)$ 永假。

$F(a,b)\rightarrow\forall xG(f(x))\Leftrightarrow F(2,3)\rightarrow(G(f(2))\wedge G(f(3))\wedge G(f(4)))\Leftrightarrow 1\rightarrow(1\wedge 0\wedge 0)\Leftrightarrow 0$

所以公式 $F(a,b)\rightarrow\forall xG(f(x))$ 永假。

定义 3-53 设 A_0 是含命题变元 $P_1,P_2,\cdots,P_n$ 的命题公式，$A_1,A_2,\cdots,A_n$ 是 n 个谓词公式，用 $A_i(1\leqslant i\leqslant n)$ 处处代换 P_i，所得公式 A 称为 A_0 的代换实例。

【例 3-32】判断下列公式中哪些是永真式，哪些是矛盾式？

① $\forall xF(x)\rightarrow\exists xF(x)$

② $\forall x\exists yF(x,y)\rightarrow\exists x\forall yF(x,y)$

③ $\forall xF(x)\vee(\neg\forall xF(x))$

④ $\neg(F(x,y)\rightarrow G(x,y))\wedge G(x,y)$

解：① 设 I 为任意解释，其个体域为 D，若 $\exists xF(x)$ 为假，即存在 $x_0\in D$，使 $F(x_0)$ 为假，则 $\forall xF(x)$ 亦为假，所以 $\forall xF(x)\rightarrow\exists xF(x)$ 为真。

若 $\forall xF(x)$ 为真，对 $\forall x\in D$，都有 $F(x)$ 为真，所以 $\exists xF(x)$ 为真，因此 $\forall xF(x)\rightarrow\exists xF(x)$ 为真。故在解释 I 下，原公式为真。由于 I 的任意性，所以原公式是逻辑有效式。

② 取解释 I 如下：个体域为自然数集合 $\mathbf{N}$；$F(x,y)$ 为 $x=y$。

则此时前件化为 $\forall x\exists y(x=y)$，这是真的；而后件为 $\exists x\forall y(x=y)$，这是假的。因而在此解释下，蕴含式为假，这说明它不是逻辑有效式。

又取解释 I 如下：个体域为自然数集合 $\mathbf{N}$；$F(x,y)$ 为 $x\leqslant y$。

则蕴含式前、后件均为真，所以蕴含式为真，说明②也不是矛盾式。所以②是可满足式。

③ 取 P 为 $\forall xF(x)$，则可以看出 $\forall xF(x)\vee(\neg\forall xF(x))$ 是 $P\vee(\neg P)$ 的代换实例，由于 $P\vee(\neg P)$ 是重言式，故③为逻辑有效式。

④ 公式 $\neg(F(x,y)\rightarrow G(x,y))\wedge G(x,y)$ 是 $\neg(P\rightarrow Q)\wedge Q$ 的代换实例，而 $\neg(P\rightarrow Q)\wedge Q$ 是矛盾式，所以④为矛盾式。

【例 3-33】$F(x)\rightarrow G(x)$，$\forall xF(x)\rightarrow\exists xG(x)$ 等均为 $P\rightarrow Q$ 的代换实例。

可以证明，命题公式中的重言式的代换实例在谓词逻辑中都是永真的，仍为重言式；命题公式中的矛盾式的代换实例仍为矛盾式。

定理 3-10 代入规则 设 A 为逻辑有效式，x 为 A 中的自由变元，t 为一个体项，且 t

中的自由变元都不是A中的约束变元，将A中x的所有出现全部代换为t，得A的代入实例记作B，则B也是永真式。

由于A为永真式，它的取值与A中的个体变元的取值无关，因此代入实例仍为永真式。

【例3-34】 设个体域$D=\{1,2,3\}$，公式$\exists y(x\neq y)$为永真式。对其中的x作代入，只要代入的个体项t中不含变元y，所得公式$\exists y(t\neq y)$仍为永真式。

3.3.4 谓词演算的等值式

定义3-54 设A和B是谓词公式，如果公式$A\leftrightarrow B$是永真的，称公式A和B等值，记为$A\Leftrightarrow B$。

由定义可以看出公式A和B等值的充要条件是：对A和B的任意解释I，A和B在I下的真值相同。因为对任意公式A和B，在解释I下，A和B就是两个命题，所以命题逻辑中给出的基本等值式，在谓词逻辑中仍然成立。针对谓词逻辑，新增等值式如下。

设$A(x)$是一个含有自由变元x的谓词公式，B是一个不含自由变元x的公式，则有如下等值式成立。

① $\neg\forall xA(x)\Leftrightarrow\exists x\neg A(x)$

② $\neg\exists xA(x)\Leftrightarrow\forall x\neg A(x)$

③ $\forall xA(x)\Leftrightarrow\neg\exists x\neg A(x)$

④ $\exists xA(x)\Leftrightarrow\neg\forall x\neg A(x)$

⑤ $\forall x(A(x)\vee B)\Leftrightarrow\forall xA(x)\vee B$

⑥ $\forall x(A(x)\wedge B)\Leftrightarrow(\forall xA(x)\wedge B)$

⑦ $\exists x(A(x)\vee B)\Leftrightarrow(\exists xA(x)\vee B)$

⑧ $\exists x(A(x)\wedge B)\Leftrightarrow(\exists xA(x)\wedge B)$

⑨ $\forall x(B\rightarrow A(x))\Leftrightarrow(B\rightarrow\forall xA(x))$

⑩ $\forall x(A(x)\rightarrow B)\Leftrightarrow(\exists xA(x)\rightarrow B)$

⑪ $\exists x(B\rightarrow A(x))\Leftrightarrow(B\rightarrow\exists xA(x))$

⑫ $\exists x(A(x)\rightarrow B)\Leftrightarrow(\forall xA(x)\rightarrow B)$

设$A(x)$，$B(x)$都是含有个体变量x的谓词公式，则有如下等值式成立：

⑬ $\forall x(A(x)\rightarrow B(x))\Leftrightarrow(\forall xA(x)\rightarrow\exists xB(x))$

⑭ $\forall x(A(x)\wedge B(x))\Leftrightarrow(\forall xA(x)\wedge\forall xB(x))$

⑮ $\exists x(A(x)\vee B(x))\Leftrightarrow(\exists xA(x)\vee\exists xB(x))$

⑯ $\forall xA(x)\vee\forall xB(x))\Leftrightarrow\forall x\forall y(A(x)\vee B(y))$

⑰ $\exists xA(x)\wedge\exists xB(x))\Leftrightarrow\exists x\exists y(A(x)\wedge B(y))$

设$A(x,y)$是含有个体变量x,y的谓词公式，则

⑱ $\forall x\forall yA(x,y)\Leftrightarrow\forall y\forall xA(x,y)$

⑲ $\exists x\exists yA(x,y)\Leftrightarrow\exists y\exists xA(x,y)$

现在，再回到三段论。令

$A_1=\forall x(P_1(x)\rightarrow P_2(x))$

$A_2=P_1(a)$

$A_3=P_2(a)$

现在证明：A_3是$A_1 \wedge A_2$的逻辑结论。

因为，设I是A_1、A_2和A_3的一个解释，且I指定a为张三，I满足$A_1 \wedge A_2$，即I满足$\forall x(P_1(x) \to P_2(x)) \wedge A_2(a)$，所以$I$满足$P_2(a)$。

由于集合D可以是无穷集合，而集合D的数量也可能是无穷多个，因此，所谓公式的"所有"解释，实际上是枚举的。这就使得谓词逻辑中公式的永真、永假性的判断变得异常困难。1936年丘奇（Church）和图灵（Turing）分别独立地证明了：对于谓词逻辑，判定问题是不可解的。

3.3.5 前束范式

1. 前束范式的定义及存在定理

在命题演算中，常常要将公式化成规范形式。对于谓词演算，也有类似情况。一个谓词演算公式，可以化为与它等值的范式。

定义 3-55 一个公式，如果量词均在全式的开头，它们的作用域延伸到整个公式的末尾，则该公式叫作前束范式。

前束范式可记为下述形式：$(\square v_1)(\square v_2)\cdots(\square v_n)A$，其中□可能是量词∀或量词∃，$v_i(i=1,2,\cdots,n)$是客体变元，$A$是没有量词的谓词公式。

一个谓词公式的前束范式符合下面条件：

① 所有量词前面都没有联结词；

② 所有量词都在公式的左面；

③ 所有量词的作用域都延伸到公式的末尾。

【例 3-35】 $\forall x(A(x) \to B(x))$，$(\exists y)(\forall x)(\exists z)(A(x) \to B(x,y) \vee C(x,y,z))$是前束范式，而$\forall xA(x) \wedge B$，$(\forall x)(\exists y)(A(x) \to (B(x,y) \vee (\exists z)C(x,y,z)))$不是前束范式。

定理 3-11　前束范式存在定理 任意一个谓词公式都存在一个等值的前束范式。

2. 前束合取范式

定义 3-56 一个谓词公式A如果具有如下形式称为前束合取范式。

$(\square v_1)(\square v_2)\cdots(\square v_n)((A_{11} \vee A_{12} \vee \cdots \vee A_{1k1}) \wedge (A_{21} \vee A_{22} \vee \cdots \vee A_{2k2}) \wedge \cdots \wedge (A_{m1} \vee A_{m2} \vee \cdots \vee A_{mkm}))$，其中□可能是量词∀或量词∃，$v_i(i=1,2,\cdots,n)$是客体变元，$A_{ij}$是文字。

【例 3-36】 公式$(\forall x)(\exists y)(\exists z)(A(x) \to B(x,y) \vee C(x,y,z))$是前束合取范式。

定理 3-12 每一个谓词公式A都可转化为与其等值的前束合取范式。

3. 前束析取范式

定义 3-57 一个谓词公式A如果具有如下形式，则称之为前束析取范式。

$(\square v_1)(\square v_2)\cdots(\square v_n)((A_{11} \wedge A_{12} \wedge \cdots \wedge A_{1k1}) \vee (A_{21} \wedge A_{22} \wedge \cdots \wedge A_{2k2}) \vee \cdots \vee (A_{m1} \wedge A_{m2} \wedge \cdots \wedge A_{mkm}))$，其中□、$v_i$与$A_{ij}$的意义和定义3-56中的相同。

定理 3-13 每一个谓词公式A都可以转换为与它等值的前束析取范式。

下面的例3-37给出了把一个谓词公式A转换为等值的前束析取范式的步骤。

【例 3-37】 谓词公式$(\exists x)(((\forall y)P(x) \vee (\forall z)Q(z,y)) \to \neg(\forall y)R(x,y))$的前束合取范式和前束析取范式的求解步骤如下：

$(\exists x)(((\forall y)P(x) \vee (\forall z)Q(z,y)) \to \neg(\forall y)R(x,y))$

$\Leftrightarrow(\exists x)((P(x) \vee (\forall z)Q(z,y)) \to \neg(\forall y)R(x,y))$　第一步：消除多余量词

$\Leftrightarrow(\exists x)(\neg(P(x) \vee (\forall z)Q(z,y)) \vee \neg(\forall y)R(x,y))$ 第二步：消去条件联结词

$\Leftrightarrow(\exists x)((\neg P(x) \wedge (\exists z)\neg Q(z,y)) \vee (\exists y)\neg R(x,y))$ 第三步：将¬移到谓词符号之前

$\Leftrightarrow(\exists x)((\neg P(x) \wedge (\exists z)\neg Q(z,y)) \vee (\exists w)\neg R(x,w))$ 第四步：换名

$\Leftrightarrow(\exists x)(\exists z)(\exists w)((\neg P(x) \wedge \neg Q(z,y)) \vee \neg R(x,w))$ 第五步：将量词移到公式的最前面

$\Leftrightarrow(\exists x)(\exists z)(\exists w)((\neg P(x) \wedge \neg Q(z,y)) \vee \neg R(x,w))$ 前束析取范式

$\Leftrightarrow(\exists x)(\exists z)(\exists w)((\neg P(x) \vee \neg R(x,w)) \wedge (\neg Q(z,y) \vee \neg R(x,w))$ 前束合取范式

3.4 数理逻辑在人工智能中的应用

这里主要介绍数理逻辑在自动推理和逻辑式程序设计语言中的应用。

3.4.1 定理自动证明

这一节介绍自动定理证明，主要介绍归结原理，也称为消解原理。

1. 命题逻辑的归结

归结法推理的核心是求两个子句的归结式，因此需要先讨论归结式的定义和性质。

定义 3-58 设 L 为一个文字，则称 $\neg L$ 与 L 为互补文字。

定义 3-59 空子句 不包含任何文字的子句称为空子句，记为 。规定：空子句是永假子句，是不可满足的子句。

定义 3-60 归结式 设 C_1 和 C_2 是子句集中的任意两个子句，如果 C_1 中的文字 L_1 与 C_2 中的文字 L_2 互补，那么可从 C_1 和 C_2 中分别消去 L_1 和 L_2，并将 C_1 和 C_2 中余下的部分按析取关系构成一个新子句 C_{12}，则称这一个过程为归结，称 C_{12} 为 C_1 和 C_2 的归结式，称 C_1 和 C_2 为 C_{12} 的亲本子句。L_1，L_2 称为归结基。

子句 $C_1=P \vee C_3$ 和 $C_2=\neg P \vee C_4$，存在互补对 P 和 $\neg P$，则可得归结式 $C_{12}=C_3 \vee C_4$。需要注意的是，$C_1 \wedge C_2 \to C_{12}$ 成立，但反之不一定成立。

【例 3-38】 设 $C_1=\neg P \vee Q \vee R$，$C_2=\neg Q \vee S$，于是 C_1 和 C_2 的归结式为 $\neg P \vee R \vee S$。

定理 3-14 归结式是其亲本子句的逻辑结果。

证明： 对于子句 $C_1=L \vee C_1'$，$C_2=\neg L \vee C_2'$，则 C_1 和 C_2 的归结式为 $C_1' \vee C_2'$，因为 $C_1=L \vee C_1' \Leftrightarrow \neg C_1' \to L$，且 $C_2=\neg L \vee C_2' \Leftrightarrow L \to C_2'$，所以 $C_1 \wedge C_2=(\neg C_1' \to L) \wedge (L \to C_2') \Leftrightarrow \neg C_1' \to C_2' \Leftrightarrow C_1' \vee C_2'$。

推论 3-1 设 C_1 和 C_2 是子句集 S 的两个子句，C_{12} 是它们的归结式，则：

① 若用 C_{12} 代替 C_1 和 C_2，得到新子句集 S_1，则由 S_1 的不可满足可推出原子句集 S 的不可满足；即 S_1 不可满足，则 S 不可满足；

② 若把 C_{12} 加入到 S 中，得到新子句集 S_2，则 S_2 不可满足当且仅当 S 不可满足。

定义 3-61 设 S 为一子句集，称 C 是 S 的归结演绎，如果存在子句序列 $C_1, C_2, \cdots, C_m$ $(=C)$，使得 $C_k(k=1,2,\cdots,m)$ 或者是 S 中的子句，或者是 C_i 和 C_j 的归结式 $(i,j<k)$。该序列称为由 S 推导出 C 的归结序列。当 $C=$ 时，该序列是 S 的一个否证。

命题逻辑的归结方法推理过程的步骤如下。

第 1 步：建立待归结命题公式。首先根据反证法将所求证的问题转化成命题公式，求证其是永假式。

第 2 步：求合取范式，建立子句集。

第 3 步：进行归结操作。

① 对子句集中的子句使用归结规则。

② 归结式作为新子句加入子句集参加归结。

③ 如果没有产生新子句的归结操作，或者已经得到空子句 ，则终止；否则，重复执行①和②。

上述过程中，如果得到空子句 ，表示 S 是不可满足的，故原命题成立。

【例 3-39】 证明公式$(P\to Q)\to(\neg Q\to\neg P)$。根据反证法，首先取该命题的否定，即$\neg((P\to Q)\to(\neg Q\to\neg P))$。然后求该公式的合取范式为$(\neg P\vee Q)\wedge\neg Q\wedge P$，得到子句集$\{\neg P\vee Q,\neg Q,P\}$。最后，执行归结推理的过程如下：

① $\neg P\vee Q$

② $\neg Q$

③ P

④ Q　　　　①和③执行归结操作

⑤ 　　　　②和④执行归结操作

由此可知原公式成立。

推导的过程也可以用树的形式描述出来。

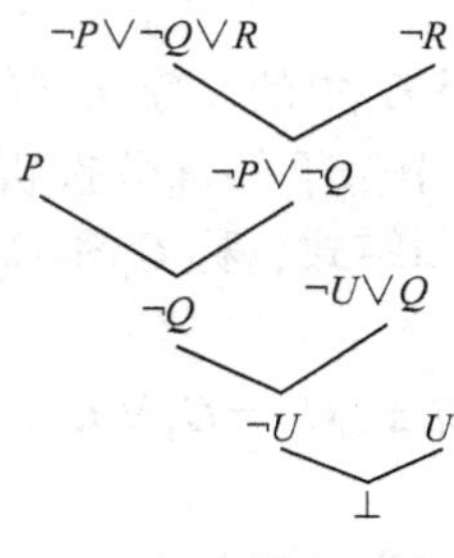

图 3-1 例 3-40 的归结演绎树

【例 3-40】 用归结原理证明 R 是 P，$(P\wedge Q)\to R$，$(S\vee U)\to Q$，U 的逻辑结论。先把诸前提条件化为子句形式，再把结论的非也化为子句，得到子句集 $S=\{P,\neg P\vee\neg Q\vee R,\neg S\vee Q,\neg U\vee Q,U,\neg R\}$，然后对该子句集施行归结，归结过程用图 3-1 的归结演绎树表示。由于最后推出了空子句，所以子句集 S 不可满足，即命题公式 $P\wedge(\neg P\vee\neg Q\vee R)\wedge(\neg S\vee Q)\wedge(\neg U\vee Q)\wedge U\wedge\neg R$ 不可满足，从而 R 是前提的逻辑结果。

2. 谓词逻辑的归结

(1) 替换与合一

在一阶谓词逻辑中应用归结原理，不像命题逻辑中那样简单，因为谓词逻辑中的子句含有个体变元，这使寻找含互补文字子句对的操作变得复杂。如 $C_1=P(x)\vee Q(x)$ 和 $C_2=\neg P(a)\vee R(y)$，直接比较，似乎两者中不含互补文字，但如果用 a 替换 C_1 中的 x，则得到 $C_1'=P(a)\vee Q(a)$。根据命题逻辑中的归结原理，C_1' 和 C_2 的归结式 $C_3=Q(a)\vee R(y)$。所以，要在谓词逻辑中应用归结原理，则一般需要对个体变元作适当的替换。

定义 3-62 一个替换（substitution）是形如$\{t_1/x_1,t_2/x_2,\cdots,t_n/x_n\}$的有限集合，其中 $t_1,t_2,\cdots,t_n$是项，称为替换的分子；$x_1,x_2,\cdots,x_n$是互不相同的个体变元，称为替换的分母；t_i不同于 x_i，x_i也不循环地出现在 $t_j(i,j=1,2,\cdots,n)$中；t_i/x_i表示用 t_i替换 x_i。若 $t_1,t_2,\cdots,t_n$ 都是不含变元的项（称为基项），则称该替换为基替换；没有元素的替换称为空替换，记作 ε，它表示不作替换。一般用 σ，λ，θ 及其下标形式表示替换。

例如，$\{a/x,g(y)/y,f(g(b))/z\}$就是一个替换，而$\{g(y)/x,f(x)/y\}$则不是一个替换，因为 x 与 y 出现了循环替换。

定义 3-63　表达式　将项、原子公式、文字和子句等统称为表达式，没有变元的表达式称为基表达式，出现在表达式 E 中的表达式称为 E 的子表达式。

定义 3-64　设 $\theta=\{t_1/x_1,t_2/x_2,\cdots,t_n/x_n\}$ 是一个替换，E 是一个表达式，把对 E 施行替换 θ，即把 E 中出现的个体变元 $x_j(1\leqslant j\leqslant n)$ 也都用 t_j 替换，记为 $E\theta$，将所得的结果称为 E 在 θ 下的实例（instance）。

定义 3-65　设 $\theta=\{t_1/x_1,t_2/x_2,\cdots,t_n/x_n\}$，$\lambda=\{u_1/y_1,u_2/y_2,\cdots,u_m/y_m\}$ 是两个替换，则将集合 $\{t_1\lambda/x_1,\cdots,t_n\lambda/x_n,u_1/y_1,\cdots,u_m/y_m\}$ 中凡符合下列条件的元素删除：

① 当 $t_i\lambda=x_i$，删除 $t_i\lambda/x_i$；

② 当 $y_i\in\{x_1,x_2,\cdots,x_n\}$，删除 u_i/y_i。

如此得到的集合仍然是一个替换，该替换称为 θ 与 λ 的复合或乘积，记为 $\theta\cdot\lambda$。

【例 3-41】 设 $\theta=\{f(y)/x,z/y\}$，$\lambda=\{a/x,b/y,y/z\}$。于是，$\{t_1\lambda/x_1,t_2\lambda/x_2,u_1/y_1,u_2/y_2,u_3/y_3\}=\{f(b)/x,y/y,a/x,b/y,y/z\}$，从而 $\theta\cdot\lambda=\{f(b)/x,y/z\}$。

可以证明，替换的乘积满足结合律，即 $(\theta\cdot\lambda)\cdot u=\theta\cdot(\lambda\cdot u)$。

定义 3-66　设 $S=\{F_1,F_2,\cdots,F_n\}$ 是一个原子谓词公式集，若存在一个替换 θ，使 $F_1\theta=F_2\theta=\cdots=F_n\theta$，则称 θ 为 S 的一个合一（unifier），称 S 为可合一的。

一个公式集的合一一般不唯一。

定义 3-67　设 σ 是原子公式集 S 的一个合一，如果对 S 的任何一个合一 θ，都存在一个替换 λ，使得 $\theta=\sigma\cdot\lambda$，则称 σ 为 S 的最一般合一（most general unifier，MGU）。

【例 3-42】 设 $S=\{P(u,y,g(y)),P(x,f(u),z)\}$，$S$ 有一个最一般合一 $\sigma=\{u/x,f(u)/y,g(f(u))/z\}$。对 S 的任一合一，例如，$\theta=\{a/x,f(a)/y,g(f(a))/z,a/u\}$，存在一个替换 $\lambda=\{a/u\}$ 使得 $\theta=\sigma\cdot\lambda$。

如果能找到一个公式集的合一，特别是最一般合一，则可使互补的文字的形式结构完全一致起来，进而达到消解的目的。如何求一个公式集的最一般合一？下面介绍可合一公式集的最一般合一的算法，首先引入差异集的概念。

定义 3-68　设 S 是一个非空的具有相同谓词名的原子公式集，从 S 中各公式的左边第一个项开始，同时向右比较，直到发现第一个都不相同的项为止，用这些项的差异部分组成一个集合，这个集合就是原公式集 S 的一个差异集。一般用 $\underline{D}$ 及其下标形式表示差异集。

【例 3-43】 设 $S=\{P(x,y,z),P(x,f(a),h(b))\}$，则不难看出，$S$ 有两个差异集 $\underline{D}_1=\{y,f(a)\}$ 和 $\underline{D}_2=\{z,h(b)\}$。

设 S 为一具有相同谓词名的原子谓词公式集，且是非空有限的，下面给出求其最一般合一的算法。

合一算法（unification algorithm）：

步骤 1：置 $k=0$，$S_k=S,\sigma_k=\varepsilon$；

步骤 2：若 S_k 只含有一个谓词公式，则算法停止，σ_k 就是要求的最一般合一；

步骤 3：求 S_k 的差异集 $\underline{D}_k$；

步骤 4：若 $\underline{D}_k$ 中存在元素 x_k 和 t_k，其中 x_k 是变元，t_k 是项且 x_k 不在 t_k 中出现，则置 $S_{k+1}=S_k\{t_k/x_k\},\sigma_{k+1}=\sigma_k\cdot\{t_k/x_k\},k=k+1$，然后转步骤 2；

步骤 5：算法停止，S 的最一般合一不存在。

【例 3-44】 求 $S=\{P(a,x,f(g(y)))，P(z,h(z,u),f(u))\}$ 的最一般合一。

解：$k=0$：$S_0=S$，$\sigma_0=\varepsilon$，S_0不是单元素集，求得$\underline{D}_0=\{a,z\}$，其中z是变元，且不在a中出现，所以有$\sigma_1=\sigma_0\cdot\{a/z\}=\varepsilon\cdot\{a/z\}=\{a/z\}$，$S_1=S_0\{a/z\}=\{P(a,x,f(g(y))),P(a,h(a,u),f(u))\}$。

$k=1$：S_1不是单元素集，求得$\underline{D}_1=\{x,h(a,u)\}$，所以$\sigma_2=\sigma_1\cdot\{h(a,u)/x\}=\{a/z\}\cdot\{h(a,u)/x\}=\{a/u,h(a,u)/x\}$，$S_2=S_1\{h(a,u)/x\}=\{P(a,h(a,u),f(g(y))),P(a,h(a,u),f(u))\}$。

$k=2$：S_2不是单元素集，$\underline{D}_2=\{g(y),u\}$，$\sigma_3=\sigma_2\cdot\{g(y)/u\}=\{a/z,h(a,g(y))/x,g(y)/u\}$，$S_3=S_2\{g(y)/u\}=\{P(a,h(a,g(y),f(g(y))),P(a,h(a,g(y)),f(g(y)))\}=\{P(a,h(a,g(y)),f(g(y)))\}$。

$k=3$：S_3已是单元素集，所以σ_3就是S的最一般合一。

【例 3-45】 判定$S=\{P(x,x),P(y,f(y))\}$是否可合一。

解：$k=0$：$S_0=S$，$\sigma_0=\varepsilon$，S_0不是单元素集，$\underline{D}_0=\{x,y\}$，$\sigma_1=\sigma_0\cdot\{y/x\}=\{y/x\}$，$S_1=S_0\{y/x\}=\{P(y,y),P(y,f(y))\}$。

$k=1$：S_1不是单元素集，$\underline{D}_1=\{y,f(y)\}$，由于变元$y$在项$f(y)$中出现，所以算法停止，$S$不存在最一般合一。

从合一算法可以看出，一个公式集S的最一般合一可能是不唯一的，因为如果差异集$\underline{D}_k=\{a_k,b_k\}$，且$a_k$和$b_k$都是个体变元，则下面两种选择都是合适的：$\sigma_{k+1}=\sigma_k\cdot\{b_k/a_k\}$或$\sigma_{k+1}=\sigma_k\cdot\{a_k/b_k\}$。

定理 3-15　合一定理　如果S是一个非空有限可合一的公式集，则合一算法总是在步骤2停止，且最后的σ_k即是S的最一般合一。

本定理说明任一非空有限可合一的公式集，一定存在最一般合一，而且用合一算法总能找到最一般合一，这个最一般合一也就是当算法终止在步骤2时，最后的合一σ_k。

(2) 谓词逻辑上的归结

定义 3-69　因子　如果子句C中有两个或两个以上的文字有一个最一般合一θ，则$C\theta$称为C的因子；如果$C\theta$是单元子句，则$C\theta$称为C的单因子。

【例 3-46】 $C=P(x)\vee P(f(y))\vee\neg Q(x)$，令$\theta=\{f(y)/x\}$，于是$C\theta=P(f(y))\vee\neg Q(f(y))$是$C$的因子。

定义 3-70　设C_1和C_2是两个无公共变量的子句，L_1和L_2分别是C_1和C_2中的两个文字。如果L_1和$\neg L_2$有最一般合一θ，则子句$(C_1\theta-L_1\theta)\vee(C_2\theta-L_2\theta)$称为$C_1$和$C_2$的二元归结式，$L_1$和$L_2$称为归结文字。

若被归结的子句C_1和C_2中具有相同的变元，需要将其中一个子句的变元更名，否则可能无法合一，从而不能进行归结。

【例 3-47】 设$C_1=P(x)\vee Q(x)$，$C_2=\neg P(a)\vee R(x)$，将C_2中x改名为y。取$L_1=P(x)$，$L_2=\neg P(a)$，$\theta=\{a/x\}$，于是$(C_1\theta-\{L_1\theta\})\vee(C_2\theta-\{L_2\theta\})=Q(a)\vee R(y)$，这就是$C_1$和$C_2$的二元归结式。

在谓词逻辑中，当对子句进行归结推理时，要注意以下两个问题。

① 在求归结式时，不能同时消去两个互补文字对。消去两个互补文字对所得的结果不是两个亲本子句的逻辑推论。

② 如果在参加归结的子句内含有可合一的文字，则在进行归结之前，应对这些文字进

行合一，以实现这些子句内部的化简。

定义 3-71　子句 C_1和 C_2的一个归结式是下列二元归结式之一：

① C_1和 C_2的二元归结式；

② C_1和 C_2的因子的二元归结式；

③ C_1的因子和 C_2的二元归结式；

④ C_1的因子和 C_2的因子的二元归结式。

【例 3-48】 设 $C_1=P(x)\vee P(f(y))\vee R(g(y)), C_2=\neg P(f(g(a)))\vee Q(b)$。$C_1$的因子 $C_3=P(f(y))\vee R(g(y))$。C_3和 C_2的二元归结式也是 C_1和 C_2的归结式，为 $R(g(g(a)))\vee Q(b)$。

定义 3-72　设 S 为一子句集，称 C 是 S 的一个归结演绎，如果存在子句序列 $C_1,C_2,\cdots,C_m$，使得 $C_k(k=1,2,\cdots,m)$或者是 S 中的子句，或者是 C_i和 C_j的归结结果$(i,j<k)$，且有 $C_m=C$，则该序列称为由 S 推导出 C 的归结序列。当 $C=$ 　时，该序列是 S 的一个否证。

这个定义和命题逻辑意义上的定义相似，只是对于命题逻辑来说更简单，而谓词逻辑因为涉及替换，变得复杂了。

定理 3-16　设 S 是子句集，如果存在从 S 推出空子句 　的归结演绎，则 S 是永假式。

定理 3-17　若子句集 S 是不可满足的，则存在一个从 S 推导出空子句 　的归结演绎。

应用归结原理进行定理证明的步骤如下。

① 首先否定结论 B，并将否定的公式$\neg B$ 与前提公式集组成如下形式的谓词公式：

$$A=A_1\wedge A_2\wedge\cdots\wedge A_n\wedge\neg B$$

② 求谓词公式 A 的子句集 S。

③ 应用归结原理，证明子句集 S 的不可满足性，从而证明谓词公式 A 的不可满足。

【例 3-49】 已知 $A=(\forall x)((\exists y)(P(x,y)\wedge Q(y))\to(\exists y)R(y)\wedge P_1(x,y))), B=\neg(\exists x)R(x)\to(\forall x)(\forall y)((P(x,y)\to Q(y))$。证明 B 是 A 的逻辑结论。

证明：首先将 A 和$\neg B$ 化为子句集

① $\neg P(x,y)\vee\neg Q(y)\vee R(f(x))$

② $\neg P(x,y)\vee\neg Q(y)\vee P_1(x,f(x))$

③ $\neg R(z)$

④ $P(a,b)$

⑤ $Q(b)$

下面进行归结：

⑥ $\neg P(x,y)\vee\neg Q(y)$　　①与③归结，$\theta=\{f(x)/z\}$

⑦ $\neg Q(b)$　　④与⑥归结，$\theta=\{a/x,b/y\}$

⑧ 　　⑤与⑦归结

所以 B 是 A 的逻辑结论。

3.4.2　逻辑式程序设计语言 Prolog 运行机理

从前面的知识可以看到，不论是命题公式还是谓词公式，它们的永假性可以通过其子句集来验证，Prolog 程序的运行是从目标出发，并不断进行匹配、合一、归结，有时还要回溯，直到目标被完全满足或不能满足时为止。在讨论 Prolog 运行机理之前，首先说明 Prolog

中的几个概念。

1. 基本概念

(1) 自由变量与约束变量

Prolog 中称无值的变量为自由变量，有值的变量为约束变量。一个变量取了某值就说该变量约束于某值，或者说该变量被某值所约束，或者说该变量被某值实例化了。

(2) 匹配合一

两个谓词可匹配合一，是指两个谓词的名相同，参量项的个数相同，参量类型对应相同，并且对应参量项还满足下列条件之一：

① 如果两个都是常量，则必须完全相同；

② 如果两个都是约束变量，则两个约束值必须相同；

③ 如果其中一个是常量，另一个是约束变量，则约束值与常量必须相同；

④ 至少有一个是自由变量。

【例 3-50】 对于下面的两个谓词 pre1("ob1","ob2",Z)，pre1("ob1",X,Y)，只有当变量 X 被约束为"ob2"，且 Y 和 Z 的约束值相同或者至少有一个是自由变量时，它们才能匹配合一。

(3) 回溯

所谓回溯，就是在程序运行期间，当某一个子目标不能满足，即谓词匹配失败时，如果前面存在一个已经满足的子目标，则返回到该子目标，并撤销其有关变量的约束值，然后再使其重新求解。成功后，再继续满足原子目标。如果失败的子目标前再无子目标，则返回到该子目标的上一级目标，即该子目标谓词所在规则的头部，使它重新匹配。回溯也是 Prolog 的一个重要机制。

2. Prolog 程序的运行机理

下面介绍 Prolog 程序的运行机理。以例 1-1 的程序为例，询问是“?-friend(john,Y).”，所以求解目标为“friend(john,Y).”。系统对程序进行扫描，寻找能与目标谓词匹配合一的事实或规则头部。显然，程序中前面的四条事实均不能与目标匹配，而第五个语句的左端，即头部可与目标谓词匹配合一：“friend(john,X):-likes(X,reading),likes(X,music).”。

但由于这个语句又是一个规则，所以其结论要成立则必须其前提全部成立。于是，对原目标的求解就转化为对如下新目标的求解：“likes(X,reading),likes(X,music).”。

归结后，规则头部被消去，而目标子句变为询问：“?-likes(X,Reading),likes(X,music).”。

现在依次对子目标 likes(X,Reading)和 likes(X,music)求解。

子目标的求解过程与主目标完全一样，也是从头对程序进行扫描，不断进行测试和匹配合一等，直到匹配成功或扫描完整个程序为止。可以看出，对第一个子目标 like(X,Reading)的求解因无可匹配的事实和规则而立即失败，进而导致规则的整体失败。

刚才的子目标 likes(X,reading)和 likes(X,music)被撤销，系统又回溯到原目标 friend(john,X)。这时，系统从该目标刚才的匹配语句处，即第五句，向下继续扫描程序中的子句，试图重新使原目标匹配，发现第六条语句的左部的头部可与目标谓词匹配：

friend(john,X):-likes(X,sports),likes(X,music).

但由于这个语句又是一个规则，于是，这时对原目标的求解，就又转化为依次对子目标 likes(X,sports)和 likes(X,music)的求解。这次子目标 likes(X,sports)与程序中的事实立即匹配成功，且变量 X 被约束为 bell。于是，系统便接着求解第二个子目标。由于变量 X 已被约束，所以这时第二个子目标实际上已变成“likes(bell,music).”。

由于程序中不存在事实“likes(bell,music).”，所以该目标的求解失败。于是，系统就放弃这个子目标，并使变量 X 恢复为自由变量，然后回溯到第一个子目标，重新对它进行求解。由于系统已经记住了刚才已同第一子目标谓词匹配过的事实的位置，所以重新求解时，便从下一个事实开始测试。

当测试到程序中的第三个事实时，第一个子目标便求解成功，且变量 X 被约束为 mary。这样，第二个子目标也就变成了“likes(mary,music).”，再对它进行求解。这次很快成功。

由于两个子目标都求解成功，所以原目标“friend(john,Y)”也成功，且变量 Y 被约束为 mary（由 Y 与 X 的合一关系）。于是系统回答“Y=mary”，程序运行结束。

上述程序的运行过程可以用图描述出来，如图 3-2 所示。

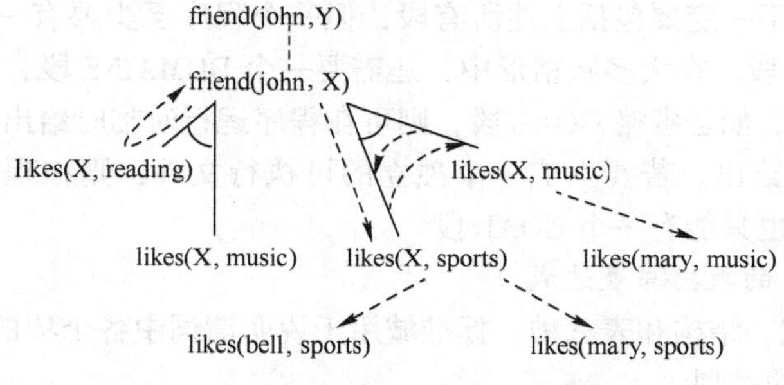

图 3-2 Prolog 程序运行机理示例

上述程序的运行是一个通过推理实现的求值过程，也可以使它变为证明过程。从上述程序的运行过程可以看出，Prolog 程序的执行过程是一个（归结）演绎推理过程。其特点是：推理方式为反向推理，控制策略是深度优先，且有回溯机制。其具体实现方法是：匹配子句的顺序是自上而下；子目标选择的顺序是从左向右；（归结后）产生的新子目标总是插入被消去的目标处（即目标队列的左部）。Prolog 的这种归结演绎方法被称为 SLD 归结，或 SLD 反驳消解法。SLD 归结就是 Prolog 程序的运行机理，也就是 Prolog 语言的过程性语义。

3. Turbo Prolog 简介

对于 Prolog 原理的实现，不同组织得到的版本也不同，由此就有了不同版本的 Prolog 语言，如 Visual Prolog、Turbo Prolog。下面简单介绍一下 Turbo Prolog。

（1）程序结构

一个完整的 Turbo Prolog 程序一般包括常量段、领域段、数据库段、谓词段、目标段和子句段六个部分，各段以其相应的关键字 CONSTANTS、DOMAINS、DATABASE、PREDICATES、GOAL 和 CLAUSES 开头加以标识。另外，在程序的首部还可以设置指示编译程序执行特定任务的编译指令，在程序的任何位置都可设置注解。

【例 3-51】 例 1-1 中的程序要作为 Turbo Prolog 程序，则应改写为：

```
/*例子程序-1*/
DOMAINS
name=symbol
```

```
PREDICATES
likes(name,name)
friend(name,name)
GOAL
friend(john,Y),write("Y=",Y).
CLAUSES
likes(bell,sports).
likes(mary,music).
likes(mary,sports).
likes(jane,smith).
friend(john,X):-likes(X,sports),likes(X,music).
friend(john,X):-likes(X,reading),likes(X,music).
```

当然，一个程序不一定要包括上述所有段，但一个程序至少要有一个 PREDICATES 段、CLAUSES 段和 GOAL 段。在大多数情形中，还需要一个 DOMAINS 段，以说明表、复合结构及用户自定义的域名。如若省略 GOAL 段，则可在程序运行时临时给出，但这仅当在开发环境中运行程序时方可给出。若要生成一个独立的可执行文件，则在程序中必须包含 GOAL 段。另外，一个程序也只能有一个 GOAL 段。

（2）Turbo Prolog 的数据与表达式

① 域：有标准域、结构和表三种。标准域用于说明谓词中各个项的取值域，因为 Turbo Prolog 中不定义变量的类型。

结构也称复合对象，它是 Turbo Prolog 谓词中的一种特殊的参量项，类似于谓词逻辑中的函数，结构的一般形式为：<函子>(<参量表>)，其中，函子及参量的标识符与谓词相同。注意，这意味着结构中还可包含结构。所以，复合对象可表达树状数据结构。

【例 3-52】几个结构的例子。

```
likes(tom,sports(football,basketball,tabletennis))
Person("张华",student("西安石油学院"),address("中国","陕西","西安"))
reading("王宏",book("人工智能技术基础教程","西安电子科技大学出版社"))
```

第三种域就是表，它的一般形式是：[x1,x2,…,xn]，其中，xi(i=1,2,…,n)为 Turbo Prolog 的项，一般要求同一个表的元素必须属于同一领域。不含任何元素的表称为空表，记为[ ]。如[1,2,3]和["Prolog","MAENS","PROGRAMMING","in logic"]，都是表。

② 常量与变量。Turbo Prolog 的常量有整数、实数、字符、串、符号、结构、表和文件这八种数据类型。同理，Turbo Prolog 的变量也就有这八种取值。另外，变量名要求必须是以大写字母或下划线开头的字母、数字和下划线序列，或者只有一个下划线（称为无名变量）。

③ 算术表达式。Turbo Prolog 提供了五种最基本的算术运算：加、减、乘、除和取模，相应的运算符号为+，-，*，/，mod。这五种运算的顺序为：*，/，mod 优先于+，-。同级从左到右按顺序运算，括号优先。算术表达式的形式与数学中的形式基本一样。

④ 关系表达式。Turbo Prolog 提供了六种常用的关系运算，即小于、小于或等于、等于、大于、大于或等于和不等于，其运算符依次为：<，<=，=，>，>=，<>。

(3) 输入与输出

对通常大多数的程序来说，运行时从键盘上输入有关数据或信息也是必不可少的，因此，每种具体 Prolog 一般都提供专门的输入和输出谓词，供用户直接调用。Turbo Prolog 也提供了输入、输出谓词：读取字符串的谓词 readln(X)、读取整数的谓词 readint(X)、读取实数的谓词 readreal(X)、读字符的谓词 readchar(X)、打印的谓词 write(X1,X2,…,Xn)和换行谓词 nl。

(4) 分支与循环

Turbo Prolog 中并无专门的分支和循环语句，但也可实现分支和循环程序结构。

① 分支：对于通常的 IF-THEN-ELSE 分支结构，可用两条同头的并列规则实现。

【例 3-53】 可以把条件语句"IF x>0 THEN x=1 ELSE x=0"用如下的 Turbo Prolog 语句实现。

```
br:-x>0,x=1.
br:-x=0.
```

类似地，对于多分支，可以用多条规则实现。以下语句就实现了三分支。

```
br:-x>0,x=1.
br:-x=0,x=0.
br:-x<0,x=-1.
```

② 循环：下面的程序段就实现了循环，write 语句重复执行了三次，打印输出了三个学生的记录。

```
student(1,"张三",90.2).
student(2,"李四",95.5).
student(3,"王五",96.4).
print:-student(Number,Name,Score).
write(Number,Name,Score),nl.
Number=3.
```

(5) 动态数据库

动态数据库就是在内存中实现的动态数据结构。它由事实组成，程序可以对它操作，在程序运行期间它可以动态变化。Turbo Prolog 提供了以下三个动态数据库操作谓词。

① asserta (<fact>). 把 fact 插入当前动态数据库中的同名谓词的事实之前。

② assertz (<fact>). 把 fact 插入当前动态数据库中的同名谓词的事实之后。

③ retract(<fact>). 把 fact 从当前动态数据库中删除。

另外，Turbo Prolog 还提供了谓词 "save(<filename>)." 和 "consult(<filename>)."。前者将当前的动态数据库存入磁盘文件，后者则将磁盘上的一个事实数据文件调入内存。

(6) 表处理与递归

表是 Prolog 中一种非常有用的数据结构。表的表述能力很强，数字中的序列、集合，通常语言中的数组、记录等均可用表来表示。表的最大特点是其长度不固定，在程序的运行过程中可动态地变化。具体来讲，就是在程序运行时，可对表施行一些操作，如给表中添加一个元素，或从中删除一个元素，或者将两个表合并为一个表等。用表还可以方便地构造堆栈、队列、链表、树等动态数据结构。

表还有一个重要特点，就是它可分为表头和表尾两部分。表头是表中第一个元素，而表尾是表中除第一个元素外的其余元素按原来顺序组成的表。

【例 3-54】表 3-16 中列出了一些表、表头和表尾的实例。

表 3-16　表、表头和表尾的示例

表	表　头	表　尾
[1,2,3,4,5]	1	[2,3,4,5]
[apple,orange,banana]	apple	[orange,banana]
[[a,b],[c],[d,e]]	[a,b]	[[c],[d,e]]
["Prolog"]	"Prolog"	[]
[]	无定义	无定义

在程序中是用竖线“|”来区分表头和表尾的，而且还可以使用变量。例如，一般用 [H|T] 来表示一个表，其中 H，T 都是变量，H 为表头，T 为表尾。注意，此处 H 是一个元素（表中第一个元素），而 T 则是一个表（除第一个元素外的表中其余元素按原来顺序组成的表）。表的这种表示法很有用，它为表的操作提供了极大的方便。

(7) 回溯控制

Prolog 在搜索目标解的过程中，具有回溯机制，即当某一个子目标 G_i 不能满足时，就返回到该子目标的前一个子目标 G_{i-1}，并放弃 G_{i-1} 的当前约束值，使它重新匹配合一。在实际问题中，有时却不需要回溯，为此 Turbo Prolog 中就专门定义了一个阻止回溯的内部谓词——“!”，称为截断谓词。

截断谓词的语法格式很简单，就是一个感叹号“!”，它的语义如下。

① 若将“!”插在子句体内作为一个子目标，它总是立即成功。

② 若“!”位于子句体的最后，则它就阻止对它所在子句的头谓词的所有子句的回溯访问，而让回溯跳过该头谓词（子目标），去访问前一个子目标（如果有的话）。

③ 若“!”位于其他位置，则当其后发生回溯且回溯到“!”处时，就在此处失败，并且“!”还使它所在子句的头谓词（子目标）整个失败［即阻止再去访问头谓词的其余子句（如果有的话），即迫使系统直接回溯到该头谓词（子目标）的前一个子目标（如果有的话）］。

(8) 应用实例

下面给出几个既简单而又典型的例子程序。通过这些程序，读者可以进一步体会和理解 Turbo Prolog 程序的风格和能力，也可以掌握一些基本的编程技巧。

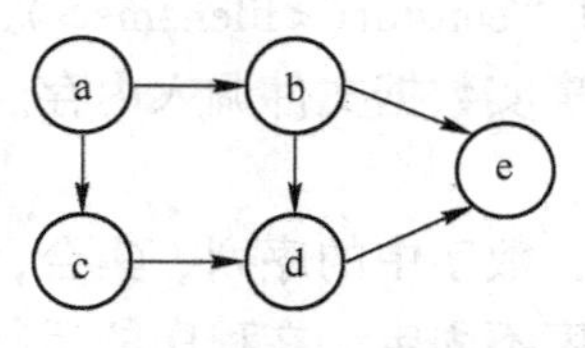

图 3-3　事实的有向图描述示例

【例 3-55】下面是一个简单的路径查询程序。程序中的事实描述了如图 3-3 所示的有向图，规则是图中两结点间有通路的定义。

```
PREDICATES
    road(symbol,symbol)
    path(symbol,symbol)
```

```
CLAUSES
    road(a,b).
    road(a,c).
    road(b,d).
    road(c,d).
    road(d,e).
    road(b,e).
    path(X,Y):-Road(X,Y).
    path(X,Y):-Road(X,Z),Path(Z,Y).
```

程序中未含目标，所以运行时需给出外部目标。例如，当给目标“path(a,e).”时，系统将回答“yes”。但当给目标“path(e,a).”时，系统则回答“no”。如果在程序中增加子句

```
run:-path(a,X),write("X=",X), write(";"),fail.
run.
```

将会输出：X=b，X=c，X=d，X=e，X=d，X=e，X=e，即从a出发到其他结点的全部路径。

3.5 实践内容：命题公式可满足性验证

前面讲了使用归结的方法来证明永真式和永假式，还有一类公式，就是可满足的公式。这一节主要讨论可满足公式的验证方法及其实现。

3.5.1 SAT基础知识

定义3-73 SAT问题 设S为布尔变量集合U上的子句集，判断是否有一组真值指派，使S中所有子句都是可满足的（即所有子句都取值为真）。若该指派能使得所有子句都是可满足的，那么称S是可满足的，否则是不可满足的。

【例3-56】 令$F_1=x_1 \wedge (\neg x_1 \vee \neg x_2 \vee x_3)$ $(\neg x_2 \vee \neg x_3)$，则赋值$x_1=1, x_2=0, x_3=1$，使$F_1=1$，所以该SAT问题的实例是可满足的。而CNF $F_2=x_1 \wedge (\neg x_1 \vee \neg x_2) \wedge x_2$，则就找不到一组赋值使$F_2=1$，所以该SAT问题的实例是不可满足的。

对于一个CNF公式，也可以用子句集表达，如例3-56中的CNF公式F_1可以用子句的集合表示为$\{x_1, \neg x_1 \vee \neg x_2 \vee x_3, \neg x_2 \vee \neg x_3\}$；$F_2=x_1 \wedge (\neg x_1 \vee \neg x_2) \wedge x_2$用子句的集合表示为$\{x_1, \neg x_1 \vee \neg x_2, x_2\}$。所以，后面将不区分子句集和CNF公式。

以下是SAT问题中对CNF公式进行化简时常用的一些化简规则。

(1) 单子句规则（单元子句规则）

若一个子句中仅有一个文字未赋值，所有其他的文字赋值都是0（或者该子句本身只含有一个文字），那么此时可推断出该文字赋值为1。

(2) 纯文字规则

在一个合取范式中，若一个命题变量要么以全是正文字的形式出现，要么以全是负文字的形式出现，那么该文字就称为纯文字。消除这种所有出现全为正或出现全为负的原子公式所在子句的规则就称为纯文字规则。

(3) 消除原子公式规则

假设给定的合取范式或一部分子式可以表示为以下这种形式：

$$(P \lor \neg x) \land (Q \lor x) \land R$$

其中，P，Q，R 都是析取子式，$\neg x$ 和 x 不在其他子句中出现，且 P，Q，R 都与原子公式 x 无关，那么该公式可以消减为不含原子公式的形式：$(P \lor Q) \land R$。

(4) 重言子句规则

如果一个子句是重言子句（一般是子句中存在互补的文字），那么就可以将它从合取范式中删除。

(5) 包含规则

如果 A_1 和 A_2 是合取范式的两个子句，且 A_1 A_2，则在求合取范式 B 的可满足性问题时可以直接将子句 A_2 删去。

(6) 分裂规则

设 CNF 公式的子句集为：$F=(A_1 \lor x) \land (A_2 \lor x) \land \cdots \land (A_m \lor x) \land (B_1 \lor \neg x) \land (B_2 \lor \neg x) \land \cdots \land (B_n \lor \neg x) \land C_1 \land C_2 \land \cdots \land C_t$，其中 $A_1, A_2, \cdots, A_m, B_1, B_2, \cdots, B_n, C_1, C_2, \cdots, C_t$ 均是不含文字 x 和 $\neg x$ 的子句，则公式可以分裂成两个不含 x 和 $\neg x$ 的子句集：$F_1=A_1 \land A_2 \land \cdots \land A_m \land C_1 \land C_2 \land \cdots \land C_t$ 和 $F_2=B_1 \land B_2 \land \cdots \land B_n \land C_1 \land C_2 \land \cdots \land C_t$。

3.5.2 SAT 的求解算法

目前存在两类主流 SAT 算法，它们分别是完备算法和局部搜索算法。这两类算法各有优缺点，共同推动着高效的 SAT 算法的发展。

DPLL（Davis Putnam Longmann Loveland）算法，是一种完备的、以回溯为基础的算法，用于解决在合取范式（CNF）中命题逻辑的布尔可满足性问题，也就是解决 CNF-SAT 问题。DPLL 是一种高效的程序。经过 40 多年，它还是最有效的 SAT 解法，并且是很多一阶逻辑的自动定理证明的基础。

DPLL 算法就是反复使用重言子句规则、纯文字规则、单子句规则和分裂规则，直到得到问题的一个解，计算停止。但是由于重言子句规则和纯文字规则会大大降低算法的计算速度，所以大多数求解 SAT 问题的算法使用单子句规则和分裂规则。其算法的递归过程表述如下：

```
bool DPLL(S) /*S 是子句集,当子句集可满足时,返回 TRUE;否则返回 FALSE。*/
{  while(1)
   {  if(在子句集 S 中选择单子句 L)
      {  根据单子句规则,利用 L 化简 S;
         if (S 为空) Return(TRUE);/*S 为空,说明子句集为空集,问题可满足*/
         if (S 中有空子句) Return(FALSE);
      }else   break;
   }
   从 S 中选择一个文字 L;
   Return DPLL(S∪{L}) ∨DPLL(S∪{¬L});
}
```

完备算法主要包括DPLL算法及其变种，对DPLL算法的不断改进使得当今的完备算法能够有效地解决从现实问题建模而来的很大规模的SAT问题。

3.5.3 变量和子句的存储方法

这里简单介绍SAT问题实现时用到的数据结构。可以用邻接表作为SAT的数据结构，把子句表示为文字链表的形式，并为每一个文字关联一个子句链表，用来表示该文字在哪些子句中出现过。这种方法能准确地了解子句中每个文字的值，旨在减少搜索树中每个结点上所占用的CPU时间。

采用这种存储方式，识别可满足子句、不可满足子句和单元子句的方法是：首先从子句的文字链表中提取出对所有取真值的文字和取假值的文字的引用，然后将这些提取出的引用添加到与该子句对应的关联链表中，在已满足的子句链表中就会包含一个或多个文字引用；在不可满足的文字链表中，不可满足的子句将包含所有的文字引用。而单元子句包含一个未赋值的文字和不可满足文字链表中所有其他的文字引用。当某一文字被赋值时，它便会被移至已满足文字链表或者不可满足文字链表。还可以采用增加计数器的方式来提高效率，由此也产生了很多改进的邻接表法，详细内容请参阅相关文献。

基于邻接表的数据结构都有一个共同的缺陷，就是每一变量对子句的引用规模都可能会很大，而且通常会随着搜索过程的继续不断增大，这就会增加与变量赋值相关联的工作量。另外，通常情况下，当对变量 x 进行赋值时，不需要分析 x 所关联的大部分子句，这是由于它们并没有变成单元子句或是不可满足的子句。为了克服这一弊端，引入了一些新的数据结构形式。如H/T（head/tail）链表结构，它为每一子句设置头指针和尾指针两个引用指针。初始时，头指针指向子句中的第一个文字，尾指针则指向子句中的最后一个文字。每当这两个引用指针中有一个所指向的文字被赋值时，就会搜索一个新的未赋值文字。一旦找到一个未赋值的文字，那么它就会成为新的头引用指针或尾引用指针，此时会创建一个新的引用指针并与每个文字的变量关联起来。一旦找到一个可满足文字，那么该子句就会被声明为已满足的子句。如果无法找到未赋值文字，并且已到达了另外一个引用，那么子句就会被声明为单元子句、不可满足子句或者已满足子句，这主要取决于指向另一个引用指针指向的文字的值。当搜索进行回溯时，就会丢弃与头指针或者尾指针关联的引用，而之前的头指针或尾指针就会被再次激活。需要注意的是，在最坏情况下，与每个子句关联的文字引用的数目正好等于子句中的文字数目。另外一种方法就是带观察文字的数据结构（watched literals，WL），它类似于H/T链表结构，也要为每一子句关联两个引用指针，但与H/T链表结构不同的是，这两个引用指针之间无先后次序关系，当算法回溯时无须更新文字引用指针。这种方法的一个明显的缺点就是只有当遍历完所有子句中的文字后，才能识别出单元子句和未满足子句。

3.6 本章小结

本章主要掌握数理逻辑的基本知识，包含命题逻辑和谓词逻辑的概念及各种逻辑运算，公式的可满足性及其验证方法，合取范式和析取范式，以及谓词逻辑的前束范式。读者在学习时，要特别掌握数理逻辑在计算机科学中的应用，包括在自动推理和逻辑程序设计中的应用。数理逻辑在计算机科学中的应用很广泛，不仅仅在人工智能中应用广泛，在数据库理论、程序正确性证明中也有着广泛应用。例如，数据库中的元组关系演算和域关系演算就是建立在数理逻辑基础上的。掌握好这些知识会为后续课程的学习打下良好基础。

3.7 习题

1. 将下述命题符号化。

(1) 不是小王就是老李来找过你。

(2) 尽管小张与小赵是同学，但他们很少在一起。

(3) 如果程序能正常结束，那么就不会有语法错误。

(4) 既然你今天不去开会，就该在家好好休息一下。

(5) 并非由于学校是重点，毕业生才是一流的，而是由于毕业生是一流的，学校才能成为重点。

2. 令 P、Q、R、S 分别取值为 1、0、1、0，求出下列命题公式在相应指派下的真假值。

(1) $(P\to Q)\wedge(R\to Q\wedge S)$

(2) $P\vee(Q\to R\wedge\neg S)\leftrightarrow Q\vee\neg P$

3. 利用真值表法判断下列逻辑等值式是否成立。

(1) $P\to(Q\to R)\Leftrightarrow(P\to Q)\to(P\to R)$

(2) $P\leftrightarrow Q\Leftrightarrow(P\wedge Q)\vee(\neg P\vee\neg Q)$

(3) $P\to(Q\to P)\Leftrightarrow\neg P\to(Q\to\neg P)$

(4) $(P\to R)\wedge(Q\to R)\Leftrightarrow P\vee Q\neg R$

4. 利用等值演算法证明下列逻辑等值式。

(1) $\neg(P\leftrightarrow Q)\Leftrightarrow(P\vee Q)\wedge(P\vee Q)$

(2) $\neg(P\to Q)\Leftrightarrow P\wedge\neg Q$

5. 东东的爷爷带东东乘车去玩，当路过一座高楼时，爷爷说：“你只有现在好好学习，将来才能住上这样的高楼。”东东听了爷爷的话以后，回答说：“爷爷没有住上这样的高楼，所以爷爷没有好好学习。”请问：东东是否误解了爷爷原话的意思，为什么？

6. 将下列命题公式分别化为合取范式和析取范式。

(1) $(P\to Q\wedge R)\wedge(\neg P\to\neg Q\wedge\neg R)$

(2) $Q\wedge(\neg P\to Q\vee\neg(Q\to R))$

7. 构造下面推理的证明。前提为：$(\neg P\wedge Q)\vee R, R\to S, \neg S, P$；结论为：$\neg Q$。

8. 设谓词 $P(x,y)$ 表示“x 等于 y”，个体变元 x 和 y 的域都是 $D=\{1,2,3\}$，求下列各式的真值。

(1) $\forall x\forall yP(x,y)$

(2) $\exists x\exists yP(x,y)$

9. 试给出解释 I 使得 $\exists x(F(x)\wedge G(x))$ 与 $\exists x(F(x)\to G(x))$ 在 I 下具有不同的真值。

10. 对下面的谓词公式，分别给出一个使其为真和为假的解释：$\forall x(P(x)\to\exists y(Q(y)\wedge R(x,y)))$。

11. 判断下列谓词公式哪些是永真式，哪些是永假式，哪些是可满足式，并说明理由。

(1) $\forall x(P(x)\to Q(x))\to(P(x)\to\forall xQ(x))$

(2) $\neg(P(x)\to\forall x(Q(x,y)\to P(x)))$

12. 设 $P(x)$，$Q(x)$，$R(x,y)$ 都是谓词，证明下列各等值式。

(1) $\neg\forall x\forall y(P(x)\wedge Q(x)\to R(x,y))\Leftrightarrow\exists x\exists y(P(x)\wedge Q(x)\wedge\neg R(x,y))$

(2) $\exists x\exists y(P(x)\wedge Q(x)\wedge R(x,y))\Leftrightarrow\forall x\forall y(P(x)\wedge Q(x)\to\neg R(x,y))$

13. 求下列谓词公式的前束析取范式和前束合取范式。

(1) $\exists x \neg \exists y P(x,y) \rightarrow (\exists z Q(z) \rightarrow R(x))$

(2) $\forall x(P(x) \rightarrow Q(x)) \rightarrow \exists y(R(y) \rightarrow \exists z R(y,z))$

14. 令谓词 $P(x)$，$Q(x)$，$R(x)$，$S(x)$分别表示“x 是婴儿”“x 的行为符合逻辑”“x 能管理鳄鱼”“x 被人轻视”，个体域为所有人的集合。将下列语句符号化。

(1) 婴儿的行为不合逻辑。

(2) 能管理鳄鱼的人不被人轻视。

(3) 行为不合逻辑的人被人轻视。

(4) 婴儿不能管理鳄鱼。

请问：能从（1）、（2）和（3）推出（4）吗？若不能，请写出（1）、（2）和（3）的一个有效结论，并用演绎推理法证明。如果采用归结的方法，又如何证明？

15. 甲、乙、丙三人去应聘，面试后公司表示如下想法：

(1) 三人中至少录取 1 人；

(2) 如果录取甲而不录取乙，则一定录取丙；

(3) 如果录取乙，则一定录取丙。

求证公司一定录取丙。请用归结原理给出证明过程。

第 4 章　图论及其应用

本章主要内容

图是最形象、最直观的表示信息的一种方法，并且图论的结果也被广泛应用于计算机科学与技术、人工智能、大数据等领域。本章主要讲解图论的基本知识和基本理论，特别是与信息技术密切度比较大的内容，如可平面图、最优二叉树等，并给出这些理论的应用实例。

4.1　图论的发展历史

1736 年是图论的历史元年。这一年，欧拉（L. Euler）研究了哥尼斯堡（Königsberg）七桥问题，并发表了关于图论的首篇文章。哥尼斯堡城毗邻蓝色的波罗的海，城中有一条普莱格尔（Pregel）河，河的两条支流在这里汇合，然后横穿全城，流入大海。河水把城市分成 4 块，人们建造了 7 座各具特色的桥，把哥尼斯堡城连成一体，如图 4-1（a）所示。

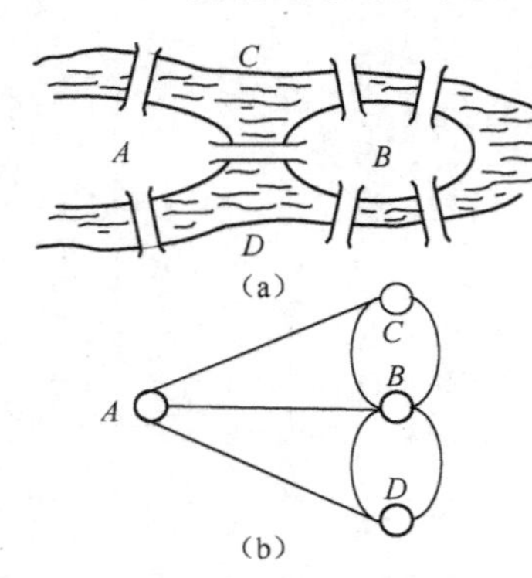

图 4-1　哥尼斯堡七桥问题

早在 18 世纪，这些形态各异的小桥吸引了众多的游客，一个有趣的问题在居民中传开，那就是：谁能够从 A、B、C 和 D 四块陆地中的任一个地方出发一次走遍所有的 7 座桥，而且每座桥都不能重复地，只能通过一次。这就是数学史上著名的七桥问题。这个问题看起来似乎不难，谁都乐意用这个问题来测试一下自己的智力。但是，谁也没有找到一条这样的路线。这个问题极大地刺激了人们的好奇心，许多人都热衷于解决这个问题，然而始终都没有人能够成功完成。“七桥问题”难住了哥尼斯堡城的所有居民，同样，哥尼斯堡城也因“七桥问题”而出了名。

1736 年，当时著名的数学家欧拉仔细研究了这个问题，他将上述四块陆地与七座桥间的关系用一个抽象图形来描述，如图 4-1（b）所示，其中 A，B，C，D 四块陆地分别用四个点来表示，而陆地之间有桥相连者则用连接两个点的连线来表示。因此，上述哥尼斯堡七桥问题就变成了如下问题：试求从图中的任一点出发、不重复地通过每条边一次、最后返回到该点的路线是否存在？这就转变为一笔画问题，即能不能不重复地一笔画出如图 4-1（b）所示的这个图形。这样，“七桥问题”就变得简洁明了，并且变得更一般化了、更深刻了。

在经历了成千上万人的失败后，人们就猜想这样不重复的路线究竟存不存在？由于改变了一下提问的角度，欧拉抓住了问题的实质，并且认真考虑了一笔画图形的结构特征。他发现，凡是能用一笔画成的图形，都有这样一个特点：每当画一条线进入中间的一个点时，还必须画一条线离开这个点；否则，这个图形就不可能用一笔画出。也就是说，单独考察图中的任何一点（起点和终点除外），这个点都应该与偶数条线相连；如果起点与终点重合，那么连这个点也应该与偶数条线相连。在“七桥问题”的几何图中，A，C，D 三点分别与三条线相连，B 点与 5 条线相连，连线数都是奇数条。因此，欧拉断定一笔画出这个图形是不可能的，也就是说，不重复地通过 7 座桥的路线是根本不存在的。

1750 年，欧拉又发现了反映多面体的面数、顶点数和棱数之间关系的公式，后人以他的名字将其命名为“多面体欧拉公式”，这个公式就是：F(面数)+V(顶点数)−E(棱数)= 2。

从 19 世纪中叶开始，图论进入第二个发展阶段。这一时期图论问题大量出现，诸如关于地图着色的四色问题、由“周游世界”游戏发展起来的哈密顿图问题等。

图的着色问题一直是图论研究的焦点问题之一，问题的起源是，有人发现英国地图仅用四种不同的颜色便可以将地图中相邻的区域分开了。哈密顿在得知这个问题后，对四色问题进行论证，但直到 1865 年哈密顿逝世，问题也没有能够解决。1878 年，英国数学家凯莱（Cayley）在伦敦数学年会上正式提出该问题：平面或球面上的地图仅需四种颜色就可以将任何相邻的两区域分开。他征求解答，从此“四色猜想”问题便引起了世界数学界的重视。

1936 年，匈牙利著名图论学家柯尼系（König）出版《有限图与无限图理论》，这是图论的第一部专著，它总结了图论两百年的主要成果，是图论的重要里程碑。此后的五十多年，图论经历了一场爆炸性的发展，终于成长为数学科学中一门独立的学科。它的主要分支有图论、超图理论、极值图论、算法图论、网络图论和随机图论等。

进入 20 世纪，人们对“四色猜想”的证明基本上是按照肯普的想法在进行，并陆续有所进展。1913 年，伯克霍夫（Birkhoff）在肯普的基础上引进了一些新技巧；1939 年，美国数学家富兰克林（Franklin）证明了 22 个以下区域都可以用四色着色。随后又有人给出了更多区域的情形，直到 1976 年初，人们还是仅能对区域数是 96 的地图着色的四色猜想给出证明，但这些对区域数是自然数的情形来讲还远远不够。1976 年 6 月，美国伊利诺伊大学的黑肯（W. Haken）和阿佩尔（Appel），经过 4 年的艰苦工作，在 2 台不同的电子计算机的帮助下，用了 1 200 h 作了 100 亿次的判断，终于完成了“四色猜想”的证明。“四色猜想”的计算机证明轰动了世界，该证明不仅解决了一个有一百多年历史的难题，而且有可能成为数学史上一系列新思维的起点。

由于生产管理、军事、交通运输、计算机和通信网络等方面大量实际问题的出现，并且这些实际问题所涉及的图形都很复杂，如电网络、交通网络、电路设计、数据结构及社会科学中的问题等，这也大大促进了图论的发展。目前，图论在物理、化学、运筹学、计算机科学、电子学、信息论、控制论、网络理论、社会科学及经济管理等几乎所有学科领域中都有应用。

4.2　图的基本概念

这一节介绍图的基本概念，包括无向图、有向图、子图等相关概念。

4.2.1　无向图及有向图

在第 2 章中讨论的集合不允许元素重复出现，如果允许集合中的元素重复出现，这就是多重集（multiset），也称为袋（bag）。

笛卡儿积的定义中，序对$<a,b>$中的两个分量是有先后顺序的，称为序对，也就是$<a,b>$和$<b,a>$是不相同的。还有一种类型的序对，它是不分顺序的，用（a,b）表示无序的序对，

也就是 (a,b) 和 (b,a) 是相同的。

定义 4-1 设 A 和 B 是两个集合，由 $a\in A$ 和 $b\in B$ 所组成的无序对构成的集合，称为 A 和 B 的无序积，记作 $A\&B$。

定义 4-2 一个无向图 G 是指一个二元组 $(V(G),E(G))$，其中，$V(G)$ 和 $E(G)$ 不相交；$V(G)=\{v_1,v_2,\cdots,v_n\}$ 为 G 的顶点集合或结点集合，$V(G)$ 中的元素称为顶点或结点；$E(G)$ 是无序积 $V(G)\&V(G)$ 的一个多重子集，称为边集，$E(G)$ 中的元素称为无向边，简称边。在根据上下文能确定图 G 的情况下，也用 V 代替 $V(G)$，用 E 代替 $E(G)$。

一个图 $G=(V,E)$ 可以用平面上的一个图形表示：用平面上的小圆圈表示 G 的结点，用点与点之间的连线表示 G 中的边，其中结点的位置、线段的曲直及是否相交都无关紧要。图的两条边可能会有一个交叉点，但交叉点不一定都是结点。

【例 4-1】 图 $G=(V,E)$，其中 $V=\{v_1,v_2,v_3,v_4,v_5\}$，$E=\{e_1,e_2,e_3,e_4,e_5,e_6,e_7\}$，$e_1=(v_1,v_2)$，$e_2=(v_1,v_2)$，$e_3=(v_2,v_5)$，$e_4=(v_4,v_5)$，$e_5=(v_3,v_4)$，$e_6=(v_4,v_4)$，$e_7=(v_1,v_5)$，$G$ 的图形如图 4-2 (a) 所示。

定义 4-3 一个有向图 D 是指一个有序二元组 $(V(D),E(D))$，其中，$V(D)$ 和 $E(D)$ 不相交，$V(D)=\{v_1,v_2,\cdots,v_n\}$ 为 D 的顶点集合或结点集合，$V(D)$ 中的元素称为顶点或结点；$E(D)$ 是笛卡儿积 $V(D)\times V(D)$ 的一个多重子集，称为边集，$E(D)$ 中的元素称为有向边，简称弧。在根据上下文能确定有向图 D 的情况下，也用 V 代替 $V(D)$，用 E 代替 $E(D)$。

无向图和有向图通称为图。有向图也可以用图形表示，与无向图不同的是，它用带箭头的连线来表示弧。

【例 4-2】 图 $D=(V,E)$，其中 $V=\{v_1,v_2,v_3,v_4\}$，$E=\{<v_2,v_1>,<v_4,v_1>,<v_3,v_4>,<v_1,v_3>,<v_2,v_4>,<v_3,v_2>\}$，$e_1=<v_2,v_1>$，$e_2=<v_4,v_1>$，$e_3=<v_3,v_4>$，$e_4=<v_1,v_3>$，$e_5=<v_2,v_4>$，$e_6=<v_3,v_2>$，$D$ 的图形如图 4-2 (b) 所示。

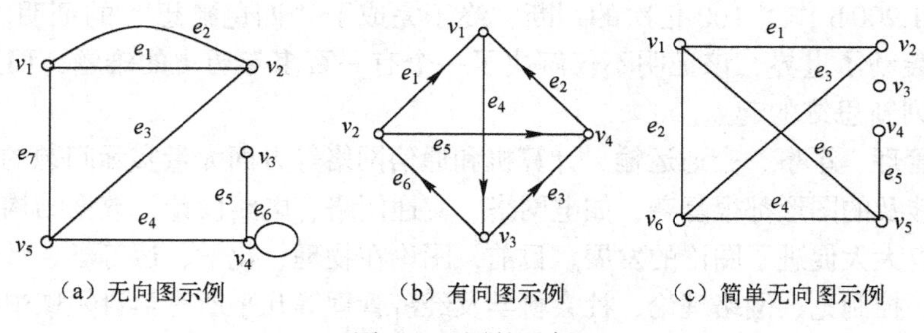

图 4-2 图的示例

定义 4-4 无论是无向图还是有向图，有 n 个结点的图称为 n 阶图。没有边或弧的图称为零图。一阶零图，即只有一个结点、无边或弧的图称为平凡图。

4.2.2 相邻和度

定义 4-5 在无向图 $G=(V,E)$ 中，称边 $e=(u,v)$ 与 u 和 v 关联，并称 u 和 v 为 e 的端点，也称 u 和 v 相邻；如果边 e_i 与 e_j 有共同的端点，则称 e_i 与 e_j 相邻；两个端点重合为一个结点的边称为环。关联于同一对结点的两条或两条以上的边称为多重边。

【例 4-3】 图 4-2 (a) 中的边 e_6 是 G 的一个环，边 e_1 和 e_2 是 G 的多重边。

定义 4-6 一个图 G 如果没有环和多重边，则称该图为简单图。

【例 4-4】如图 4-2（c）所示的图就是一个简单图。

定义 4-7　有向图 $D=(V,E)$ 中的弧 $e=<u,v>$，称 u 邻接到 v，并称 u 为 e 的始点，v 为 e 的终点。若弧 e_i 的终点与 e_j 的始点重合，则称 e_i 与 e_j 相邻。

【例 4-5】如图 4-2（b）中的 v_4 邻接到 v_1，弧 $<v_4,v_1>$ 与弧 $<v_1,v_3>$ 相邻。

定义 4-8　在无向图 $G=(V,E)$ 中，与结点 v 关联的边数，称作是该结点的度数，记作 $\deg(v)$，简记为 $d(v)$。此外，记 $\Delta(G)=\max\{d(v)\mid v\in V\}$，$\delta(G)=\min\{d(v)\mid v\in V\}$ 分别为 $G=(V,E)$ 的最大度和最小度。度数为奇数的结点为奇点，度数为偶数的结点为偶点。特别地，度数为 0 的点为孤立点，度数为 1 的点为悬挂点。在有向图 $D=(V,E)$ 中，结点 v 作为弧的始点的次数之和为 v 的出度，记作 $d^+(v)$；结点 v 作为弧的终点的次数之和为 v 的入度，记作 $d^-(v)$；结点的出度与入度之和就是该结点的度数，即 $d(v)=d^+(v)+d^-(v)$。

$\delta^+(D)=\min\{d^+(u)\mid u\in V\}$，$\delta^-(D)=\min\{d^-(u)\mid u\in V\}$ 分别称为 D 的最小出度和最小入度，$\Delta^+(D)=\max\{d^+(u)\mid u\in V\}$，$\Delta^-(D)=\max\{d^-(u)\mid u\in V\}$ 分别称为 D 的最大出度和最大入度。如果 $V=\{v_1,v_2,\cdots,v_n\}$，称非负整数序列 $(d(v_1),d(v_2),\cdots,d(v_n))$ 为图 G 的度序列。

【例 4-6】如图 4-2（a）中，$d(v_1)=d(v_2)=d(v_5)=3,d(v_3)=1,d(v_4)=4$。注意，环在其对应结点上度数增加 2，$\Delta(G)=4,\delta(G)=1$。图 4-2（b）中，$d^+(v_1)=d^+(v_4)=1$，$d^-(v_1)=d^-(v_4)=2,d^+(v_2)=2,d^-(v_2)=1,d^+(v_3)=2,d^-(v_3)=1,d(v_1)=d(v_2)=d(v_3)=d(v_4)=3$。图 4-2（c）中，$v_3$ 为孤立点，v_4 为悬挂点，度序列为 $(3,2,0,1,3,3)$。

定理 4-1　握手定理　每个图中，结点度数的总和等于边数或弧数的 2 倍，即若 $V=\{v_1,v_2,\cdots,v_n\}$，边数或弧数为 m，则 $d(v_1)+d(v_2)+\cdots+d(v_n)=2m$。

证明：每一条边或弧有 2 个端点，所有结点的度数之和等于它们作为端点的次数之和，因此恰好等于边数或弧数的 2 倍。证毕。

推论 4-1　在任何图 $G=(V,E)$ 中，奇点的个数为偶数。

证明：把图 G 的结点集 V 划分为 V_1 和 V_2 两部分，其中 V_1 是 G 中所有的奇点，V_2 是 G 中所有的偶点。则 $V=V_1\cup V_2,V_1\cap V_2=\varnothing$，由定理 4-1 得 $2m=\sum\limits_{v\in V_1}d(v)+\sum\limits_{v\in V_2}d(v)$，而 $\sum\limits_{v\in V_2}d(v)$ 是偶数，所以 $\sum\limits_{v\in V_1}d(v)$ 也是一个偶数，即推得 $|V_1|$ 是偶数。证毕。

推论 4-2　非负整数序列 $(d_1,d_2,\cdots,d_p)$ 是某个图的度序列当且仅当 $d_1+d_2+\cdots+d_p$ 是偶数。

【例 4-7】① $(3,2,5,1,3,3)$ 和 $(5,2,3,1,4)$ 中奇点个数均为奇数，由推论 4-1 可知，它们都不能成为图的度数序列。

② 已知图中有 11 条边，1 个 4 度结点，4 个 3 度结点，其余结点的度数均不大于 2。由握手定理知图中各个结点的度数之和为 22，1 个 4 度点，4 个 3 度点，共占去 16 度，还剩 6 度，若其余结点全是 2 度点，还需要 3 个结点，所以该图至少有 1+4+3=8 个结点。

定理 4-2　在任何有向图中，所有结点的入度之和等于所有结点的出度之和。

定义 4-9　设 $G=(V,E)$ 为无向简单图，如果图中每一对结点之间都有边相连，则称 G 为完全图。有 n 个结点的完全图，记作 K_n。设 $D=(V,E)$ 为有向简单图，若对于每一对结点之间都有互为相反的两条弧相连，则称图 D 为有向完全图。

显然，n 个结点的无向完全图 K_n 的边数为 $n(n-1)/2$。

图 4-3 中，(a) 为 K_3，(b) 为 K_5，(c) 为 3 阶有向完全图。

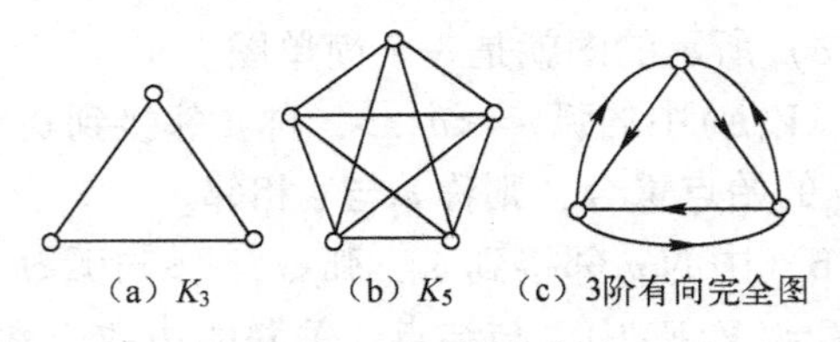

图 4-3 完全图示例

4.2.3 子图

定义 4-10 $G=(V,E)$和$H=(V',E')$是两个图，如果V' V和E' E，则称H是G的子图，记为H G。如果H是G的子图，并且$V(H)=V(G)$，则称H是G的生成子图。如果H是G的子图，其中$V(H)=V(G)$和$E(G)=E(H)$至少有一个不成立，就称H是G的真子图。假设V'是$V(G)$的一个非空真子集，则以V'为结点集合，以所有两端点均在V'中的边为边集G的子图，称为由V'导出的子图，记为$G[V']$。设E'是$E(G)$的子集，以E'为边集，以E'中边关联的所有结点为结点集合的G的子图，称为G由E'导出的子图，记作$G[E']$。

【例 4-8】 图 4-4 中，（a）和（b）都是（a）的子图，（b）是（a）的真子图，其中（c）是（a）的一个生成子图，（b）既可以看成$V'=\{v_4,v_5,v_6\}$的导出子图$G[V']$，也可以看成$E'=\{e_5,e_6,e_7\}$的导出子图$G[E']$，（c）又可以看成$E'=\{e_1,e_3,e_5,e_7\}$的导出子图$G[E']$。

定义 4-11 简单图G的补图$\overline{G}$是指和G有相同结点集V的一个简单图，$\overline{G}$中的两个结点相邻，当且仅当它们在G中不相邻。

【例 4-9】 图 4-5 中，（b）是（a）的补图。

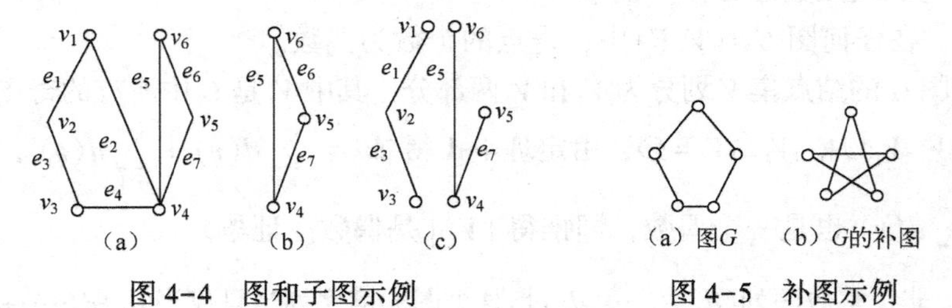

图 4-4 图和子图示例　　图 4-5 补图示例

在图论中，图是表达事物之间关系的工具，在画图时，由于结点位置的不同，边的曲直不同，同一事物之间的关系可能画出不同形状的图来，把这种不存在本质差别的两个图称为是同构的。

定义 4-12 设$G_1=(V_1,E_1)$与$G_2=(V_2,E_2)$是两个图，若存在一一对应f：$V_1 \to V_2$使得对每条边$e=(u,v)\in E_1$，当且仅当$(f(u),f(v))\in E_2$，则称G_1和G_2是同构的，记为$G_1 \cong G_2$。

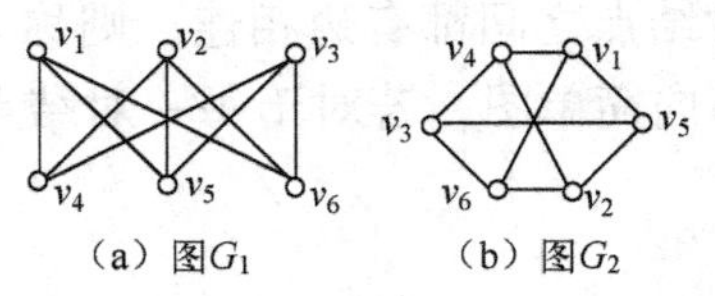

图 4-6 同构图的示例

从这个定义可以看到，若两个图同构，它的充要条件是：两个图的结点和边分别存在着一一对应，且保持关联关系。

【例 4-10】 图 4-6 中的图G_1中结点v_i映射为G_2中的v_i，其对应的边也是相互对应的，由图的同构定义知，$G_1 \cong G_2$。

4.2.4　通路与连通性

通路与连通性是图论中两个重要而基本的概念，也是图论中许多概念的基础。

1. 通路

定义 4-13　图 $G=(V,E)$ 的一个点边交替出现的有限序列 $W=v_0e_1v_1e_2\cdots v_{n-1}e_nv_n$，这里 $v_i(0\leqslant i\leqslant n)$ 是 G 的结点，$e_i(1\leqslant i\leqslant n)$ 是 G 的边，满足 e_i 的两个端点就是 v_{i-1} 和 $v_i(0\leqslant i\leqslant n)$，则称 W 是 G 的一条从 v_0 到 v_n 的通路，v_0 与 v_n 称为 W 的起点与终点，或统称为 W 的端点。$v_i(1\leqslant i\leqslant n-1)$ 称为 W 的内部结点；边的条数 n 称为通路 W 的长度；当 $v_0=v_n$ 时，这条通路称作回路。如果通路的边互不重复，则称这条路为简单通路或迹。如果一条通路中的结点也互不相同，则称这条通路为基本通路或初级通路。当 $v_0=v_n$ 时，这条通路称为回路或圈。

在上述定义中，回路是通路的特殊情况，但通常都是当起点与终点不同时才说是通路。在一般情况下，如果结点互不相同，必有边也互不相同。

对有向图而言，也可类似定义，只需将上述定义中的边改成弧即可。

【例 4-11】图 4-7 中，通路 $v_1e_1v_1e_3v_4e_3v_1e_2v_2e_5v_4$ 的长度为 5；迹 $v_1e_1v_1e_3v_4e_4v_2e_5v_4$ 的长度为 4；回路 $v_1e_1v_1e_3v_4e_4v_2e_2v_1$ 的长度为 4；路 $v_1e_3v_4e_4v_2e_6v_3$ 的长度为 3；圈 $v_1e_3v_4e_7v_3e_6v_2e_2v_1$ 的长度为 4。

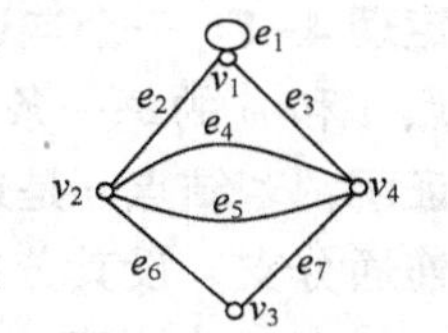

图 4-7　例 4-11 的图例

在简单图中一条通路 $v_0e_1v_1e_2\cdots v_{n-1}e_nv_n$ 由它的结点序列 $v_0v_1v_2\cdots v_{n-1}v_n$ 确定，所以简单图的通路，可由其结点序列表示。在有向图中，结点数大于 1 的一条通路也可由弧序列表示。

定理 4-3　在一个 n 阶图中，若从结点 v_i 到 v_j 存在通路，则从 v_i 到 v_j 存在长度小于等于 $n-1$ 的通路。

证明：如果从结点 v_i 到 v_j 存在一条通路，该通路上的结点序列为 $v_i\cdots v_k\cdots v_j$，如果在这条路中有 l 条边，则序列中必有 $l+1$ 个结点，若 $l>n-1$，则必有结点 v_s，它在序列中不止一次出现，即必有结点序列 $v_i\cdots v_s\cdots v_s\cdots v_j$，在路中去掉从 v_s 到 v_s 的这些边，仍是从 v_i 到 v_j 的一条路，但此通路比原来的通路的边数要少，如此重复进行下去，必可得到一条从 v_i 到 v_j 的不多于 $n-1$ 条边的路。证毕。

推论 4-3　在一个 n 阶图中，若从结点 v_i 到 v_j 存在通路，则必存在从 v_i 到 v_j 的边数小于 n 的通路。

2. 连通性

定义 4-14　在无向图 G 中，结点 u 和 v 之间若存在一条通路，则称 u 和 v 是连通的。

定义 4-15　若无向图 G 是平凡图或 G 中任意两结点都是连通的，则称 G 是连通图；否则称图 G 是非连通图。

不难证明，结点之间的连通性是结点集上的等价关系，因此对应这个等价关系，必可对结点集 V 做出一个划分，把 V 分成非空子集 $V_1,V_2,\cdots,V_m$，使得两个结点 u 和 v 是连通的，当且仅当它们属于同一个 V_i。将子图 $G[V_1],G[V_2],\cdots,G[V_m]$ 称为图 G 的连通分支（图），把图的连通分支数记作 $\omega(G)$。显然，连通图只有一个连通分支。

【例 4-12】图 4-8 中的 G_1 与 G_2 是连通的，而 G_3 是非连通图，$\omega(G_3)=2$。

所谓从图中删除结点 v，即把 v 及与 v 关联的边都删去。对于连通图，常常由于删除了图中的点或边，而影响了图的连通性。

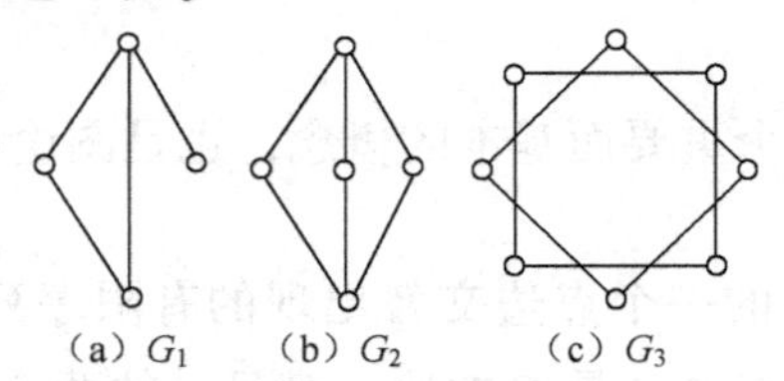

(a) G_1 (b) G_2 (c) G_3

图 4-8 连通图和非连通图示例

定义 4-16 设无向图 $G=(V,E)$为连通图，若有点集 $V_1\subseteq V$，使图 G 删除了 V_1所有的结点后，所得的子图是不连通图，而删除了 V_1的任何真子集后得到的子图仍是连通图，则称 V_1是 G 的一个点割集。若某一个结点构成一个点割集，则称该点为割点。$k(G)=\min\{|V_1||V_1$ 是 G 的点割集$\}$为 G 的点连通度。

【例 4-13】 图 4-4（a）中删去结点 v_4后，成为有两个连通分支的非连通图，所以 v_4为图 4-4（a）的一个割点。

定理 4-4 一个连通无向图 G 中的结点 v 为割点的充要条件是存在两个结点 u 和 w，使得结点 u 和 w 的每一条通路都通过 v。

证明：若结点 v 是连通图 $G=(V,E)$的一个割点，设删去 v 得到子图 G'，则 G'至少包含两个连通分支。设其分别为 $G_1=(V_1,E_1)$和 $G_2=(V_2,E_2)$，任取 $u\in V_1$，$w\in V_2$，因为 G 是连通的，故在 G 中必有一条连接 u 和 w 的通路 W，但 u 和 w 在 G'中属于两个不同的连通分支，故 u 和 w 必不连通，因此，W 必须通过 v，故 u 和 w 之间的任意一条通路都通过 v。

反之，若连接图 G 中某两个结点的每一条通路都通过 v，删去 v 得到子图 G'，在 G'中这两个结点必然不连通，故 v 是图 G 的割点。证毕。

定义 4-17 设无向图 $G=(V,E)$为连通图，若有边集 $E_1\subseteq E$，使图 G 删除了 E_1所有的边后，所得的子图是不连通图，而删除了 E_1的任何真子集后得到的子图仍是连通图，则称 E_1是 G 的一个边割集。若某一条边构成一个边割集，则称该边为割边（或桥）。$\lambda(G)=\min\{|E_1||E_1$ 是 G 的边割集$\}$为图 G 的边连通度。

由定义可知，G 的割边也就是 G 的一条边 e 使 $\omega(G-e)>\omega(G)$。例如，图 4-2（a）删去边 e_4后，成为有两个连通分支的非连通图，所以 e_4为图 4-2（a）的一个割边。

无向图的连通性不能直接推广到有向图。在有向图 $D=(V,E)$中，从结点 u 到 v 有一条通路，称从 u 可达 v。可达性是有向图结点集上的二元关系，它是自反和传递的，但一般来说它不是对称的，因为如果从 u 到 v 有一条通路，不一定必有 v 到 u 的一条通路，故可达性不是等价关系。

定义 4-18 在简单有向图 D 中，任何一对结点间至少有一个结点到另一个结点是可达的，则称这个图是单向连通的。如果对于图 D 中的任何一对结点两者之间是相互可达的，则称这个图是强连通的。如果在图 D 中略去弧的方向所得的无向图是连通的，则该图是弱连通的。

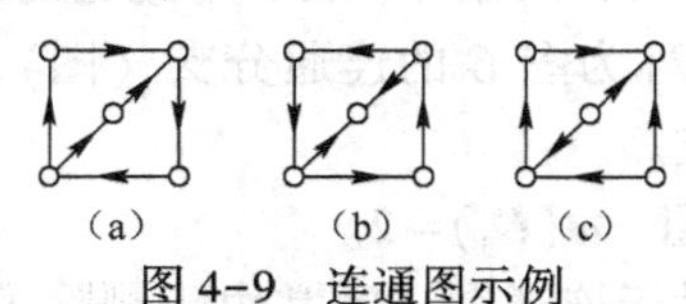

(a) (b) (c)

图 4-9 连通图示例

显然，强连通图一定是单侧连通的，单侧连通图一定是弱连通的。但反之不真。

【例 4-14】 图 4-9 中，(a) 为强连通图；(b) 为单向连通图；(c) 为弱连通图。

4.3　图的矩阵表示

一个图 $G=(V,E)$ 由它的结点与边之间的关联关系唯一确定，也能由它的结点对之间的邻接关系唯一确定，且图的这种关系均可以用矩阵来刻画，分别称为 G 的关联矩阵与邻接矩阵。图的矩阵表示在图论的应用中具有重要的作用。

4.3.1　关联矩阵

定义 4-19　设 $G=(V,E)$ 的结点集和边集分别为 $V=\{v_1,v_2,\cdots,v_n\}$，$E=\{e_1,e_2,\cdots,e_m\}$，用 m_{ij} 表示结点 v_i 与边 e_j 关联的次数，矩阵 $\boldsymbol{M}(G)=(m_{ij})_{n\times m}$ 称为 G 的关联矩阵。

无向图的关联矩阵具有以下性质。

① 每一列元素之和均为 2，或者两个 1，或者一个 2，这是因为每条边关联两个结点（环关联的两个结点重合）。

② 每一行元素之和等于对应结点的度数。

③ 所有元素之和等于边数的 2 倍（握手定理）。

④ 一行中元素全为 0，其对应的结点为孤立结点，如图 4-2（c）中的结点 v_3。

⑤ 两条边为平行边的充要条件是对应两列相同，如例 4-15 中图 G 的关联矩阵的第一列和第二列。

如果无向图 G 是简单图，则 G 的关联矩阵中的元素只能为 0 或 1，其他性质同上。

定义 4-20　简单有向图 $D=(V,E)$ 的关联矩阵 $\boldsymbol{M}(D)=(m_{ij})_{n\times m}$ 定义为

$$m_{ij}=\begin{cases}1, & v_i \text{ 为 } e_j \text{ 的始点}\\ 0, & v_i \text{ 与 } e_j \text{ 不关联}\\ -1, & v_i \text{ 为 } e_j \text{ 的终点}\end{cases}$$

有向图的关联矩阵具有下述性质。

① 每一列恰好有一个 1 和-1。

② 一行中 1 的个数等于该结点的出度，-1 的个数等于该结点的入度；$\boldsymbol{M}(D)$ 中所有 1 的个数等于所有-1 的个数，都等于图 D 中弧的个数。

【例 4-15】如图 4-10 中的无向图 G 和图 4-11 中的有向图 D，它们的关联矩阵分别为

$$\boldsymbol{M}(G)=\begin{array}{c}\\ v_1\\ v_2\\ v_3\\ v_4\\ v_5\\ v_6\end{array}\begin{array}{c}\begin{array}{ccccccc}e_1 & e_2 & e_3 & e_4 & e_5 & e_6 & e_7\end{array}\\ \begin{bmatrix}1 & 1 & 0 & 0 & 0 & 0 & 1\\ 1 & 1 & 1 & 0 & 0 & 0 & 0\\ 0 & 0 & 0 & 0 & 0 & 0 & 0\\ 0 & 0 & 0 & 0 & 1 & 0 & 0\\ 0 & 0 & 0 & 1 & 1 & 2 & 0\\ 0 & 0 & 1 & 1 & 0 & 0 & 1\end{bmatrix}\end{array}$$

$$\boldsymbol{M}(D)=\begin{array}{c}\\ v_1\\ v_2\\ v_3\\ v_4\end{array}\begin{array}{c}\begin{array}{ccccc}e_1 & e_2 & e_3 & e_4 & e_5\end{array}\\ \begin{bmatrix}1 & 0 & -1 & 0 & 1\\ -1 & -1 & 0 & 0 & 0\\ 0 & 1 & 0 & 1 & -1\\ 0 & 0 & 1 & -1 & 0\end{bmatrix}\end{array}$$

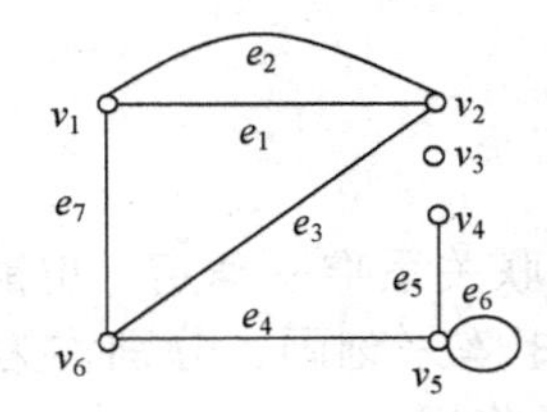

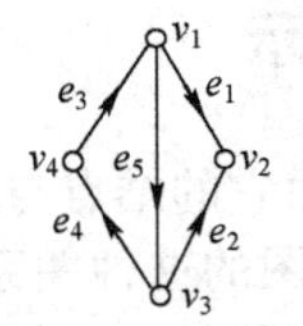

图 4-10 无向图示例 G 图 4-11 有向图示例 D

4.3.2 邻接矩阵

定义 4-21 设无向图 $G=(V,E)$ 的顶点集为 $V=\{v_1,v_2,\cdots,v_n\}$，称矩阵 $\boldsymbol{A}(G)=(a_{ij})_{n\times n}$ 为 G 的邻接矩阵，其中 a_{ij} 表示 G 中 v_i 与 v_j 之间的边数。

无向图的邻接矩阵有以下明显的特质。

① $\boldsymbol{A}(G)$ 是一个对称矩阵。

② 若 G 为无环图，则 $\boldsymbol{A}(G)$ 中第 i 行（列）的元素之和等于顶点 v_i 的度数。

③ 两个图 G 与 H 同构的充要条件是存在一个置换矩阵 $\boldsymbol{P}$，使 $\boldsymbol{A}(G)=\boldsymbol{P}^{\mathrm{T}}\boldsymbol{A}(H)\boldsymbol{P}$。

对于零图，则其邻接矩阵中所有元素都为零，即它是一个零矩阵，反之亦然。

定义 4-22 有向图 D 的邻接矩阵 $\boldsymbol{A}(D)=(a_{ij})_{n\times n}$ 的元素 a_{ij} 定义为：从 v_i 到 v_j 弧的条数。

【例 4-16】 如图 4-10 中的无向图 G 和图 4-11 中的有向图 D，它们的邻接矩阵分别为

$$\boldsymbol{A}(G)=\begin{matrix} & v_1 & v_2 & v_3 & v_4 & v_5 & v_6 \\ v_1 & 0 & 2 & 0 & 0 & 0 & 1 \\ v_2 & 2 & 0 & 0 & 0 & 0 & 1 \\ v_3 & 0 & 0 & 0 & 0 & 0 & 0 \\ v_4 & 0 & 0 & 0 & 0 & 1 & 0 \\ v_5 & 0 & 0 & 0 & 1 & 1 & 1 \\ v_6 & 1 & 1 & 0 & 0 & 1 & 0 \end{matrix} \qquad \boldsymbol{A}(D)=\begin{matrix} & v_1 & v_2 & v_3 & v_4 \\ v_1 & 0 & 1 & 1 & 0 \\ v_2 & 0 & 0 & 0 & 0 \\ v_3 & 0 & 1 & 0 & 1 \\ v_4 & 1 & 0 & 0 & 0 \end{matrix}$$

4.3.3 可达矩阵

定义 4-23 设 $D=(V,E)$ 是一个 n 阶有向简单图，$V=\{v_1,v_2,\cdots,v_n\}$，称矩阵 $\boldsymbol{P}=(p_{ij})_{n\times n}$ 是图 D 的可达矩阵，其中 $p_{ii}=1$，对于 $i\neq j$ 时，如下定义：

$$p_{ij}=\begin{cases}1,\text{从 } v_i \text{ 到 } v_j \text{ 至少有一条路径}\\0,\text{否则}\end{cases}$$

可达矩阵表明了图中任意两个结点间是否至少存在一条路，以及在任何结点上是否存在回路。

一般地，可由图 D 的邻接矩阵 $\boldsymbol{A}$ 得到可达矩阵 $\boldsymbol{P}$，即令 $\boldsymbol{B}=\boldsymbol{A}+\boldsymbol{A}^2+\cdots+\boldsymbol{A}^n$，再从 $\boldsymbol{B}$ 中将不为零的元素均置为 1，而为零的元素不变，并把主对角线上的元素置为 1，所得矩阵即为可达矩阵 $\boldsymbol{P}$；或者 $\boldsymbol{P}=\boldsymbol{E}+\boldsymbol{A}+\boldsymbol{A}^2+\cdots+\boldsymbol{A}^n$，$\boldsymbol{E}$ 为单位矩阵。

【例 4-17】 图 4-11 中的有向图 D，求其可达矩阵的步骤如下：

$$A=\begin{bmatrix}0&1&1&0\\0&0&0&0\\0&1&0&1\\1&0&0&0\end{bmatrix}\quad A^2=\begin{bmatrix}0&1&0&1\\0&0&0&0\\1&0&0&0\\0&1&1&0\end{bmatrix}\quad A^3=\begin{bmatrix}1&0&0&0\\0&0&0&0\\0&1&1&0\\0&1&0&1\end{bmatrix}\quad A^4=\begin{bmatrix}0&1&1&0\\0&0&0&0\\0&1&0&1\\1&0&0&0\end{bmatrix}$$

$$B=A+A^2+A^3+A^4=\begin{bmatrix}1&3&2&1\\0&0&0&0\\1&3&1&2\\2&2&1&1\end{bmatrix}\quad P=\begin{bmatrix}1&1&1&1\\0&1&0&0\\1&1&1&1\\1&1&1&1\end{bmatrix}$$

可类似地定义无向图的可达矩阵。把无向图看作有向图的特殊情况，即把每一条无向边看作一对方向相反的有向边即可。显然，无向图的邻接矩阵和可达矩阵都是对称的。

4.4　欧拉图与哈密顿图

在图论中经常用到几类重要的特殊图，其中包括欧拉图和哈密顿图。

4.4.1　欧拉图

前面提到的哥尼斯堡七桥问题，可以使用图论的知识解决。欧拉在 1736 年论证了在这个图中，此种走法是不存在的，从而得出哥尼斯堡七桥问题无解的结论。那么，什么样的连通图才存在经过每条边一次且仅一次的简单回路？下面讨论这个问题。

定义 4-24　给定无孤立结点图 G，若存在一条通路，经过图中每边一次且仅一次，称该条通路为欧拉通路；若这条通路是回路，则称该回路为欧拉回路。具有欧拉回路的图称作欧拉图。

定理 4-5　无向图具有一条欧拉通路当且仅当图是连通的，且有零个或两个奇数度结点。

推论 4-4　无向图具有欧拉回路当且仅当图是连通的，并且所有结点度数全为偶数。

【例 4-18】 由于有了欧拉通路和欧拉回路的判别准则，因此，哥尼斯堡七桥问题立即有了确切的否定答案，因为从图 4-1（b）中可得 $\deg(B)=5$，$\deg(A)=\deg(C)=\deg(D)=3$，故不存在欧拉回路。欧拉路和欧拉回路的概念，很容易推广到有向图中去。

定义 4-25　给定有向图 D，通过图中每边一次且仅一次的一条单向路（回路），称为单向欧拉路（回路）。

定理 4-6　有向图 D 具有一条单向欧拉回路，当且仅当图 D 是连通的，且每个结点入度等于出度。一个有向图 D 具有单向欧拉路，当且仅当它是连通的，而且除了两个结点外，每个结点的入度等于出度，但这两个结点中，一个结点的入度比出度大 1，另一个结点的入度比出度小 1。

推论 4-5　一个有向图 D 是欧拉图当且仅当 D 是连通的，且所有顶点的入度等于出度。

4.4.2　哈密顿图

与欧拉回路非常类似的问题是哈密顿回路的问题。1859 年爱尔兰数学家威廉·哈密顿首先提出在正十二面体上的一个数学游戏，即能否在如图 4-12 所示的图上找到一条回路，

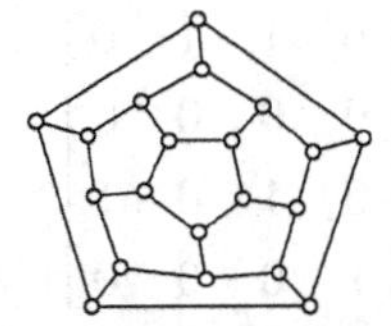

图 4-12 周游世界问题

使它经过每个结点恰好一次。由于他将每个结点看作一个城市，将两个结点之间的边看作交通线，于是他提出的问题称为周游世界问题。对于任何一个连通图，都可以提出这样的问题，即在图中是否存在经过所有结点一次且仅一次的回路或通路。将这样的通路和回路分别称为哈密顿通路和回路。

定义 4-26 给定一个图（无向的或有向的），经过图中每个结点一次且仅一次的通路称作哈密顿通路；经过每个结点一次且仅一次的回路称作哈密顿回路；存在哈密顿回路的图称作哈密顿图。

从定义 4-26 不难看出以下两点：

① 存在哈密顿通路（回路）的图一定是连通图；

② 若图中存在哈密顿回路，则它一定存在哈密顿通路，但反之不真。

还应该指出，只有哈密顿通路而无哈密顿回路的图不叫哈密顿图。

【例 4-19】 图 4-13（a）中存在哈密顿通路，但不存在哈密顿回路。图 4-13（b）中存在哈密顿回路，当然也存在哈密顿通路。图 4-13（c）中既无哈密顿通路，也无哈密顿回路。因此，图 4-13（b）为哈密顿图，其他两个都不是哈密顿图。

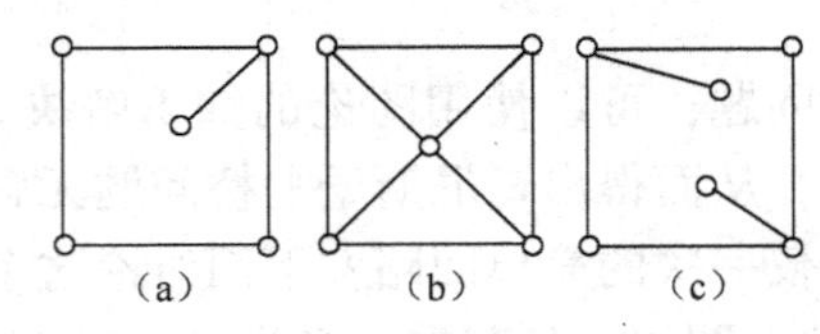

图 4-13 有向图示例

与欧拉图的情况不同，直到目前，还没有找到判定一个图是否为哈密顿图的充要条件，只是分别给出了一些充分条件和必要条件。

定理 4-7 设无向图 $G=(V,E)$ 为哈密顿图，V_1 是 V 的任意真子集，则 $\omega(G-V_1)\leqslant|V_1|$，其中 $\omega(G-V_1)$ 为从 G 中删除 V_1 后，所得图的连通分支数。

定理中给出的条件是必要的。因而对一个图来说，如果不满足这个必要条件，它一定不是哈密顿图。但是，满足这个条件的图不一定是哈密顿图。

推论 4-6 有割点的图一定不是哈密顿图。

【例 4-20】 图 4-14（a）中存在割点 u 和 v，所以图 4-14（a）不会是哈密顿图。在图 4-14（b）中，令 $V_1=\{v_1,v_2,v_3,v_4,v_5\}$，从图中删除 V_1 得到 6 个连通分支。而 $|V_1|=5$，由定理 4-7 可知图 4-14（b）不是哈密顿图。图 4-14（c）中存在哈密顿通路，但不存在哈密顿回路，所以它不是哈密顿图，但满足定理 4-7 的条件：任意的 $V_1\subset V(G)$ 有 $\omega(G-V_1)\leqslant|V_1|$，这说明了定理 4-7 中的条件只是哈密顿图的必要条件，而不是充分条件，该图也被称作彼得森图。

下面给出一些充分条件。

定理 4-8 设 G 是 $n(n\geqslant3)$ 阶无向简单图，若对于 G 中每一对不相邻的结点度数之和大于等于 $n-1$，则在 G 中存在哈密顿通路。若 G 中每一对不相邻的结点度数之和大于等于 n，则在 G 中存在哈密顿回路。

推论 4-7 设 G 为 $n(n\geqslant3)$ 阶无向简单图，若对于 G 中任意两个不相邻的结点 u，v 均

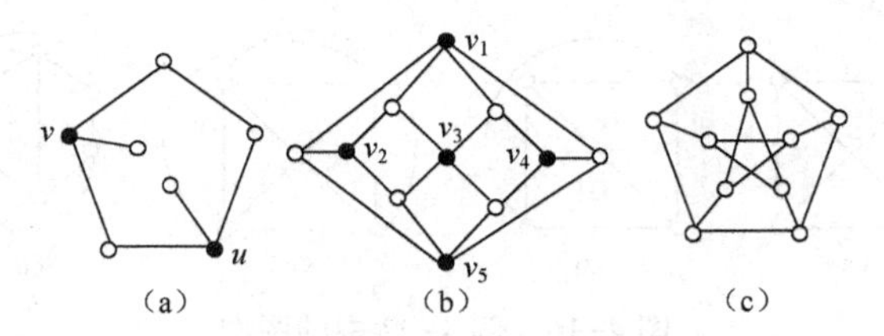

图 4-14　例 4-20 中的图例

有 $d(u)+d(v)\geqslant n$，则 G 为哈密顿图。

由推论可知，对于完全图 K_n，当 $n\geqslant3$ 时为哈密顿图；对于完全二部图 $K_{r,s}$，当 $r=s\geqslant2$ 时为哈密顿图。

关于有向图中的哈密顿通路与回路有下面定理及推论。

定理 4-9　在 $n(n\geqslant2)$ 阶有向图 $D=(V,E)$ 中，如果略去所有有向边的方向，所得无向图中含生成子图 K_n，则 D 中存在哈密顿通路。

推论 4-8　$n(n\geqslant3)$ 阶有向完全图都是哈密顿图。

【例 4-21】 在循环赛中，n 个参赛队中的任意两个队比赛一次，假设没有平局，可以用有向图描述比赛的结果：用结点表示参赛队，A 到 B 有一条弧当且仅当 A 队胜 B 队。例如，有 4 个队参赛，A 队胜 B 队和 D 队，B 队胜 D 队，C 队全胜，如图 4-15 所示。在这种图中，任意两个结点之间恰好有一条有向边，这种有向图称作竞赛图。由定理 4-9 知，竞赛图一定有哈密顿通路，当然也可能有哈密顿回路。当没有哈密顿回路时，通常只有一条哈密顿通路，这条通路给出参赛队的唯一名次。在图 4-15 中，$CABD$ 是一条哈密顿路，它没有哈密顿回路，比赛结果是 C 队第一，A 队第二，B 队第三，D 队第四。

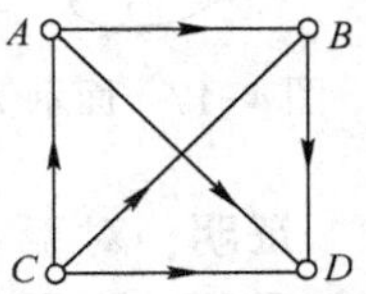

图 4-15　竞赛图

4.5　平面图与平面化算法

在现实生活中，当画一些图形时，常常希望边与边之间尽量减少相交的情况，如印刷线路板上的布线、交通道的设计、地下管道的铺设等，就是可平面化问题。

4.5.1　平面图

定义 4-27　设图 G 是一个无向图，如果能够把 G 的所有结点和边画在平面 f 上，且使得任何两条边除了端点外没有其他的交点，就称 G 被嵌入到平面上，或者称 G 为可平面图。

定义 4-28　可平面图 G 不出现边边交叉的画法称为 G 的一个平面嵌入，G 的平面嵌入表示的图称为平面图。

【例 4-22】 有些图形从表面上看有几条边是相交的，但是不能就此肯定它不是平面图。如图 4-16（a）表面上有几条边相交，但如果把它画成图 4-16（b）那样，就是一个平面图。单看图 4-16（b），它当然也是平面图。无论怎样改变画法，K_5的边的交叉是不可避免的，图 4-16（c）是 K_5的边交叉最少的画法。$K_{3,3}$同 K_5类似，无论如何画，$K_{3,3}$的边的交叉也是不可避免的，图 4-16（d）是 $K_{3,3}$的边的交叉最少的画法。

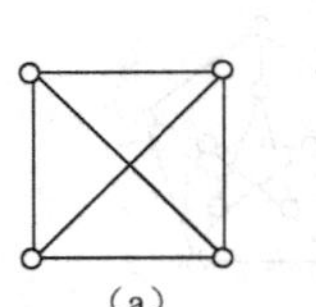
(a)

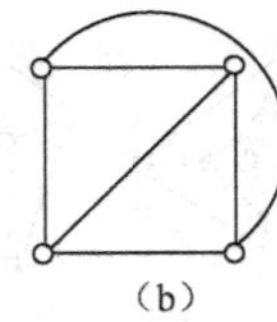
(b)

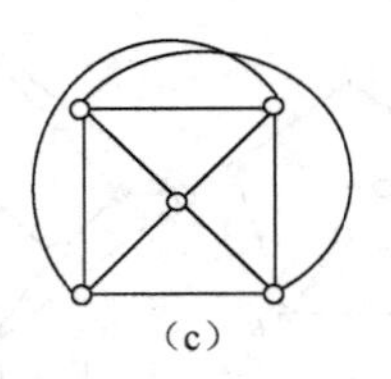
(c)

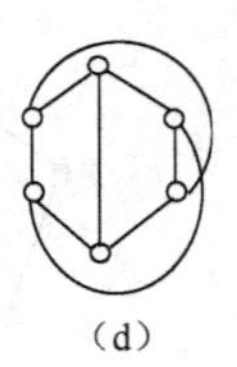
(d)

图 4-16 例 4-22 中的图例

定义 4-29 设 G 是一个平面图，G 的边将所在平面划分成若干个区域，每个区域称为 G 的一个面。面积无限的区域称为无限面或外部面，面积有限的区域称为内部面或有限面。包围面 r 的所有边构成的回路称为该面的边界，边界的长度称为该面的次数，记为 $\deg(r)$。

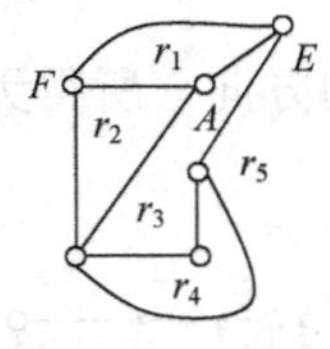

图 4-17 面示例

【例 4-23】 图 4-17 中的图具有 6 个结点及 9 条边，它把平面分成了 5 个面。其中 r_1，r_2，r_3，r_4 4 个内部面是由回路构成边界，如 r_1 由回路 $AEFA$ 所围。另外还有一个面 r_5 在图形之外，不受边界约束，称作无限面。$\deg(r_1)=\deg(r_2)=\deg(r_4)=3$，$\deg(r_3)=5$，$\deg(r_5)=4$。显然，面的次数之和等于其边数的 2 倍。

定理 4-10 一个有限平面图，所有面的次数之和为边数的 2 倍。

证明：对于 G 中的任意一条边 e，它或是某两个面的公共边，或者出现在一个面的边界中被重复计算两次。故在计算各面次数之和时，都要将 e 计算两次，结论成立。证毕。

关于平面图的平面嵌入，还应指出两点：

① 同一个平面图 G，可以有不同形状的平面嵌入，但它们都是与 G 同构的。

② 平面图 G 的外部面，可以通过变换由 G 的任何面充当。

【例 4-24】 图 4-18 中，（b）和（c）都是（a）的平面嵌入，它们的形状不同，但都与（a）同构。（b）中的有限面 r_2'，在（c）中变成无限面 r_5；r_5' 变成（c）中的 r_2。

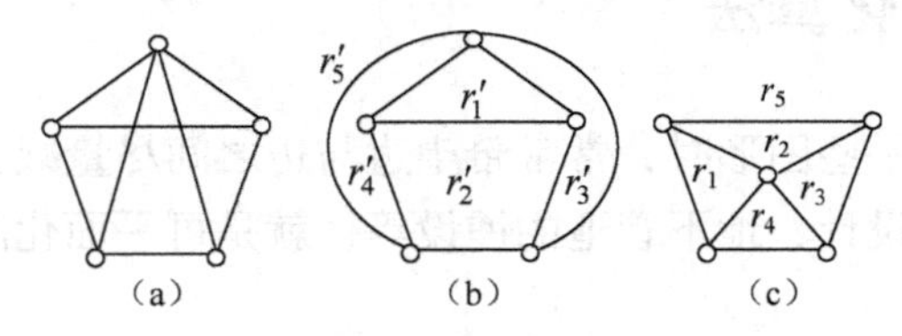

图 4-18 同构示例

定义 4-30 设 G 为一个简单平面图。如果在 G 的任意不相邻的结点之间再加一条边，所得图为非平面图，则称 G 为极大平面图。若在 G 中任意删除一条边后，所得图为平面图，则称 G 为极小非平面图。

【例 4-25】 K_n，当 $n\leqslant4$ 时都是极大平面图。K_5 删除任意一条边所得图也是极大平面图。K_5，$K_{3,3}$ 都是极小非平面图。图 4-18（a）中所示的图不是极大平面图。

极大平面图有以下性质：

① 极大平面图是连通的。

② 任何 $n(n\geqslant3)$ 阶极大平面图，每个面的次数都为 3。

由性质②可知，当 $n\geqslant3$ 时，极大平面图的平面嵌入的面均由 3 条边围成，这给极大平面图的判断带来了方便。其实，每个面由 3 条边围成，也是极大平面图的充分条件。

关于点、边和面的关系由定理 4-11 中的表达式表达，就是欧拉公式。

定理 4-11　设 G 为任意的连通的平面图，则 $n-m+r=2$。其中 n 为 G 的结点数，m 为边数，r 为面数。

利用欧拉公式可以证明下面定理。

定理 4-12　设 G 是连通的平面图，且每个面的次数至少为 $l(l\geqslant3)$，则 $m\leqslant l(n-2)/(l-2)$，其中 m 为 G 的边数，n 为结点数。

证明：假设 G 中有面 r_1，r_2，…，r_k，由定理 4-10 及本定理中的条件可知：$2m=\deg(r_1)+\deg(r_2)+\cdots+\deg(r_k)\geqslant lk$，其中 k 为 G 的面数。由于 G 是连通的平面图，因而满足欧拉公式 $k=2-n+m$，代入 $2m=\deg(r_1)+\deg(r_2)+\cdots+\deg(r_k)\geqslant lk$ 中，经过整理得 $m\leqslant l(n-2)/(l-2)$。证毕。

【例 4-26】 证明 K_5 和 $K_{3,3}$ 都不是平面图。

证明：K_5 的顶点数 $n=5$，边数 $m=10$。若 K_5 是平面图，则它的每个面的次数至少为 3。由定理 4-12 得 $10\leqslant3(5-2)/(3-2)=9$。这就产生矛盾，因而 K_5 不是平面图。

$K_{3,3}$ 有 6 个顶点，9 条边。若 $K_{3,3}$ 是平面图，它的每个面的次数至少为 4，由定理 4-12 得 $9\leqslant4(6-2)/(4-2)=8$。这又产生了矛盾，所以 $K_{3,3}$ 也不是平面图。证毕。

K_5，$K_{3,3}$ 是两个特殊的非平面图，称它们为基本的非平面图，它们在平面图的判断上起很重要的作用，下面讨论平面图的判断问题。

虽然欧拉公式可用来判别某个图是非平面图，但是当结点数和边数较多时，应用欧拉公式进行判别就会相当困难。一个图是否有平面的图形表示是判别平面图的最具说服力的方法，但是又因为工作量太大而不实用。要找到一个好的方法去判断任何一个图是否是平面图，就得对平面图的本质有所了解。为此，首先介绍消去 2 度结点和插入 2 度结点的方法，以及同胚等概念。

【例 4-27】 图 4-19（a）中，从左到右的变换称为消去 2 度结点 v。图 4-19（b）中从左到右的变换称为插入 2 度结点 v。

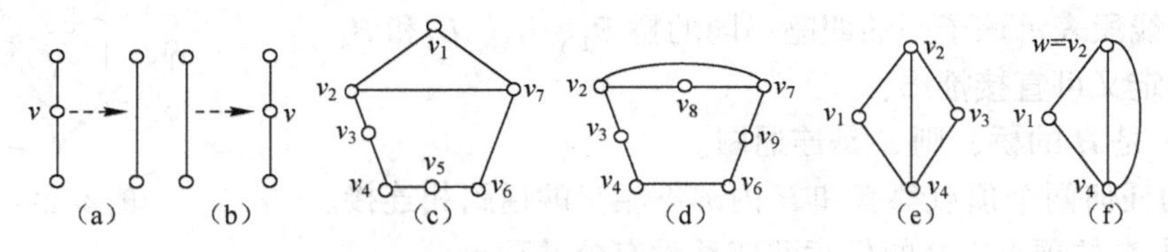

图 4-19　变换示例

定义 4-31　如果两个图 G_1、G_2 同构，或经过反复插入或消去 2 度结点后同构，则称 G_1 与 G_2 同胚。

【例 4-28】 图 4-19 中，（d）是经过（c）消去 2 度结点 v_1 和 v_5，插入 2 度结点 v_8 和 v_9 而得到的，（c）与（d）是同胚的。（e）与（f）是不同胚的。

定义 4-32　设删除边 (u,v)，并用新顶点 w（也可以用 u 或 v 充当），且使 w 和除 (u,v) 之外的所有与 u 和 v 关联的边都与 w 关联，称这个变换为收缩边 (u,v)。

定义 4-33　若图 G_1 可以通过若干次收缩边得到 G_2，则称 G_1 可收缩到 G_2。

【例 4-29】 图 4-19（e）中收缩边 (v_2,v_3) 的结果是图 4-19（f）。

1930 年，库拉图斯基给出了一个图是平面图的充要条件。

定理 4-13　一个图是可平面图，当且仅当它不含与 K_5 同胚的子图，也不含与 $K_{3,3}$ 同胚的子图。

定理 4-14　一个图是平面图，当且仅当它没有可以收缩到 K_5 的子图，也没有可以收缩到 $K_{3,3}$ 的子图。

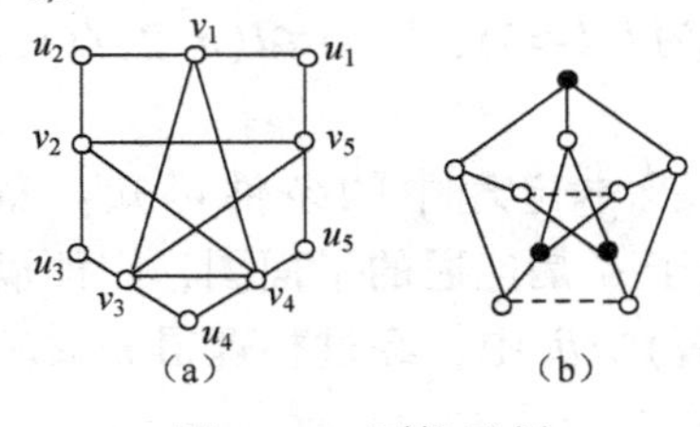

图 4-20　同构示例

【例 4-30】图 4-20 中的两个图都不是平面图。图 4-20（a）所示的图与 K_5 同胚，由定理 4-13 可知，它不是平面图，又若将 u_1，u_2，u_3，u_4，u_5 分别收缩到 v_1，v_2，v_3，v_4，v_5，则得 K_5。由定理 4-14 也可以判断它不是平面图。在图 4-20（b）中，去掉两条虚线边所得图与 $K_{3,3}$ 同胚。同时，将外层结点收缩到内层对应结点得 K_5，所以图 4-20（b）不是平面图。

4.5.2　平面化算法

在印刷电路板绘制过程中，需要判定给定的原理图是否可以在单层板上实现，实际上就是平面性的判定问题。对比经典的 Kuratowski 算法，DMP 算法具有时间复杂度低、易于实现的优点，这里介绍 DMP 算法。

1. 相关概念

定义 4-34　设 H 是图 G 的一个子图，在 $E(G)-E(H)$ 上定义关系“~”如下：$e_1 \sim e_2$ 当且仅当存在一条通路 w，使得 w 的第一条边与最后一条边分别是 e_1 与 e_2，并且 w 的内部顶点与 H 不相交。

易证关系~具有自反性，对称性和传递性，从而是 $E(G)-E(H)$ 上的一个等价关系。

定义 4-35　此等价关系的等价类导出的 $G-E(H)$ 的子图称为 H 中的桥。桥与 H 的公共顶点称为附着顶点。

【例 4-31】在图 4-21 中，令 H 为由实线构成的子图，则其余不同种类的线段表示该子图的四座不同的桥 B_1、B_2、B_3 和 B_4。

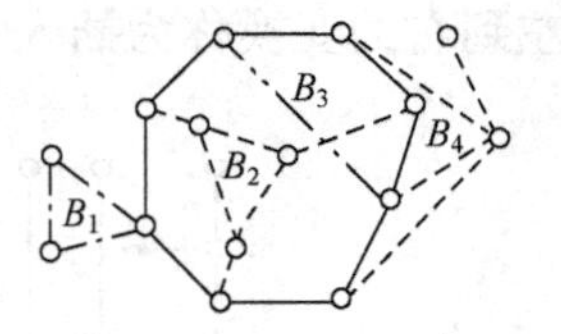

图 4-21　桥示例

由桥的定义可直接推出：

① 若 B 是 H 的桥，则 B 是连通图。

② B 的任何两个顶点都有和 H 内部不相交的通路相连接。

③ 不计 H 的顶点，H 的任意两座桥没有公共顶点。

定义 4-36　设 H 是图 G 的一个可平面子图，$\hat{H}$ 是 H 的一个平面嵌入。假定 B 是子图 H 的任一座桥，若 B 对 H 的所有附着顶点都位于 $\hat{H}$ 中某个面 $\dot{f}$ 的边界上，则称 B 在 $\hat{H}$ 的面 $\dot{f}$ 中是可画入的，否则，称为不可画入的。令 $\dot{F}(B,\hat{H})=\{\dot{f}\mid\dot{f}$ 是 $\hat{H}$ 的面且 B 在 $\dot{f}$ 中可画入$\}$。

【例 4-32】图 4-22 中，假定 $\hat{H}$ 如实线所示，则桥 B_3 在外部面 $\dot{f}_1$ 上是可画入的；而 B_2 对面 $\dot{f}_2$ 和 $\dot{f}_3$ 均为不可画入的；$F(B_1,\hat{H})=\{\dot{f}_1,\dot{f}_3\}$，也就是 B_1 在 $\dot{f}_1$ 和 $\dot{f}_3$ 上均是可画入的。

定义 4-37　设 H 是图 G 的可平面子图，$\hat{H}$ 是 H 的一个平面嵌入。若 G 也是可平面图，且存在一个平面嵌入 $\hat{G}$，且 $\hat{H}\subseteq\hat{G}$，则称 $\hat{H}$ 是 G 容许的。

【例 4-33】图 4-23（a）中，取实线导出的子图为 H，并取 H 的平面嵌入 $\hat{H}=H$，由

图 4-23（b）可知 $\hat{H}\subseteq\hat{G}$，所以 $\hat{H}$ 是容许的。但是，取图 4-23（c）中的图 G 的实线导出的子图为 H，就不是 G 容许的。

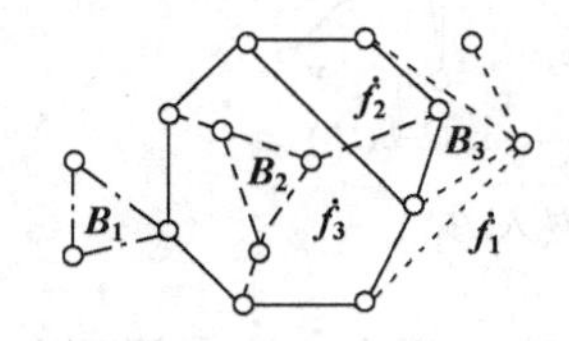

图 4-22　面示例

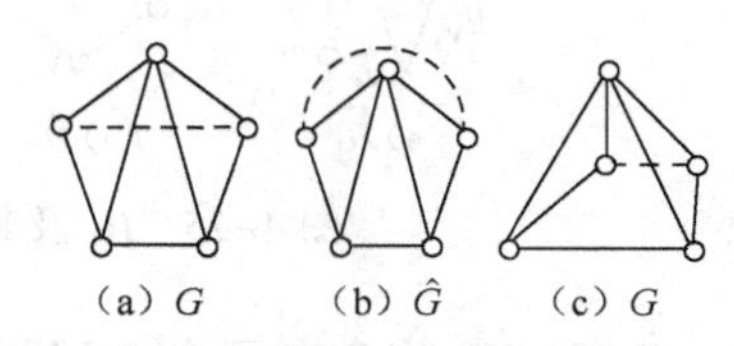

图 4-23　容许和不容许示例

定理 4-15　设 $\hat{H}$ 是 G 容许的，则对于 H 的每座桥 B，$\dot{F}(B,\hat{H})\neq\varnothing$。

证明：因为 $\hat{H}$ 是 G 容许的，由定义可知，存在 G 的一个平面嵌入 $\hat{G}$ 使得 $\hat{H}\subseteq\hat{G}$。因此，H 的桥 B 所对应的 $\hat{G}$ 使得子图必然限制在 $\hat{H}$ 的某个面内，所以 $\dot{F}(B,\hat{H})\neq\varnothing$。证毕。

定理 4-15 给出了一个图是可平面图的一个必要条件：如果存在 G 的一个可平面子图 H 使得对于某个桥 B 有 $\dot{F}(B,\hat{H})=\varnothing$，那么 G 是非可平面的。根据这一结论，可以按照如下方式来判定 G 的可平面性问题：先取 G 的一个可平面的子图 H_1，其平面嵌入是 $\hat{H}_1$，对于每座桥 B，如果有 $\dot{F}(B,\hat{H})=\varnothing$，则 G 是不可平面的；否则，取 H_1 的桥 B_1，令 $H_2=B_1\cup H_1$，在取一个面 $\dot{f}\in\dot{F}(B_1,\hat{H}_1)$，将 B_1 画入 $\hat{H}_1$ 的面 $\dot{f}$ 中。只要 B_1 是可平面的，则把 B_1 平面嵌入后，得到 H_2 的平面嵌入 $\hat{H}_2$。重复上述过程，就得到一个平面嵌入序列 $\hat{H}_1$，$\hat{H}_2$，…，$\hat{H}_n$。如果 G 是可平面的，则最后得到 G 的一个平面嵌入；否则，在某一步推出 G 不可平面。

2. 平面化算法的步骤

1964 年，Demoucron、Malgrange 和 Pertuiset 给出了求可平面图 G 的平面嵌入的算法，时间复杂性为 $O(n)$，具体描述如下。设 G 是至少有 3 个顶点的简单块。

（1）取 G 的一个圈 H_1，求出 H_1 的一个平面嵌入 $\hat{H}_1$。置 $i=1$。

（2）若 $E(G)-E(H_i)=\varnothing$，则输出 G 平面嵌入 $\hat{H}_i$，并停止算法的执行；否则，确定 G 中 H_i 的所有桥，并对每一座桥 B，求集合 $\dot{F}(B,\hat{H}_i)$。

（3）若存在一座桥 B，使 $\dot{F}(B,\hat{H}_i)=\varnothing$，则输出 G 为不可平面图，并停止算法的执行；否则，在 H_i 的所有桥中确定一个使 $|\dot{F}(B,\hat{H}_i)|$ 最小的桥 B，并取 $\dot{f}\in\dot{F}(B,\hat{H}_i)$。

（4）在桥 B 上取一条连接 H_i 上两个附着顶点的路 P_i，置 $H_{i+1}=H_i\cup P_i$，并把 P_i 画在 $\hat{H}_i$ 的面 $\dot{f}$ 内，得到 H_{i+1} 的一个平面嵌入 $\hat{H}_{i+1}$。

（5）令 $i=i+1$，转（2）。

【例 4-34】 用平面性算法判断图 4-24 中的图 G 的平面性。

解：① 取圈 $H_1=G(\{(v_2,v_3),(v_3,v_1),(v_1,v_5),(v_5,v_6),(v_6,v_4),(v_4,v_2)\})$，如图 4-25（a）所示，其平面嵌入 $\hat{H}_1$ 如图 4-25（b）所示。H_1 的桥分别为：$B_1=\{(v_1,v_4)\}$，$B_2=\{(v_1,v_7),(v_4,v_7),(v_6,v_7)\}$，$B_3=\{(v_2,v_8),(v_3,v_8),(v_8,v_9),(v_9,v_6),(v_9,v_5)\}$。$G-E(H_1)$ 如图 4-25（c）所示。

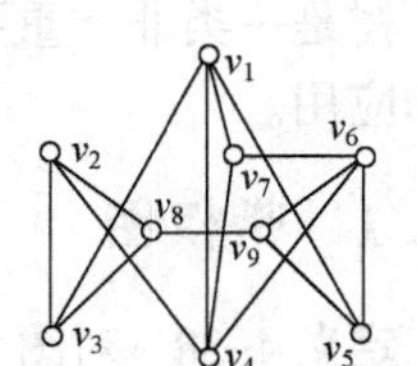

图 4-24　平面化示例图 G

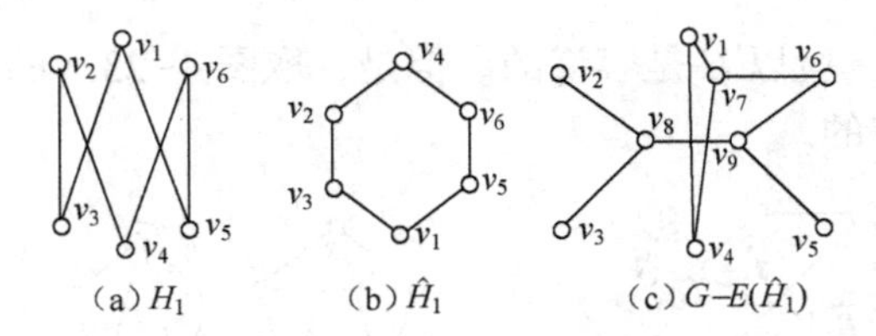

图 4-25　H_1 及其平面嵌入 $\hat{H}_1$

② 对每个 B_i，$\dot{F}(B_i,\hat{H}_i)$均含有两个 B_i可画入的面，即圈 $\hat{H}_i$的内部面和外部面。

③ 取 B_1及 $\hat{H}_1$的内部面作为 $\dot{f}$。B_1中连接 H_1上两个附着顶点的路 P_1仅一条，即 $P_1=(v_1,v_4)$。置 $H_2=H_1\cup P_1$，并将 P_1画入 $\dot{f}$ 内得 $\hat{H}_2$，如图 4-26（a）所示。H_2的桥为 $B_4=\{(v_1,v_7),(v_4,v_7),(v_6,v_7)\}$，$B_5=\{(v_2,v_8),(v_3,v_8),(v_8,v_9),(v_6,v_9),(v_5,v_9)\}$。

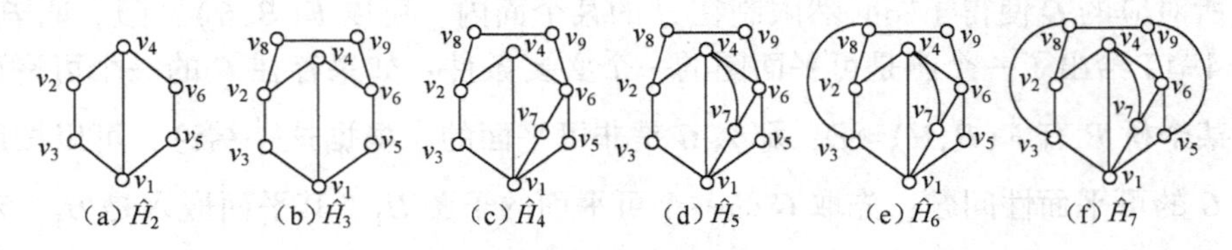

图 4-26　平面嵌入过程示例

④ 对每个 B_i，$\dot{F}(B_i,\hat{H}_2)\neq\varnothing$，其中$|\dot{F}(B_5,\hat{H}_2)|$最小，只含一个面，即 $\hat{H}_2$的外部面。

⑤ 取 B_5及 $\hat{H}_2$的外部面作为 $\dot{f}$，再取 B_5中的通路 $P_2=(v_2,v_8)(v_8,v_9)(v_9,v_6)$。$H_3=H_2\cup P_2$，并将 P_2画入 $\dot{f}$ 内得 $\hat{H}_3$，如图 4-26（b）所示。H_3的桥为 $B_6=\{(v_3,v_8)\}$，$B_7=\{(v_5,v_9)\}$，$B_8=\{(v_1,v_7)(v_4,v_7)(v_7,v_6)\}$。

⑥ 对每个 B_i，$\dot{F}(B_i,\hat{H}_2)\neq\varnothing$，$|\dot{F}(B_i,\hat{H}_3)|$都是 1，可以任选其中的一个，如选择 B_8。

⑦ 取 B_8及 $\hat{H}_3$中结点 v_1、v_5、v_6和 v_4围成的面作为 $\dot{f}$，再取 B_8中的通路 $P_3=(v_1,v_7)(v_7,v_6)$，$H_3=H_2\cup P_2$，并将 P_3画入 $\dot{f}$ 内得 $\hat{H}_4$，如图 4-26（c）所示。H_4的桥为 $B_9=\{(v_4,v_7)\}$，$B_{10}=\{(v_3,v_8)\}$，$B_{11}=\{(v_5,v_9)\}$。

每个桥都只剩下一条边了。重复上述步骤，顺序处理三个桥，得到的结果分别如图 4-26（d）、图 4-26（e）和图 4-26（f）所示。因算法终止于 G 的一个平面嵌入，G 是可平面图。

4.6　带权图与生成树

树是一类非常重要的图，它在计算机科学中应用非常广泛，这里将介绍树的一些基本性质和应用。

4.6.1　带权图

定义 4-38　对图 G 的每条边 e 附加上一个实数 $w(e)$，称为边 e 上的权，G 连同附加在各边上的权称为赋权图（或带权图），记作 $G=(V,E,W)$。称 $\sum\limits_{e\in E(G)} w(e)$ 为 G 的权，记作 $W(G)$。

图 4-27（a）给出了一个带权无向图的例子，图 4-27（b）是个带权有向图的例子。

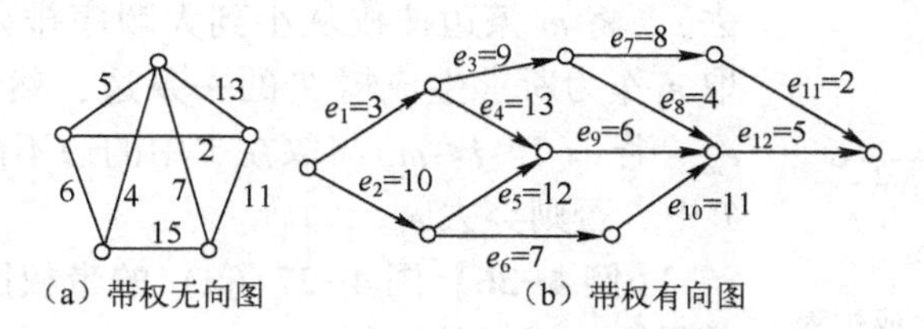

图 4-27　带权图示例

4.6.2　树与生成树

定义 4-39　不含回路的连通无向图称为无向树，简称树。树中度数为 1 的结点称为树叶，度数大于 1 的结点称为分枝点或内点。每个连通分支都是树的非连通无向图称为森林。

树有许多等价的定义，下面用定理给出。

定理 4-16　设 $G=(V,E)$，$|V|=n$，$|E|=m$。下面各命题是等价的。

① G 连通不含圈（即 G 为树）。

② G 的每对结点之间有且仅有一条路。

③ G 是连通的，且 $m=n-1$。

④ G 中无回路，且 $m=n-1$。

⑤ G 中无回路，但在 G 的任何两个不相邻的结点之间增加一条新边，就得到唯一的一条回路。

⑥ G 是连通的，但删去任何一条边后，所有图就不连通。

定理 4-17　任一棵非平凡的树中至少有两片树叶。

有些图，本身不是树，但它的子图是一棵树，一个图可能有许多子图是树，其中很重要的一类就是生成树。

定义 4-40　设 $G=(V,E)$是无向连通图，T 是 G 的生成子图，并且 T 是树，则称 T 是 G 的生成树，G 在 T 中的边称为 T 的树枝，G 不在 T 中的边称为 T 的弦，T 的所有弦的集合的导出子图称为 T 的余树。

【例 4-35】 图 4-28（b）为（a）的一棵生成树，（c）是（b）的余树，注意余树不一定是树，也不一定连通。

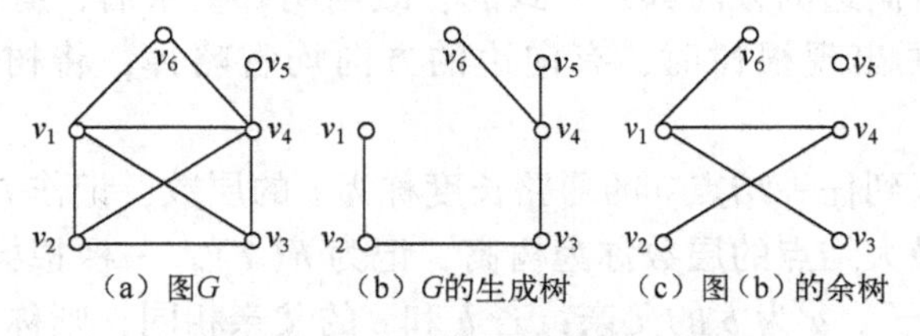

图 4-28　图及其生成树示例

定理 4-18　任何无向连通图 G 都存在生成树。

推论 4-9　设 n 阶无向简单连通图 G 中有 m 条边，则 $m \geqslant n-1$。

定义 4-41　在图 G 的所有生成树中，权数最小的那棵生成树，称作 G 的最小生成树。

下面介绍求最小生成树的避圈法（Kruskal 算法）：设 n 阶无向连通带权图 $G=(V,E,W)$

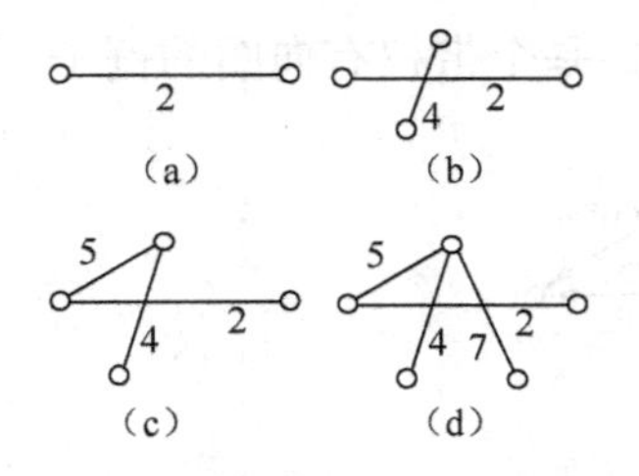

图 4-29 最小生成树生成过程

有 m 条边，不妨设 G 中没有环（若有环，将所有的环删去），将 m 条边按权从小到大顺序排列，设为 $e_1,e_2,\cdots,e_m$。取 e_1 作为所求生成树 T 的一条边，然后依次检查 $e_2,e_3,\cdots,e_m$。若 $e_j(2\leqslant j\leqslant m)$ 与取在 T 中的边不能构成回路，则取 e_j 在 T 中，否则弃去 e_j。

【例 4-36】 图 4-27（a）的带权图，图 4-29 展示了求其最小生成树的过程。

4.7 根树及最优二叉树

这一节讨论根树和最优二叉树，它们在信息技术中有着广泛应用。

4.7.1 根树

前面讨论的树是无向图中的树，下面简单介绍有向图中的树。

定义 4-42 如果一个有向图 D 在不考虑边的方向时是一棵树，则称 D 为有向树。

【例 4-37】 如图 4-30 所示为一棵有向树。

定义 4-43 一棵有向树，如果恰有一个结点的入度为 0，其余结点的入度均为 1，则称此有向树为根树，在根树中，入度为 0 的结点称为树根；入度为 1，出度为 0 的结点称为树叶；入度为 1，出度不为 0 的结点称为内点或分支点。

【例 4-38】 图 4-31 是以 v_0 为根的根树，v_2，v_4，v_6，v_9，v_{10}，v_{11}，v_{12} 均为树叶，v_1，v_3，v_5，v_7，v_8 为分支点。

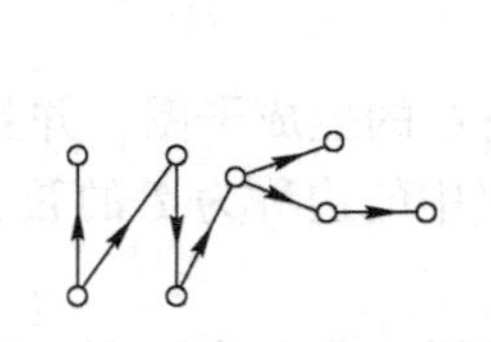
图 4-30 有向树示例

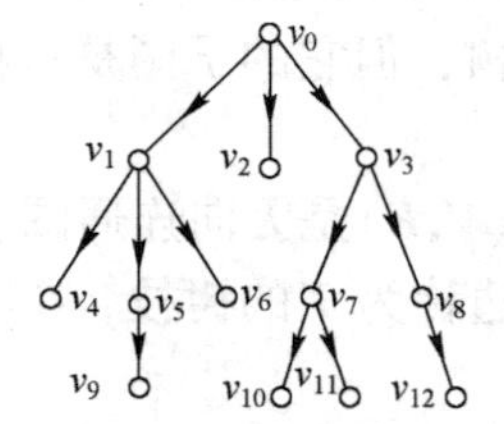

图 4-31 根树示例

在根树中，由于有向边的方向都是一致的，故当明确树根后，有向边的方向均可省去，一般情况下，本书中再出现根树时，有向边的方向均省略掉，将树根放在其他各结点的上方。

在根树中，从树根到任一结点 v 的通路长度称为 v 的层数，记作 $l(v)$，称层数相同的结点在同一层上，层数最大结点的层数称为树高，记为 $h(T)$。一棵根树，若结点 a 邻接到结点 b，则称 b 为 a 的儿子，a 为 b 的父亲；若 b 和 c 的父亲相同，则称 b 和 c 为兄弟；若 $a\neq d$，而 a 可达 d，则称 a 为 d 的祖先，d 为 a 的后代。

【例 4-39】 在图 4-31 中，v_0 在第 0 层；v_1，v_2，v_3 在第 1 层；v_4，v_5，v_6，v_7，v_8 在第 2 层；v_9，v_{10}，v_{11}，v_{12} 在第 3 层，树高为 3。v_1，v_2 和 v_3 是兄弟，它们的父亲是 v_0；v_4 和 v_5 是兄弟，它们的父亲是 v_1；v_7 和 v_8 是兄弟，它们的父亲是 v_3；v_0 以外的所有结点都是 v_0 的后代，v_0 是它们的祖先。

设 v 是根树 T 中一个非根结点，称 v 及其后代导出的子图 T' 为 T 的以 v 为根的根子树。

定义 4-44　设 T 为一棵非平凡的根树，若 T 的每个分支点至多有 r 个儿子，则称 T 为 r 叉树；若 T 的每个分支点都恰有 r 个儿子，则称 T 为 r 叉正则树；若 r 叉树 T 是有序的，则称 T 为 r 叉有序树；若 r 叉正则树是有序的，则称 T 是 r 叉有序正则树；若 T 是 r 叉正则树，且所有树叶的层数均为树高 $h(T)$，则称 T 为 r 叉完全正则树；若 T 是 r 叉完全正则树，且 T 是有序的，则称 T 为 r 叉有序完全正则树。

4.7.2　最优二叉树

定义 4-45　设二叉树 T 有 t 个树叶 $v_1, v_2, \cdots, v_t$，权分别为 $w_1, w_2, \cdots, w_t$，称 $W(T) = w_1 l(v_1) + w_2 l(v_2) + \cdots + w_t l(v_t)$ 为 T 的权，$l(v_i)$ 是 v_i 的层数。所有具有 t 个树叶的二叉树中权最小的二叉树称为最优二叉树，也称为哈夫曼（Huffman）树。

【例 4-40】 图 4-32 中的两棵二叉树 T_1 和 T_2，虽然它们的树叶带有相同的权 3，5，7，9，但是 $W(T_1) \geqslant W(T_2)$。

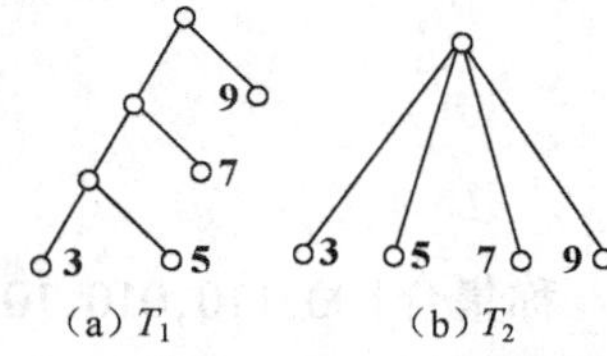

（a）T_1　（b）T_2

图 4-32　最优二叉树示例

求一组权的最优二叉树的算法描述如下：

① 给定 n 个权值 $\{w_1, w_2, w_3, \cdots, w_n\}$，构造 n 棵二叉树，权值分别为 w_j。

② 在森林中选取两棵根结点权值最小的树作为左右子树，构造一棵新的二叉树，置新二叉树根结点权值为其左右子树根结点权值之和。

③ 从森林中删除这两棵树，同时将新得到的二叉树加入森林中。

④ 重复步骤②和③，直到只含一棵树为止，这棵树即是最优二叉树。

【例 4-41】 带权为 2，4，7，8，10，12 的最优二叉树，构造过程如图 4-33 所示。

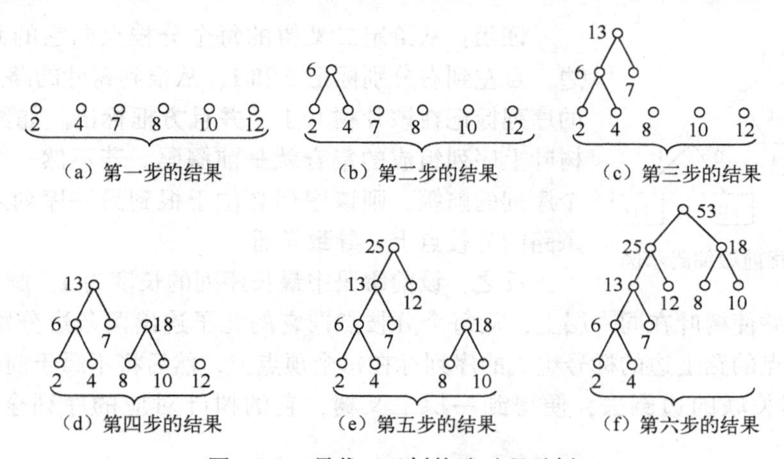

（a）第一步的结果　（b）第二步的结果　（c）第三步的结果

（d）第四步的结果　（e）第五步的结果　（f）第六步的结果

图 4-33　最优二叉树构造过程示例

一般来说，权值为 $w_1, w_2, \cdots, w_n$ 的最优二叉树不一定是唯一的。

4.7.3　最优前缀编码

在远距离通信中，从发送端发出信息，通过传输送到接收端，通常电报是用长度为 5 的 0 和 1 序列来表示字母和标点符号，称它为 5 单位编码。但是，在一个文件中每个字母出现的频率是不同的。例如，设在某篇短文中其字母出现频率统计如下所示。

字母	a	b	c	d	e	f	g	h	i	j	k	l	m
频率	82	14	28	38	131	29	20	53	63	1	4	34	25
字母	n	o	p	q	r	s	t	u	v	w	x	y	z
频率	71	80	20	1	68	61	105	25	9	15	2	20	1

其中频率是指：出现次数/1000 字母。

此时可见，e 和 t 的频率要比 z 和 j 的频率大很多，为了使短文对应的信息串的总长度缩短，首先要求出现次数多的字母用较短的 0 和 1 序列表示。出现次数少的字母用较长的 0 和 1 序列表示。其次要求接收端能从一个信息串中明确地分辨出字母所对应的序列。例如，设 a，b，c，d，e 分别用 0 和 1 序列表示如下。

a	b	c	d	e
00	110	010	10	01

称集合{00,110,010,10,01}为码。如果接收端收到的信息串是 010010，这时分辨不清发送来的是 ead，还是 cc，这是因为 e 对应的序列是 c 对应序列的前缀。为了避免这种现象出现，只要将 c 对应序列改为 111，那么上述信息串能确定发送来的一定是 ead。改变之后的集合{00,110,111,10,01}具有这样一个特点：任何一个码字都不是另一个码字的前缀，称具这种性质的码字集合为前缀码。前缀码与二叉树之间有以下关系：

定理 4-19 给定一个二叉树，则可确定一个前缀码。反之，对应于一个前缀码存在一棵二叉树。

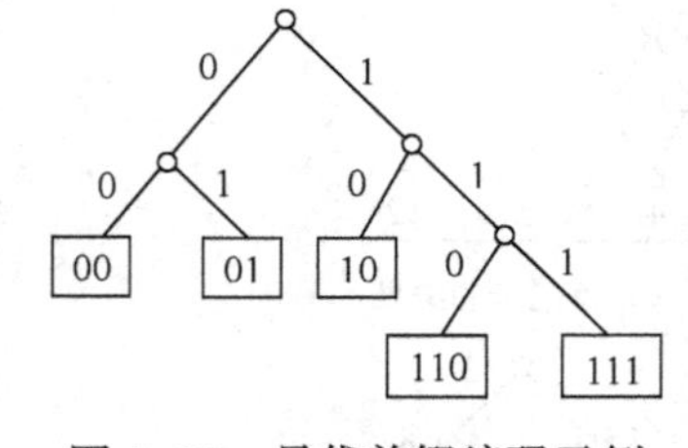

图 4-34 最优前缀编码示例

证明：从给定二叉树的每个分枝点向它的儿子连出两条边，自左到右分别标记 0 和 1，从根到树叶的路上的标号组成的序列标记在该片树叶上，并且方框标出。如图 4-34 所示，树叶上序列组成的集合就是前缀码。若不然一个序列是另一个序列的前缀，则该序列必位于根到另一序列对应树叶的这条路的分枝点上，导致矛盾。

反之，设前缀码中最长序列的长度为 h，画一棵高为 h 的正则二叉树，并使树叶在同一层上，从每个分枝点向它的儿子连出两条边分别记为 0 和 1，从根和每个顶点的路上边的标号组成的序列标在每个顶点上，然后将不属于前缀码中序列对应的顶点及其关联的边删去，便得到一棵二叉树，它的树叶对应的序列全体是前缀码。证毕。

【例 4-42】 图 4-35 给出由前缀码{000,001,010,011,1}对应的一棵二叉树。

以前缀码{000,001,010,011,1}对应的二叉树，如果收到的信息串为 000011001，那么可由此二叉树根出发，依序列的符号次序，当遇到 0 时，就沿标记为 0 的边走，当遇到 1 时就沿标记为 1 的边走，一直走到树叶。这样就找到了前缀码。然后再回到根，用同样方法可以找出下一个序列。这样的过程保证使信息串序列总可分割成前缀码中的序列。由此得到序列 000011001 对应的字符串为 adb。

【例 4-43】在某通信中 0，1，2，3，4，5，6，7 出现的频率如下所示，求传输最优前缀码。

0	1	2	3	4	5	6	7
30%	20%	15%	10%	10%	5%	5%	5%

解：如果不要求节省二进制数字，用长为 3 的码（如 000 传 0，001 传 1，010 传 2，011 传 3，100 传 4，101 传 5，110 传 6，111 传 7），传输按上述比例出现的数字 10000 个，要用 30000 个二进制数字，如果用最优前缀码传输会节省二进制数字。

取 $w_1=5$，$w_2=5$，$w_3=5$，$w_4=10$，$w_5=10$，$w_6=15$，$w_7=20$，$w_8=30$ 为 8 个权，用 Huffman 算法求最优二叉树，所求二叉树 T 如图 4-36 所示。

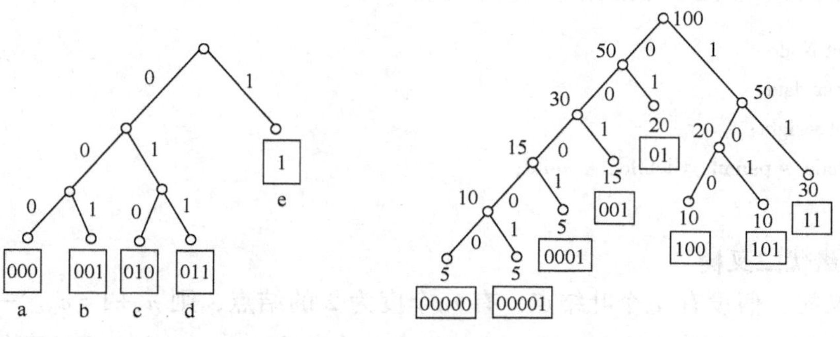

图 4-35　例 4-42 的二叉树　　　　图 4-36　例 4-43 的二叉树

图 4-36 中方框中的 8 个码是前缀码，树 T 是带权 $w_1, w_2, \cdots, w_n$ 的最优二叉树，带权为 w_i 的树叶 v_i 对应的码字传输出频率为 $w_i\%$ 的数字，即

11 传 0	01 传 1	001 传 2	100 传 3
101 传 4	0001 传 5	00001 传 6	00000 传 7

除了等长的码可互换（如 0 与 1 的码，2、3、4 的码，6、7 的码）外，其余的码字不可互换，如 0 与 2 的码不能互换。用最优前缀码传输以前述比例出现的二进制数字 10000 个所用二进制数字个数为[(30%+20%)×2+(15%+10%+10%)×3+5%×4+(5%+5%)×5]×10000=27500(个)，比长为 3 的码传输省 2500 个二进制数字。

4.8　实践内容：用最优前缀编码压缩文件

文件压缩是计算机软件应用中一项重要技术，在实际应用中起着重要的作用。例如，为了减少数据传输量，需要把大文件压缩为较小的文件；为了减少占用存储空间，也需要把大文件压缩成较小的文件。

使用最优前缀编码进行文件压缩，首先需要统计文件中各个字符出现的频率；其次是建立最优树，其叶子结点的权值就是字符出现的频率；再次给出最优前缀编码；最后根据最优前缀编码来压缩文件，也就是把原字符的 ASCII 码转化为最优前缀编码。同样，也可以把压缩文件解压缩，它是压缩操作的逆过程，即从压缩后的文件中读取最优前缀编码，并转化为 ASCII 码。

1. 字符频率的处理

对于字符频率的处理，根据字符集会有所不同，例如，如果把字符限制在 ASCII 码的可见字符集，ASCII 码字符集是 128 个，可以定义一个 128 个元素的数组“char A[128]”，按照他们的 ASCII 码的值（字母“A”的 ASCII 码是 65）作为下标的元素存放该符号的频率（用 A[65]存放字符“A”的频率），就非常方便处理。如果文件只包含英文字母，就可以定义一个“char A[52]”的字符数组，按照大写字母的 ASCII 码值减去 65 作为下标、小写英文字母的 ASCII 码值减去 71 作为下标，就可以建立起字母和数组下标之间的关系。

2. 最优二叉树结点的设计

定义结构体 Node 来存储结点的信息，其中有成员频率 weight、父结点指针 parent、左儿子结点指针 lchild、右儿子结点指针 rchild 等。

```
struct Node
{ char data;
  int weight;
  Node * parent, * lchild, * rchild;
}
```

3. 构造最优二叉树

一个二叉树，假设有 n_0 个叶结点，有 n_2 个度为 2 的结点，则 $n_2+1=n_0$。一棵最优二叉树中只有度为 2 的结点和叶结点，所以全部结点的个数有 $2\times n_0-1$ 个。由此可知，只要确定了文件中的字符数量就可以确定树中结点的个数，可以定义一个有 $2\times n_0-1$ 个元素的动态结构体数组来存储最优二叉树。申请存放 $2\times n_0-1$ 个 Node 结点的空间，申请空间成功后就进行初始化，也就是把每个结点的指针都赋值为 NULL，并把前 n_0 个结点的 data 域和 weight 域分别赋值为 n_0 个字符及其权值。n 初始化为 n_0，并让 Node 类型的指针 p 指向第 n 个数组元素，然后执行以下过程：

（1）从数组中取出父指针为空的结点中权值最小的两个结点 p_1 和 p_2。

（2）p_1 和 p_2 的 parent 指针指向 p，p 的 lchild 指针和 rchild 指针分别指向 p_1 和 p_2 之一。

（3）$n=n+1$；p 指向数组中的第 n 个元素。

（4）判断数组中是否只有一个父结点指针为空的元素。如果不是，转（1）；如果是，则停止执行该过程，最后一个数组元素就是树的根结点。

4. 生成最优前缀编码

采用字节进行编码，每个字符的最优前缀编码是一个 0/1 串，最高效的方法是采用位串的形式，每个字符的编码为一个字符串，从最优二叉树的根结点开始循环遍历一遍，左儿子标记为 0，右儿子标记为 1，当遇到叶结点时就生成了它的编码，并记录下来。

当然，也可以从叶结点开始，一直寻找其父结点，直至找到根结点，如果当前结点是父结点的左儿子，则标记为 0，如果是右儿子，则标记为 1，就得到一个字符串，这个字符串的逆序就是叶结点表示的字符的最优前缀编码。

5. 将文件进行二进制压缩

文件中的信息都是二进制形式存放，每次读取都是以字节为单位进行。在文件中存放的是字符的 ASCII 码，而 ACSII 码是由 8 位二进制数来编码的，占一个字节，新得到的字符的编码至少包含 1 个字符，如果仍然存储编码的字符，就达不到压缩的目的。如字母 a，假设其最优前缀编码为“01”，如果把 a 直接存放在文件中只有一个字节，但其最优前缀编码却是两个字符，如果直接存储这两个字符就会占据两个字节，这不仅起不到压缩的目的，反而增加了存储需要的空间。

如何存储才能真正达到压缩的目的呢？要文件起到真正的压缩效果，还必须在读取被压缩文件得到每个字节的编码的同时，将字符串编码转化，并拼接成八位的字节存入压缩文件中。例如，假设 a 的编码为“01”、b 的编码为“10”、c 的编码为“111”，那么字符串“abcbac”，直接存储占 6 个字节。该字符串转化为最优前缀编码为“01101111001111”，包含 14 个 01 字符，如果直接存储这 14 个字符，那就需要占据 14 个字节，比直接存储占据的存储空间还多，达不到压缩的目的。如果按照 8 位 01 字符组成的串作为一组，可以分为两组，前 8 位一组；后面 6 位，不足 8 位，在末尾再补两个 00 就是 8 位，这就是两个无符号字符，可以按照两个无符号字符存储，只占据 2 个字节，从而达到了压缩的目的。假设压缩文件命名为“binary. dat”，代码片段如下：

```
char * s = "01101111001111";
  unsigned char c = 0;
  int i;
  FILE  * fp = fopen( "binary. dat" , "wb" );
  if( fp != NULL)
  {   while( * s != 0)
      {   for( i = 0; i<8; ++i)
          {   c = c<<1;
              if( * s == 0) continue;
              if( * s == '1') c = c|1;
              ++s;
          }
          fwrite( &c, 1, 1, fp);
      }
  }
  fclose( fp);
```

这种方法需要保留压缩编码的长度以便确定最后一段代码。

6. 将二进制压缩文件解压

与压缩文件相似，依次读取压缩文件的每个字节，对每个字节逐位取出，然后再根据最优前缀编码的值还原为原文。读取文件并逐位取出的代码片段如下：

```
FILE  * fp = fopen( "binary. dat" , "rb" );
unsigned char a;
char b[ 9] = "\0";
fread( &a, 1, 1, fp);
while( !feof( fp) )
{   for( i = 0; i<8; i++)
    {   c = a&1;
        if( c == 0)  b[ i] = '0';
```

```
            else b[i]='1';
            a=a>>1;
        }
        fread(&a,1,1,fp);
    }
    fclose(fp);
```

从一个字节中逐位取出的方法很多，上面只是其中的一种，并且是从低位开始取出的，还可以从高位开始逐位取出，这里不再详述。

根据得到的01符号串，再去匹配最优前缀编码就得到原文，也就是一个匹配的过程，难度不大，留给读者自己完成。

4.9　本章小结

本章要求掌握图的基本概念，图的矩阵表示法，欧拉图和哈密顿图的基本知识。掌握带权图和生成树的基本知识，以及求带权图的最小生成树的算法。掌握图在计算机科学中的应用，特别是最优二叉树和最优前缀码及其在文件压缩中的应用，以及可平面图的基本知识、基本定理和平面化的DMP判定算法。通过最优前缀码在文件压缩中的应用，了解文件压缩的意义，掌握文件压缩思想和方法。

4.10　习题

1. 画出 K_4 的所有非同构的子图，其中有几个是生成子图？生成子图中有几个是连通图？
2. 求图4-37中图的点连通度 $k(G)$ 和边连通度 $\lambda(G)$。

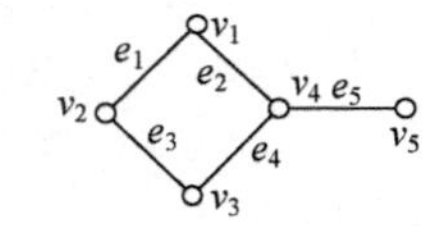

图4-37　习题2的图

3. 用邻接矩阵表示求图4-38（a）和（b）中的无向图。

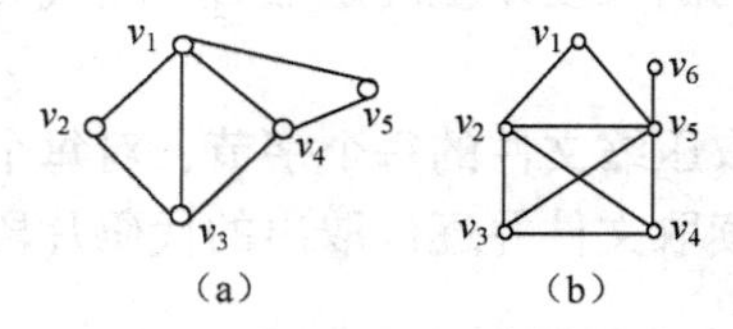

图4-38　习题3的图

4. 设有向图 $D=(V,E)$，其邻接矩阵如图4-39所示，试求 D 中各结点的入度和出度。

$$A=\begin{bmatrix}0 & 1 & 1 & 0\\ 0 & 0 & 1 & 1\\ 0 & 0 & 0 & 0\\ 1 & 1 & 0 & 0\end{bmatrix}$$

图4-39　习题4的矩阵

5. 图 4-40 所示的各图中，哪些是强连通图？哪些是单向连通图？

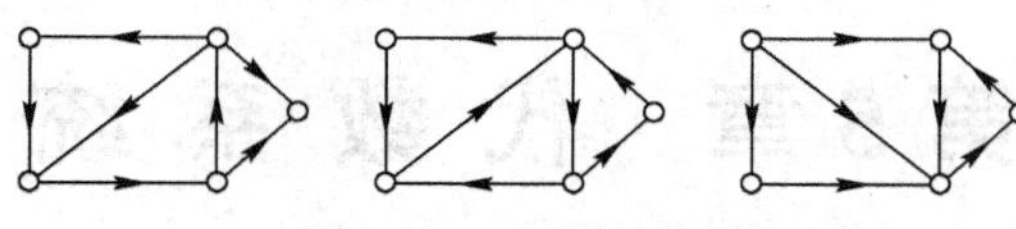

图 4-40　习题 5 的图

6. 图 4-41 所示的各图中，哪些是欧拉图，哪些是哈密顿图。

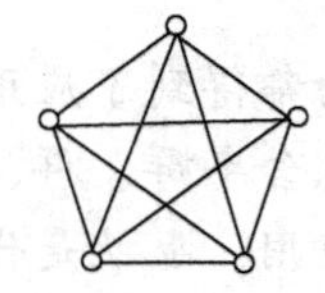
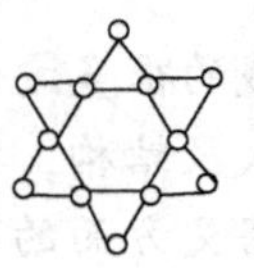
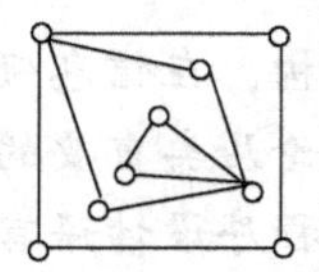
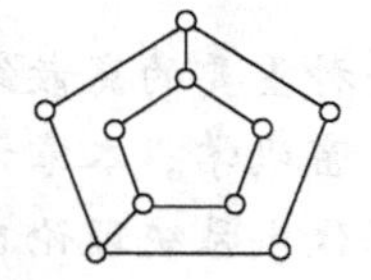

图 4-41　习题 6 的图

7.（1）证明图 4-42 中的两个图是非平面图。

（2）通过平面化算法 DMP 证明图 4-42 中所示的两个图为非平面图。

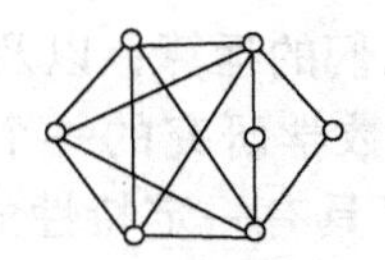
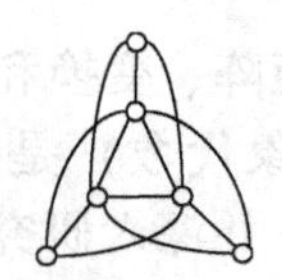

图 4-42　习题 7 的图

8. 求图 4-43 中所示的两个带权图中的最小生成树，并计算它们的权。

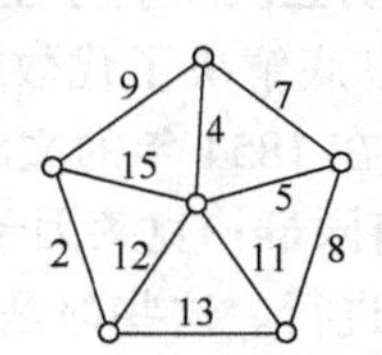

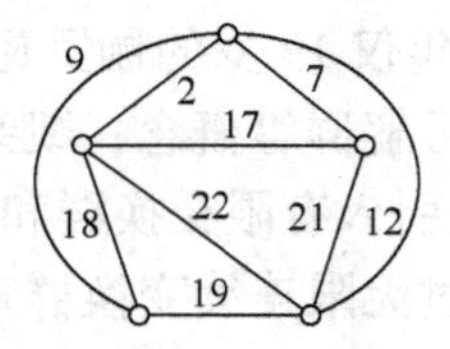

图 4-43　习题 8 的图

9. 设 7 个字母在通信中出现的频率如下：

a	b	c	d	e	f	g
35%	20%	15%	10%	10%	5%	5%

（1）以频率（或乘 100）为权，求最优二叉树。

（2）利用所求二叉树找出每个字母的前缀码。

（3）传输 10000 个按上述比例出现的字母需要传输多少个二进制数位？

第5章 代数系统

本章主要内容

代数系统是一种重要的离散结构，在信息领域的很多方面都得到了应用，如程序生成自动化、程序语义、密码学。本章讨论几类重要的代数结构，包含半群、群、环、域、格与布尔代数等。讨论了代数系统理论在程序设计语言语义方面的应用，也就是代数语义；还讨论了环和域在密码学中的应用，主要介绍了 AES 密码算法。

5.1 代数学的发展历史

代数学是以数、多项式、矩阵、变换和它们的运算，以及群、环、域、模等为研究对象的学科，而近世代数（又称抽象代数）是代数学研究的一个重要分支，主要研究群、环、域、模这四种抽象的代数结构，并深入研究了具有一定特性的群、环、域、模及其子结构、商结构、同态和同构，以及作为它们支柱的具体例子，它不仅在代数学中，而且在现代数学的理论与应用中都具有重要的地位。

代数学的起源较早，在挪威数学家阿贝尔证明五次以上方程不能用根式求解的过程中就孕育着群的概念。1830 年，年仅 19 岁的伽罗瓦彻底解决了代数方程的根式求解问题，从而引进数域的扩张、置换群、可解群等概念；凯莱在 1854 年的文章中给出有限抽象群；戴德金于 1858 年在代数数域中又引入有限交换群和有限群；克莱因于 1872 年发布了埃尔朗根纲领，指出了几何分类可以通过无限连续变换群来进行。这些都是抽象群产生的主要源泉。

域这个名词虽是戴德金较早引入的，但域的公理系统却是迪克森与亨廷顿于 19 世纪初才独立给出。而域的系统发展是从 1910 年施泰尼茨的著名论文“域的代数理论”开始的。同期，布尔研究人的思维规律，于 1854 年出版《思维规律的研究》，建立了逻辑代数，即布尔代数。但格论是在 1933—1938 年，经伯克霍夫、坎托罗维奇、奥尔等人的工作才确立了在代数学中的地位。

库默尔于 1844 年引入对代数数论有重要影响的理想数概念，指出整环未必有唯一分解性质。戴德金将库默尔理想数推广并引出现代理想的概念，建立了代数数域的理论和代数整数环上理想的唯一分解定理。对代数的相关概念的深入研究，以及从各种具体对象抽象出共同特性来进行公理化的研究，导致近世代数的进一步演变，促进了相对独立的学科，如群、域、线性代数、代数数论、环论等向纵深和综合两方面发展。

从 20 世纪 40 年代初开始，近世代数进入一个新的阶段。在这个时期出现的泛代数理论与方法成为研究计算机程序设计语言语义的一种重要方法。在近世代数中同态和同构起主要作用，它不考虑代数系的特殊结构，而是用统一方法去研究，这种作为各代数结构的比较性研究，首先是把群论、环论和格论中一些共同的概念和平行的结果推广到代数系上去，这就产生了泛代数，20 世纪 30 年代末提出的伯克霍夫定理，是它独立发展的起点。泛代数（不限于二元运算）是以各种不同的代数系之间的共性为主要研究对象的学科，它在模型论、自动机理论和程序语言的语义学中都有应用。

20 世纪 60 年代起蓬勃发展的代数 K 理论，同拓扑 K 理论一样是源于格罗腾迪克 1957 年的广义黎曼–罗赫定理的结果。人们企图推广线性代数中某些部分（如维数理论）到环的模上，从而发展成为由环范畴到阿贝尔范畴的一系列函子，代数 K 理论就是研究这些函子的理论，如 K0、K1、K2 等，它不仅对刻画环的性质起重要作用，而且在代数几何等其他学科中也有着重要的作用。用模、范畴、同调代数的语言和理论来刻画和研究环，从而使环论的发展推向更新的阶段。

20 世纪 50 年代，塞尔把代数簇理论建立在层的概念上，并建立了凝聚层的上同调，这为格罗腾迪克建立概型理论奠定了基础，从而使代数几何的研究进入一个新阶段。概型理论也为代数数论提供了新的理论和方法。代数几何与数学许多分支密切相关，互相促进。如代数几何中的超越方法与偏微分方程、微分方程、微分几何、拓扑学紧密相关，代数几何在控制论与现代粒子物理中也有广泛应用。

由于电子技术的发展和电子计算机的广泛应用，代数学的一些成果和方法可直接应用到工程技术中，如代数编码学、语言代数学、代数自动机理论等新的应用代数学的领域相继产生，并得到了快速发展。

5.2　代数系统的基本概念、运算与性质

实践中存在大量的代数系统，本节将从引入一般代数系统出发，研究如群、环、域等代数系统，而这些代数系统中的运算所具有的性质确定了这些代数系统的数学结构。

5.2.1　二元运算

定义 5–1　设 S 为集合，函数 $f:S\times S\to S$ 称为 S 上的一个二元运算，通常用 $\circ$，$\cdot$，$*$ 等符号表示二元运算，称为算符。对任意 x，$y\in S$，如果 x 与 y 运算的结果是 z，即 $\circ(x,y)=z$，也可记为 $x\circ y=z$。

【例 5–1】 例如 f：$\mathbf{N}\times\mathbf{N}\to\mathbf{N}$，$f(x,y)=x+y$ 就是自然数集上的一个二元运算，即普通的加法运算是自然数集上的二元运算。

定义 5–2　对于 S 中的任何两个元素，它们的运算结果都属于 S，则称该运算对 S 是封闭的。

自然数集上的加法运算是封闭的，但普通的减法在自然数集上不是封闭的，所以普通的减法运算不是自然数集上的二元运算。

【例 5–2】 ① 整数集合 $\mathbf{Z}$ 上的加法、减法和乘法都是 $\mathbf{Z}$ 上的二元运算，而除法不是。

② S 为任意集合，则 $\cap$、$\cup$ 和 $-$ 运算是 S 的幂集 2^S 上的二元运算。

③ 设 $\boldsymbol{M}_n(\mathbf{R})$ 表示所有 n 阶实矩阵的集合，则矩阵的加法和乘法是 $\boldsymbol{M}_n(\mathbf{R})$ 上的二元运算。

定义 5–3　设 S 为集合，函数 $f:S\to S$ 称为 S 上的一元运算。

【例 5–3】 ① 求相反数是整数集合 $\mathbf{Z}$、有理数集合 $\mathbf{Q}$ 和实数集合 $\mathbf{R}$ 上的一元运算。

② S 为任意集合，S 的幂集 2^S，并假设全集为 S，则补运算 ~ 是 2^S 上的一元运算。

③ 设 $\boldsymbol{M}_n(\mathbf{R})$ 表示所有 n 阶实矩阵的集合，则转置运算是 $\boldsymbol{M}_n(\mathbf{R})$ 上的一元运算。

和二元运算一样，也可以使用算符来表示一元运算。对于有限集 S 上的一元运算和二元运算除了可以使用函数 f 的表达式给出以外，也可用运算表给出。表 5-1 和表 5-2 分别是一元运算和二元运算表的形式。

表 5-1 一元运算的运算表

a_i	$\circ(a_i)$
a_1	$\circ(a_1)$
a_2	$\circ(a_2)$
⋮	⋮
a_n	$\circ(a_n)$

表 5-2 二元运算的运算表

$\circ$	a_1	a_2	…	a_n
a_1	$a_1\circ a_1$	$a_1\circ a_2$	…	$a_1\circ a_n$
a_2	$a_2\circ a_1$	$a_2\circ a_2$	…	$a_2\circ a_n$
⋮	⋮	⋮		⋮
a_n	$a_n\circ a_1$	$a_n\circ a_2$	…	$a_n\circ a_n$

5.2.2 代数系统的基本概念与性质

定义 5-4 一个非空集合 S 连同若干个定义在该集合上的运算 $f_1,f_2,\cdots,f_k$ 所组成的系统称为一个代数系统，简称代数，记作 $<S,f_1,f_2,\cdots,f_k>$。设 OP 是所有操作的集合，也用 $<S,OP>$ 表示代数系统。

【例 5-4】 S 为任意集合，S 的幂集 2^S，则 $<2^S,\cup,\cap,\sim>$ 就是一个代数系统。

定义 5-5 设 $*$ 是定义在集合 S 上的二元运算，如果对于任意的 $x,y\in S$，都有 $x*y=y*x$，则称二元运算 $*$ 是可交换的或称运算 $*$ 满足交换律。

定义 5-6 设 $*$ 是定义在集合 S 上的二元运算，如果对于 S 中的任意元素 x、y、z 都有 $(x*y)*z=x*(y*z)$，则称二元运算 $*$ 是可以结合的或称运算 $*$ 满足结合律。

【例 5-5】 设 $\mathbf{Q}$ 是有理数集合，$\circ$，$*$ 分别是 $\mathbf{Q}$ 上的二元运算，其定义为，对于任意的 $a,b\in\mathbf{Q}$，$a\circ b=a$，$a*b=a-2b$，证明运算 $\circ$ 是可结合的并说明运算 $*$ 不满足结合律。

证明： 因为对任意的 $a,b,c\in\mathbf{Q}$，$(a\circ b)\circ c=a\circ c=a$；$a\circ(b\circ c)=a\circ b=a$；所以 $(a\circ b)\circ c=a\circ(b\circ c)$，即得运算 $\circ$ 是可以结合的。

又因为对 $\mathbf{Q}$ 中的元 0 和 1，$(0*0)*1=0*1=0-2=-2$；$0*(0*1)=0*(-2)=0-2*(-2)=4$；所以，$(0*0)*1\neq 0*(0*1)$，从而运算 $*$ 不满足结合律。证毕。

对于满足结合律的二元运算，在一个只有该种运算的表达式中，可以去掉标记运算顺序的括号。例如，实数集上的加法运算是可结合的，所以表达式 $(x+y)+(u+v)$ 可简写为 $x+y+u+v$。

定义 5-7 若 $<S,\circ>$ 是代数系统，其中 $\circ$ 是 S 上的二元运算且满足结合律，n 是正整数，$a\in S$，那么，$a\circ a\circ a\cdots\circ a$ 是 S 中的一个元素，称其为 a 的 n 次幂，记为 a^n。

关于 a 的幂，用数学归纳法不难证明以下公式，其中 m，n 为正整数。

$$a^m\circ a^n=a^{m+n};\ (a^m)^n=a^{mn}$$

定义 5-8 设 $\circ$，$*$ 是定义在集合 S 上的两个二元运算，如果对于任意的 $x,y,z\in S$，都有 $x\circ(y*z)=(x\circ y)*(x\circ z)$ 和 $(y*z)\circ x=(y\circ x)*(z\circ x)$，则称运算 $\circ$ 对运算 $*$ 是可分配的，也称 $\circ$ 对运算 $*$ 满足分配律。

【例 5-6】 设集合 $A=\{0,1\}$，在 A 上定义两个二元运算 $\circ$ 和 $*$，如表 5-3 和表 5-4 所示。容易验证运算 $*$ 对运算 $\circ$ 是可分配的，但运算 $\circ$ 对运算 $*$ 是不满足分配律的。因为

$1\circ(0*1)=1\circ 0=1$，而$(1\circ 0)*(1\circ 1)=1*0=0$，所以，$\circ$对$*$不满足分配律。

表5-3 ∘运算

∘	0	1
0	0	1
1	1	0

表5-4 ∗运算

*	0	1
0	0	0
1	0	1

定义5-9 设$\circ$和$*$是集合S上的两个可交换的二元运算，如果对任意$x,y\in S$都有$x*(x\circ y)=x$和$x\circ(x*y)=x$成立，则称运算$\circ$和$*$满足吸收律。

【例5-7】 设2^S是集合S上的幂集，集合的并$\cup$和交$\cap$是2^S上的两个二元运算，它们满足吸收律。对任意A、$B\in 2^S$，由集合相等及$\cup$和$\cap$的定义可得$A\cup(A\cap B)=A$，$A\cap(A\cup B)=A$。因此，$\cup$和$\cap$满足吸收律。

定义5-10 设$*$是集合S上的二元运算，如果对于任意的$x\in S$，都有$x*x=x$，则称运算$*$是等幂的，或称运算$*$满足幂等律。

【例5-8】 设$\mathbf{Z}$是整数集，在$\mathbf{Z}$上定义两个二元运算$\circ$和$*$，对于任意x，$y\in\mathbf{Z}$，$x\circ y=\max(x,y)$，$x*y=\min(x,y)$。对于任意的$x\in\mathbf{Z}$，有$x\circ x=\max(x,x)=x$；$x*x=\min(x,x)=x$，因此，运算$*$和运算$\circ$都是幂等的。

定义5-11 设$\circ$是定义在集合S上的一个二元运算，如果有一个元素$e_l\in S$，使得对于任意元素$x\in S$都有$e_l\circ x=x$，则称e_l为S中关于运算$\circ$的左单位元；如果有一个元素$e_r\in S$，使对于任意的元素$x\in S$都有$x\circ e_r=x$，则称e_r为S中关于运算$\circ$的右单位元；如果S中有一个元素e既是左单位元又是右单位元，则称e是S中关于运算$\circ$的单位元。单位元也称为幺元。

【例5-9】 在整数集$\mathbf{Z}$中加法的单位元是0，乘法的单位元是1；设S是集合，在S的幂集2^S中，运算$\cup$的单位元是$\varnothing$，运算$\cap$的单位元是S。

对给定的集合和运算，有的存在单位元，有的不存在单位元。

【例5-10】 $\mathbf{R}^*$是非零实数的集合，$\circ$是$\mathbf{R}^*$上如下定义的二元运算，对任意的元素$a,b\in R^*$，$a\circ b=b$则$\mathbf{R}^*$中不存在右单位元；但对任意的$a\in\mathbf{R}^*$，对所有的$b\in\mathbf{R}^*$都有$a\circ b=b$。所以，$\mathbf{R}^*$的任一元素a都是运算$\circ$的左单位元，$\mathbf{R}^*$中的运算$\circ$ 有无穷多左单位元，没有右单位元和单位元。又如，在偶数集合中，普通乘法运算没有左单位元、右单位元和单位元。

定理5-1 设$*$是定义在集合S上的二元运算，e_l和e_r分别是S中关于运算$*$的左单位元和右单位元，则有$e_l=e_r=e$，且e为S上关于运算$*$的唯一的单位元。

证明：因为e_l和e_r分别是S中关于运算$*$的左单位元和右单位元，所以，$e_l=e_l*e_r=e_r$。把$e_l=e_r$记为e，假设S中存在e_1，则有$e_1=e*e_1=e$。所以，e是S中关于运算$*$的唯一单位元。证毕。

定义5-12 设$*$是定义在集合S上的一个二元运算，如果存在元素$\theta_l\in S$，使得对于任意元素$x\in S$都有$\theta_l*x=\theta_l$，则称θ_l为S中关于运算$*$的左零元；如果存在元素$\theta_r\in S$，对于任意元素$x\in S$都有$x*\theta_r=\theta_r$，则称θ_r为S中关于运算$*$的右零元；如果S中有一元素θ，它既是左零元又是右零元，则称θ为S中关于运算$*$的零元。

【例 5-11】整数集 **Z** 上普通乘法的零元是 0，加法没有零元；S 是集合，在 S 的幂集 2^S 中，运算 $\cup$ 的零元是 S，运算 $\cap$ 的零元是 $\varnothing$，在非零的实数集 $\mathbf{R}^*$ 上定义运算 $*$，使对于任意的元素 a，$b\in\mathbf{R}^*$，有 $a*b=a$。那么，$\mathbf{R}^*$ 的任何元素都是运算 $*$ 的左零元，而 $\mathbf{R}^*$ 中运算 $*$ 没有右零元，也没有零元。

定理 5-2 设 $\circ$ 是集合 S 上的二元运算，θ_l 和 θ_r 分别是 S 中运算 $\circ$ 的左零元和右零元，则有 $\theta_l=\theta_r=\theta$，且 θ 是 S 上关于运算 $\circ$ 的唯一的零元。

定理 5-2 的证明与定理 5-1 类似。

定理 5-3 设 $<S,*>$ 是一个代数系统，其中 $*$ 是 S 上的一个二元运算，且集合 S 中的元素个数大于 1，若这个代数系统中存在单位元 e 和零元 θ，则 $e\neq\theta$。

证明：（用反证法）若 $e=\theta$，那么对于任意的 $x\in S$，必有 $x=e*x=\theta*x=\theta=e$，于是 S 中所有元素都是相同的，即 S 中只有一个元素，这与 S 中元素大于 1 矛盾。所以，$e\neq\theta$。证毕。

定义 5-13 设 $<S,*>$ 是代数系统，其中 $*$ 是 S 上的二元运算，$e\in S$ 是 S 中运算 $*$ 的单位元。对于 S 中任一元素 x，如果有 S 中元素 y_l，使 $y_l*x=e$，则称 y_l 为 x 的左逆元；若有 S 中元素 y_r 使 $x*y_r=e$，则称 y_r 为 x 的右逆元；如果有 S 中的元素 y，它既是 x 的左逆元，又是 x 的右逆元，则称 y 是 x 的逆元。

【例 5-12】自然数集关于加法运算有单位元 0 且只有 0 有逆元，0 的逆元是 0，其他的自然数都没有加法逆元。设 **Z** 是整数集合，则 **Z** 中乘法单位元为 1，且只有-1 和 1 有逆元，分别是-1 和 1；**Z** 中加法的单位元是 0，关于加法，对任何整数 x，x 的逆元是它的相反数 $-x$，因为 $(-x)+x=0=x+(-x)$。

【例 5-13】设 $A=\{a_1,a_2,a_3,a_4,a_5,a_6\}$，$A$ 上的二元运算 $*$ 如表 5-5 所示。由表 5-5 可知，a_1 是单位元；a_1 的逆元是 a_1；a_2 的左逆元和右逆元都是 a_3，a_2 和 a_3 互为逆元；a_4 的左逆元是 a_2，而右逆元是 a_3；a_2 有两个右逆元 a_3 和 a_4；a_5 有左逆元 a_3，但 a_5 没有右逆元。

表 5-5 运算 $*$ 的定义

$*$	a_1	a_2	a_3	a_4	a_5
a_1	a_1	a_2	a_3	a_4	a_5
a_2	a_2	a_4	a_1	a_1	a_4
a_3	a_3	a_1	a_2	a_3	a_1
a_4	a_4	a_3	a_1	a_4	a_3
a_5	a_5	a_4	a_2	a_3	a_5

一般地，对给定的集合和其上的一个二元运算来说，左逆元、右逆元、逆元和单位元、零元不同，如果单位元和零元存在，一定是唯一的，而左逆元、右逆元、逆元是与集合中某个元素相关的，一个元素的左逆元不一定是右逆元，一个元素的左（右）逆元可以不止一个，但一个元素若有逆元则是唯一的。

定理 5-4 设 $<S,*>$ 是一个代数系统，其中 $*$ 是定义在 S 上的一个可结合的二元运算，e 是该运算的单位元，对于 $x\in S$，如果存在左逆元 y_l 和右逆元 y_r，则有 $y_l=y_r=y$，且 y 是 x 的唯一的逆元。

证明：$y_l=y_l*e=y_l*(x*y_r)=(y_l*x)*y_r=e*y_r=y_r$。令 $y_l=y_r=y$，则 y 是 x 的逆元，假设 $y_1\in S$ 也是 x 的逆元，则有 $y_1=y_1*e=y_1*(x*y)=(y_1*x)*y=e*y=y$，所以，$y$ 是 x 的唯一的逆元。证毕。

由定理 5-4 可知，对于可结合的二元运算来说，元素 x 的逆元如果存在则是唯一的，通常把 x 的唯一的逆元记为 x^{-1}。

【例 5-14】对于代数系统 $<\mathbf{N}_k,+_k>$，其中 k 是正整数，$\mathbf{N}_k=\{0,1,\cdots,k-1\}$，$+_k$ 是定义在

$\mathbf{N}_k$上的模 k 加法运算，定义如下：对任意的 x，$y\in\mathbf{N}_k$。

$$x+_k y=\begin{cases}x+y, & x+y<k\\ x+y-k, & x+y\geqslant k\end{cases}$$

容易验证，$+_k$是一个可结合的二元运算，$\mathbf{N}_k$中关于运算$+_k$的单位元是 0，$\mathbf{N}_k$中每个元素都有唯一的逆元，即 0 的逆元是 0，每个非零元素 x 的逆元是 $k-x$。

5.3 半群、群与子群

这一节介绍群的基本知识，包含半群、群和子群。

5.3.1 半群与含幺半群

半群与群都是具有二元运算的代数系统，群是半群的特例。

定义 5-14 设$<S,*>$是一个代数系统，$*$ 是 S 上的一个二元运算，如果运算 $*$ 是可结合的，即对任意的 $x,y,z\in S$，都有$(x*y)*z=x*(y*z)$，则称代数系统$<S,*>$为半群。

半群中的二元运算也叫乘法，运算的结果也叫积。

【例 5-15】 ① $<\mathbf{N},+>$、$<\mathbf{Z},+>$、$<\mathbf{Q},+>$、$<\mathbf{R},+>$和$<\mathbf{Z}^+,+>$都是半群，其中+表示普通加法。

② $<\boldsymbol{M}_n(\mathbf{R}),\cdot>$是半群，其中 $\boldsymbol{M}_n(\mathbf{R})$是全体 n 阶实矩阵的集合，$\cdot$ 为矩阵乘法。

③ $<\mathbf{Z}_n,\oplus>$为半群，其中 $\mathbf{Z}_n=\{1,2,\cdots,n-1\}$，$\oplus$表示模 n 的加法。

定义 5-15 若半群$<S,\circ>$的运算$\circ$满足交换律，则称$<S,\circ>$是一个可交换半群。

在可交换半群$<S,\circ>$中，有$(a\circ b)^n=a^n\circ b^n$，其中 n 是正整数，$a,b\in S$。

定义 5-16 含有单位元的半群$<S,\circ>$称为含幺半群或独异点（monoid）。为了强调单位元的存在，有时也将独异点记作$<S,\circ,\boldsymbol{e}>$，其中 $\boldsymbol{e}$ 为 S 关于$\circ$的单位元。

【例 5-16】 ① 代数系统$<\mathbf{R},*>$是含幺半群，其中 $\mathbf{R}$ 是实数集，$*$ 是普通乘法，这是因为$<\mathbf{R},*>$是半群，且 1 是 $\mathbf{R}$ 关于运算 $*$ 的单位元。

② 设集合 $A=\{1,2,\cdots\}$，则$<A,+>$是半群，但不含单位元，所以它不是含幺半群。

定理 5-5 设 S 是至少有两个元的有限集且$<S,*>$是一个含幺半群，则在关于运算 $*$ 的运算表中任何两行或两列都是不相同的。

证明：设 S 中关于运算 $*$ 的单位元是 e。对于任意 $a,b\in S$ 且 $a\neq b$，总有 $e*a=a\neq b=e*b$ 和 $a*e=a\neq b=b*e$，所以在运算表中不可能有两行和两列是相同的。证毕。

定理 5-6 设$<S,\circ>$是含幺半群，对于任意的 x、$y\in S$，当 x 和 y 都有逆元时，有：

① $((x)^{-1})^{-1}=x$。

② $x\circ y$ 有逆元，且$(x\circ y)^{-1}=y^{-1}\circ x^{-1}$。

5.3.2 群与子群

群是特殊的独异点，也是特殊的半群。

定义 5-17 设$<S,\circ>$是一个代数系统，其中 S 是非空集合，$\circ$是 S 上的一个二元运算，且满足如下三个条件，则称$<S,\circ>$是一个群。在无歧义的情况下，也称 S 为群。

表 5-6 运算 * 的定义

*	e	a	b	c
e	e	a	b	c
a	a	e	c	b
b	b	c	e	a
c	c	b	a	e

① $\circ$满足结合律；

② 有单位元 e；

③ 对每个元素 $a\in S$，都有 $a^{-1}\in S$。

【例 5-17】 ① <**Z**,+>、<**Q**,+>、<**R**,+>是群，而<$\mathbf{Z}^+$,+>和<**N**,+>不是群，其中+表示普通加法。

② 设 $S=\{g\}$，定义二元运算$\circ$为 $g\circ g=g$，则$<S,\circ>$是半群，g 是单位元，又是 g 的逆元，所以$<S,\circ>$是群。

由定义可得群一定是含幺半群，反之不一定成立。

【例 5-18】 设 $S=\{e,a,b,c\}$，表 5-6 给出 S 上的二元运算 *。不难证明$<S,*>$是一个群，由表 5-6 可以看出 S 的运算具有以下性质：e 为单位元；* 是可结合的；S 中的任何元素的逆元就是它自己；在 a、b、c 三个元素中，任两个元素运算的结果都等于另一个元素，称这个群为 Klein 四元群。

定义 5-18 设$<S,\circ>$是一个群，如果 S 是有限集，则称$<S,\circ>$是有限群，S 中的元素个数称为 S 的阶（order），记为$|S|$；如果 S 是无限集，则称$<S,\circ>$为无限群，也称 S 的阶为无限。

定理 5-7 设$<S,\circ>$是群，则 S 中任意 n 个元素 $a_1,a_2,\cdots,a_n$ 有$(a_1\circ a_2\circ\cdots\circ a_n)^{-1}=a_n^{-1}\circ a_{n-1}^{-1}\circ\cdots\circ a_1^{-1}$。

定理 5-8 若$<S,\circ>$是群，则对 S 任一元素 a 和任意整数 m、n 有 $a^m\circ a^n=a^{m+n}$ 和 $(a^m)^n=a^{mn}$。

定理 5-9 在群$<S,\circ>$中成立消去律，即对 a、b、$c\in S$，若 $b\circ a=c\circ a$ 或 $a\circ b=a\circ c$，则 $b=c$。

定义 5-19 设$<S,\circ>$是一个群，S'是 S 的非空子集，如果$<S',\circ>$也构成群，则称$<S',\circ>$是$<S,\circ>$的子群。

定理 5-10 设$<S',\circ>$是群$<S,\circ>$的子群，则 S 的单位元就是 S'的单位元，任意元素 a 在 S'中的逆元也是 a 在 S 中的逆元。

定义 5-20 设$<S,\circ>$是群，e 是 S 的单位元，由子群的定义可得$<\{e\},\circ>$和$<S,\circ>$都是$<S,\circ>$的子群，称为$<S,\circ>$的平凡子群。若$<H,\circ>$是$<S,\circ>$的子群且 $H\neq\{e\}$，$H\neq S$，则称$<H,\circ>$为$<S,\circ>$的真子群。

【例 5-19】 <**Z**,+>是整数加群，$<\{2n\mid n\in\mathbf{Z}\},+>$也是一个群，且是<**Z**,+>的真子群。

判定群的非空子集是否构成子群，可以使用以下的判定定理。

定理 5-11 子群判定定理一 设$<S,\circ>$是群，S'是 S 的非空子集，则 S'关于运算$\circ$ 是$<S,\circ>$的子群的充分必要条件是：

① 对任意的 $a,b\in S'$，有 $a\circ b\in S'$；

② 对任意的 $a\in S'$，有 $a^{-1}\in S'$。

证明：必要性显然成立。

充分性。条件①说明$\circ$在 S'上是封闭的；由于在 S 中$\circ$是可结合的，所以在 S'中$\circ$是可结合的；由条件②知，对任意 $a\in S'$，有 $a^{-1}\in S'$，且 $e=a\circ a^{-1}\in S'$，易得 e 是$<S,\circ>$的单位元，a^{-1}是 a 在$<S',\circ>$中的逆元，所以$<S',\circ>$是群，是$<S,\circ>$的子群。证毕。

定理 5-12 子群判定定理二 设$<S,\circ>$是群，S'是 S 的非空子集，则$<S',\circ>$是$<S,\circ>$的

子群的充分必要条件是对任意的 $a,b\in S'$，有 $a\circ b^{-1}\in S'$。

证明：必要性容易证明。

充分性。任取 $a\in S'$，由条件 $a\circ a^{-1}\in S'$，即 $e\in S'$，又因为 e、$a\in S'$，所以 $a^{-1}=e\circ a^{-1}\in S'$，这说明，若 $a\circ b\in S'$，则 $a\circ b^{-1}\in S'$，由条件可得 $a\circ b=a\circ[(b)^{-1}]^{-1}$，根据定理 5-11 可知 $<S',\circ>$ 是 $<S,\circ>$ 的子群。证毕。

【例 5-20】 设 $<S,\circ>$ 是群，$A=\{a\,|\,a\in S$，且对任意 $x\in S$ 有 $a\circ x=x\circ a\}$，则 $<A,\circ>$ 是 $<S,\circ>$ 的一个子群。

证明：设 e 是群 $<S,\circ>$ 的单位元，则 $e\in A$。对任意的 b、$a\in A$ 和任意的 $x\in S$，有 $a\circ x=x\circ a$，$b\circ x=x\circ b$，所以 $b^{-1}\circ b\circ x\circ b^{-1}=b^{-1}\circ x\circ b\circ b^{-1}$，$x\circ b^{-1}=b^{-1}\circ x$，从而有下式成立：

$$(a\circ b^{-1})\circ x=a\circ(b^{-1}\circ x)=a\circ(x\circ b^{-1})=(a\circ x)\circ b^{-1}=x\circ(a\circ b^{-1})$$

即 $a\circ b^{-1}\in A$。由定理 5-12 可知 $<A,\circ>$ 是 $<S,\circ>$ 的一个子群。证毕。

半群、独异点与群之间的关系如图 5-1 所示。

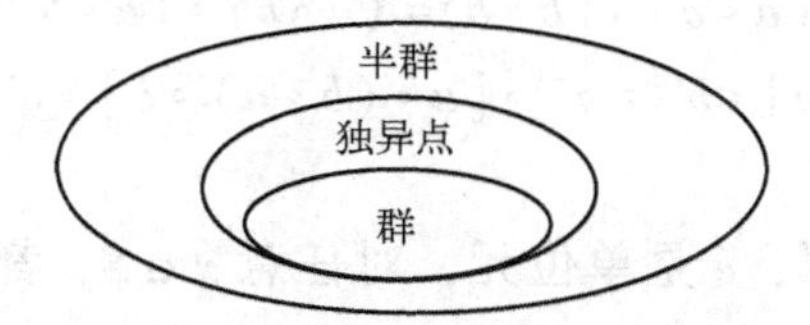

图 5-1　半群、独异点和群之间的关系

和子群概念直接相关的是陪集的概念。

定义 5-21　设 $<H,*>$ 为 $<G,*>$ 的子群，那么对任意 $g\in G$，称 $gH=\{g*h\,|\,h\in H\}$ 为 H 的左陪集，称 $Hg=\{h*g\,|\,h\in H\}$ 为 H 的右陪集。

定理 5-13　设 $<H,*>$ 为 $<G,*>$ 的子群，b、$a\in G$，那么，要么 $aH=bH(Ha=Hb)$，要么 $aH\cap bH=\varnothing(Ha\cap Hb=\varnothing)$。

证明：设 $aH\cap bH\neq\varnothing$，那么存在 h_1，$h_2\in H$ 使得 $a*h_1=b*h_2$。于是 $a=b*h_2*(h_1)^{-1}$。

为证 $aH\subseteq bH$，设 $x\in aH$。那么有 $h_3\in H$，使得 $x=a*h_3=b*(h_2*(h_1)^{-1}*h_3)\in bH$。$aH\subseteq bH$ 得证。同理可证 $bH\subseteq aH$。于是 $aH=bH$ 得证。对于右陪集 Ha 和 Hb，可以类似证明。证毕。

由于对每一元素 $g\in G$，$g\in gH(g\in Hg)$，$gH\subseteq G(Hg\subseteq G)$，根据以上讨论可以看出，子群 H 的全体左（右）陪集构成 G 的一个划分，且划分的各单元与 H（亦即陪集 eH、He）具有同样数目的元素，由此可导出下列重要的拉格朗日定理。

定理 5-14　设 $<H,*>$ 为有限群 $<G,*>$ 的子群，那么 H 的阶整除 G 的阶。

定义 5-22　设 $<H,*>$ 为群 $<G,*>$ 的子群。定义 G 上 H 的左（右）陪集等价关系 ~ 为：对任意 a，$b\in G$，$a\sim b$ 当且仅当 a 和 b 在 H 的同一左（右）陪集中。

显然，~ 确为等价关系，并有下列事实。

定理 5-15　设 ~ 为群 G 上 H 的左（右）陪集等价关系，那么 $a\sim b$ 当且仅当 $a^{-1}*b\in H$。

证明：设 $a\sim b$，则有 $g\in G$，使 a、$b\in gH$，因而有 h_1，$h_2\in H$，使得 $a=g*h_1$，$b=g*h_2$，于是 $a^{-1}*b=(g*h_1)^{-1}*(g*h_2)=h_1^{-1}*h_2\in H$。

反之，设 $a^{-1}*b\in H$，即有 $h\in H$ 使 $a^{-1}*b=h$。因而 $b=a*h\in aH$。而 $a\in aH$ 是显然的，

故 a 和 b 在同一左陪集 aH 中，$a\sim b$ 真。

对右陪集等价关系同理可证。证毕。

5.3.3 阿贝尔群

定义 5-23 如果群<S, ∘>中的运算∘是可交换的，则称该群为交换群或阿贝尔（Abel）群。

【例 5-21】 <**Z**,+>、<**Q**,+>、<**R**,+>和<$\mathbf{R}^*$, ∗>都是 Abel 群。

定理 5-16 群<S, ∘>是交换群的充分必要条件是对任意的 b、$a\in S$ 有$(a\circ b)\circ(a\circ b)=(a\circ a)\circ(b\circ b)$。

证明：必要性。设<S, ∘>是交换群，则对任意的 b、$a\in S$ 有$(a\circ b)=(b\circ a)$，因此

$$(a\circ a)\circ(b\circ b)=a\circ(a\circ b)\circ b=a\circ(b\circ a)\circ b=(a\circ b)\circ(a\circ b)$$

充分性。若对任意 b、$a\in S$ 有$(a\circ b)\circ(a\circ b)=(a\circ a)\circ(b\circ b)$，则

$$a\circ(a\circ b)\circ b=(a\circ a)\circ(b\circ b)=(a\circ b)\circ(a\circ b)=a\circ(b\circ a)\circ b$$

所以，$a^{-1}\circ[a\circ(a\circ b)\circ b]\circ b^{-1}=a^{-1}\circ[a\circ(b\circ a)\circ b]\circ b^{-1}$，即得$(a\circ b)=(b\circ a)$，因此，群<$S$, ∘>是交换群。证毕。

【例 5-22】 设<S, ∘>是群，e 是单位元，对任意 $x\in S$，都有 $x^2=x\circ x=e$，则<S, ∘>是 Abel 群。

证明：对任意的 b、$a\in S$，由条件 $a^2=e$，$b^2=e$，所以，$a^{-1}=a$，$b^{-1}=b$，又 $a\circ b\in S$，所以$(a\circ b)^2=e$，从而 $a\circ b=(a\circ b)^{-1}=b^{-1}\circ a^{-1}$，故<$S$, ∘>是 Abel 群。证毕。

5.3.4 循环群

定义 5-24 设<S, ∘>是群，若 S 中存在一个元素 a，使得 S 中任意元素都是 a 的幂，即对任意的 $b\in S$ 都有整数 n 使 $b=a^n$，则称<S, ∘>为循环群，元素 a 称为生成元。生成元为 a 的循环群也记为<a>。

【例 5-23】 整数加群<**Z**,+>是循环群，其中 1 和−1 是它的生成元。模 6 加群<$\mathbf{Z}_6$,⊕>也是循环群，1 和 5 是它的生成元。Klein 四元群不是循环群，因为它的任何元素都不能生成这个群。

定义 5-25 设循环群<S, ∘>，如果生成元 a 是 n 阶元，那么 $a,a^2,\cdots,a^{n-1},a^n$都是不相等的元素（如果 $n=1$，那么 $a=e$），群 G 中恰好有这 n 个元素，循环群的阶也是 n。如果生成元的阶不存在，这时也称这个生成元是无限阶元，那么 $a_0=e,a,a^2,\cdots,a^{n-1},a^n\cdots$，这些元素都不相等，因此群<$S$, ∘>也是无限群。根据生成元的阶是否有限，将循环群分成有限循环群和无限循环群两类。

【例 5-24】 整数加群<**Z**,+>是无限循环群。模 n 加群<$\mathbf{Z}_n$,⊕>是 n 阶循环群。

【例 5-25】 设 **Z** 是整数集，m 是一正整数，$\mathbf{Z}_m$是由模 m 的剩余类组成的集合，$\mathbf{Z}_m$上的二元运算$+_m$定义为：对$[i]$、$[j]\in\mathbf{Z}_m$，$[i]+_m[j]=[(i+j)\bmod m]$，则<$\mathbf{Z}_m$, $+_m$>是以$[1]$为生成元的循环群。首先，<$\mathbf{Z}_m$, $+_m$>是含幺半群，单位元为$[0]$。其次，又 $\mathbf{Z}_m$中，$[0]$的逆元是$[0]$；对于任意$[i]\in\mathbf{Z}_m$，$1\leqslant i\leqslant m-1$，$[i]$的逆元是$[m-i]$，所以<$\mathbf{Z}_m$, $+_m$>是群。最后，对任意$[i]\in\mathbf{Z}_m$，有$[i]=[1]^i$，$1\leqslant i\leqslant m-1$，所以<$\mathbf{Z}_m$, $+_m$>是以$[1]$为生成元的循环群。

对于有限循环群，有下面的结论。

定理 5-17 任何一个循环群都是交换群。

证明：设<S, ∘>是一个循环群，a 是它的一个生成元，则对任意 $x,y \in S$，必有 $r,s \in Z$，使得 $x=a^r$，$y=a^s$，所以 $x \circ y = a^r \circ a^s = a^{r+s} = a^s \circ a^r = y \circ x$，因此，<$S$, ∘>是一个交换群。证毕。

定理 5-18 设<S, ∘>是一个由元素 a 生成的循环群且是有限群，如果 S 的阶是 n，即 $|S|=n$，则 $a^n=e$ 且 $S=\{a、a^2、\cdots、a^{n-1}、a^n=e\}$，其中 e 是<S, ∘>的单位元，n 是使 $a^n=e$ 的最小正整数，称 n 为元素 a 的阶。

【例 5-26】 在模 4 的剩余类加群<$\mathbf{Z}_4$, $+_4$>中，[1]和[3]都是生成元。因为$[1]^1=[1]$，$[1]^2=[1]+_4[1]=[2]$，$[1]^3=[1]+_4[2]=[3]$，$[1]^4=[1]+_4[3]=[0]$，所以[1]是循环群<$\mathbf{Z}_4$, $+_4$>的生成元。

又因为$[3]^1=[3]$，$[3]^2=[3]+_4[3]=[2]$，$[3]^3=[3]+_4[2]=[1]$，$[3]^4=[3]+_4[1]=[0]$，所以[3]也是循环群<$\mathbf{Z}_4$, $+_4$>的生成元。

从例 5-26 可知，一个循环群的生成元不是唯一的。

5.3.5 置换群

除了循环群外，另一种重要的群就是置换群。

定义 5-26 设 $A=\{1,2,\cdots,n\}$，S 上的任何双射函数 $\boldsymbol{\sigma}: A \to A$ 构成了 S 上 n 个元素的置换，称为 n 元置换。

【例 5-27】 $A=\{1,2,3\}$，A 上的双射函数 $\boldsymbol{\sigma}: A \to A$，$\boldsymbol{\sigma}(1)=2$，$\boldsymbol{\sigma}(2)=3$，$\boldsymbol{\sigma}(3)=1$，此置换常被记为 $\boldsymbol{\sigma}=\begin{pmatrix}1 & 2 & 3\\ 2 & 3 & 1\end{pmatrix}$，采用这种记法，一般的 n 元置换 $\boldsymbol{\sigma}$ 可记为 $\begin{pmatrix}1 & 2 & \cdots & n\\ \boldsymbol{\sigma}(1) & \boldsymbol{\sigma}(2) & \cdots & \boldsymbol{\sigma}(n)\end{pmatrix}$。

由排列组合的知识可以知道，n 个不同的元素有 $n!$ 种排列的方法。所以，A 上有 $n!$ 个置换。{1, 2, 3} 上有 3! 种不同的置换，即 $\boldsymbol{\sigma}_e=\begin{pmatrix}1 & 2 & 3\\ 1 & 2 & 3\end{pmatrix}$，$\boldsymbol{\sigma}_1=\begin{pmatrix}1 & 2 & 3\\ 2 & 1 & 3\end{pmatrix}$，$\boldsymbol{\sigma}_2=\begin{pmatrix}1 & 2 & 3\\ 3 & 2 & 1\end{pmatrix}$，$\boldsymbol{\sigma}_3=\begin{pmatrix}1 & 2 & 3\\ 1 & 3 & 2\end{pmatrix}$，$\boldsymbol{\sigma}_4=\begin{pmatrix}1 & 2 & 3\\ 2 & 3 & 1\end{pmatrix}$，$\boldsymbol{\sigma}_5=\begin{pmatrix}1 & 2 & 3\\ 3 & 1 & 2\end{pmatrix}$。

对于一个具有 n 个元素的集合 A，将 A 上所有 $n!$ 个不同的置换所组成的集合记为 S_n，其中恒等置换 $\boldsymbol{\sigma}_e \in S_n$。∘表示在 S_n上的复合运算，对任意 n 元置换 $\boldsymbol{\sigma}$、$\tau \in S_n$，显然 $\boldsymbol{\sigma} \circ \tau$ 也是 A 上的 n 元置换。所以 S_n对运算∘是封闭的，且∘是可结合的。任取 S_n中的置换 $\boldsymbol{\sigma}$，有 $\boldsymbol{\sigma}_e \circ \boldsymbol{\sigma} = \boldsymbol{\sigma} \circ \boldsymbol{\sigma}_e = \boldsymbol{\sigma}$，所以恒等置换 $\boldsymbol{\sigma}_e$ 是 S_n 中的单位元，且 $\boldsymbol{\sigma}$ 的逆置换为：$\boldsymbol{\sigma}^{-1}=\begin{pmatrix}\boldsymbol{\sigma}(1) & \boldsymbol{\sigma}(2) & \cdots & \boldsymbol{\sigma}(n)\\ 1 & 2 & \cdots & n\end{pmatrix}$。

也就是 $\boldsymbol{\sigma}$ 的逆元。这就证明了 S_n关于置换的复合构成一个群。

关于复合运算，有两种类型，一种是右复合，从左向右计算；另一种是左复合，从右向左计算。其实，复合函数和复合关系也有左复合和右复合之分。不论左复合运算，还是右复合运算，都构成一个群，除个别例子之外，一般不区分左、右复合运算。

表 5-7 S_3 上左复合运算∘

∘	σ_e	σ_1	σ_2	σ_3	σ_4	σ_5
σ_e	σ_e	σ_1	σ_2	σ_3	σ_4	σ_5
σ_1	σ_1	σ_e	σ_5	σ_4	σ_3	σ_2
σ_2	σ_2	σ_4	σ_e	σ_5	σ_1	σ_3
σ_3	σ_3	σ_5	σ_4	σ_e	σ_2	σ_1
σ_4	σ_4	σ_2	σ_3	σ_1	σ_5	σ_e
σ_5	σ_5	σ_3	σ_1	σ_2	σ_e	σ_4

定义 5-27 将 n 个元素的集合 A 上的置换全体记为 S_n，称群 $<S_n, \circ>$ 为 n 元对称群（symmetric group）。$<S_n, \circ>$ 的任意子群，称为集合 A 上的 n 元置换群（permutation group），简称置换群。

【例 5-28】 对于例 5-27 中的 A，它的对称群为 $<S_3, \circ>$，$S_3=\{\sigma_e,\sigma_1,\sigma_2,\sigma_3,\sigma_4,\sigma_5\}$。$S_3$ 上左复合运算∘如表 5-7 所示。由表 5-7 可知，S_3 上的二元运算∘不是可交换的，如 $\sigma_1\circ\sigma_2=\sigma_5\neq\sigma_4=\sigma_2\circ\sigma_1$，所以 $<S_3, \circ>$ 不是交换群，更不是循环群。

5.4 同态、同构

本节将讨论代数系统的同态与同构。代数系统的同态与同构就是在两个代数系统之间存在着一种特殊的映射——保持运算的映射，它是研究两个代数系统之间关系的强有力的工具。

5.4.1 同态与同构的概念及性质

定义 5-28 设 $<X, \circ>$ 和 $<Y, *>$ 是两个代数系统，∘和 $*$ 分别是 X 和 Y 上的二元运算，设 f 是从 X 到 Y 一个映射，使得对任意的 x，$y\in X$ 都有 $f(x\circ y)=f(x)*f(y)$，则称 f 为由 $<X, \circ>$ 到 $<Y, *>$ 的一个同态映射，称 $<X, \circ>$ 与 $<Y, *>$ 同态，记作 $X\sim Y$。把 $<f(X), *>$ 称为 $<X, \circ>$ 的同态像，其中 $f(X)=\{a\mid a=f(x), x\in X\}\subseteq Y$。

如果 $<Y, *>$ 就是 $<X, \circ>$，则 f 是 X 到自身的映射。当上述条件仍然满足时，就称 f 是 $<X, \circ>$ 上的自同态映射。

【例 5-29】 $\boldsymbol{M}_n(\mathbf{R})$ 表示所有 n 阶实矩阵的集合，$*$ 表示矩阵的乘法运算，则 $<\boldsymbol{M}_n(\mathbf{R}), *>$ 是一个代数系统。设 $\mathbf{R}$ 表示所有实数的集合，×表示数的乘法，则 $<\mathbf{R}, \times>$ 也是一个代数系统。定义 $\boldsymbol{M}_n(\mathbf{R})$ 到 $\mathbf{R}$ 的映射 $f: f(A)=|A|$，$A\in\boldsymbol{M}_n(\mathbf{R})$，即 f 将 n 阶矩阵 A 映射为它的行列式 $|A|$。因为 $|A|$ 是一个实数，而且当 $A,B\in\boldsymbol{M}_n(\mathbf{R})$ 时，有 $f(A*B)=f(A)\times f(B)$，所以 f 是一个同态映射，$\boldsymbol{M}_n(\mathbf{R})\sim\mathbf{R}$，且 $\mathbf{R}$ 是 $\boldsymbol{M}_n(\mathbf{R})$ 的一个同态像。

需要指出，由一个代数系统到另一个代数系统可能存在着多个同态映射。

定义 5-29 设 f 是由 $<X, \circ>$ 到 $<Y, *>$ 的一个同态映射，如果 f 是从 X 到 Y 的一个满射，则 f 称为满同态；如果 f 是从 X 到 Y 的一个单射，则 f 称为单同态；如果 f 是从 X 到 Y 的一个双射，则 f 称为同构映射，并称 $<X, \circ>$ 和 $<Y, *>$ 是同构的，记为 $X\cong Y$。若 g 是 $<A, \circ>$ 到 $<A, \circ>$ 的同构映射，则称 g 为自同构映射。

定理 5-19 设 G 是一些只有一个二元运算的代数系统的非空集合，则 G 中代数系统之间的同构关系是等价关系。

证明：因为任何一个代数系统 $<X, \circ>$ 可以通过恒等映射与它自身同构，即自反性成立。关于对称性，设 $<X, \circ>$ 与 $<Y, *>$ 之间有同构映射 f，因为 f 的逆映射是由 $<Y, *>$ 到 $<X, \circ>$ 的同构映射，所以 $<Y, *>$ 与 $<X, \circ>$ 之间也存在同构映射，所以满足对称性的条件。最后，如果 f 是由 $<X, \circ>$ 到 $<Y, *>$ 的同构映射，g 是由 $<Y, *>$ 到 $<U, \Delta>$ 的同构映射，那么 $g\circ f$ 就是 $<X, \circ>$

到$<U,\Delta>$的同构映射。因此，同构关系是等价关系。证毕。

【例 5-30】 ① 设f:$\mathbf{Q}\to\mathbf{R}$ 定义为对任意 $x\in\mathbf{Q}$，$f(x)=2x$，那么f是$<\mathbf{Q},+>$到$<\mathbf{R},+>$的单同态。

② 设f:$\mathbf{Z}\to\mathbf{Z}_n$定义为对任意 $x\in\mathbf{Z}$，$f(x)=x(\bmod n)$，则f是从$<\mathbf{Z},+>$到$<\mathbf{Z}_n,+_n>$的一个满同态。

③ 设 n 是确定的正整数，集合 $H_n=\{x|x=kn,k\in\mathbf{Z}\}$，定义映射$f$:$\mathbf{Z}\to H_n$为对任意的 $x\in\mathbf{Z}$，$f(x)=kx$，那么，f是$<\mathbf{Z},+>$到$<H_n,+>$的一个同构映射，所以，$\mathbf{Z}\cong H_n$。

不同的代数系统，如果它们同构，就可以抽象地把它们看作是本质上相同的代数系统，所不同的只是所用的符号不同，这样还可以由一个代数系统研究另一个代数系统。下面的一些结论提供了这样的思路。

定理 5-20　设f是代数系统$<X,\circ>$到$<Y,*>$的满同态。

① 若$\circ$可交换，则 $*$ 可交换。

② 若$\circ$可结合，则 $*$ 可结合。

③ 若代数系统$<X,\circ>$有单位元 e，则 $e'=f(e)$是$<Y,*>$的单位元。

定理 5-21　设f是从代数系统$<X,\circ>$到代数系统$<Y,*>$的同态映射。

① 如果$<X,\circ>$是半群，则$<f(X),*>$是半群。

② 如果$<X,\circ>$是含幺半群，则$<f(X),*>$是含幺半群。

③ 如果$<X,\circ>$是群，则$<f(X),*>$是群。

推论 5-1　设f是从代数系统$<X,\circ>$到代数系统$<Y,*>$的满同态。

① 如果$<X,\circ>$是群，则$<Y,*>$是群。

② 如果$<X,\circ>$是群，$<H,\circ>$是$<X,\circ>$的子群，则$<f(H),*>$是群$<Y,*>$的子群。

定理 5-22　设f是从群$<X,\circ>$到群$<Y,*>$的同态映射，$<S,*>$是$<Y,*>$的子群，记 $H=f^{-1}(S)=\{a|a\in X$，且$f(a)\in S\}$，则$<H,\circ>$是$<X,\circ>$的子群。

定义 5-30　设f是由群$<X,\circ>$到群$<Y,*>$的同态映射，e'是 Y 中的单位元。记 $\ker(f)=\{a|a\in X$，且$f(a)=e'\}$，称 $\ker(f)$称为同态映射f的核，简称f的同态核。

推论 5-2　设f是由群$<X,\circ>$到群$<Y,*>$的同态映射，则f的同态核 $\ker(f)$是 X 的子群。

5.4.2　同余

定义 5-31　设$<A,\circ>$是一个代数系统，$\circ$是 A 上的一个二元运算。R 是 A 上的一个等价关系。如果当$<x_1,x_2>$，$<y_1,y_2>\in R$ 时，有$<x_1\circ y_1,x_2\circ y_2>\in R$，则称 R 为 A 上关于$\circ$的同余关系。由这个同余关系将 A 划分成的等价类称为同余类。

【例 5-31】 恒等关系是任何一个具有一个二元运算的代数系统上的同余关系。

【例 5-32】 设代数系统$<\mathbf{Z},+>$上的关系 R 为：对于 x，$y\in\mathbf{Z}$，$xRy\Leftrightarrow x\equiv y(\bmod m)$，则 R 是 $\mathbf{Z}$ 上的等价关系，且$<\mathbf{Z},+>$上的同余关系。因为，若 aRb、cRd，则 $a\equiv b(\bmod m)$，$c\equiv d(\bmod m)$，即存在 k_1，$k_2\in\mathbf{Z}$ 使得 $a-b=k_1*m$，$c-d=k_2*m$，所以$(a+c)-(b+d)=(a-b)+(c-d)=(k_1+k_2)m$，所以$(a+c)\equiv(b+d)(\bmod m)$，即$(a+c)R(b+d)$，故 R 是$<\mathbf{Z},+>$上的同余关系。还可以证明 R 也是$<\mathbf{Z},\cdot>$和$<\mathbf{Z},->$上的同余关系。

【例 5-33】 设$A=\{a,b,c,d\}$，在A上定义关系$R=\{<a,a>,<a,b>,<b,a>,<b,b>,<c,c>,<c,d>,<d,c>,<d,d>\}$，则$R$是$A$上的等价关系。$\circ$和$*$分别由表 5-8 和表 5-9 的定义，它们都是$A$上的二元运算，$<A,\circ>$和$<A,*>$是两个代数系统。容易验证，$R$是$A$上关于运算$\circ$的同余关系，同余类为$\{a,b\}$和$\{c,d\}$。

表 5-8 运算$\circ$的定义

$\circ$	a	b	c	d
a	a	a	d	c
b	b	a	d	a
c	c	b	a	b
d	d	d	b	a

表 5-9 运算$*$的定义

$*$	a	b	c	d
a	a	a	d	c
b	b	a	d	a
c	c	b	a	b
d	c	d	b	a

由于对$<a,b>$，$<c,d>\in R$有$<a*c,b*d>=<d,a>\notin R$。所以R不是A上关于运算$*$的同余关系。

由上例可知，在A上定义的等价关系R，不一定是A上的同余关系，这是因为同余关系必须与定义在A上的二元运算密切相关。

定理 5-23 设$<X,\circ>$和$<Y,*>$是两个具有二元运算的代数系统，f是$<X,\circ>$到$<Y,*>$的同态映射，则X上的关系$R_f=\{<x,y>|f(x)=f(y),x、y\in X\}$是同余关系。

证明：易得，R_f是X上的等价关系。因为f是同态映射，所以，若$x_1R_fy_1$，$x_2R_fy_2$，则$f(x_1\circ x_2)=f(x_1)*f(x_2)=f(y_1)*f(y_2)=f(y_1\circ y_2)$，即$(x_1\circ x_2)R_f(y_1\circ y_2)$，故$R_f$是一个同余关系。

形象地说，一个代数系统的同态像可以看作是当抽去该系统中某些元素的次要特性的情况下，对该系统的一种粗略描述。如果把属于同一个同余类的元素看作是没有区别的，那么原系统的性态可以用同余类之间的相互关系来描述。

5.5 环、域、格和布尔代数

本节讨论含有多个运算的代数结构，环、域、格和布尔代数。

5.5.1 环

下面用符号+和·表示二元运算，分别称为加、乘运算，但不一定是数加和数乘，并对它们沿用数加、数乘的术语及运算约定，例如，a和b的积表示为ab，n个a的和$a+\cdots+a$表示为na，n个a的积表示为a^n等。

定义 5-32 若代数结构$<\mathfrak{R},+,\cdot>$满足如下条件，则称$<\mathfrak{R},+,\cdot>$为环（ring），在不引起歧义的情况下，也称$\mathfrak{R}$为环。

① $<\mathfrak{R},+>$是阿贝尔群。

② $<\mathfrak{R},\cdot>$是半群。

③ 乘运算对加运算满足分配律，即对于$a,b,c\in\mathfrak{R}$，$a(b+c)=ab+ac$，$(b+c)a=ba+ca$。

【例 5-34】① $\mathbf{Z}$ 为整数集，+，·为数加与数乘运算，则$<\mathbf{Z},+,\cdot>$为环。

② 代数结构$<\mathbf{N}_k,+_k,\times_k>$为环，因为已知$<\mathbf{N}_k,+_k>$为加群，$<\mathbf{N}_k,\times_k>$为半群，此外，

$$\begin{aligned} a\times_k(b+_k c) &= a\times_k((b+c) \bmod k) &&= (a(b+c)\ (\bmod k)) \bmod k \\ &= (a(b+c)) \bmod k &&= (ab+ac) \bmod k \\ &= ab(\bmod k)+_k ac(\bmod k) &&= a\times_k b+_k a\times_k c \end{aligned}$$

同理可证$(b+_k c)\times_k a=b\times_k a+_k c\times_k a$。

③ 所有整数分量的 $n\times n$ 方阵集合 $\boldsymbol{M}_n(\mathbf{Z})$ 与矩阵加运算+及矩阵乘运算·构成一环，即$<\boldsymbol{M}_n(\mathbf{Z}),+,\cdot>$为环。

④ 所有以 x 为变元的实系数多项式的集合 $\mathbf{R}[x]$ 与多项式加法和乘运算构成环，即$<\mathbf{R}[x],+,\cdot>$为环。

⑤ $<\{0\},+,\cdot>$（其中0为加法单位元、乘法零元）为环，称为零环。

⑥ $<\{0,e\},+,\cdot>$（其中0为加法单位元、乘法零元，e 为乘法单位元）为环。

环有下列基本性质。

定理 5-24 设$<\mathfrak{R},+,\cdot>$为环，0为加法单位元，那么对任意 a，b，$c\in\mathfrak{R}$，

① $0\cdot a=a\cdot 0=0$（加法单位元必为乘法零元）。

② $(-a)\cdot b=a\cdot(-b)=-a\cdot b$（$-a$ 表示 a 的加法逆元）。

③ $(-a)\cdot(-b)=a\cdot b$。

④ 若用 $a-b$ 表示 $a+(-b)$，则$(a-b)\cdot c=a\cdot c-b\cdot c$，$c\cdot(a-b)=c\cdot a-c\cdot b$。

证明：① $0=a\cdot 0+(-a)\cdot 0=a\cdot(0+0)+(-a)\cdot 0=a\cdot 0+a\cdot 0+(-a)\cdot 0=a\cdot 0$。同理可证$0\cdot a=0$。

② $(-a)\cdot b=a\cdot b+(-a\cdot b)+(-a)\cdot b=(a+(-a))\cdot b+(-a\cdot b)=0\cdot b+(-a\cdot b)=-a\cdot b$。同理可证 $a\cdot(-b)=-a\cdot b$。

③ 类似②的证明方法。

④ $(a-b)\cdot c=[a+(-b)]\cdot c=a\cdot c+(-b)\cdot c=a\cdot c+(-b\cdot c)=a\cdot c-b\cdot c$。同理可证 $c\cdot(a-b)=c\cdot a-c\cdot b$。

注意，$<\mathfrak{R},+,\cdot>$中乘运算未必满足交换律，也未必有单位元，但一定有零元。

定义 5-33 环$<\mathfrak{R},+,\cdot>$中·运算满足交换律时，称$\mathfrak{R}$为交换环（commutative rings），当·运算有单位元时，称$\mathfrak{R}$为含幺环（ring with unity）。

例 5-34 中①、②、③是含幺交换环，③是含幺环。环不仅必有零元，还可能有零因子。

定义 5-34 设$<\mathfrak{R},+,\cdot>$为环，若有非零元素 a，b 满足 $a\cdot b=0$，则称 a、b 为$\mathfrak{R}$的零因子（divisor of 0），并称$\mathfrak{R}$为含零因子环，否则称$\mathfrak{R}$为无零因子环。

【例 5-35】在环$<\mathbf{N}_6,+_6,\times_6>$中，0是零元，2、3为零因子，因为 $2\times_6 3=0$。在环$<\boldsymbol{M}_2(\mathbf{Z}),+,\cdot>$中有零因子$\begin{pmatrix}1 & -1\\ -1 & 1\end{pmatrix}$和$\begin{pmatrix}1 & 1\\ 1 & 1\end{pmatrix}$，因为$\begin{pmatrix}1 & -1\\ -1 & 1\end{pmatrix}\cdot\begin{pmatrix}1 & 1\\ 1 & 1\end{pmatrix}=\begin{pmatrix}0 & 0\\ 0 & 0\end{pmatrix}$。所以它是矩阵加的单位元。

定义 5-35 整环 $<\mathfrak{R},+,\cdot>$是至少有两个元素的交换环，如果$\mathfrak{R}$没有零因子，则称$\mathfrak{R}$是整环。

【例 5-36】$\mathbf{Z}$、$\mathbf{Q}$ 和 $\mathbf{R}$ 都是整环。

5.5.2 域

定义 5-36 如果<F,+,·>为环，且<F-{0},·>为阿贝尔群，则称<F,+,·>为域(fields)。

由于群无零因子，因此域必定是整环。事实上，域也可定义为每个非零元素都有乘法逆元的整环。

【例 5-37】 <**Q**,+,·>为域，但<**Z**,+,·>不是域，因为在整数集中整数没有乘法逆元。<$\mathbf{N}_5$,$+_5$,$\times_5$>为域，1 和 4 的逆元是 4 和 1，2 和 3 互为逆元。但<$\mathbf{N}_6$,$+_6$,$\times_6$>不是域，它甚至不是整环，因为它有零因子，2 和 3 没有乘法逆元。

定理 5-25 <$\mathbf{N}_p$,$+_p$,$\times_p$>为域当且仅当 p 为质数。

证明： 设 p 不是质数，由上例可知 $\mathbf{N}_p$有零因子（p 的因子），故<$\mathbf{N}_p$,$+_p$,$\times_p$>不是域。

反之，当 p 为质数时，可证 $\mathbf{N}_p$ 中所有非零元素都有$\times_p$运算的逆元，从而含幺交换环<$\mathbf{N}_p$,$+_p$,$\times_p$>为域。

设 q 是 $\mathbf{N}_p$中任一非零元素，那么 q 与 p 互质。根据数论知识，有整数 m，n 使 $mp+nq=1$,从而$(mp+nq)(\bmod p)=1$，即 $mp(\bmod p)+_p nq(\bmod p)=1$,$0+n(\bmod p)\times_p q(\bmod p)=1$，或 $n(\bmod p)\times_p q=1$，因此 q 有逆元 $n(\bmod p)$。证毕。

定理 5-26 有限整环都是域。

证明： 设<$\mathfrak{R}$,+,·>为有限整环，由于<$\mathfrak{R}$,·>为有限含幺交换半群，因此<$\mathfrak{R}$,·>为阿贝尔群，因而<$\mathfrak{R}$,+,·>为域。证毕。

定理 5-27 设<F,+,·>为域，那么 F 中的非零元素在<F,+>中有相同的阶。

证明： 当<F,+>中每个元素都是无限阶时，定理当然真。当<F,+>中有非零元素 a 具有有限阶 n，欲证<F,+>中任一元素 b 的阶亦必是 n。

事实上，$(nb)\cdot a=b\cdot(na)=0$，而 F 无零因子，且 $a\neq0$。故 $nb=0$，因此 b 的阶不超过 n（a 的阶）。

现设 b 的阶为 m。由$(ma)\cdot b=a\cdot(mb)=0$，可知 $ma=0$，因此，a 的阶（n）不超过 m（b 的阶）。

故 a 的阶等于 b 的阶。证毕。

5.5.3 格

定义 5-37 对于有序集<$\underline{\boldsymbol{L}}$,≤>，如果 $\underline{\boldsymbol{L}}$ 中的任何两个元素的子集都有上确界和下确界，则称它为格（lattice）。

只要一个偏序集中任意子集都有上、下确界就是格了，通常用 $a\vee b=\mathrm{LUB}(a,b)$表示$\{a,b\}$的最小上界（least upper bound），即上确界；用 $a\wedge b=\mathrm{GLB}(a,b)$表示$\{a,b\}$的最大下界（greatest lower bound），即下确界；∨和∧分别称为保联（join）和保交（meet）运算，并且可以证明：如果<$\underline{\boldsymbol{L}}$,≤>是格，则运算∨和∧满足交换律、结合律、幂等律和吸收律。由运算∨和∧可以诱导出一个代数系统<$\underline{\boldsymbol{L}}$,∨,∧>，同样的，只要∨和∧满足交换律、结合律、幂等律和吸收律，如下定义在 $\underline{\boldsymbol{L}}$ 上的关系≤也是序关系：对任意 a，$b\in\underline{L}$，$a\leqslant b$，当且仅当 $a\wedge b=a$。所以，格的另一个等价定义如下。

定义 5-38 设<$\underline{\boldsymbol{L}}$,∗,∘>是代数系统，∗和∘是二元运算，如果∗和∘满足交换律、幂

等律、结合律和吸收律，则称<$\underline{L}$, $*$, $\circ$>为格。

【例5-38】① 对任意集A，有序集<2^A, $\subseteq$>为格，其中保联、保交运算即为集合的并、交运算，即$B \vee C = B \cup C$，$B \wedge C = B \cap C$。

② 设$\mathbf{Z}_+$表示正整数集，$\mid$表示$\mathbf{Z}_+$上整除关系，那么<$\mathbf{Z}_+$, $\mid$>为格，其中保联、保交运算为求两正整数最小公倍数和最大公约数的运算，即$m \vee n = lcm(m,n)$，$m \wedge n = gcd(m,n)$。

③ 全序集<$\underline{L}$, $\leqslant$>都是格，其中保联、保交运算可如下规定：对任何a，$b \in \underline{L}$。

$$a \vee b = \begin{cases} a, b \leqslant a \\ b, a \leqslant b \end{cases} \qquad a \wedge b = \begin{cases} b, b \leqslant a \\ a, a \leqslant b \end{cases}$$

④ 设P为命题公式集合，重言蕴含关系$\Rightarrow$为P上的序关系，对任何命题公式A和B，$A \vee B = A \vee B$，$A \wedge B = A \wedge B$，那么<P, $\Rightarrow$>为格。

设$\geqslant$表示序关系$\leqslant$的逆关系，那么据逆关系的性质有下列对偶原理。

定理5-28 A为格<$\underline{L}$, $\leqslant$>上的真表达式，当且仅当A^*为<$\underline{L}$, $\geqslant$>上的真表达式，这里A^*称为A的对偶式，即将A中符号$\vee$，$\wedge$，$\leqslant$分别改为$\wedge$，$\vee$，$\geqslant$后所得的公式，而$a \geqslant b$意即$b \leqslant a$。

【例5-39】格<2^S, $\subseteq$>中的真表达式$A \cap B \subseteq A$有对偶真表达式$A \cup B \supseteq A$。格<P, $\Rightarrow$>中真表达式$p \wedge q \Rightarrow q$有对偶真表达式$q \Rightarrow p \vee q$。

格有如下的性质。设<$\underline{L}$, $\leqslant$>为格，那么对$\underline{L}$中任何元素a，b，c有

① $a \leqslant a \vee b$，$b \leqslant a \vee b$；$a \wedge b \leqslant a$，$a \wedge b \leqslant b$。

② 若$a \leqslant b$，$a \leqslant c$，则$a \leqslant b \vee c$；若$b \leqslant a$，$c \leqslant a$，则$b \wedge c \leqslant a$。

③ 若$a \leqslant b$，$c \leqslant d$，则$a \vee c \leqslant b \vee d$，$a \wedge c \leqslant b \wedge d$。

④ 若$a \leqslant b$，则$a \vee c \leqslant b \vee c$，$a \wedge c \leqslant b \wedge c$。

⑤ $a \vee a = a$，$a \wedge a = a$。 （幂等律）

⑥ $a \vee b = b \vee a$，$a \wedge b = b \wedge a$。 （交换律）

⑦ $a \vee (b \vee c) = (a \vee b) \vee c$；$a \wedge (b \wedge c) = (a \wedge b) \wedge c$。 （结合律）

⑧ $a \wedge (a \vee b) = a$，$a \vee (a \wedge b) = a$。 （吸收律）

⑨ $a \leqslant b$当且仅当$a \wedge b = a$当且仅当$a \vee b = b$。

⑩ $a \vee (b \wedge c) \leqslant (a \vee b) \wedge (a \vee c)$。

⑪ $a \leqslant c$当且仅当$a \vee (b \wedge c) \leqslant (a \vee b) \wedge c$。

在格的定义中，没有提到满足分配律，当满足分配律时，称这样的格为分配格。

定义5-39 格<$\underline{L}$, $\vee$, $\wedge$>被称分配格，如果$\vee$和$\wedge$满足分配律，即对任意a，b，$c \in \underline{L}$，有$a \wedge (b \vee c) = (a \wedge b) \vee (a \wedge c)$和$a \vee (b \wedge c) = (a \vee b) \wedge (a \vee c)$成立。

定义5-40 格<$\underline{L}$, $\vee$, $\wedge$>称为完全格（complete lattice），如果$\underline{L}$的所有非空子集都有上确界和下确界。

设$S \subseteq \underline{L}$，那么$S$的上确界记为$\vee S$或$\vee_{a \in S} a$，下确界记为$\wedge S$或$\wedge_{a \in S} a$。$\underline{L}$的上确界记为1，下确界记为0。

定义5-41 对于格<$\underline{L}$, $\vee$, $\wedge$>，如果$\underline{L}$中既有上确界1，又有下确界0，称为有界格（bounded lattice），0、1称为$\underline{L}$的界（bound），记为<$\underline{L}$, $\vee$, $\wedge$, 0, 1>。

【例5-40】例5-38中的①和④所定义的格都是有界格。

定义5-42 设<$\underline{L}$, $\vee$, $\wedge$>为有界格，a为$\underline{L}$中一元素，如果$a \vee b = 1$且$a \wedge b = 0$，称b

为 a 的补元或补（complements）。

应当注意补元的下列特点。

① 补元是相互的，即 b 是 a 的补元，那么 a 也是 b 的补元。

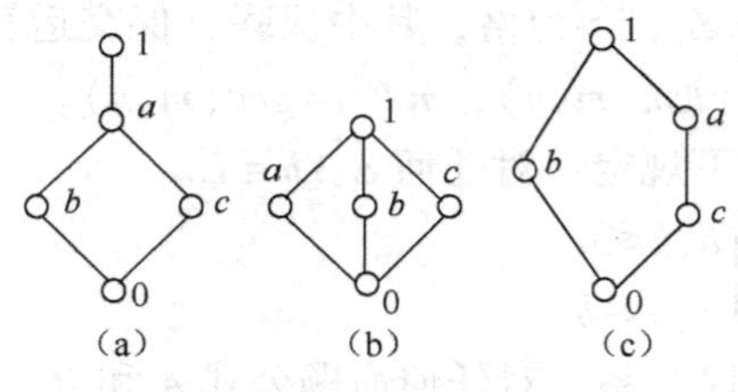

图 5-2　格示例

② 0 和 1 互为补元。

③ 并非有界格中每个元素都有补元，而一个元素的补元也未必唯一。图 5-2（a）中除 0、1 之外没有元素有补元；图 5-2（b）中元素 a、b、c 两两互为补元；图 5-2（c）中 c 有补元 b，而 b 有补元 a 或 c。

定义 5-43　有界格 $\langle \boldsymbol{L}, \vee, \wedge \rangle$ 称为有补格（complemented lettice），如果 $\boldsymbol{L}$ 中每个元素都有补元。

【例 5-41】 ① 图 5-2（a）不是有补格，图（b）和图（c）是有补格。

② 多于两个元素的链都不是有补格。

5.5.4　布尔代数

定义 5-44　有补分配格称为布尔代数（boolean algebra）。

事实上，也可以用几个特征性来定义布尔代数。

定义 5-45　设 $\vee$ 和 $\wedge$ 为 $\dot{\boldsymbol{B}}$ 上二元运算，如果 $\dot{\boldsymbol{B}}$ 满足下列条件，则称代数系统 $\langle \dot{\boldsymbol{B}}, \vee, \wedge \rangle$ 为布尔代数，一般用 $\langle \dot{\boldsymbol{B}}, \vee, \wedge, ', 0, 1 \rangle$ 表示布尔代数，$'$ 为求补运算。

① 运算 $\vee$，$\wedge$ 满足交换律。

② $\vee$ 运算对 $\wedge$ 运算满足分配律，$\wedge$ 运算对 $\vee$ 运算也满足分配律。

③ $\dot{\boldsymbol{B}}$ 有 $\vee$ 运算单位元和 $\wedge$ 运算零元 0，$\wedge$ 运算单位元和 $\vee$ 运算零元 1。

④ 对 $\dot{\boldsymbol{B}}$ 中每一元素 a，均存在元素 a'，使 $a \vee a' = 1$，$a \wedge a' = 0$。

为证定义 5-44 与定义 5-45 等价，只要证 $\dot{\boldsymbol{B}}$ 为格，进而由②、③、④可断定 $\dot{\boldsymbol{B}}$ 为有补分配格。

【例 5-42】 ① 在 $\langle \dot{\boldsymbol{B}}, \vee, \wedge, \sim, 0, 1 \rangle$ 中取 $\dot{\boldsymbol{B}} = \{0, 1\}$，得 $\langle \{0, 1\}, \vee, \wedge, \sim, 0, 1 \rangle$ 为一布尔代数，其中 ~ 为非运算。

② 对任意集合 A，$\langle 2^A, \cup, \cap, \sim, \varnothing, A \rangle$，其中 ~ 为一元求补集的运算。

③ $\langle \boldsymbol{P}, \vee, \wedge, \neg, 0, 1 \rangle$ 为布尔代数。这里 $\boldsymbol{P}$ 为命题公式集，$\vee$，$\wedge$，$\neg$ 为析取、合取、否定等真值运算，0 和 1 分别为永假命题、永真命题。

④ 设 B_n 为由真值 0，1 构成的 n 元序组组成的集合，即

$$B_n = \{\langle a_1, a_2, \cdots, a_n \rangle \mid a_i = 0 \text{ 或 } a_i = 1,\ i = 1, 2, \cdots, n\}$$

在 B_n 上定义运算（以下用 a 表示 $\langle a_1, a_2, \cdots, a_n \rangle$，0 表示 $\langle 0, 0, \cdots, 0 \rangle$，1 表示 $\langle 1, 1, \cdots, 1 \rangle$）：

$$a \vee b = \langle a_1 \vee b_1, a_2 \vee b_2, \cdots, a_n \vee b_n \rangle$$

$$a \wedge b = \langle a_1 \wedge b_1, a_2 \wedge b_2, \cdots, a_n \wedge b_n \rangle$$

$$\neg a = \langle \neg a_1, \neg a_2, \cdots, \neg a_n \rangle$$

那么，$\langle B_n, \vee, \wedge, \neg, 0, 1 \rangle$ 为一布尔代数，称为开关代数。

定义 5-46　称 $\langle \dot{B}', \vee, \wedge, ', 0, 1 \rangle$ 为布尔代数 $\langle \dot{B}, \vee, \wedge, ', 0, 1 \rangle$ 的子代数，如果 $\dot{B}' \subseteq \dot{B}$，

且$<\dot{B}',\vee,\wedge,',0,1>$为布尔代数。

定理5-29　设$<\dot{B},\vee,\wedge,',0,1>$为布尔代数，$\dot{B}'\subseteq\dot{B}$且$\dot{B}'$含有元素0、1，对运算$\vee$，$\wedge$，$'$封闭，那么$<\dot{B}',\vee,\wedge,',0,1>$为$\dot{B}$的子代数。

【例5-43】 对任何布尔代数$<\dot{B},\vee,\wedge,',0,1>$恒有子布尔代数$<\dot{B},\vee,\wedge,',0,1>$和$<\{0,1\},\vee,\wedge,',0,1>$，它们被称为$\dot{B}$的平凡子布尔代数。

5.5.5　一元多项式环

定义5-47　设K是一个数域，x是一个不定元，$a_0,a_1,a_2,\cdots$属于K，且仅有有限个不为0，称形如$f(x)=a_0+a_1x+a_2x^2+\cdots+a_nx^n+\cdots$的表达式为数域$K$上的不定元为$x$的一元多项式。数域$K$上不定元$x$的多项式的全体记作$K[x]$。

下面定义$K[x]$内加法、乘法如下：

加法+：设$f(x)=a_0+a_1x+a_2x^2+\cdots$，$g(x)=b_0+b_1x+b_2x^2+\cdots$，则定义

$$f(x)+g(x)=(a_0+b_0)+(a_1+b_1)x+(a_2+b_2)x^2+\cdots$$

为$f(x)$和$g(x)$的和。

乘法·：设$f(x)=a_0+a_1x+a_2x^2+\cdots$，$g(x)=b_0+b_1x+b_2x^2+\cdots$，令

$$c_k=a_0b_k+a_1b_{k-1}+a_2b_{k-2}+\cdots+a_kb_0(k=0,1,2,\cdots)$$

称$f(x)\cdot g(x)=c_0+c_1x+c_2x^2+\cdots$为$f(x)$和$g(x)$的乘积。

容易验证，上面定义的加法、乘法满足如下运算法则。

① 加法有交换律：$f(x)+g(x)=g(x)+f(x)$。

② 加法有结合律：$(f(x)+g(x))+h(x)=f(x)+(g(x)+h(x))$。

③ $0(x)=0+0x+0x^2+\cdots$称为零多项式，满足$\forall f(x)\in K[x]$，$f(x)+0(x)=f(x)$。

④ 任意$f(x)=a_0+a_1x+a_2x^2+\cdots$，都有逆元$-f(x)=-a_0+(-a_1)x+(-a_2)x^2+\cdots$，使得$f(x)+(-f(x))=0$。

⑤ 乘法有交换律：$f(x)\cdot g(x)=g(x)\cdot f(x)$。

⑥ 乘法有结合律：$(f(x)\cdot g(x))\cdot h(x)=f(x)\cdot(g(x)\cdot h(x))$。

⑦ $I(x)=1+0x+0x^2+\cdots$称为（乘法的）单位元，使得$\forall f(x)\in K[x]$有$f(x)\cdot I(x)=f(x)$。

⑧ 加法与乘法有分配律：$f(x)\cdot(g(x)+h(x))=f(x)\cdot g(x)+f(x)\cdot h(x)$。

⑨ 乘法有消去律：如果$f(x)\cdot g(x)=f(x)\cdot h(x)$且$f(x)\neq0$，那么$g(x)=h(x)$。

定义5-48　$K[x]$连同上面定义的加法与乘法，称为数域K上的一元多项式环。

5.6　数据类型的代数规格说明

所谓数据类型就是具有相同属性的数据的集合以及定义在其上的操作。从一定意义上看，数据类型就是代数，如C语言、C++语言和Java语言中，整型是一种基本数据类型，是整数集**Z**及其上面的加（+）、减（-）、乘（*）、除（/）和取余（%）操作，对于操作满足的条件以公理化的形式描述出来，它们形成了一个代数系统$<\mathbf{Z},+,-,*,/,\%>$。同样的，对于构造性的数据类型，例如类，也可以用代数系统表示出来。如此处理之后，数据集就成为代数系统的论域，操作集就变成了代数系统的算子集，公理规定了算子的组合规则和

约束。算子集和域上值集的关系正好是代数系统研究的范畴。正是由于域上值都可以用算子生成，算子集及其约束就成了论域的语法。同样，域上值反映了语义。这种方法可以用代数规格说明的方式给出，因此，代数规格说明成为语法、语义一体化描述的形式基础。在程序语言的类型检查、类型多态、抽象数据类型、正确性证明、面向对象中得到广泛应用。抽象代数的方法只注重操作的性质，也就是计算的语义，简化了复杂的软件处理，这也是它的优点之一。

从另外一个角度上看，程序由数据（对象）集和该数据集上的操作集构成，从代数的意义上写一个程序就是构造一具体代数。程序员在设计程序时如能构造抽象代数，把它写成规格说明，再通过中间形式变为实现，可以看作是同态映射变成不同的代数，这就是公理化自动程序设计的模型，Alphard、CLU、ML 等试图实现这个模型，商用语言 Modala-2，Ada 等部分采用这种办法，特别是在抽象数据类型的描述方面。

5.6.1 代数系统的规格说明

对于半群<S, * >，* 是 S 上的满足结合律的操作，即对于任意 x，y，$z\in S$，$x*(y*z)=(x*y)*z$。除了语义上的描述之外，还需要考虑语法上描述的问题，特别是语法上的有限描述，对于计算机的实现来说很重要。关于半群的有限语法描述如图 5-3（a）所示。

独异点是一个有单位元的半群，可以在原来半群的规格说明的基础上再增加新的一个常量符号 e，以及两个等式 $e*m=m$ 和 $m*e=m$，就得到了独异点的规格说明，如图 5-3（b）所示。在规格说明中通常把常元看作是 0 元运算。

```
semigroup=
    sorts: S
    opns:  *: S,S→S
    eqns:  x, y, z∈S,
           x*(y*z)=(x*y)*z
```

（a）半群的规格说明

```
monoid=semigroup+
    opns:  e: →S
    eqns:  x∈S
           e*x=x
           x*e=x
```

（b）独异点的规格说明

```
group=monoid+
    opns:  ( )^-1: S→S
    eqns:  x∈S
           x*x^-1=e
           x^-1*x=e
```

（c）群的规格说明

图 5-3 一些代数结构的规格说明

```
ring=semigroup+
    opns:  0: →S
           -: S→S
           +:
    eqns:  x, x1, x2, x3∈S
           (x1+x2)+x3=x1+(x2+x3)
           x1+x2=x2+x1
           x+0=x
           x+(-x)=0
           x1*(x2+x3)=x1*x2+x1*x3
           (x1+x2)*x3=x1*x3+x2*x3
```

图 5-4 环的代数规格说明

群是每个元素都有逆元的独异点，所以在独异点的规格说明中增加求逆元的算子$(\ )^{-1}$以及关于该操作的公理，就得到了群的规格说明，如图 5-3（c）所示。

对于代数结构<S,+, * >，+和 * 是二元运算，若<S, * >是半群，<S,+>是阿贝尔群，则该代数系统被称为环。从另一个角度看，就是要求二元运算+和 * 满足交换律和结合律，* 关于+满足分配律，有一个加法的单位元 0，还有一个求“+”逆元的一元操作“-”等。可以利用半群的规格说明来构造环的规格说明，如图 5-4 所示。

以上讨论了代数系统中半群、独异点、群和环的代数规格说明，也初步了解了代数规格说明的形式，下面介绍数据类型的代数规格说明。

5.6.2 数据类型的代数规格说明

这里主要介绍一些简单数据类型的代数规格说明，目的是让读者了解代数系统在计算机程序描述中的形式和作用。

1. 布尔类型的代数规格说明

布尔数据类型的代数规格说明如图 5-5 所示。这样，就得到了一个代数系统<bool,not,and,or>的代数系统，其中集合 bool={true,false},true 和 false 均为常量。

2. 自然数类型的代数规格说明

布尔类型的值域通过给定的操作和等式出现，多次复合即可获得。直观上看，它是{true,false}的有限集，操作集描述了这些值具有的性质。自然数集是一个无限集合，为了有限表示这个无限集合，需要引进一个求后继的操作，记为 succ，也称为“+1”操作，再把 0 定义为自然数集中的常量，其他的数都可以通过 succ 操作生成，如 1≡succ(0)，2≡succ(succ(0))，3≡succ(succ(succ(0)))等，这样自然数集就可以表示成{0,succ(0),succ(succ(0)),…}，它与以阿拉伯数字表示的自然数集具有完全一致的代数性质。自然数集上的比较运算得到的是一个布尔值，这样，自然数集的代数规格说明就以布尔类型的代数规格说明为基础，如图 5-6 所示。由给定的公理可推演出其他等式，如 pred(3)=2，有 pred(succ(succ(succ(0)))=succ(succ(0))；再如 1*n=n，有 succ(0)*n≡n+(0*n)≡n+0≡0+n。

3. 参数化规格说明

下面介绍带参数的规格说明，这里首先以自然数链表为例进行说明。前面已经给出了自然数的规格说明，对于链表，需要定义一个 List 类别，其运算性质不外乎增加一个元素、取表头、取表尾、求表长。还必须定义表常量（empty_list），任何自然数表是空表与自然数的多次组合：cons(c_j,…cons(c_i,cons(c_l,empty_list))…)，其中 c_j，c_i，c_l为自然数。具体内容如图 5-7 所示。

```
bool=
  sorts: bool
  opns: true: →bool
        false: →bool
        not: bool→bool
        and: bool, bool→bool
        or: bool, bool→bool
  eqns: t, u∈bool
        not(true)= false
        not(flase)=true
        t and true = t
        t and false = false
        t and u = u and t
        t or true = true
        t or false = t
        t or u = u or t
```

图 5-5　布尔类型的规格说明

```
nat=bool+
  sorts: nat
  opns: 0: →nat
        succ: nat → nat
        pred: nat → nat
        <: nat, nat → bool
        >: nat, nat → bool
        +: nat, nat → nat
        *: nat, nat → nat
  eqns  n, m∈nat
        pred(succ(n)) = n
        pred(0) = 0
        0 < 0= false
        0 < succ(n) = true
        succ(n) < 0 = false
        succ(n) < succ(m) = n < m
        n > m = m < n
        0 is 0 = true
        0 is succ(n) = false
        0+n = n
        succ(n)+m = succ(n+ m)
        n + m = m + n
        0 * n = 0
        succ(n)*m=m+(n*m)
        n*m = m*n
```

图 5-6　自然数类型的规格说明

```
nat_list(nat)= nat+
sorts List
opns    empty_list: →List
        cons: nat, List→List
        head: List→List
        tail: List→List
        length: List→nat
eqns    c∈nat, L∈List
        head(cons(c, L)) = c
        tail(cons(c, L)) = L
        tail(empty_list) = empty_list
        length(empty_list) = 0
        length(cons(c,L))=succ(length(L))
```

图 5-7　链表的代数规格说明

5.6.3 SPEC-代数

5.2 节、5.3 节、5.4 节和 5.5 节介绍的一些代数系统，如半群、独异点、群、环和域，都是一些抽象概念，涉及的集合都是一个，操作也是定义在这个集合的笛卡儿积之上的，5.6.2 节介绍的简单数据类型的代数规格说明中，涉及的已经不是一个集合，例如，自然数的代数规格说明中，涉及了自然数集合和布尔集合，为了形式上的统一，需要对代数系统的形式定义统一起来，下面就来讨论如何用代数的方法来描述数据类型。

定义 5-49 基调（Signature） 称SIG=<S,OP>为基调，其中 S 为类别的集合；$OP=(\cup_{s\in S}K_s)\cup(\cup_{w\in S+,s\in S}OP_{w,s})$为常量和运算符的集合，对于 $w\in S^+$，$s\in S$，K_s表示类别 s 的常量的集合，$OP_{w,s}$表示变量类别为 w、值域为 S 的操作符的集合。

【例 5-44】 对于 5.6.1 和 5.6.2 中的代数规格说明的例子 semigroup、monoid、group、ring、bool 和 nat 中，把公理去掉，剩下的内容构成基调。例如，自然数的基调描述如下：<{nat,bool}，{true,false,0,not,and,or,succ,pred,<,>,+,*}>。

定义 5-50 SIG-代数 称基调 SIG=<S,OP>的代数 A=<S_A,OP_A>为 SIG-代数，其中的两个簇 $S_A=(A_s)_{s\in S}$和 $OP_A=(N_A)_{N\in OP}$的定义如下：

① 对于任意 $s\in \boldsymbol{S}$，A_s是一个集合，称为 $\boldsymbol{A}$ 的域。

② 对于任意常量符 $N\in K_s$，即 $N:\to s$，且 $s\in S$，$N_A\in A_s$是 A 的常量。

③ 对任意操作 $N\in OP_{s1\cdots sn,s}$（即 $N:s_1\cdots s_n\to s$）、$s_1\cdots s_n\to S^+$和 $s\in S$，称 $N_A:As_1\times\cdots\times As_n\to As$ 为 $\boldsymbol{A}$ 的操作。这里的“×”是笛卡儿积。

【例 5-45】 设 N 是一自然数集，Bool={0,1}，OP_N={true$_N$,false$_N$,0$_N$,not$_N$,and$_N$,or$_N$,succ$_N$,pred$_N$,$<_N$,$>_N$,$+_N$,$*_N$}，分别定义如下，则<{N},OP_N>就是例 5-44 中给出的自然数基调的一个 SIG-代数。其中，OP_N中的运算符的定义如表 5-10。

表 5-10 自然数集上运算符定义

运 算 符	具 体 定 义
0_N：$\to N$	$\text{zero}_N=0$
true_N：$\to$Bool	$\text{true}_N=1$
false_N：$\to$Bool	$\text{false}_N=0$
succ_N：$N\to N$	$\text{succ}_N(n)=n+1$
pred_N：$N\to N$	$\text{pred}_N(0)=0$ $\text{pred}_N(n+1)=n$
$+_N$：$N\times N\to N$	$+_N(n,m)=n+m$
$*_N$：$N\times N\to N$	$*_N(n,m)=nm$
$<_N$：$N\times N\to$Bool	若 $n<m$，则$<_N(n,m)=1$；否则$<_N(n,m)=0$
$>_N$：$N\times N\to$Bool	若 $n>m$，则$>_N(n,m)=1$；否则$<_N(n,m)=0$
not_N：Bool×Bool→Bool	$\text{not}_N(t_1)=\neg t_1$
and_N：Bool×Bool→Bool	$\text{and}_N(t_1,t_2)=t_1\wedge t_2$
or_N：Bool×Bool→Bool	$\text{or}_N(t_1,t_2)=t_1\vee t_2$

同样地，若 $\boldsymbol{E}$ 是偶自然数集{0,2,4,6,…}，则 OP_E={true$_E$,false$_E$,0$_E$,not$_E$,and$_E$,or$_E$,succ$_E$,pred$_E$,$<_E$,$>_E$,$+_E$,$*_E$}，只要把 succ$_E$定义为加 2，pred$_E$定义为减 2，其他运算的定义和

自然数集上的对应定义相同，则<{E,Bool},OP_E>也是一个 SIG−代数。

表 5−11 偶数集上的运算符定义

运 算 符	具 体 定 义
$succ_E: N \to N$	$succ_E(n)=n+2$
$pred_E: N \to N$	$pred_E(0)=0$
	$pred_E(n+2)=n$

定义 5−51 规格说明 一个规格说明<$S,OP,\overline{E}$>由基调 SIG=<S,OP>和 $\overline{E}$ 构成，$\overline{E}$ 是基调 SIG 上的等式组成的集合。

定义 5−52 SPEC−代数。 一个规范说明 SPEC=<$S,OP,\overline{E}$>的代数，简称 SPEC−代数，是基调<S,OP>的代数，并且该基调满足 $\overline{E}$ 中的等式。

这样，就建立起了代数和数据类型之间的关系，也就把程序的语法、语义在一个系统中得到了描述，所以，可以用代数的方法来研究程序语义，这就是所谓的代数语义。

另外，高级程序设计语言编译的过程，一般是首先把高级语言翻译成中间代码，然后再把中间代码翻译为可执行的二进制代码。那么，高级语言编写的程序可以描述为一个抽象的代数系统，中间代码也构成了一个代数系统，最后的可执行代码也是一个代数系统，从这个意义和角度上看，程序设计语言翻译的过程也就成为代数系统之间的同态或者同构映射问题。对于一个软件系统，如果能有一种合适的准确描述它功能的语言，那么就可以采用同态或者同构转换的方式实现从软件的功能描述到代码的生成，这就是软件生成自动化的公理化方法的思想。

5.7 代数系统与密码学

这一节介绍环和域在密码学中的应用，主要介绍 AES 加密算法。1997 年美国 NIST 发起公开征集高级加密标准（advanced encryption standard，AES）算法的活动，目的是寻找一个安全性能更好的分组密码算法替代 DES。AES 的基本要求是安全性能不能低于三重 DES，且执行速度比三重 DES 快。而且分组长度为 128 位，并能支持长度为 128 位、192 位、256 位的密钥。

1998 年，NIST 召开了第一次 AES 候选会议，公布了 15 个满足 AES 基本要求的算法作为候选算法，并提请公众协助分析这些候选算法。1999 年 NIST 召开了第二次 AES 获选会议，公布了第一阶段的分析和测试结果，从 15 个候选算法中选出了 5 个决赛算法（mars、rc6、rijindael、serpent 和 twofish）。2000 年，NIST 召开第三次 AES 候选会议，通过对决赛算法的安全性、速度以及通用性等要素的综合评估，最终决定比利时密码学家 Joan Daemen 和 Vincent Rijmen 提出的“Rijndael”数据加密算法修改后作为 AES。2001 年 NIST 正式公布 AES，并于 2002 年 5 月开始生效。

5.7.1 AES 方法的总体结构

该方法的总体结构如图 5−8 所示。

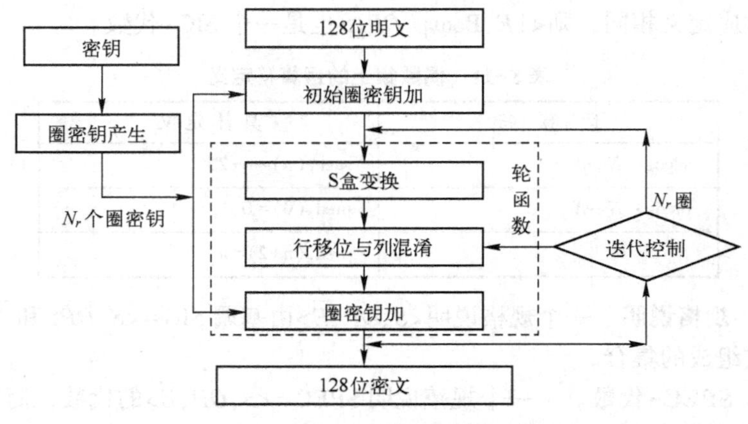

图 5-8 AES 方法的总体结构

5.7.2 数学基础

5.5 节讨论了域的概念，进一步地，域中的元素个数是有限的则称该域为有限域。在密码学中，有限域 $GF(p)$ 是一个很重要的域，其中 p 为素数。简单来说，$GF(p)$ 就是 mod p，因为一个数模 p 后，结果在 $[0,p-1]$ 之间。对于元素 a 和 b，那么 $(a+b)$ mod p 和 $(a*b)$ mod p，其结果都是域中的元素。$GF(p)$ 里面的加法和乘法都是平时用的加法和乘法，再模 p 即可。$GF(p)$ 的加法和乘法单位元分别是 0 和 1。

对于逆元，在整数范围内，对任何一个整数 n，不可能存在一个整数 m，使得普通意义上的乘法 $n*m=1$，但对于模 p 运算，是可能。例如，$(3*5)$ mod $7=1$，5 是 3 的乘法逆元，3 是 5 的乘法逆元。可以用扩展的欧几里得算法求乘法逆元，详细的内容请读者参阅相关书籍。

为什么 p 一定要是一个素数呢？这是因为当 p 为素数时，才能保证集合中的所有的元素都有加法和乘法逆元（0 除外）。假如 p 等于 10，其加法和乘法单位元分别是 0 和 1。加法没有问题，所有元素都有加法逆元，但对于乘法来说，如元素 2，它就没有乘法逆元。因为找不到一个数 a，使得 $2*a$ mod 10 等于 1。

如果 p 为素数，那么就能保证域中的所有元素都有逆元。即对于域中的任一个元素 a，总能在域中找到另外一个元素 b，使得 $a*b$ mod $p=1$。这个是可以证明的，利用反证法和余数的定义就可以证明这个结论。

而密码学中用到的域是有限域 $GF(2^8)$，又是什么原因呢？首先 8 是一个字节的位数。另外一个原因是，人们希望 0~255 这 256 个数字也能组成一个域。因为很多领域需要用到这个数字。mod 256 的余数范围就是 0~255，但 256 不是素数。小于 256 的最大素数为 251，所以很多人就直接把大于等于 251 的数截断为 250。在图像处理中，经常会这样做。但如果要求图像无损，就不能截断。再进一步地说，只要 p 为素数，$GF(p^n)$ 也是可选的，这里只要令 p 为 2，n 为 8，即 $GF(2^8)$。

（1）AES 的基础域是有限域 $GF(2^8)$

一个 $GF(2)$ 上的 8 次既约多项式可生成一个 $GF(2^8)$，它的全体元素构成加法交换群，线性空间，它的非零元素构成乘法循环群，其元素有多种表示。

字节：$GF(2^8)=\{a_7,a_6,\cdots,a_1,a_0\}$

多项式形式：$GF(2^8)=\{a_7x^7+a_6x^6+\cdots+a_1x+a_0\}$

指数形式：$GF(2^8)=\{\alpha^0,\alpha^1,\cdots,\alpha^{254}\}$

对数形式：$GF(2^8)=\{0,1,\cdots,254\}$

$GF(2^8)$的特征为 2。

(2) AES 的 $GF(2^8)$表示

AES 采用的既约模多项式：$m(x)=x^8+x^4+x^3+x+1$

AES 采用 $GF(2^8)$的多项式元素表示。字节 $B=b_7b_6b_5b_4b_3b_2b_1b_0$ 可表示成 $GF(2)$上的多项式：$b_7x^7+b_6x^6+b_5x^5+b_4x^4+b_3x^3+b_2x^2+b_1x+b_0$。例如，字节 57=01010111 的多项式表示为 $x^6+x^4+x^2+x+1$。

① 加法⊕：两元素多项式的系数按位模 2 加。加法可以理解为对应位的异或运算，如

57⊕83　　　　　　　　十六进制

=01010111⊕10000011　　二进制

异或运算具体步骤为对应位相同则为 0，不相同则为 1，例如

$$\begin{array}{r} 0\,1\,0\,1\,0\,1\,1\,1 \\ \oplus\ 1\,0\,0\,0\,0\,0\,1\,1 \\ \hline 1\,1\,0\,1\,0\,1\,0\,0 \end{array}$$

11010100…………二进制

D4…………十六进制

【例 5-46】 57+83=D4，则可以表示为$(x^6+x^4+x^2+x+1)\oplus(x^7+x+1)=x^7+x^6+x^4+x^2$。

② 乘法×：两元素多项式相乘，模 $m(x)$如前所示，为 $x^8+x^4+x^3+x+1$。乘法类似多项式乘法，再结合类似 mod $m(x)$方式计算。之所以说类似，是因为运用多项式乘法后，需要消去系数为偶数的项，系数为奇数的项则将系数设置为 1。因为二进制计算，系数只能为 0 和 1。mod $m(x)$同样不是一般的除法取余，而是要使用异或运算。

【例 5-47】 57×83=$C1$。$(x^6+x^4+x^2+x+1)\times(x^7+x+1)=x^7+x^6+1 \bmod m(x)$。

$$\begin{aligned}(x^6+x^4+x^2+x+1)\times(x^7+x+1)&=x^{13}+x^{11}+x^9+x^8+x^7+x^7+x^5+x^3+x^2+x+x^6+ \quad \text{多项式的普通乘法}\\ &\quad x^4+x^2+x+1\\ &=x^{13}+x^{11}+x^9+x^8+2x^7+x^6+x^5+x^4+x^3+2x+1\\ &=x^{13}+x^{11}+x^9+x^8+x^6+x^5+x^4+x^3+1 \quad \text{消去系数为 2 的项}\end{aligned}$$

下面就是求余运算。求余运算，多项式除法，并结合异或运算，运算结果为 11000001，可以用十六进制的 $C1$ 表示。

$$\begin{array}{r|l} & x^5+0+x^3 \\ \hline x^8+x^4+x^3+x+1 & x^{13}+0x^{12}+x^{11}+0x^{10}+x^9+x^8+0x^7+x^6+x^5+x^4+x^3+0x^2+0x+1 \\ & x^{13}+0x^{12}+0x^{11}+0x^{10}+x^9+x^8+0x^7+x^6+x^5 \\ \hline & x^{11}+0x^{10}+0x^9+0x^8+0x^7+x^6+0x^5+x^4+x^3 \\ & x^{11}+0x^{10}+0x^9+0x^8+x^7+x^6+0x^5+x^4+x^3 \\ \hline & x^7+x^6+0x^5+0x^4+0x^3+0x^2+0x+1 \end{array}$$

系数做异或运算

乘法单位元：字节为 01，多项式为 1。

乘法逆元：设 $a(x)$ 的逆元为 $b(x)$，则 $a(x)b(x)=1 \bmod m(x)$。

③ x 乘法 xtime：用 x 乘 $GF(2^8)$ 的元素。

xtime( )算法可用于面向字节的乘法运算，在此详述算法的推导及笔算解题时使用的方法。因为是面向字符的运算，根据上述乘法原理，推出 $b_i(i=0,1,\cdots,7)$ 为 0 或 1。即

$$\begin{aligned} b(x) &= b_7x^7+b_6x^6+b_5x^5+b_4x^4+b_3x^3+b_2x^2+b_1x+b_0 \\ \text{xtime}(b(x))=x\cdot b(x) &= (b_7x^8+b_6x^7+b_5x^6+b_4x^5+b_3x^4+b_2x^3+b_1x^2+b_0x) \bmod m(x) \\ &= (b_7x^8+b_6x^7+b_5x^6+b_4x^5+b_3x^4+b_2x^3+b_1x^2+b_0x) \bmod (x^8+x^4+x^3+x+1) \end{aligned}$$

下面分最高项指数不大于 7 和等于 7 两种情况讨论。

当最高项指数不大于 7，xtime( )运算是最高项指数不大于 7 的多项式 $b(x)$ 乘以多项式 x 的乘法运算，即若 x^7 的系数为 0，则为简单相乘，系数左移。

$$\begin{array}{r|cccccccc} & & & & & & & & 0 \\ x^8+x^4+x^3+x+1 & b_7x^8 + & b_6x^7 + & b_5x^6 + & b_4x^5 + & b_3x^4 + & b_2x^3 + & b_1x^2 + & b_0x \\ & & & & & & & & 0 \\ \hline & 0 & b_6 & b_5 & b_4 & b_3 & b_2 & b_1 & b_0 \\ & 0 & 0 & 0 & 0 & 0 & 0 & 0 & 0 \\ \hline & 0 & b_6 & b_5 & b_4 & b_3 & b_2 & b_1 & b_0 \end{array}$$

所以，余项为 $b_6x^7+b_5x^6+b_4x^5+b_3x^4+b_2x^3+b_1x^2+b_0x$，用字节表示也就是 $b_6b_5b_4b_3b_2b_1b_00$。

若 x^7 的系数为 1，则取模 $m(x)$，减 $x^8+x^4+x^3+1$。因为是面向字符的运算，根据上述乘法原理，可以推出下列 $b_i(i=0,1,\cdots,7)$ 为 0 或 1。

$$\begin{array}{r|ccccccccc} & & & & & & & & & 1 \\ x^8+x^4+x^3+x+1 & b_7x^8 + & b_6x^7 + & b_5x^6 + & b_4x^5 + & b_3x^4 + & b_2x^3 + & b_1x^2 + & b_0x & \\ & x^8 + & & & & x^4 + & x^3 + & & x & +1 \\ \hline & 1 & b_6 & b_5 & b_4 & b_3 & b_2 & b_1 & b_0 & 0 \\ & 1 & 0 & 0 & 0 & 1 & 1 & 0 & 1 & 1 \\ \hline \end{array}$$

首位异或运算后为 0，其他各位也执行异或运算

即为 $(b_6x^7+b_5x^6+b_4x^5+b_3x^4+b_2x^3+b_1x^2+b_0x)\oplus(x^4+x^3+b_0x+1)$。

综合两种情况，得到如下公式：

$$\text{xtime}(b(x))=\begin{cases} b_6x^7+b_5x^6+b_4x^5+b_3x^4+b_2x^3+b_1x^2+b_0x, & b_7=0 \\ (b_6x^7+b_5x^6+b_4x^5+b_3x^4+b_2x^3+b_1x^2+b_0x)\oplus(x^4+x^3+x+1), & b_7=1 \end{cases}$$

或者

$$\text{xtime}(b(x))=\begin{cases} b_6\,b_5\,b_4\,b_3\,b_2\,b_1\,b_00, & b_7=0 \\ (b_6\,b_5\,b_4\,b_3\,b_2\,b_1\,b_00)\oplus(00011011), & b_7=1 \end{cases}$$

根据面向字节运算的定义，多项式 x 就是仅有一项且最高次项指数为 1 的多项形式，可以理解为 00000010（二进制）或 02（十六进制）。$\text{xtime}(b(x))=b(x)x=b(x)00000010=b(x)02$，也就是说，xtime( )可以用于计算字节与 02(00000010)的乘法。根据公式，当 $b_7=0$，xtime( )就是将字节左移一位，末位补 0；当 $b_7=1$，xtime( )就是将字节左移一位，末位补 0，再与 1B(00011011)异或。

【例 5-48】$\text{xtime}(57)=x(x^6+x^4+x^2+x+1)=x^7+x^5+x^3+x^2+x$

$\text{xtime}(83)=x(x^7+x+1)=x^8+x^2+x \bmod m(x)=x^4+x^3+x^2+1$

也可以用另外一种形式，以下均为二进制或十六进制，计算过程中应用交换律与结合律。

57 · 01 = 57 = 01010111

57 · 02 = $x$time(57) = $x$time(01010111) = 10101110 = AE　($b_7=0$，左移一位，末位补 0)

57 · 03 = 57 · (01+02) = 57⊕$x$time(57) = 01010111⊕10101110 = 11111001 = F9

57 · 04 = 57 · 02 · 02 = AE · 02 = $x$time(AE) = $x$time(10101110) = 01000111 = 47　($b_7=1$，左移一位，末位补 0，异或 1B)

57 · 08 = 57 · 04 · 02 = 47 · 02 = $x$time(47) = $x$time(01000111) = 10001110 = 8E　($b_7=0$，左移一位，末位补 0)

57 · 10 = 57 · 08 · 02 = 8E · 02 = $x$time(8E) = $x$time(10001110) = 00000111 = 07　($b_7=1$，左移一位，末位补 0，异或 1B)

57 · 13 = 57 · (10+02+01) = 57 · 10⊕57 · 02⊕57 · 01 = 00000111⊕10101110⊕01010111 = 11111110 = FE

(3) AES 字的表示与运算

AES 数据处理的单位是字节和字，一个字 = 4 个字节，一个字表示为系数取自 $GF(2^8)$ 上的次数低于 4 次的多项式。

【例 5-49】 字 57 83 4A D1 用多项式 $57x^3+83x^2+4Ax+D1$ 表示。

① 字加法：两多项式系数按位模 2 加。

② 字乘法：设 a 和 c 是两个字，其字多项式分别为 $a(x)=a_3x^3+a_2x^2+a_1x+a_0$ 和 $c(x)=c_3x^3+c_2x^2+c_1x+c_0$，AES 定义 a 和 c 的乘积为 $b(x)=a(x)c(x) \bmod (x^4+1)=b_3x_3+b_2x_2+b_1x+b_0$。其中，$b_0=a_0c_0+a_3c_1+a_2c_2+a_1c_3$，$b_1=a_1c_0+a_0c_1+a_3c_2+a_2c_3$，$b_2=a_2c_0+a_1c_1+a_0c_2+a_3c_3$，$b_3=a_3c_0+a_2c_1+a_1c_2+a_0c_3$，也可以用矩阵的形式表示如下：

$$\begin{bmatrix} b_0 \\ b_1 \\ b_2 \\ b_3 \end{bmatrix} = \begin{bmatrix} c_0 & c_3 & c_2 & c_1 \\ c_1 & c_0 & c_3 & c_2 \\ c_2 & c_1 & c_0 & c_3 \\ c_3 & c_2 & c_1 & c_0 \end{bmatrix} \begin{bmatrix} a_0 \\ a_1 \\ a_2 \\ a_3 \end{bmatrix}$$

需要注意两个问题，第一，x^4+1 是可约多项式，字 $c(x)$ 不一定有逆；第二，在 AES 中选择 $c(x)$ 固定，且有逆。

③ 字 x 乘法：$p(x)=xb(x) \bmod (x^4+1)$，用矩阵形式表示如下：

$$\begin{bmatrix} p_0 \\ p_1 \\ p_2 \\ p_3 \end{bmatrix} = \begin{bmatrix} 00 & 00 & 00 & 01 \\ 01 & 00 & 00 & 00 \\ 00 & 01 & 00 & 00 \\ 00 & 00 & 01 & 00 \end{bmatrix} \begin{bmatrix} b_0 \\ b_1 \\ b_2 \\ b_3 \end{bmatrix}$$

模 x^4+1，字 x 乘法相当于字节循环移位。

5.7.3 AES 的基本变换

(1) 状态表示

在加解密过程中，中间数据用以字节为元素的矩阵存储或二维数组存储。为了便于叙述，后面用 N_b 表示明密文所含的数据的字数，用 N_k 表示密钥所含的数据的字数，用 N_r 表示迭代圈数。

【例 5-50】$N_b=4$ 和 $N_k=4$ 时的密钥数组如表 5-12 所示。

表 5-13 表达了 N_b，N_k，N_r 之间的关系。

表 5-12 $N_b=4$ 时 N_b 和 N_k 之间的关系

a	$a_{0,0}$	$a_{0,1}$	$a_{0,2}$	$a_{0,3}$
	$a_{1,0}$	$a_{1,1}$	$a_{1,2}$	$a_{1,3}$
	$a_{2,0}$	$a_{2,1}$	$a_{2,2}$	$a_{2,3}$
	$a_{3,0}$	$a_{3,1}$	$a_{3,2}$	$a_{3,3}$
b	$k_{0,0}$	$k_{0,1}$	$k_{0,2}$	$k_{0,3}$
	$k_{1,0}$	$k_{1,1}$	$k_{1,2}$	$k_{1,3}$
	$k_{2,0}$	$k_{2,1}$	$k_{2,2}$	$k_{2,3}$
	$k_{3,0}$	$k_{3,1}$	$k_{3,2}$	$k_{3,3}$

表 5-13 N_b、N_k、N_r 之间的关系

N_r	$N_b=4$	$N_b=6$	$N_b=8$
$N_k=4$	10	12	14
$N_k=6$	12	12	14
$N_k=8$	14	14	14

(2) 圈变换：加密轮函数

圈变换有两种，一种是标准圈变换，另一种是最后一圈的圈变换，分别如下。

标准圈变换：

```
Round(State,RoundKey)
{  ByteSub(State);                      //S 盒变换
   ShiftRow(State);                     //行移位变换
   MixColumn(State);                    //列混合变换
   AddRoundKey(State,RoundKey)          //圈密钥加变换
}
```

最后一圈的圈变换：

```
Round(State,RounKey)
{  ByteSub(State);                      //S 盒变换
   ShiftRow(State);                     //行移位变换
   AddRoundKey(State,RoundKey)          //圈密钥加变换
}
```

要注意到，最后一圈的圈变换中没有列混合变换。

(3) S 盒变换[ByteSub(State)]

S 盒变换是 AES 的唯一的非线性变换，是 AES 安全的关键，使用 16 个相同的 S 盒，DES 使用 8 个不相同的 S 盒，并且 AES 的 S 盒有 8 位输入、8 位输出，DES 的 S 盒有 6 位输入、4 位输出。具体的过程如下：

第一步：将输入字节用其 $GF(2^8)$ 上的逆来代替。

第二步：以 $x_0\sim x_7$ 作输入，以 $y_0\sim y_7$ 作输出，对第一步的结果作如下的仿射变换。

$$\begin{bmatrix} y_0 \\ y_1 \\ y_2 \\ y_3 \\ y_4 \\ y_5 \\ y_6 \\ y_7 \end{bmatrix} = \begin{bmatrix} 1 & 0 & 0 & 0 & 1 & 1 & 1 & 1 \\ 1 & 1 & 0 & 0 & 0 & 1 & 1 & 1 \\ 1 & 1 & 1 & 0 & 0 & 0 & 1 & 1 \\ 1 & 1 & 1 & 1 & 0 & 0 & 0 & 1 \\ 1 & 1 & 1 & 1 & 1 & 0 & 0 & 0 \\ 0 & 1 & 1 & 1 & 1 & 1 & 0 & 0 \\ 0 & 0 & 1 & 1 & 1 & 1 & 1 & 0 \\ 0 & 0 & 0 & 1 & 1 & 1 & 1 & 1 \end{bmatrix} \begin{bmatrix} x_0 \\ x_1 \\ x_2 \\ x_3 \\ x_4 \\ x_5 \\ x_6 \\ x_7 \end{bmatrix} + \begin{bmatrix} 1 \\ 1 \\ 0 \\ 0 \\ 0 \\ 1 \\ 1 \\ 1 \end{bmatrix}$$

需要注意，S盒变换的第一步是把字节的值用它的乘法逆来代替，是一种非线性变换。

由于系数矩阵中每列都含有5个1，这说明改变输入中的任意一位，将影响输出中的5位发生变化。

由于系数矩阵中每行都含有5个1，这说明输出中的每一位，都与输入中的5位相关。

(4) 行移位变换[shiftRow(state)]

行移位变换对状态的行进行循环移位，第0行不移位，第1行移C_1字节，第2行移C_2字节，第3行移C_3字节。C_1、C_2、C_3按表5-14中的方式取值。AES的行移位变换属于线性变换，本质在于把数据打乱重排。

表5-14 C_1，C_2，C_3取值表

N_b	C_1	C_2	C_3
4	1	2	3
6	1	2	3

(5) 列混合变换[mixColumn(state)]

列混合变换把状态的列视为$GF(2^8)$上的多项式$a(x)$，乘以一个固定的多项式$c(x)$，并模x^4+1。$b(x)=a(x)c(x) \bmod (x^4+1)$，其中$c(x)=03x^3+01x^2+01x+02$。$c(x)$与$x^4+1$互素，从而保证$c(x)$存在逆多项式$d(x)$，而$c(x)d(x)=1 \bmod (x^4+1)$。只有逆多项式$d(x)$存在，才能正确进行解密。$b(x)=a(x)c(x) \bmod (x^4+1)$，写成矩阵形式如下

$$\begin{bmatrix} b_0 \\ b_1 \\ b_2 \\ b_3 \end{bmatrix} = \begin{bmatrix} 02 & 03 & 01 & 01 \\ 01 & 02 & 03 & 01 \\ 01 & 01 & 02 & 03 \\ 03 & 01 & 01 & 02 \end{bmatrix} \begin{bmatrix} a_0 \\ a_1 \\ a_2 \\ a_3 \end{bmatrix}$$

列混合变换属于代替变换。

(6) 圈密钥加变换[AddRoundKey()]

第一步：把圈密钥与状态进行模2相加。

第二步：圈密钥根据密钥产生算法来产生。

第三步：圈密钥长度等于数据块长度。

5.7.4 圈密钥生成

圈密钥是根据密钥产生算法通过用户密钥得到的，密钥的产生分两步进行，也就是密钥扩展和圈密钥选择；密钥扩展将用户密钥扩展为一个扩展密钥，密钥选择就是从扩展密钥中

选出圈密钥。

(1) 密钥扩展

用一个字元素的一维数组 $W[N_b*(N_r+1)]$ 表示扩展密钥，用户密钥放在数组最开始的 N_k 个字中，其他的字由它前面的字经过处理后得到，具体分为两种情况，$N_k \leqslant 6$ 和 $N_k>6$ 两种密钥扩展算法。

① $N_k \leqslant 6$ 的密钥扩展。其基本原理是：最前面的 N_k 个字是由用户密钥填充的。从第 N_k 字开始，后面的每个字 $W[j]$ 等于前面的字 $W[j-1]$ 与 N_k 个位置之前的字 $W[j-N_k]$ 的异或。对于 N_k 的整数倍的位置处的字，在异或之前，对 $W[j-1]$ 进行 Rotl 变换和 ByteSub 变换，再异或一个圈常数 Rcon。

当 j 不是 N_k 的整数倍时，$Wj=W_{j-N_k} \oplus W_{j-1}$；当 j 是 N_k 的整数倍时，$W_j=W_{j-N_k} \oplus \text{ByteSub}(\text{Rotl}(W_{j-1})) \oplus \text{Rcon}[j/N_k]$，其中，Rotl 是一个字里的字节以字节为单位循环左移位函数，设 $W=(A,B,C,D)$，则 $\text{Rotl}(W)=(B,C,D,A)$；圈常数 Rcon 与 N_k 无关，且定义为 $\text{Rcon}[i]=(RC[i]$，“00”，“00”，“00”)；RC 定义为：$RC[0]=$“01”，且 $RC[i]=x\text{time}(RC[i-1])$。

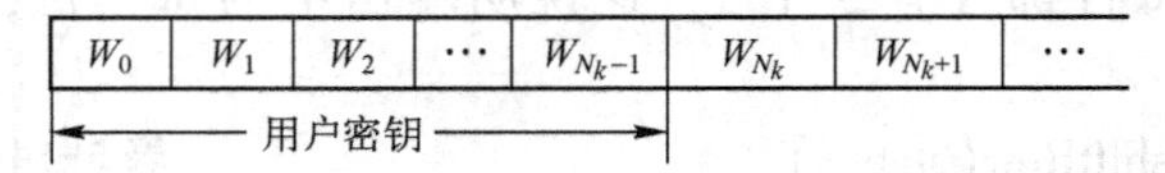

② $N_k>6$ 的密钥扩展。与 $N_k \leqslant 6$ 的密钥扩展相比，$N_k>6$ 的密钥扩展的不同之处在于：如果 j 被 N_k 除的余数等于 4，则在异或之前，对 $W[j-1]$ 进行 ByteSub 变换。因为当 $N_k>6$ 时密钥很长，仅仅对 N_k 的整数倍的位置处的字进行 ByteSub 变换，就显得 ByteSub 变换的密度较稀，安全程度不够强。

(2) 圈密钥选择

根据分组的大小，依次从扩展密钥中取出圈密钥。前面的 N_b 个字作为圈密钥 0，接下来的 N_b 个字作为圈密钥 1；以此类推。

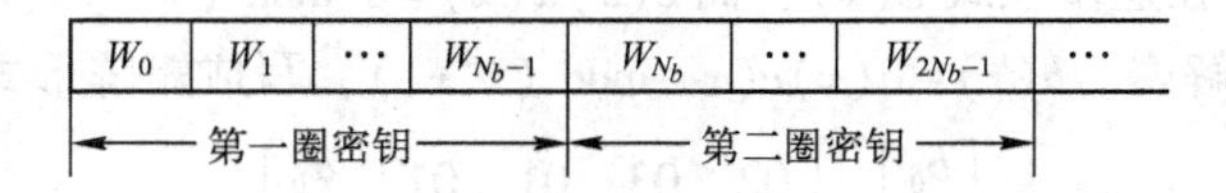

5.7.5 AES 的加密算法

AES 的加密算法由以下部分组成：

① 一个初始圈密钥加变换。

② N_r-1 圈的标准圈变换。

③ 最后一圈的非标准圈变换。

加密算法：

```
Encryption(State,CipherKey)
{  KeyExpansion(CipherKey, RoundKey)
   AddRoundKey(State, RoundKey)
   For(I=1;I<Nr;I++)
```

```
        Round(State, RoundKey)
        {
            ByteSub(State);
                ShiftRow(State);
                MixColumn(State);
                AddRoundKey(State, RoundKey)
        }
        FinalRound(State, RoundKey)
        {   ByteSub(State);
            ShiftRow(State);
            AddRoundKey(State, RoundKey);
        }
}
```

第一步和最后一步都用了圈密钥加，因为任何没有密钥参与的变换都是容易被攻破的。

5.7.6　AES 的基本逆变换

算法可逆是对加密算法的基本要求，AES 的加密算法不是对合运算，解密算法与加密算法不同，而是解密算法与加密算法的结构相同，把加密算法的基本变换变成逆变换，便得到解密算法。

AES 的各个基本变换都是可逆的。

（1）圈密钥加变换的逆就是其本身：$(\text{AddRoundKey})^{-1}=\text{AddRoundKey}$。

（2）行移位变换的逆是状态的后三行分别移位 N_b-C_1，N_b-C_2，N_b-C_3 个字节。

（3）列混合变换的逆。

因为列混合变换是把状态的每一列都乘以一个固定的多项式 $c(x)$：$b(x)=a(x)c(x) \bmod (x^4+1)$，所以列混合变换的逆就是状态的每列都乘以 $c(x)$ 的逆多项式 $d(x)=(c(x))^{-1} \bmod (x^4+1)$。由 $c(x)=03x^3+01x^2+01x+02$，得 $d(x)=0Bx^3+0Dx^2+09x+0E$。

（4）S 盒变换的逆。先进行逆仿射变换；再把每个字节用其在 $GF(2^8)$ 中的逆代替。S 盒的逆仿射变换如下：

$$\begin{bmatrix}0&0&1&0&0&1&0&1\\1&0&0&1&0&0&1&0\\0&1&0&0&1&0&0&1\\1&0&1&0&0&1&0&0\\0&1&0&1&0&0&1&0\\0&0&1&0&1&0&0&1\\1&0&0&1&0&1&0&0\\0&1&0&0&1&0&1&0\end{bmatrix}\begin{bmatrix}y_0\\y_1\\y_2\\y_3\\y_4\\y_5\\y_6\\y_7\end{bmatrix}+\begin{bmatrix}1\\1\\0\\0\\0\\1\\1\\0\end{bmatrix}=\begin{bmatrix}x_0\\x_1\\x_2\\x_3\\x_4\\x_5\\x_6\\x_7\end{bmatrix}$$

（5）解密的密钥扩展。解密的密钥扩展与加密的密钥扩展不同，定义如下：

① 加密算法的密钥扩展。

② 把 InvMixColumn 应用到除第一和最后一圈外的所有圈密钥上。

（6）逆圈变换。

① 标准逆圈变换：

```
Inv_Round(State,Inv_RoundKey)
  { Inv_ByteSub(State);
    Inv_ShiftRow(State);
    Inv_MixColunm(State);
    AddRoundKey(State,Inv_RoundKey);
  }
```

② 最后一圈的逆变换：

```
Inv_FinalRound(State,Inv_RoundKey)
{ Inv_ByteSub(State);
  Inv_ShiftRow(State);
  AddRoundKey(State,Inv_RoundKey);
}
```

加密算法不是对合运算，即$(AES)^{-1} \neq AES$。解密算法的结构与加密算法的结构相同，解密中的变换为加密算法变换的逆变换，且密钥扩展策略稍有不同。解密算法如下。

```
Decryption(State,CipherKey)
{ Inv_KeyExpansion(CipherKey,Inv_RoundKey);
  AddRoundKey(State,Inv_ RoundKey);
  For(I=1;I<Nr;I++)
  Inv_Round(State, Inv_RoundKey)
    { Inv_ByteSub(State);
      Inv_ShiftRow(State);
      Inv_MixColumn(State);
      AddRoundKey(State, Inv_ RoundKey;
    }
  Inv_FinalRound(State,Inv_RoundKey)
    { InvByteSub(State);
      InvShiftRow(State);
      AddRoundKey(State, Inv_ RoundKey );
    }
}
```

【例 5-51】 以十六进制的“F5”为例说明 S 盒的替代操作。不通过查表，而通过代数运算。首先求解“F5”在$GF(2^8)$上的乘法逆元。输入“F5”对应“11110101”，对应多项式$(x^7+x^6+x^5+x^4+x^2+1)$，求其模$m(x)=x^8+x^4+x^3+x+1$的逆，即求$(x^7+x^6+x^5+x^4+x^2+1)\cdot a(x)\equiv 1 \bmod m(x)$，通过扩展的欧几里得算法，求得其逆为$(x^6+x^2+x)$，表示为二进制为“01000110”。再进行仿射变换，代入矩阵。

$$\begin{bmatrix}1&0&0&0&1&1&1&1\\1&1&0&0&0&1&1&1\\1&1&1&0&0&0&1&1\\1&1&1&1&0&0&0&1\\1&1&1&1&1&0&0&0\\0&1&1&1&1&1&0&0\\0&0&1&1&1&1&1&0\\0&0&0&1&1&1&1&1\end{bmatrix}\begin{bmatrix}0\\1\\1\\0\\0\\0\\1\\0\end{bmatrix}\oplus\begin{bmatrix}1\\1\\0\\0\\0\\1\\1\\0\end{bmatrix}=\begin{bmatrix}0\\1\\1\\0\\0\\1\\1\\1\end{bmatrix}$$

得到二进制结果为：111001110，对应十六进制结果为“E6”。SubByte用到了AES中的第一个基本运算，称为字节运算，是有限域$GF(2^8)$上的运算［AES的第二个基本运算是字运算，即系数在有限域$GF(2^8)$上的运算］。$m(x)\in F_2[x]$是一个8次不可约多项式，故由$m(x)$可生成一个有限域$GF(2^8)$。

$$GF(2^8)=F_2[x]/(m(x))=\{b_0+b_1x+b_2x^2+b_3x^3+b_4x^4+b_5x^5+b_6x^6+b_7x^7\mid b_i\in F_2,i=0,1,\cdots,7\}$$
$$=\{b_7b_6b_5b_4b_3b_2b_1b_0)\mid b_i\in F_2,i=0,1,\cdots,7\}。$$

加法为模2加法，实际上相当于异或。减法其实等于加法，因为-1的逆为1。如$(x^6+x^4+x^2+x+1)+(x^7+x+1)=x^7+x^6+x^4+x^2$。多项式乘以$x$（xtime操作），即左移1位。如求$z(x)\cdot x$，若$x_7=0$，则结果为左移1位。若$z_7=1$，则左移1位后，再求模，通常是减去模多项式$m(x)$，减去即为加上。如$(x^6+x^4+x^2+x+1)+(x^7+x+1)=x^7+x^6+1 \bmod m(x)$。计算过程等同于计算$(57)_{16}\cdot(83)_{16}$。

$(57)_{16}\cdot(02)_{16}=x\text{time}((57)_{16})=(AE)_{16},(57)_{16}\cdot(04)_{16}=x\text{time}((AE)_{16})=(47)_{16}$

$(57)_{16}\cdot(08)_{16}=x\text{time}((47)_{16})=(8E)_{16},(57)_{16}\cdot(10)_{16}=x\text{time}((8)_{16})=(07)_{16}$

$(57)_{16}\cdot(20)_{16}=x\text{time}((07)_{16})=(0E)_{16},(57)_{16}\cdot(40)_{16}=x\text{time}((0E)_{16})=(1C)_{16}$

$(57)_{16}\cdot(80)_{16}=x\text{time}((57)_{16})=(38)_{16}$

故$(57)_{16}\cdot(83)_{16}=(57)_{16}\cdot((01)_{16}\oplus(02)_{16}+(80)_{16})=(C1)_{16}=(11000001)_2$，即$x^7+x^6+1$。另外，由于$m(x)$是不可约的，故可保证求出需要加密的多项式的逆元。

5.8 实践内容：代数系统的实现

这一节介绍运用继承、泛型和抽象类来描述代数系统。

5.8.1 面向对象的程序设计与代数系统

面向对象的程序设计主要的特性就是封装、继承和多态；另外，在实现中还涉及泛型编程，下面分别简述这些特性在代数系统实现中的应用。

(1) 封装

封装就是信息隐藏，是指利用抽象数据类型将数据和基于数据的操作封装在一起，使其构成一个不可分割的独立实体，数据被保护在抽象数据类型的内部，尽可能地隐藏内部的细节，只保留一些对外接口使之与外部发生联系。系统的其他对象只能通过包裹在数据外面的已经授权的操作来与该封装的对象进行交流和交互，也就是说用户是无须知道对象内部的细节，但可以通过该对象对外提供的接口来访问该对象。在面向对象的程序设计语言中，实现封装的机制就是类，它既包含数据，也包含操作，这非常类似本章所介绍的代数系统。例如，对于整数集及其上的操作+、-、×、÷和%等操作就构成了一个代数系统$<\boldsymbol{I},+,-,\times,\div,\%>$，那么可以定义一个类 Integer 来实现，描述如下：

```
class Interger
{  public:
   int Add(int i, int j){return i+j;};
   int Sub(int i, int j){return i-j;};
   int Multiple(int i, int j){return i * j;};
   int Divide(int i, int j){return i/j;};
   int Remainder(int i, int j){return i%j;};
};
```

对于 C++语言来说，这里还涉及 3 个关键词，即 private、protected 和 public，它指明了类中的数据成员或者操作的属性，private 是私有类型，只能由该类中的函数、其友元函数访问，不能被任何其他地方访问，该类的对象也不能访问；protected 是保护类型，可以被该类中的函数、子类的函数，以及其友元函数访问，但不能被该类的对象访问；public 是公有类型，可以被该类中的函数、子类的函数、其友元函数访问，也可以由该类的对象访问。

(2) 继承

继承是使用已存在的类的定义作为基础建立新类的技术，新类的定义可以增加新的数据或新的功能，也可以用父类的功能，但不能选择性地继承父类。通过使用继承能够非常方便地复用以前的代码，能够大大地提高开发的效率。C++中有三种继承方式，分别是公有（public）继承、保护（protected）继承和私有（private）继承。

使用私有继承方式继承，父类中的私有成员在子类中不可见，其他类型的成员在子类中变为私有类型；使用保护继承方式继承，父类中的私有成员在子类中不可见，其他类型的成员变为保护类型；使用公有继承方式继承，父类中的私有成员在子类中不可见，其他类型的成员属性不发生改变。

继承的种类有单继承和多继承两种。只有一个父类的继承称为单继承，具有多个父类的继承称为多继承。

继承这个特性非常有利于各种代数系统的实现。处于最顶层的，也是最抽象的就是代数系统，群是满足某些性质的代数系统。从实现的角度上看，代数系统就是基类，群就可以作为代数系统的子类，原有的一些操作就可以继承下来，不再重复编码，提高了代码的重用率，节省了开发成本等。

(3) 多态

多态是指在不同的条件下表现出不同的状态，是通过单一的标识支持不同的特定行为的能力。C++支持多种形式的多态，从绑定时间来看可以分成静态多态和动态多态，也称为编译期多态和运行期多态；从表现的形式来看有虚函数、模板、重载和转换。面向对象的这一特性也为不同代数系统的实现提供了便利，例如，在父类中的一些运算，如果在子类中功能改变了，那就可以重载该操作。对于加法运算，可以是通常意义数值之间的加法运算，还可以重载为复数上的加法运算等。

5.8.2　代数系统的面向对象实现

从前面的讨论可以看到，代数系统是一个最为抽象的概念，群则是一种具有代表性的代数系统，环是在交换群的基础上新定义了一种运算，域则是一种具有特殊性质的交换环，它们的层次关系如图 5-9 所示。

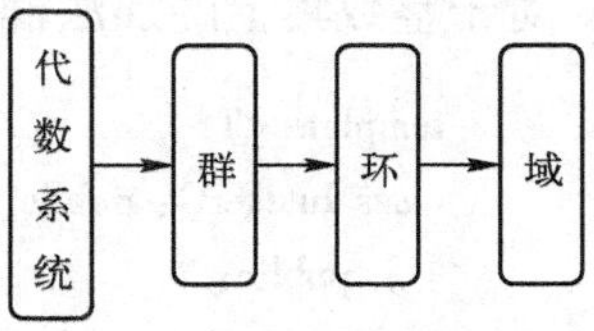

图 5-9　代数系统的层次关系

接下来的工作就是讨论它们的编程实现问题。

① 用抽象类来表示一类代数系统，如群、环、域。

② 用继承来表示代数系统之间的相互关系。

③ 用类来表示具体的代数系统。例如，非零有理数关于乘法构成的交换群；整数关于加法构成的交换群；整数关于加法和乘法构成的交换环；有理数关于加法和乘法构成域等。

④ 虚函数的具体实现体现运算的特殊性质。如果一个运算是可计算的，那么存在一个程序能够实现这个运算。

在实现过程中，为了增强通用性，避免频繁的强类型转换，这里还需要用到模板，它是泛型编程的基础。

1. 代数系统的抽象定义及实例化

从代数系统的抽象定义可以看出，它有数据的集合，还有数据集上的操作，但并不确定数据集的类型，以及操作的种类和数量。所以，可以采用模板先给出一个抽象描述。

```
template <class T>
class AlgebraicSystem
{};
```

对于一个具体的代数系统，就可以确定其数据集及其上的操作了。如整数集合及其上的加、减、乘、除运算构成的代数系统，用 Add 表示加法、用 Multiple 表示乘法、用 Substract 表示减法、用 Divide 表示除法，可以如下实现：

```
class IntegerA:public AlgebraicSystem<int>
{    int Add(int t1, int t2){return t1+t2;}
     int Multiple(int t1, int t2){return t1 * t2;}
     int Substract(int t1, int t2){return t1-t2;}
     int Divide(int t1, int t2){return t1/t2;}
};
```

2. 群的抽象定义及实例化

群是具有一个操作的特殊的代数系统，并且存在逆元，所以群的抽象说明如下：

```
templete <T>
class Group: public AlgebraicSystem<T>
{    public:
    virtual T OP(T t1, T t2)=0;
    virtual T Opposite(T t1)=0;
```

```
    protected:
    T unityAdd;
};
```

对于整数集上的加法群，可以如下实例化：

```
templete <T>
class IntegerG: public Group<T>
{   public:
    IntegerG(){unityAdd=0;}
    int OP(int t1, int t2){return t1+t2;};
    int Opposite(int t1){return -t1;};
    int getu(){return unityAdd;}
};
```

3. 环的抽象定义及实例化

环是具有两个操作的代数系统，可以抽象描述如下：

```
template <class T>
class Ring:public Group<T>
{   public:
    virtual T Multiple(T t1, T t2)=0;
};
```

对于整数集上的加法和乘法运算构成的环，可以如下实例化：

```
class IntegerR:public Ring<int>
{     public:
      IntegerR(){unityAdd=0;}
      int OP(int t1, int t2){return t1+t2;};
      int Multiple(int t1, int t2){return t1 * t2;};
      int Opposite(int t1){return -t1;};
};
```

4. 域的抽象定义及实例化

对于一个环<$\mathscr{R}$,+,∗>，如果<$\mathscr{R}$-{0},∗>构成一个群，则称<$\mathscr{R}$,+,∗>为域，所以域是特殊的环。因为整数集关于乘法运算∗不构成一个群，所以<$\boldsymbol{I}$,∗,/>不是域；对于有理数集及其上的+和∗运算构成域。域的抽象描述如下：

```
template <class T>
class Field:public Ring<T>
{   public:
    virtual T OppositeMul(T t1)=0;
protected:
    T unityMul;
};
```

对于有理数集及其上的+和 * 运算构成域，可以如下实例化：

```
class FieldF:public Field<float>
{    public:
     FieldF(){unityAdd=0;unityMul=1;}
     float OP(float t1, float t2){return t1+t2;};
     float Multiple(float t1, float t2){return t1 * t2;};
     float Opposite(float t1){return -t1;};
     float OppositeMul(float t1){if(t1!=0) return 1/t1;};
};
```

5.9　本章小结

本章要求掌握代数系统的基本概念，以及代数系统的封闭性、交换性、结合性、分配性等；掌握等幂元、单位元、逆元、零元的概念；掌握群、子群、环、域、格、布尔代数及多项式环的基本理论，以及一些特殊的群，如置换群、阿贝尔群和循环群，掌握置换群在密码学中的应用。掌握环和域上的多项式环理论，以及它们在密码学上的应用。掌握同态和同构的基本概念和基本性质，以及它们之间的区别与联系。

5.10　习题

1. 设集合 $A=\{1,2,3,\cdots,10\}$，下面定义的二元运算 * 关于集合 A 是否封闭？

(1) $x*y=\max(x,y)$

(2) $x*y=\min(x,y)$

(3) $x*y=$大于 x 小于 y 的质数的个数

2. 对于实数集合 **R**，表中所列的二元运算是否具有左边一列中的那些性质，请在相应位置上填写"是"或"否"。

	+	-	×	/	max	min	$\vert x-y \vert$
可结合性							
可交换性							
存在单位							
存在零元							

3. 设$<S,*>$是一个半群，$a\in S$，在 S 上定义一个二元运算$\circ$，使得对于 S 中的任意元素 x 和 y，都有 $x\circ y=x*a*y$，证明二元运算$\circ$是可结合的。

4. 设$<R,*>$是一个代数系统，* 是 R 上的一个二元运算，使得对于 R 中的任意元素 a 和 b 都有 $x*y=a+b+ab$，证明 0 是单位元，且$<R,*>$是独异点。

5. 设$<G,*>$是群，对 $a\in G$，令 $H=\{y\mid y*a=a*y,y\in G\}$，试证明$<H,*>$是$<G,*>$的子群。

6. 设$<A,*>$是群，且 $\vert A\vert=2n$，$n\in N$。证明：在 A 中至少存在 $a\neq e$，使得 $a*a=e$，其 e 是单位元。

7. 设$<G,*>$是群，$H\subseteq G$，$H\neq\varnothing$且 H 中的元素都是有限阶的，运算在 H 中封闭，证明$<H,*>$为$<G,*>$的

子群。

8. 设$<G,*>$是一个独异点，并且对于 G 中的每一个元素 x 都有 $x*x=e$，其中 e 是单位元，证明$<G,*>$是一个阿贝尔群。

9. 证明循环群的任何子群必定也是循环群。

10. 设$<H,*>$是群$<G,*>$的子群，若 $A=\{x \mid x*H*x^{-1}=H, x\in G\}$，证明$<A,*>$是$<G,*>$的一个子群。

11. 证明如果 f 是由$<A,\cdot>$到$<B,*>$的同态映射，g 是由$<B,*>$到$<C,\blacklozenge>$的同态映射，那么，复合 $g\circ f$ 是由$<A,\cdot>$到$<C,\blacklozenge>$的同态映射。

12. 编程实现 AES 加密算法。

第6章 形式语言与自动机理论

本章主要内容

计算机只识别0、1代码，把一个高级程序设计语言的程序转化为二进制代码是编译程序需要完成的工作。在计算机的发展历程中，编译器的产生是很重要的一步，它实现了从高级语言到二进制代码的翻译，而形式语言与自动机理论是编译器的基础，本章简单介绍形式语言与自动机理论以及它们的一些应用，如词法分析器的构造等。

6.1 形式语言发展的历史

形式语言理论是用数学方法研究自然语言和人工语言语法的理论，如英语、汉语等自然语言，以及计算机的程序设计语言等。它只研究语言的组成规则，不研究语言的含义。形式语言的研究始于20世纪初，50年代中期将形式语言用于描述自然语言。当时，许多数理语言学家致力于用数学方法研究自然语言的结构，特别是1946年电子计算机出现以后，人们很快想到用计算机来做自然语言的机器翻译。形式语言理论在自然语言的理解和翻译、计算机语言的描述和编译、社会和自然现象的模拟、语法制导的模式识别等方面有广泛的应用。

1956年，乔姆斯基发表了用形式语言方法研究自然语言的第一篇文章。他对语言的定义方法是：给定一组符号，一般是有限多个，称为字母表，以Σ表示。又以Σ^*表示由Σ中字母组成的所有符号串的集合，则Σ^*的每个子集都是Σ上的一个语言。例如，令Σ为26个英文字母加上空格和标点符号，则每个英语句子都是Σ^*中的一个元素，所有合法的英语句子的集合是Σ^*的一个子集，它构成一个语言。1961年发表的程序设计语言ALGOL60报告，第一次使用一种称为巴克斯范式的方法来描述程序设计语言的语法。不久，人们即发现巴克斯范式系统极其类似于形式语言理论中的上下文无关文法，从而打开了形式语言广泛应用于描述程序设计语言的局面，使它发展成为理论计算机科学的一个重要分支，并称为转换生成语言学。

短语结构规则是乔姆斯基将语言形式化的主要手段，也叫改写规则。它的普遍形式是$X \rightarrow Y$，相当于计算机程序的一条指令。短语结构规则包括$S \rightarrow NP+VP$、$NP \rightarrow D+N$、$VP \rightarrow V+NP$和$V \rightarrow Aux+V$等公式，其中S为句子符号，NP为名词短语，VP为动词短语，V为动词，D为限定词，N为名词，Aux为助动词。如：the man hit the ball 的生成过程如表6-1所示。

这种演绎方式叫作推导（derivation）。由于这种演变方式在表达上比较麻烦，而且不直观，乔姆斯基后来就引入了“树状图”，如图6-1所示，其优点在于有标记，并且直观清楚。man（属于NP）只有通过结点（node）才能与hit（属于VP）产生关系。

表 6-1 短语结构规则生成句子示例

S→NP+VP	S→NP+VP
→NP+V+NP	VP→V+NP
→D+N+V+ D+N	NP→D+N
→the+N+V+ D+N	D→the
→the+man+V+ D+N	N→man
→the+man+hit+ D+N	V→hit
→the+man+hit+ the+N	D→the
→the+man+hit+ the+ball	N→ball

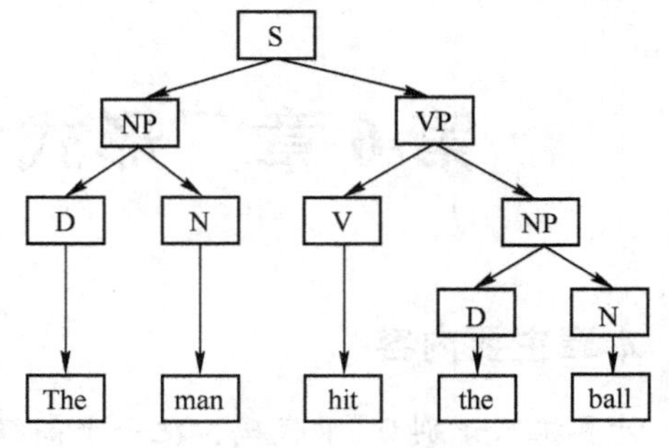

图 6-1 一个句子的树状表示

6.2 形式语言理论

语言学家乔姆斯基，毕业于宾夕法尼亚大学，最初从产生语言的角度研究语言。对于语言学的研究，他从三个方面进行了研究。

（1）表示（representation）——无穷语言的表示。

（2）有穷描述（finite description）——研究的语言要么是有穷的，要么是可数无穷的，这里主要研究可数无穷语言的有穷描述。

（3）结构（structure）——语言的结构特征。

下面首先给出语言的形式定义，然后再给出文法的定义，讨论怎样由文法生成语言。一个语言的文法是一个具有有穷多个规则的集合，利用这些规则就能够系统地生成这个语言的所有句子。

6.2.1 语言的表示

定义 6-1 字母表（alphabet） 字母表是一个非空有穷集合，字母表中的元素称为该字母表的一个字母（letter）。又叫作符号（symbol），或者字符（character）。用小写字母表中较为靠前的字母 a，b，c 等的斜体及其下标形式表示字母表中的字母，用正体表示原字母。

【例 6-1】 $\{a,b,c,d\}$，$\{a,b,c,\cdots,z\}$，$\{0,1\}$ 都是字母表。

字符有整体性（monolith），也叫不可分性和可辨认性（distinguishable），也叫可区分性两个特性。

定义 6-2 字母表的乘积（product） $\sum_1\sum_2=\{ab \mid a\in\sum_1, b\in\sum_2\}$

【例 6-2】 $\{0,1\}\{0,1\}=\{00,01,10,11\}$

$\{0,1\}\{a,b,c,d\}=\{0a,0b,0c,0d,1a,1b,1c,1d\}$

定义 6-3 字母表 $\sum$ 的 n 次幂 设 ε 由 $\sum$ 中的 0 个字符组成的串，字母表 $\sum$ 的 n 次幂归纳定义如下：$\sum^0=\{\varepsilon\}$，$\sum^n=\sum^{n-1}\sum$。

定义 6-4 $\sum$ 的正闭包 $\sum^+=\sum\cup\sum^2\cup\sum^3\cup\sum^4\cup\cdots$

定义 6-5 $\sum$ 的克林闭包 $\sum^*=\sum^0\cup\sum^+=\sum^0\cup\sum\cup\sum^2\cup\sum^3\cup\cdots$

【例 6-3】 $\{a,b,c,d\}^+=\{a,b,c,d,aa,ab,ac,ad,ba,bb,bc,bd,\cdots,aaa,aab,aac,aad,aba,$

abb, abc, …}。

{a, b, c, d}* = {ε, a, b, c, d, aa, ab, ac, ad, ba, bb, bc, bd, …, aaa, aab, aac, aad, aba, abb, abc, …}。

定义 6-4 和定义 6-5 也可以表述如下：

$\sum^*$ = {x | x 是∑中的若干个(包括 0 个)字符连接而成的一个字符串}。

$\sum^+$ = {x | x 是∑中的至少一个字符连接而成的字符串}。

定义 6-6　句子（sentence）　对于字母表∑，$\forall x \in \sum^*$ 叫作∑上的一个句子。用小写字母表中较为靠后的字母 x，y，z 的斜体及其下标形式表示字母表上的句子，用正体表示原字母。

定义 6-7　句子相等　对于两个句子，如果它们对应位置上的字符都对应相等，则称它们相等。句子也称为字（word）、（字符、符号）行（line）、（字符、符号）串（string）等。

定义 6-8　出现（apperance）　设 x，$y \in \sum^*$，$a \in \sum$，句子 xay 中的 a 叫作 a 在该句子中的一个出现。当 $x=\varepsilon$ 时，a 的这个出现为字符串 xay 的首字符。如果 a 的这个出现是字符串 xay 的第 n 个字符，则 y 的首字符的这个出现是字符串 xay 的第 $n+1$ 个字符。当 $y=\varepsilon$ 时，a 的这个出现是字符串 xay 的尾字符。

定义 6-9　句子的长度（length）　$\forall x \in \sum^*$，句子 x 中字符出现的总个数叫作该句子的长度，记作 $|x|$。长度为 0 的字符串叫空句子，记作 ε。

【例 6-4】 |abaabb| = 6，|bbaa| = 4，|ε| = 0，|bbabaabbbaa| = 11。

注意区别 ε 和 {ε}。ε 是一个句子。$\{\varepsilon\} \neq \varnothing$。这是因为 {ε} 不是一个空集，它是含有一个空句子 ε 的集合。$|\{\varepsilon\}| = 1$，而 $|\varnothing| = 0$。

定义 6-10　连接（concatenation）　x，$y \in \sum^*$，x 和 y 的连接是由串 x 直接相接串 y 所组成的。记作 xy。

定义 6-11　串 x 的 n 次幂　$x^0=\varepsilon$，$x^n=x^{n-1}x$。

【例 6-5】 设 x=001，y=1101，则 $x^0=y^0=\varepsilon$，x^4=001001001001，y^4=1101110111011101。

设 x=0101，y=110110，则 x^2=01010101，y^2=110110110110，x^4=0101010101010101。

性质 6-1　$\sum^*$ 上的连接运算具有如下性质：

① 结合律：$(xy)z=x(yz)$。

② 左消去律：如果 $xy=xz$，则 $y=z$。

③ 右消去律：如果 $yx=zx$，则 $y=z$。

④ 唯一分解性：存在唯一确定的 $a_1, a_2, \cdots, a_n \in \sum$，使得 $x=a_1a_2\cdots a_n$。

⑤ 单位元素：$\varepsilon x=x\varepsilon=x$。

定义 6-12　前缀与后缀　设 x，y，z，w，$v \in \sum*$，且 $x=yz$，$w=yv$。

① y 是 x 的前缀（prefix）。

② 如果 $z \neq \varepsilon$，则 y 是 x 的真前缀（proper prefix）。

③ z 是 x 的后缀（suffix）。

④ 如果 $y \neq \varepsilon$，则 z 是 x 的真后缀（proper suffix）。

⑤ y 是 x 和 w 的公共前缀（common prefix）。

⑥ 如果 x 和 w 的任何公共前缀都是 y 的前缀，则 y 是 x 和 w 的最大公共前缀。

⑦ 如果 $x=zy$，$w=vy$，则 y 是 x 和 w 的公共后缀（common suffix）。

⑧ 如果 x 和 w 的任何公共后缀都是 y 的后缀，则 y 是 x 和 w 的最大公共后缀。

【例 6-6】 字母表 $\Sigma=\{a,b\}$ 上的句子 $abaabb$ 的前缀、后缀、真前缀和真后缀如下：

前缀：ε，a，ab，aba，$abaa$，$abaab$，$abaabb$。

真前缀：ε，a，ab，aba，$abaa$，$abaab$。

后缀：ε，b，bb，abb，$aabb$，$baabb$，$abaabb$。

真后缀：ε，b，bb，abb，$aabb$，$baabb$。

约定：用 x^r 表示 x 的倒序。例如，如果 $x=abc$，则 $x^r=cba$。

定义 6-13　子串（substring） w，x，y，$z\in\Sigma^*$，且 $w=xyz$，则称 y 是 w 的子串。

定义 6-14　公共子串（common substring） 设 t，u，v，w，x，y，$z\in\Sigma^*$，且 $t=uyv$，$w=xyz$，则称 y 是 t 和 w 的公共子串。如果 $y_1,y_2,\cdots,y_n$ 是 t 和 w 的公共子串，且 $\max\{|y_1|,|y_2|,\cdots,|y_n|\}=|y_j|$，则称 y_j 是 t 和 w 的最大公共子串。

定义 6-15　语言（language） $\forall Ł\subseteq\Sigma^*$，$Ł$ 称为字母表 Σ 上的一个语言，$\forall x\in Ł$，x 叫作 $Ł$ 的一个句子。

【例 6-7】 如下集合都是 $\{0,1\}$ 上的不同语言：$\{00,11\}$，$\{0,1\}$，$\{0,1,00,11\}$，$\{0,1,00,11,01,10\}$，$\{00,11\}^*$，$\{01,10\}^*$，$\{00,01,10,11\}^*$，$\{0\}\{0,1\}^*\{1\}$，$\{0,1\}^*\{111\}\{0,1\}^*$。

【例 6-8】 如下都是语言的例子。

① $Ł_1=\{0,1\}$。

② $Ł_2=\{\varepsilon,0,1,00,01,10,11,000,\cdots\}=\Sigma^*$。

③ $Ł_3=\{0^n\mid n\geqslant1\}$。

④ $Ł_4=\{0^n1^n\mid n\geqslant1\}$。

⑤ $Ł_5=\{0^n1^m\mid n,m\geqslant1\}$。

⑥ $Ł_6=\{0^n1^m0^k\mid n,m,k\geqslant1\}$。

⑦ $Ł_7=\{xx^T\mid x\in\Sigma^*\}$。

⑧ $Ł_8=\{xwx^T\mid x、w\in\Sigma^+\}$。

⑨ $Ł_9=\{xx^Tw\mid x、w\in\Sigma^+\}$。

定义 6-16　语言的乘积（product） $Ł_1\subseteq\Sigma_1{}^*$，$Ł_2\subseteq\Sigma_2{}^*$，则称 $Ł_1Ł_2=\{xy\mid x\in Ł_1,y\in Ł_2\}$ 为语言 $Ł_1$ 与 $Ł_2$ 的乘积。$Ł_1Ł_2$ 是字母表 $\Sigma_1\cup\Sigma_2$ 上的语言。

定义 6-17　语言的幂、正闭包和克林闭包 $\forall Ł\subseteq\Sigma^*$，$Ł$ 的 n 次幂 $Ł^n$ 定义为：

① 当 $n=0$ 时，$Ł^n=\{\varepsilon\}$。

② 当 $n\geqslant1$ 时，$Ł^n=Ł^{n-1}Ł$。

③ 正闭包 $Ł^+=Ł\cup Ł^2\cup Ł^3\cup Ł^4\cup\cdots$。

④ 克林闭包 $Ł^*=Ł^0\cup Ł\cup Ł^2\cup Ł^3\cup Ł^4\cup\cdots$。

6.2.2　文法：语言的有限描述

自然语言的句子也有其共性，例如，对如下句子的特性进行归纳。

（1）吉林是寒冷的城市。

（2）北京是祖国的首都。

（3）集合论是数学的基础。

(4) 形式语言是很难的课程。

(5) 中国进入 WTO。

5 个句子的主体结构

<主语名词短语><动词短语><句号>

<主语名词短语>={吉林,北京,集合论,形式语言,中国}

<动词短语>可以是<动词><宾语名词短语>

<动词>={是,进入}

<宾语名词短语>={寒冷的城市,祖国的首都,数学的基础,很难的课程,WTO}

<句号>={。}

把<名词短语><动词短语><句号>取名为<句子>，则上述规则可以用产生式 $\alpha \to \beta$ 的形式如下表示出来。

<句子>→<主语名词短语><动词短语><句号>

<动词短语>→<动词><宾语名词短语>

<动词>→是

<动词>→进入

<主语名词短语>→北京

<主语名词短语>→吉林

<主语名词短语>→形式语言

<主语名词短语>→中国

<主语名词短语>→集合论

<宾语名词短语>→WTO

<宾语名词短语>→寒冷的城市

<宾语名词短语>→祖国的首都

<宾语名词短语>→很难的课程

<宾语名词短语>→数学的基础

<句号>→。

表示一个语言需要 4 个内容。

(1) 形如<主语名词短语>的“符号”。它们表示相应语言结构中某个位置上可以出现的一些内容。每个“符号”对应的是一个集合，在该语言的一个具体句子中，句子的这个位置上能且仅能出现相应集合中的某个元素。所以，这种“符号”代表的是一个语法范畴。

(2) <句子>。所有的“规则”，都是为了说明<句子>的结构而存在，相当于定义的就是<句子>。

(3) 形如北京的“符号”。它们是所定义语言的合法句子中将出现的“符号”。仅仅表示自身，称为终极符号。

(4) 所有的“规则”都呈 $\alpha \to \beta$ 的形式，这些“规则”就是产生式。

定义 6-18　文法（grammar） $G=(V,T,P,S)$。

V：为变量（variable）的非空有穷集。$\forall A \in V$，A 叫作一个语法变量（syntactic variable），简称为变量，也可叫作非终极符号（nonterminal）。用英文字母表较为前面的大写字母的斜体及其下标形式表示语法变量，如 A、B 和 C 等。

T：为终极符（terminal）的非空有穷集。$\forall a \in T$，a 叫作终极符。由于 V 表示变量的集合，T中的字符是语言的句子中出现的字符，所以，有 $V \cap T = \varnothing$。英文字母表较为前面的小写字母的斜体及其下标形式表示终极符号，如 a、b 和 c 等。

S：$S \in V$，为文法 G 的开始符号（start symbol）。

P：为产生式（production）的非空有穷集合。P 中的元素均具有形式 $\alpha \to \beta$，被称为产生式，读作：α 定义为 β，其中 $\alpha \in (V \cup T)^{+}$，且 α 中至少有 V 中元素的一个出现；$\beta \in (V \cup T)^{*}$。α 称为产生式 $\alpha \to \beta$ 的左部，β 称为产生式 $\alpha \to \beta$ 的右部。在形式语言理论中，产生式又叫语法规则。对一组有相同左部的产生式 $\alpha \to \beta_1, \alpha \to \beta_2, \cdots, \alpha \to \beta_n$，可以简单地记为 $\alpha \to \beta_1 \mid \beta_2 \mid \cdots \mid \beta_n$，读作 α 定义为 β_1，或者 $\beta_2, \cdots$，或者 β_n，称它们为 α 产生式，$\beta_1, \beta_2, \cdots, \beta_n$ 称为候选式（candidate）。希腊字母 α，β，γ 等及其下标形式表示由语法变量和终极符号组成的串。

【例 6-9】 以下四元组都是文法。

① $(\{S\}, \{0,1\}, \{S \to 01 \mid 0S1 \mid 1S0\}, S)$。

② $(\{S\}, \{0,1\}, \{S \to 0 \mid 0S\}, S)$。

③ $(\{S, A\}, \{0,1\}, \{S \to 01 \mid 0S1 \mid 1S0 \mid SA, A \to 0 \mid 1\}, S)$。

④ $(\{S\}, \{0,1\}, \{S \to 00S, S \to 11S, S \to 00, S \to 11\}, S)$。

定义 6-19　推导（derivation）　设 $G = (V, T, P, S)$ 是一个文法，如果 $\alpha \to \beta \in P, \gamma, \delta \in (V \cup T)^{*}$，则称 $\gamma\alpha\delta$ 在 G 中直接推导出 $\gamma\beta\delta$，记为 $\gamma\alpha\delta \Rightarrow_G \gamma\beta\delta$，读作 $\gamma\alpha\delta$ 在文法 G 中直接推导出 $\gamma\beta\delta$。"直接推导"简称为推导（derivation），也称推导为派生。

定义 6-20　归约（reduction）　如果 $\gamma\alpha\delta \Rightarrow_G \gamma\beta\delta$，则称 $\gamma\beta\delta$ 在文法 G 中直接归约成 $\gamma\alpha\delta$。在不特别强调归约的直接性时，"直接归约"可以简称为归约。

【例 6-10】 对于文法 $G = (\{E\}, \{i\}, P, E)$，规则 P 的集合如下：$E \to E+E \mid E * E \mid (E) \mid i$，则 $i+E * E \Rightarrow i+E+E * E$ 就是一个推导。

定义 6-21　$(V \cup T)^{*}$ 上的二元关系 $\Rightarrow_G$、$\Rightarrow_G^{+}$、$\Rightarrow_G^{*}$ 定义如下：

① $\alpha \Rightarrow_G^{n} \beta$：表示 α 在 G 中经过 n 步推导出 β；β 在 G 中经过 n 步归约成 α。即，存在 $\alpha_1, \alpha_2, \cdots, \alpha_{n-1} \in (V \cup T)^{*}$，使得 $\alpha \Rightarrow_G \alpha_1, \alpha_1 \Rightarrow_G \alpha_2, \cdots, \alpha_{n-1} \Rightarrow_G \beta$。

② 当 $n = 0$ 时，有 $\alpha = \beta$。即 $\alpha \Rightarrow_G^{0} \alpha$。

③ $\alpha \Rightarrow_G^{+} \beta$：表示 α 在 G 中经过至少 1 步推导出 β；β 在 G 中经过至少 1 步归约成 α。

④ $\alpha \Rightarrow_G^{*} \beta$：表示 α 在 G 中经过若干步推导出 β；β 在 G 中经过若干步归约成 α。

在根据上下文能确定 G 时，则分别用 $\Rightarrow$，$\Rightarrow^{+}$，$\Rightarrow^{*}$，$\Rightarrow^{n}$ 代替 $\Rightarrow_G$，$\Rightarrow_G^{+}$，$\Rightarrow_G^{*}$，$\Rightarrow_G^{n}$。上述推导的过程也称为直接推导序列。

【例 6-11】 设 $G = (\{S\}, \{\mathrm{a}\}, \{S \to \mathrm{a} \mid \mathrm{a}S\}, S)$

S	$\Rightarrow \mathrm{a}S$	使用产生式 $S \to \mathrm{a}S$
	$\Rightarrow \mathrm{aa}S$	使用产生式 $S \to \mathrm{a}S$
	$\Rightarrow \mathrm{aaa}S$	使用产生式 $S \to \mathrm{a}S$
	$\Rightarrow \mathrm{aaaa}S$	使用产生式 $S \to \mathrm{a}S$
	$\cdots$	使用产生式 $S \to \mathrm{a}S$
	$\Rightarrow \mathrm{a} \cdots \mathrm{a}S$	使用产生式 $S \to \mathrm{a}S$
	$\Rightarrow \mathrm{a} \cdots \mathrm{aa}$	使用产生式 $S \to \mathrm{a}$

定义 6-22　最右推导　在推导过程中，总是对当前符号串中最右边的非终极符进行替换，称为最右推导，又称之为规范推导。规范推导的逆过程称为规范归约。

【例 6-12】对于例 6-10 中的文法，符号串 i+i ∗ i 的最右推导过程是：

$$E \Rightarrow E+E \Rightarrow E+E*E \Rightarrow E+E*\mathrm{i} \Rightarrow E+\mathrm{i}*\mathrm{i} \Rightarrow \mathrm{i}+\mathrm{i}*\mathrm{i}。$$

定义 6-23　最左推导　在推导过程中，总是对当前符号串中最左边的非终极符进行替换，称为最左推导。

【例 6-13】对于例 6-10 中的文法，符号串 i+ i ∗ i 的最左推导过程是：

$$E \Rightarrow E+E \Rightarrow \mathrm{i}+E \Rightarrow \mathrm{i}+E*E \Rightarrow \mathrm{i}+\mathrm{i}*E \Rightarrow \mathrm{i}+\mathrm{i}*\mathrm{i}$$

定义 6-24　句型(sentential form)　$G=(V,T,P,S)$，对于 $\forall\alpha\in(V\cup T)^*$，如果 $S\Rightarrow^*\alpha$，则称 α 是 G 产生的一个句型。也就是说，句型 α 是从 S 开始，在 G 中可以推导出来的符号串，它可能含有语法变量。最右推导得到的句型称为最右句型或规范句型，最左推导得到的句型称为最左句型。

【例 6-14】对于例 6-10 中的文法，E，$E+E$，$\mathrm{i}+E$，$\mathrm{i}+E*E$，$\mathrm{i}+\mathrm{i}*E$，i+i ∗ i 为 G 的句型。

定义 6-25　句子（sentence）　$\forall w\in Ł(G)$，w 称为 G 产生的一个句子。也就是说，句子 w 是从 S 开始，在 G 中可以推导出来的终极符号串，它不含语法变量。

【例 6-15】对于例 6-10 中的文法 G，i+i ∗ i 为 G 的句子。

定义 6-26　语言（language）　由文法 G 产生的语言为 $Ł(G)=\{w\mid w\in T^*$ 且 $S\Rightarrow^* w\}$。

【例 6-16】文法 $G=(\{S,A\},\{\mathrm{a,b,c,d}\},\{S\Rightarrow \mathrm{a}A\mathrm{d},A\Rightarrow \mathrm{b}A\mathrm{c}\mid \mathrm{bc}\},S)$。$Ł(G)=\{\mathrm{ab}^m\mathrm{c}^m\mathrm{d}\mid m\geqslant 1\}$。

$$\begin{array}{lll}
S & \Rightarrow \mathrm{a}A\mathrm{d} & \mathrm{abcd} \\
 & \Rightarrow \mathrm{ab}A\mathrm{cd} & \mathrm{abbccd} \\
 & \Rightarrow \mathrm{abb}A\mathrm{ccd} & \mathrm{abbbcccd} \\
 & \vdots \quad \vdots & \vdots \\
 & \Rightarrow \mathrm{abb}\cdots\mathrm{b}A\mathrm{cc}\cdots\mathrm{cd} & \cdots
\end{array}$$

定义 6-27　短语　设 S 是文法的开始符，$\alpha\pi\beta$ 是句型，即有 $S\Rightarrow^*\alpha\pi\beta$，且有 $S\Rightarrow^*\alpha A\beta$ 和 $A\Rightarrow^+\pi$，则称 π 是句型 $\alpha\pi\beta$ 的一个短语。

【例 6-17】对于例 6-10 中的文法 G，i ∗ i 为句型 i+i ∗ i 的一个短语。因为，$E\Rightarrow E+E\Rightarrow \mathrm{i}+E$，$E\Rightarrow E*E\Rightarrow \mathrm{i}*E\Rightarrow \mathrm{i}*\mathrm{i}$。事实上，i+i ∗ i 也为句型 i+i ∗ i 的一个短语。

定义 6-28　简单短语　对于 $S\Rightarrow^*\alpha A\beta$ 和 $A\Rightarrow\pi$，称 π 是句型 $\beta\pi\alpha$ 的一个简单短语。

【例 6-18】对于例 6-10 中的文法 G，i ∗ i 不是句型 i+i ∗ i 的简单短语。因为 $E\Rightarrow E+E\Rightarrow \mathrm{i}+E$，$E\Rightarrow E*E\Rightarrow \mathrm{i}*E\Rightarrow \mathrm{i}*\mathrm{i}$。但句型 i+i ∗ i 中的三个 i 均为该句型的简单短语。

定义 6-29　句柄　一个句型可能有多个简单短语，其中最左的简单短语称之为句柄。

【例 6-19】设有文法 $G=(\{S,A,B\},\{\mathrm{a,b,c,d,e,f}\},\{S\rightarrow \mathrm{c}A\mathrm{d}B\mathrm{f},A\rightarrow \mathrm{ab}\mid \mathrm{a},B\rightarrow \mathrm{e}\mid \mathrm{e}B\},S)$。对于符号串“cabdef”，因为 $S\Rightarrow \mathrm{c}A\mathrm{d}B\mathrm{f}\Rightarrow \mathrm{c}A\mathrm{def}$，$A\Rightarrow \mathrm{ab}$；又因为 $S\Rightarrow \mathrm{c}A\mathrm{d}B\mathrm{f}\Rightarrow \mathrm{cabd}B\mathrm{f}$，$B\Rightarrow \mathrm{e}$，所以 e 和 ab 分别为 cabdef 的简单短语，且 ab 为 cabdef 的句柄。

【例 6-20】产生标识符的文法。标识符是程序设计语言中经常使用的，用于命名变量、文件名等。如 C/C++语言对标识符的定义为：以下划线或者字母开头的数字、字母和下划线组成的串，下面的文法就是该规则的描述。

G=({<标识符>,<字母>,<字符串>,<阿拉伯数字>},{_,0,1,…,9,A,B,C,…,Z,a,b,

c,…,z},P,<标识符>),P 由如下产生式组成：

<标识符>→<字母><字符串>|_<字符串>

<字符串>→ε|<字母><字符串>|<阿拉伯数字><字符串>|_<字符串>

<字母>→A|B|C|D|E|F|G|H|I|J|K|L|M|N|O|P|Q|R|S|T|U|V|W|X|Y|Z

<字母>→a|b|c|d|e|f|g|h|i|j|k|l|m|n|o|p|q|r|s|t|u|v|w|x|y|z

<阿拉伯数字>→0|1|2|3|4|5|6|7|8|9

6.2.3 文法的乔姆斯基体系

定义 6-30 对于文法 $G=(V,T,P,S)$，对文法不做任何限制，则 G 叫作 0 型文法（type 0 grammar)，也叫作短语结构文法（phrase structure grammar，PSG）。Ł(G)叫作 0 型语言，也可以叫作短语结构语言（PSL)、递归可枚举集（recursively enumerable)。

定义 6-31 设 $G=(V,T,P,S)$是 0 型文法。如果对于 $\forall\alpha\rightarrow\beta\in P$，均有 $|\beta|\geqslant|\alpha|$ 成立，则称 G 为 1 型文法（type 1 grammar)，或上下文有关文法（context sensitive grammar，CSG)。Ł(G) 叫作 1 型语言（type 1 language）或者上下文有关语言（context sensitive language，CSL)。

定义 6-32 设 $G=(V,T,P,S)$是 1 型文法。如果对于 $\forall\alpha\rightarrow\beta\in P$，均有 $|\beta|\geqslant|\alpha|$，并且 $\alpha\in V$ 成立，则称 G 为 2 型文法（type 2 grammar)，或上下文无关文法（context free grammar，CFG)。Ł(G)叫作 2 型语言（type 2 language）或者上下文无关语言（context free language，CFL)。

定义 6-33 设 $G=(V,T,P,S)$是 2 型文法。如果对于 $\forall\alpha\rightarrow\beta\in P$ 均具有 $A\rightarrow w$ 和 $A\rightarrow wB$ 的形式，其中 A、$B\in V$，$w\in T$。则称 G 为 3 型文法（type 3 grammar)，也可称为正则文法（regular grammar，RG）或者正规文法。Ł(G)叫作 3 型语言（type 3 language)，也可称为正则语言或者正规语言（regular language，RL)。

关于四种文法，有如下结论：

① 如果一个文法 G 是 RG，则它也是 CFG、CSG 和 PSG。反之不一定成立。

② 如果一个文法 G 是 CFG，则它也是 CSG 和 PSG。反之不一定成立。

③ 如果一个文法 G 是 CSG，则它也是 PSG。反之不一定成立。

④ RL 也是 CFL、CSL 和 PSL。反之不一定成立。

⑤ CFL 也是 CSL 和 PSL。反之不一定成立。

⑥ CSL 也是 PSL。反之不一定成立。

⑦ 当文法 G 是 CFG 时，Ł(G)可以是 RL。

⑧ 当文法 G 是 CSG 时，Ł(G)可以是 RL、CFL。

⑨ 当文法 G 是 PSG 时，Ł(G)可以是 RL、CFL 和 CSL。

6.2.4 正规表达式

正规表达式最早出现在形式语言理论中，现在被广泛应用于程序设计语言。

定义 6-34 正规表达式，又称正规式，是按照一组如下的规则定义的表达式。设 Σ 是一个字符集，通过如下规则形成的式子称为正规式。

① ε 是正规式，它表示语言 $\{\varepsilon\}$。

② 如果 a 是 $\sum$ 上的符号，那么 a 是正规式，它表示语言 $\{a\}$。虽然都用同样的符号表示，但正规式 a 是不同于串 a 或符号 a，从上下文可以判断 a 是正规式、串，还是符号。

③ 假定 r 和 s 都是正规式，它们分别表示语言 $Ł(r)$ 和 $Ł(s)$，那么 $(r)|(s)$、$(r)(s)$、$(r)*$ 和 (r) 都是正规式，分别表示语言 $Ł(r) \cup Ł(s)$、$Ł(r)Ł(s)$、$(Ł(r))*$ 和 $Ł(r)$。

正规式表示的语言叫作正规集。有 3 条关于优先级的约定：

① 闭包运算（算符是 *）具有最高优先级，并且是左结合的。

② 连接运算（两个正规表达式并列）的优先级次之，且也是左结合的。

③ 或运算（算符是“|”）的优先级最低且仍然是左结合的运算。

那么可以避免正规式中一些不必要的括号。例如，(((a)(b))*)|(c)等价于(ab)*|c。

【例 6-21】 令字母表 $\sum=\{a,b\}$

① 正规式 a|b 表示集合{a,b}。

② 正规式(a|b)(a|b)表示{aa,ab,ba,bb}，即由 a 和 b 构成的所有长度为 2 的串集。

③ 正规式 b^* 表示仅由字母 b 构成的所有串的集合，包括空串；b^+ 表示仅由字母 b 构成的所有串的集合。

④ 正规式 $(a|b)^*$ 表示由 a 和 b 构成的所有串的集合，包括空串；正规式 $(a|b)^+$ 表示由 a 和 b 构成的所有串的集合。

如果两个正规式 r 和 s 表示同样的语言，则说 r 和 s 等价，写作 $r=s$。例如，(a|b)* = (b|a)*。

表 6-2 列出了正规式 r、s 和 t 遵守的代数定律，它们可用于正规式的等价变换。

表 6-2　正规式的代数性质

公理	描述
$r\|s=s\|r$	| 是可交换的
$r\|(s\|t)=(r\|s)\|t$	| 是可结合的
$(rs)t=r(st)$	连接是可结合的
$r(s\|t)=rs\|rt;(s\|t)r=sr\|tr$	连接对 | 是可分配的
$\varepsilon r=r;r\varepsilon=r$	ε 是连接的恒等元素
$r^*=(r\|\varepsilon)^*$	* 和 ε 之间的关系
$(r^*)^*=r^*$	* 是幂等的

【例 6-22】 C 语言的标识符可以用正规式表达如下：

$(\_|a|b|\cdots|z|A|B|\cdots|Z)(\_|a|b|\cdots|z|A|B|\cdots|Z|0|1|\cdots|9)^*$。

6.3　自动机理论

前一节讲了语言的生成方法，也就是文法，这一节讨论语言的识别方法，也就是自动机理论，它把串 s 作为输入，当 s 是语言的句子时，它回答“是”，否则回答“不是”。

6.3.1 有限自动机

有限自动机（finite automation，FA）分为两种，对于每个状态，在遇到某个确定的输入符号时的转换状态只有一个，则是确定有限自动机（deterministic finite automation，DFA）；否则就是不确定自动机（nondeterministic finite automata，NFA）。确定的和不确定的有限自动机都恰好识别正规集，也就是它们能识别的语言正好是正规式所能表达的语言。

1. 确定有限自动机

定义 6-35 DFA 一个确定的有穷自动机 M 是一个五元组(Q,Σ,δ,S,F)，其中：

① Q 是一个有穷集，它的每个元素称为一个状态。

② Σ是一个有穷字母表，它的每个元素称为一个输入符号，也称Σ为输入符号表。

③ δ 是转换函数，是在 $Q\times\Sigma\to Q$ 上的映射。对于 q_i，$q_j\in Q$，$\delta(q_i,a)=q_j$表示当前状态为 q_i时，如果遇到的输入符为 a，将转换为下一个状态 q_j，把 q_j称作 q_i的一个后继状态。

④ $S\in Q$ 是唯一的一个初态。

⑤ $F\subseteq Q$ 是一个终态集，终态也称可接受状态或结束状态。

这里说明一点，对于确定有限自动机，不允许空字母 ε 出现在字母表Σ中。

【例 6-23】 $M=(Q,\Sigma,\delta,S,F)$，其中，$Q=\{q_0,q_1,q_2,q_3\}$，$\Sigma=\{a,b,c\}$，$S=q_0$，$F=\{q_2,q_3\}$，转换函数 δ：$\delta(q_0,a)=q_1$；$\delta(q_1,a)=q_0$；$\delta(q_1,b)=q_2$；$\delta(q_1,c)=q_3$；$\delta(q_2,a)=q_2$；$\delta(q_2,b)=q_1$；$\delta(q_3,a)=q_1$；$\delta(q_3,b)=q_3$。

定义 6-36 状态矩阵 以 DFA 的状态集 Q 中的各个状态 $q_1,q_2,\cdots,q_n$为行，以Σ中的符号 $a_1,a_2,\cdots,a_m$为列，组成一个 n 行 m 列的矩阵，且如果有 $\delta(q_i,a_j)=q_l$，则在 q_i对应的行和 a_j对应列的元素为 q_l，否则为空；此矩阵称为 DFA 的状态矩阵，如表 6-3 所示。

【例 6-24】 例 6-23 中给出的 DFA，其状态矩阵如表 6-4 所示。

表 6-3 状态矩阵示意图

输入 状态	a_1	a_2	$\cdots$	a_j	$\cdots$	a_m
q_0						
q_1						
$\vdots$						
q_i				q_l		
q_n						

表 6-4 例 6-23 中的 DFA 的状态矩阵

输入 状态	a	b	c
q_0	q_1		
q_1	q_0	q_2	q_3
q_2	q_2	q_1	
q_3	q_1	q_3	

定义 6-37 状态转换图 假定 DFA M 含有 m 个状态，n 个输入字符，则可以用一个图来表示这个 DFA。在这个图中，有 m 个结点，每个结点最多有 n 个弧射出，整个图含有唯一一个初态结点和若干个终态结点。初始结点对应着自动机的初始状态，每个终止结点对应着一个终止状态。初态结点冠以箭头“→”，即用“→○”表示开始状态，终态结点用双圈◎表示。若 $\delta(q_i,a)=q_j$，则从状态结点 q_i到状态结点 q_j画标记为 a 的弧。如上得到的一个图称为 DFA 的状态转换图。

【例 6-25】例 6-23 中给出的 DFA，其状态矩阵如图 6-2 所示。

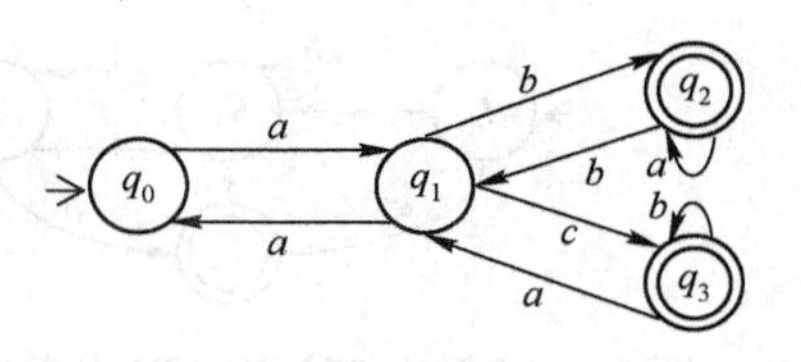

图 6-2　例 6-23 给出的 DFA 的状态转换图

可以把转换函数 δ 的定义推广到字符串上：$Q\times\sum^*\rightarrow$K

① $\delta(q,\varepsilon)=q$。

② $\delta(q,as)=\delta(\delta(q,a),s),a\in\sum,s\in\sum^*$。

在做了如上的扩展之后，就可以定义一个自动机能识别的语言为：

$$Ł(M)=\{x\mid\delta(S,x)\in F,x\in\sum^*\}$$

【例 6-26】DFA $M=(\{q_0,q_1,q_2,q_3\}，\{0,1\}，\delta，q_0，\{q_0\})$。

$\delta(q_0,0)=q_2$，$\delta(q_0,1)=q_1$，$\delta(q_1,0)=q_3$，$\delta(q_1,1)=q_0$，$\delta(q_2,0)=q_0$，$\delta(q_2,1)=q_3$，$\delta(q_3,0)=q_1$，$\delta(q_3,1)=q_2$。

状态转换图和状态转换矩阵如图 6-3 所示。$\delta(q_0,1010)=\delta(\delta(q_0,1),010)=\delta(q_1,010)=\delta(\delta(q_1,0),10)=\delta(q_3,10)=\delta(\delta(q_3,1),0)=\delta(q_2,0)=q_0\in F$，是终止状态，所以 1010 是自动机 M 的语句。M 识别的语言 $Ł(M)=\{x\mid x$ 中若包含 0 或 1，则含有偶数个 0 和偶数个 1$\}$。

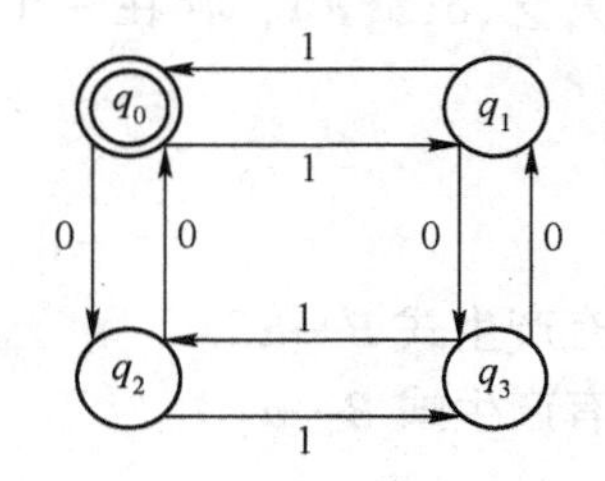

状态 \ 输入	0	1
q_0	q_2	q_1
q_1	q_3	q_0
q_2	q_0	q_3
q_3	q_1	q_2

图 6-3　例 6-26 中 DFA 的状态转换图和状态矩阵

特别地，当 $q_0\in F$ 时，由于 $\delta(q_0,\varepsilon)=q_0$，称 ε 可为 M 识别。

2. 非确定有限自动机

定义 6-38　NFA　一个非确定的有穷自动机 M 是一个五元组$(Q,\sum,\delta,S,F)$，其中：

① Q 是一个有穷集，它的每个元素称为一个状态。

② $\sum$是一个有穷字母表，它的每个元素称为一个输入符号，所以也称$\sum$为输入符号表。

③ δ 是转换函数，是在 $Q\times\sum\rightarrow2^Q$上的映射。$2^Q$表示 Q 的所有子集的集合。

对于 $q_i\in Q$，$\{q_j,q_m,q_n,\cdots\}\subseteq Q$，$\delta(q_i,a)=\{q_j,q_m,q_n,\cdots\}$表示当前状态为 q_i时，如果遇到的输入符为 a，将转换为$\{q_j,q_m,q_n,\cdots\}$中的状态之一。

④ $S\in Q$ 是唯一的一个初态。

⑤ $F\subseteq Q$ 是一个终态集，终态也称可接受状态或结束状态。

转换函数 δ 是多值函数，一对多，从某一状态读一字符，下一状态不唯一。需要注意的一点，就是非确定有限自动机允许弧被标记为 ε，也就是允许空字符 ε 出现在字母表$\sum$中。

【例 6-27】NFA $M=(\{q_0,q_1,q_2,q_3\}，\{a,b\}，\delta，q_0，\{q_3\})$，其中 δ 为：$\delta(q_0,a)=\{q_1,q_3\}$；$\delta(q_1,a)=\{q_1,q_3\}$；$\delta(q_1,b)=\{q_1,q_2\}$；$\delta(q_2,a)=\{q_1\}$；$\delta(q_2,b)=\{q_3\}$。状态转换图如图 6-4 所示。

【例 6-28】图 6-5 中展示一个带 ε 弧的自动机。

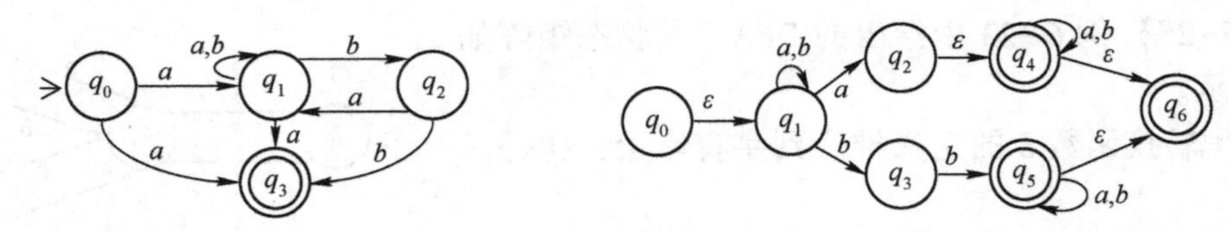

图 6-4 【例 6-27】中 NFA 的状态转换图　　图 6-5 一个带 ε 弧的 NFA 的状态转换图

表 6-5 中说明了确定有限自动机和非确定有限自动机的差异。

表 6-5 正规式的代数性质

自动机类型	转换函数 δ	空字符 ε
NFA $M=(Q,\Sigma,\delta,S,F)$	$Q\times\Sigma\to2^Q$ 多值映射	可以包含
DFA $M=(Q,\Sigma,\delta,S,F)$	$Q\times\Sigma\to Q$ 单值映射	不包含

定义 6-39 自动机的等价。两个自动机能够接收相同的语言则称这两个自动机等价。

关于确定自动机和非确定自动机之间的关系，有如下的结论：对于任意一个 NFA M_1 都会存在一个 DFA M_2，M_1 和 M_2 是等价的。

定理 6-1 对于有限自动机 NFA $M=(Q,\Sigma,\delta,S,F)$，存在一个正则文法 $G=(V,T,P,S)$，使得 $Ł(G)=Ł(M)$。

证明：由 FA M 构造 G 的一般步骤为：

① 令 $V=Q$，$T=\Sigma$，$S=S$。

② 如果 $C\in\delta(B,a)$，$C\notin F$，则在 P 中有产生式 $B\to aC$。

③ 如果 $C\in\delta(B,a)$，$C\in F$，则在 P 中有产生式 $B\to a$。

下面证明 $Ł(M)=Ł(G)$。

在自动机 M 中从状态 A 出发经标记为 a 的弧到达状态 B，相当于在正规文法 G 中使用 $A\to aB$ 的最左推导过程。在自动机 M 中从状态 A 出发经标记为 a 的箭弧到达终态 F 相当于在推导过程利用 $A\to a$ 的最左推导。所以，在 M 中，从状态 S 到状态 F 有一条通路，其上所有弧的标记符号依次连接起来恰好等于 w 的充要条件是在正规文法 G 中 $S\Rightarrow^* w$，这就是说，$w\in Ł(M)$ 当且仅当 $w\in Ł(G)$，故 $Ł(G)=Ł(M)$。证毕。

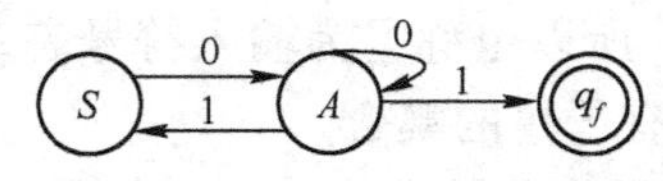

图 6-6 NFA 的状态转换图

【例 6-29】状态转换图如图 6-6 所示的自动机，和其等价的正则文法 $G=(V,T,P,S)$，其中 $V=\{S,A,q_f\}$，$T=\{0,1\}$，$P=\{S\to0A,A\to0A,A\to1S,A\to1\}$。由状态 S 通过标记为 0 的弧到达状态 A 得到产生式规则 $S\to0A$，由状态 A 通过标记为 0 的弧到达状态 A 得到产生式规则 $A\to0A$；由状态 A 通过标记为 1 的弧到达状态 S 得到产生式规则 $A\to1S$；由状态 A 通过标记为 1 的弧到达状态 q_f，且 q_f 是终止状态，由此得到产生式规则 $A\to1$。

定理 6-2 对于任意正则表达式 e，总存在一确定 FA M 使得 $Ł(M)=Ł(e)$；反之亦然。

证明：分两部分证明。

（1）证明根据给定的正则式一定能构造出一个具体的 NFA，先对 3 个原始的正则式进行证明，然后再对其“并”“连接”“闭包”分别证明之即可。

① 当 $r=\varepsilon$，$r=\varnothing$，$r=a$，$a\in T$，则各自对应的 NFA 分别如图 6-7（a）、（b）和（c）

所示。

② 当 $r=r_1 \mid r_2$，且已知 r_1，r_2分别对应的有限自动机为 NFA $M_1=(Q_1,\sum_1,\delta_1,q_1,\{q_{f1}\})$，NFA $M_2=(Q_2,\sum_2,\delta_2,q_2,\{q_{f2}\})$，且 $Q_1\cap Q_2=\varnothing$，现要构造识别 r 的有限自动机 NFA $M=(Q_1\cup Q_2\cup\{q_0,q_f\},\sum_1\cup\sum_2,\delta,q_0,\{q_f\})$，其中 δ 定义如下：$\delta(q_0,\varepsilon)=\{q_1,q_2\}$；对于 $q\in Q_1-\{q_{f1}\},a\in T_1\cup\{\varepsilon\}$，有 $\delta(q,a)=\delta_1(q,a)$；对于 $q\in Q_2-\{q_{f2}\},a\in T_2\cup\{\varepsilon\}$，有 $\delta(q,a)=\delta_2(q,a)$；$\delta(q_{f1},\varepsilon)=\delta(q_{f2},\varepsilon)=\{q_f\}$。$M$ 的转换示意图如图 6-8 所示。

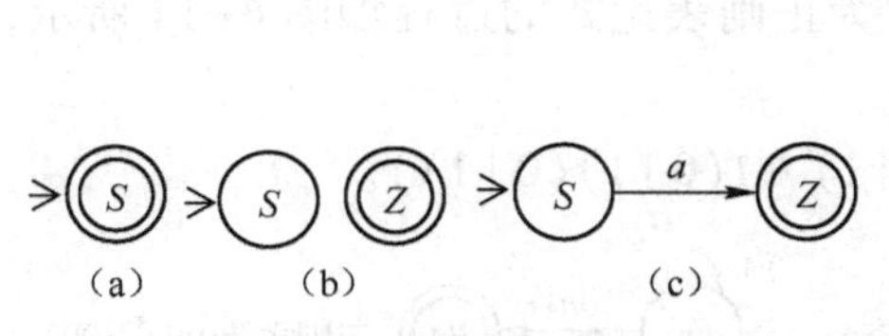

图 6-7　简单结构转换示意图

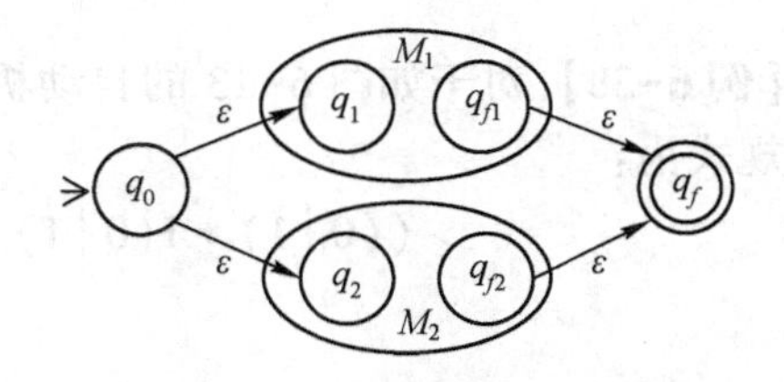

图 6-8　$r_1 \mid r_2$ 的转换示意图

③ 对于 $r=r_1r_2$，仍设 $M_1=(Q_1,\sum_1,\delta_1,q_1,\{q_{f1}\})$，$M_2=(Q_2,\sum_2,\delta_2,q_2,\{q_{f2}\})$，且 $Q_1\cap Q_2=\varnothing$，因此，构造识别 r 的自动机 NFA $M=(Q_1\cup Q_2,\sum_1\cup\sum_2,\delta,q_1,\{q_{f2}\})$，其中 δ 定义如下：对于 $q\in Q_1-\{q_{f1}\}$，$a\in\sum_1\cup\{\varepsilon\}$，有 $\delta(q,a)=\delta_1(q,a)$；$\delta(q_{f1},\varepsilon)=\{q_2\}$；对于 $q\in Q_2$，$a\in\sum_2\cup\{\varepsilon\}$，有 $\delta(q,a)=\delta_2(q,a)$。$M$ 的转换示意图如图 6-9 所示。

④ 对于 $r=r_1^*$，仍设 $M_1=(Q_1,\sum_1,\delta_1,q_1,\{q_{f1}\})$，因此，构造识别 r 的自动机 NFA $M=(Q_1\cup\{q_0,q_f\},\sum_1,\delta,q_0,\{q_f\})$，其中 q_0作为初始状态，q_f作为终止状态，δ 定义如下：$\delta(q_0,\varepsilon)=\delta(q_{f1},\varepsilon)=\{q_1,q_f\}$；对于 $q\in Q_1-\{q_{f1}\}$，$a\in\sum_1\cup\{\varepsilon\}$，有 $\delta(q,a)=\delta_1(q,a)$。$M$ 的转换示意图如图 6-10 所示。

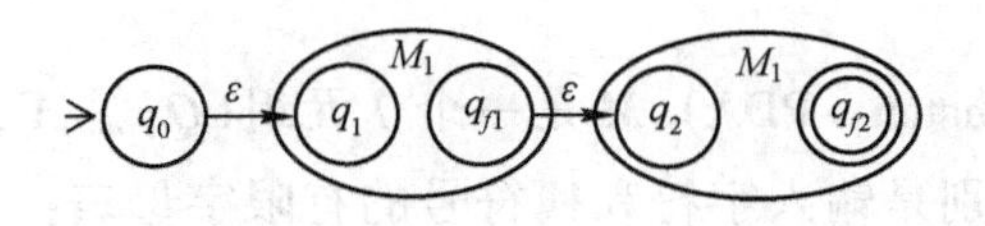

图 6-9　$r=r_1r_2$ 构造示意图

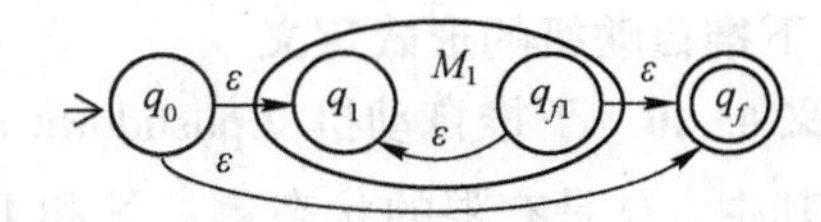

图 6-10　$r=r_1*$ 构造示意图

（2）构造自动机识别语言的正则表达式。设自动机 NFA $M=(Q_1,\sum_1,\delta_1,q_1,\{q_f\})$，采用状态消去法就可以得到一个正则表达式，其基本思想如下：

① 将自动机的转移弧上的标记扩展为正则表达式，即自动机的状态转移弧上的标记是一个正则表达式。

② 消去自动机中某些中间状态，与之相关联的弧也将随之消去。对自动机所造成的影响将通过修改从每一个前驱状态到每一个后继状态的转移弧上的标记来标示，具体操作步骤如图 6-11 所示。

对每一终态 q，依次消去除 q 和初态 q_0之外的其他状态。若 $q\neq q_0$，最终可得到一般形式如图 6-12（a）的两状态自动机，该自动机对应的正则表达式可表示为$(r_1 \mid r_3r_2^*r_4)^*r_3r_2^*$。若 $q=q_0$，得到如图 6-12（b）的自动机，它对应的正则表达式可以表示为 r^*。最终的正则表达式为每一终态对应的正则表达式的并。

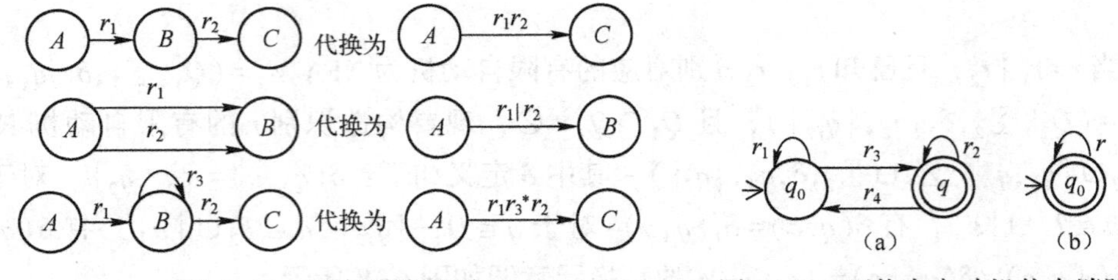

图 6-11　状态消除规则　　　　图 6-12　两状态自动机状态消除

【例 6-30】对于如图 6-13 的自动机，转化为正则表达式的过程如图 6-14 所示，得到的正规式为：

$$((0\mid 1)*1(0\mid 1))\mid((0\mid 1)*1(0\mid 1)(0\mid 1))。$$

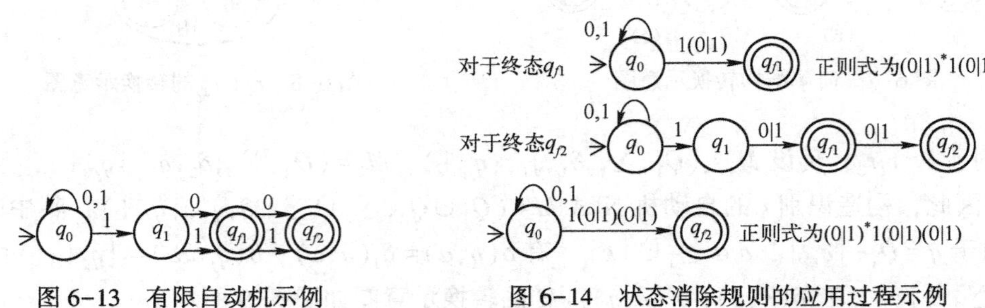

图 6-13　有限自动机示例　　　　图 6-14　状态消除规则的应用过程示例

定理 6-3　对于任一正则表达式 e，总存在正则文法 G 使得 $Ł(G)=Ł(e)$；反之亦然。

6.3.2　下推自动机

这一节讲述如何扩充有限自动机处理上下文无关语言。

1. 下推自动机的形式定义

定义 6-40　下推自动机（pushdown automaton，PDA）M 是一个 7 元组$(Q,\Sigma,\Gamma,q_0,Z,A,\delta)$，其中，$Q$ 是有限的状态集；Σ 和 Γ 分别是输入字符和栈符号的有限字母表；q_0属于 Q，是起始状态；Z 属于 Γ，是栈的起始符号；$A\subseteq Q$ 是接受状态集；$\delta:Q\times(\Sigma\cup\{\varepsilon\})\times\Gamma\to Q\times\Gamma*$ 的有限子集，δ 称为 M 的转移函数。

为了跟踪下推自动机的移动过程，引入概念“格局”（configuration），它反映了下推自动机的当前状态。

定义 6-41　格局　PDA M 的格局是一个三元组(q,x,α)，其中 $q\in Q$，$x\in\Sigma^*$，$\alpha\in\Gamma^*$，q 是当前状态，x 是输入字符串未读到的部分，α 是栈当前的内容，其最左端是栈顶符号。

状态为接受状态的格局称为接受格局（accepting configuration），因此，是否是接受格局与栈内容无关，这种判定是否接受的方式称为最后状态判定法（acceptance by final state）。还有一种定义接受状态的方法，就是空栈接受法，即最后格局的栈为空时，就认为字符串被接受，与最后处于的状态无关。事实上，这两种接受方式是等价的，即如果存在一个用方式 A 接受的 PDA M，就能够构造出另一个用方式 B 接受的等价的 PDA M_1。

定义 6-42　转移　式子$(p,x,\alpha)\Rightarrow_M(q,y,\beta)$的含义是左边的格局可以通过一步移动到

达右边的格局。如果 $x=ay$，$\alpha=X\gamma$，且$(q,\xi)\in\delta(p,a,X)$，则有$(p,x,\alpha)=(p,ay,X\gamma)\Rightarrow(q,y,\xi\gamma)=(q,y,\beta)$，其中 $\beta=\xi\gamma$。$(p,x,\alpha)\Rightarrow M^*(q,y,\beta)$表示左边的格局可以通过多步移动到达右边的格局。根据上下文能确定 M 的情况下，M 可以省略不写，一步转移和多步转移可以写成简化的形式$\Rightarrow$和$\Rightarrow^*$。

有了多步转移函数的定义，就可以定义 PDA M 接受的语言 $Ł(M)$。

定义 6-43　字符串 $x\in\sum *$ 被 PDA $M=(Q,\sum,\Gamma,q_0,Z,A,\delta)$接受当且仅当$(q_0,x,Z)\Rightarrow^*(q,\varepsilon,\alpha)$，其中 $q\in A$，$\alpha\in\Gamma *$。所有 M 接受的字符串组成的集合称为 M 接受的语言 $Ł$，写成 $Ł=Ł(M)$。

需要强调的是，所谓字符串 x 被一个 PDA 接受，意味着存在一个移动序列，使得 PDA 扫描完 x 后到达一个接受格局，由于 PDA 是非确定的，可能存在没有到达接受格局的移动序列，也可能存在多个到达接受格局的移动序列。因此，PDA 的移动都要在多个选项中做出猜测选择。后面例子将看到 PDA 如何在非确定的空间发现正确的移动步骤。

【例 6-31】 构造接受语言 $Ł=\{xx^r \mid x\in\{a,b\}*\}$的 PDA M。

构造 PDA M 的思想是：记住已经扫描过的字符串，到达字符串的中点后，将后面扫描的字符与前面保存的字符进行比较。现在的问题是 M 如何知道到达了字符串的中点？为了解决这个问题，可以先进行一系列压栈的操作，然后进入比较状态。因为只要有一个序列能接受该语句，就说明该语句能由自动机识别，不会影响正确的处理结果，为了确保不漏过正确的字符串，每一个字符之后都可以进入比较状态。

表 6-6 是 M 的转移函数表。显然这存在着非确定性，如根据移动 1 和移动 7，格局(q_0,a,Z)可以有两种移动方式。并不是说空转移一定意味着非确定性，如表 6-6 中的空转移$\delta(q_1,\varepsilon,Z)$就是确定性的，因为不存在其他$\delta(q_1,a,Z)(a\in\sum)$值。

表 6-6　例 6-31 中 PDA 的状态转移函数

动作序号	状　态	输　入	堆栈符号	动　作
1	q_0	a	Z	(q_0,aZ)
2	q_0	b	Z	(q_0,bZ)
3	q_0	a	a	(q_0,aa)
4	q_0	b	a	(q_0,ba)
5	q_0	a	b	(q_0,ab)
6	q_0	b	b	(q_0,bb)
7	q_0	ε	Z	(q_1,Z)
8	q_0	ε	a	(q_1,a)
9	q_0	ε	b	(q_1,b)
10	q_1	a	a	(q_1,ε)
11	q_1	b	b	(q_1,ε)
12	q_1	ε	Z	(q_2,Z)
其他情况				无

下面利用前面定义的格局和转移⇒详细描述字符串 baab 在 M 上的转换过程。

$$
\begin{aligned}
(q_0,\mathrm{baab},Z) &\Rightarrow (q_0,\mathrm{aab},\mathrm{b}Z)\\
&\Rightarrow (q_0,\mathrm{ab},\mathrm{ab}Z)\\
&\Rightarrow (q_1,\mathrm{ab},\mathrm{ab}Z)\\
&\Rightarrow (q_1,\mathrm{b},\mathrm{b}Z)\\
&\Rightarrow (q_1,\varepsilon,Z)\\
&\Rightarrow (q_2,\varepsilon,Z)\ (\text{接受})
\end{aligned}
$$

下面列举了一些不同情况。

$$
\begin{aligned}
(q_0,\mathrm{baab},Z) &\Rightarrow (q_1,\mathrm{baab},Z)\\
&\Rightarrow (q_2,\mathrm{baab},Z)\ (\text{接受})\\
(q_0,\mathrm{baab},Z) &\Rightarrow (q_0,\mathrm{aab},\mathrm{b}Z)\\
&\Rightarrow (q_1,\mathrm{aab},\mathrm{b}Z)\ (\text{拒绝})\\
(q_0,\mathrm{baab},Z) &\Rightarrow (q_0,\mathrm{aab},\mathrm{b}Z)\\
&\Rightarrow (q_0,\mathrm{abb},\mathrm{ab}Z)\\
&\Rightarrow (q_0,\mathrm{b},\mathrm{aab}Z)\\
&\Rightarrow (q_0,\mathrm{b},\mathrm{aab}Z)\ (\text{拒绝})\\
(q_0,\mathrm{baab},Z) &\Rightarrow (q_0,\mathrm{aab},\mathrm{b}Z)\\
&\Rightarrow (q_0,\mathrm{ab},\mathrm{ab}Z)\\
&\Rightarrow (q_0,\mathrm{b},\mathrm{aab}Z)\\
&\Rightarrow (q_0,\varepsilon,\mathrm{baab}Z)\\
&\Rightarrow (q_0,\varepsilon,\mathrm{baab}Z)\ (\text{拒绝})
\end{aligned}
$$

上面的 4 种移动序列代表了 4 种错误的情况。第一种进入了接收状态，但仅仅说明了字符串的某个前缀属于语言 L，后面三种导致了拒绝。

PDA 无论形式上还是内在本质都比 FA 要复杂很多，主要体现在转移函数上，函数的输入和输出都复杂了。但是反过来，每个有限自动机都可以看成是一种特殊的 PDA。可以想象 FA 带有一个栈，但永远不改变栈的内容。后面将看到 PDA 接受的语言都是 CFL，因此从这个角度讲，每个正则语言都是 CFL。

2. 上下文无关文法对应的下推自动机

到现在为止，都是通过应用字符串的性质来构造接受某个语言的 PDA，面对的语言也比较简单，主要利用了字符串的对称性质，实现了前后字符的匹配比较。显然，也能够利用这些性质写出生成语言的 CFG。本节证明每个 CFL 都能够被某个 PDA 接受。基本思路是，给定一个 CFG，构造一个 PDA 能够检测任给的字符串 x 能否被 CFG 生成，也就是用 PDA 模拟 CFG 的产生式规则。PDA 模拟 CFG 的推导至少有两种自然的方法，对应构造推导树的次序，这两种方法分别称为自顶向下（top-down）和自底向上（bottom-up）。这里用自顶向下的方法。PDA 首先将起始符号 S 压入栈中，后面的步骤是用产生式的右部代替栈顶的非终结符，这相当于构造该非终结符的子结点。栈中的终结符与输入字符比较，并弹出。文法起始符 S 首先压入栈作为栈的起始符，PDA 随后的移动可分成两类：

（1）从栈顶弹出终结符，与下一个输入字符匹配，并同时抛掉。

（2）如果栈顶符号是非终结符 A，且存在产生式 $A\to\alpha$，则用 α 替换栈顶的 A。如果存

在多个 A 的产生式，则需要根据猜测选择其中的一个。

在每一步，已经扫描过的输入字符和栈中的内容对应了文法生成字符串的中间某个步骤。当一个非终结符出现在栈顶，它左边的终结符一定已经与输入字符匹配并被抛掉，因此随后的替换类似于文法的最左推导。因此，如果栈中不再有任何符号，则生成输入字符串的推导模拟成功了，此时 PDA 可以接受该字符串。

下面更精确地描述 PDA 的构造方法，并证明 PDA 接受的语言恰好是文法生成的语言。

定理 6-4　给定一个 CFG $G=(V,\sum,S,P)$，则存在一个 PDA M，使得 $Ł(M)=Ł(G)$。

证明：构造如下的 PDA $M=(Q,\sum,\Gamma,q_0,Z,A,\delta)$，其中 $Q=\{q_0,q_1,q_2\}$；$\Gamma=V\cup\sum\cup\{Z\}$，且 $Z\notin V\cup\sum$；$A=\{q_2\}$；转移函数 δ 只有如下四种情况：

① $\delta(q_0,\varepsilon,Z)=\{(q_1,SZ)\}$。

② 对每个 $A\in V$，$\delta(q_1,\varepsilon,A)=\{(q_1,\alpha)\mid A\to\alpha$ 是 G 中的一个产生式$\}$。

③ 对每个 $a\in\sum$，$\delta(q_1,a,a)=\{(q_1,\varepsilon)\}$。

④ $\delta(q_1,\varepsilon,Z)=\{(q_2,Z)\}$。

现在证明 $Ł(M)=Ł(G)$。首先证明 $Ł(G)\subseteq Ł(M)$。任给 $x\in Ł(G)$，设生成 x 的最左推导的最后一步是，$yAz\Rightarrow yy'=x$。其中，y，z，y' 是终结符组成的字符串。一个典型的中间推导步骤形式如下，$yA\alpha\Rightarrow yy'\beta$。同样，$y$ 和 y' 是终结符组成的字符串，是 x 的前缀，β 的开始字符是非终结符。需要说明的是，PDA 将读入字符串 yy'，与栈中的终结符匹配，最后留在栈中的内容是 β，且处于状态 q_1。如果 $\beta=\varepsilon$，则 PDA 扫描完整个 x，到达的格局是 (q_1,ε,Z)，根据移动④，PDA 接受 x。

用归纳法证明如下结论：对每个 $n\geqslant 1$，如果 $x\in Ł(G)$，且生成 x 的第 n 步最左推导是 $yA\alpha\Rightarrow yy'\beta$，其中，$x=yy'z$。则 PDA 中下面的转移成立，$(q_0,x,Z)=(q_0,yy'z,Z)\Rightarrow*(q_1,z,\beta Z)$。

对于 $n=1$ 的情况，即 $S\to y'\beta$，利用移动①和②有：

$$(q_0,x,Z)=(q_0,y'z,Z)\Rightarrow(q_1,y'z,SZ)\Rightarrow(q_1,y'z,y'\beta Z)$$

由于 y' 是终结符组成的字符串，利用移动③，抛掉 y'，得到：

$(q_1,y'z,y'\beta Z)\Rightarrow(q_1,z,\beta Z)$，即 $(q_0,x,Z)\Rightarrow*(q_1,z,\beta Z)$ 得证。

假设对所有的 $n\leqslant k(k\geqslant 1)$ 结论成立，下面证明 $n=k+1$ 时也成立。

设第 k 步最左推导是 $wBy\Rightarrow ww'\beta'=ww'A\alpha$。

第 $k+1$ 步利用产生式 $A\to\alpha'$，推导是 $ww'A\alpha\Rightarrow ww'\alpha'\alpha\beta$。令 $ww'=y$，$\alpha'\alpha=y'$，$x=yy'z$，根据归纳假设有 $(q_0,x,Z)\Rightarrow*(q_1,y'z,A\alpha Z)$。根据 $A\to\alpha'$ 生成的转移函数中的②得到：

$$(q_1,y'z,A\alpha Z)\Rightarrow(q_1,y'z,\alpha'\alpha Z)=(q_1,y'z,y'\beta Z)$$

再次利用转移函数中的③消去 y' 得到 $(q_1,y'z,y'\beta Z)\Rightarrow*(q_1,z,\beta Z)$，$Ł(G)\subseteq Ł(M)$ 得证。

然后证明 $Ł(M)\subseteq Ł(G)$。先证明如下结论：对任意的 $n\geqslant 1$，如果存在 n 步转移，从格局 (q_0,x,Z) 到 $(q_1,z,\beta Z)$，则存在 y，满足 $x=yz$，且 $S\Rightarrow*y\beta$。

显然，令 $z=\beta=\varepsilon$，就证明了 $Ł(M)\subseteq Ł(G)$。下面利用归纳法证明。

当 $n=1$，第一步总是采用转移函数中的①，即 $z=x$，$\beta=S$，令 $y=\varepsilon$ 得证。

假设对所有的 $n\leqslant k(k\geqslant 1)$ 结论成立，下面证明 $n=k+1$ 时也成立。设一个 $k+1$ 步的动作产生了格局 $(q_1,z,\beta Z)$，要证明存在一个 y，使得 $x=yz$，且 $S\Rightarrow*y\beta$。得到格局 $(q_1,z,\beta Z)$ 的

前一个格局有两种情况，一种是$(q_1,az,z\beta Z)$，此时存在y'，使得$x=y'az$，且$S\Rightarrow*y'a\beta$，令$y=y'a$得证。另一种是$(q_1,z,A\gamma Z)$，即$(q_1,z,A\gamma Z)\Rightarrow(q_1,z,\beta Z)$。根据转移函数中的②，存在产生式$A\rightarrow\alpha$，$\alpha\gamma=\beta$。根据归纳假设，存在$y$，满足$x=yz$，且$S\Rightarrow*yA\gamma$，因此，$S\Rightarrow*yA\gamma\Rightarrow y\alpha\gamma\Rightarrow y\beta$。结论得证。

任给$x\in Ł(M)$，有$(q_0,x,Z)\Rightarrow*(q_1,\varepsilon,Z)\Rightarrow(q_2,\varepsilon,Z)$。此时$z=\beta=\varepsilon$，令$y=x$，得到$S\Rightarrow*x$，因此，$x\in Ł(G)$。证毕。

【例 6-32】 文法$G=(\{S\},\{a,b\},\{S\rightarrow a\mid aS\mid bSS\mid SSb\mid SbS\},S)$生成语言$Ł=\{x\in\{a,b\}*\mid x$中 a 的个数大于 b 的个数$\}$，试构造接受$Ł$的 PDA。

解： 根据定理 6-4 提供的构造算法，得到 PDA $M=(\{q_0,q_1,q_2\},\{a,b\},\{S,a,b,Z\},Z,\{q_2\},\delta)$，转移函数定义如表 6-7 所示。

表 6-7 例 6-32 的 PDA 的转移函数表

动作序号	状态	输入	堆栈符号	动作
1	q_0	ε	Z	(q_1,SZ)
2	q_1	ε	S	$(q_1,a),(q_1,aS),(q_1,bSS),(q_1,SSb),(q_1,SbS)$
3	q_1	a	a	(q_1,ε)
4	q_1	b	b	(q_1,ε)
5	q_1	ε	Z	(q_2,Z)
其他情况				无

给出“abbaaa”在 PDA 上的识别步骤，并与文法的推导步骤比较。

$$
\begin{array}{llll}
(q_0,abbaaa,Z) & \Rightarrow & (q_1,abbaaa,SZ) & S \\
 & \Rightarrow & (q_1,abbaaa,SbSZ) & SbS \\
 & \Rightarrow & (q_1,abbaaa,abSZ) & abS \\
 & \Rightarrow & (q_1,baaa,SZ) & \\
 & \Rightarrow & (q_1,baaa,bSSZ) & abbSS \\
 & \Rightarrow & (q_1,aaa,SSZ) & \\
 & \Rightarrow & (q_1,aaa,aSZ) & abbaS \\
 & \Rightarrow & (q_1,aa,SZ) & \\
 & \Rightarrow & (q_1,aa,aSZ) & abbaaS \\
 & \Rightarrow & (q_1,a,SZ) & \\
 & \Rightarrow & (q_1,a,aZ) & abbaaa \\
 & \Rightarrow & (q_1,\varepsilon,Z) & \\
 & \Rightarrow & (q_2,\varepsilon,Z)\text{(接受)} &
\end{array}
$$

3. 下推自动机对应的上下文无关文法

在前面讨论了对于一个给定的文法，构造一个识别该文法产生语言的非确定下推自动机的方法，这个下推自动机对应着最左推导。这里讨论问题的另一方面，也就是给定 PDA，给出构造生成同样语言的 CFG 的方法。为了便于讨论，先定义 PDA 的空栈接受方式。

定理 6-5　$M=(Q,\Sigma,\Gamma,q_0,Z,A,\delta)$是接受语言$Ł$的下推自动机，则存在另一个 PDA $M_1=(Q_1,\Sigma,\Gamma_1,q_1,Z_1,A_1)$，对任意字符串 x，$x\in Ł$ 当且仅当$(q_1,x,Z_1)\Rightarrow*(q,\varepsilon,\varepsilon)$，其中$q\in Q_1$。

定理 6-6　$M=(Q,\Sigma,\Gamma,q_0,Z,A,\delta)$是以空栈方式接受语言$Ł(M)$的 PDA，则存在一个 CFG G，使得$Ł(G)=Ł(M)$。

证明：如下构造$G=(V,\Sigma,S,P)$，其中$V=\{S\}\cup\{[p,A,q]\mid A\in\Gamma,p,q\in Q\}$，$P$包含如下的产生式：

① 对每个$q\in Q$，都有$S\rightarrow[q_0,Z,q]$。

② 对每个$q,q_1\in Q,a\in\Sigma\cup\{\varepsilon\},A\in\Gamma$，如果$\delta(q,a,A)$包含$(q_1,\varepsilon)$，则有$[q,A,q_1]\rightarrow a$。

③ 对每个q，$q_1\in Q,a\in\Sigma\cup\{\varepsilon\},A\in\Gamma,m\geqslant1$，如果$\delta(q,a,A)$包含$(q_1,B_1B_2\cdots B_m)$，则对任意$q_2,\cdots,q_m\in Q$，有$[q,A,q_{m+1}]\rightarrow a[q_1,B_1,q_2][q_2,B_2,q_3]\cdots[q_m,B_m,q_{m+1}]$。

要证明$S\Rightarrow*x$当且仅当$(q_0,x,Z)\Rightarrow*(q',\varepsilon,\varepsilon)$，$q'\in Q$。而$S\Rightarrow*x$当且仅当$[q_0,A,q']\Rightarrow*x,q'\in Q$。因此命题转变成$[q_0,A,q']\Rightarrow*x$当且仅当$(q_0,x,Z)\Rightarrow*(q',\varepsilon,\varepsilon)$，$q'\in Q$。这里证明更一般的结论：任给$q$、$q'\in Q$，$A\in\Gamma$，$x\in\Sigma*$，$[q,A,q']\Rightarrow*x$当且仅当$(q,x,A)\Rightarrow*(q',\varepsilon,\varepsilon)$。

充分性和必要性都用数学归纳法证明，对 CFG 的推导步骤或 PDA 的动作步骤进行归纳。引入符号$\Rightarrow^n$表示经过n步推导或动作。先证明充分性，也就是证明：对任意$n\geqslant1$，如果$[q,A,q']\Rightarrow^n x$，则$(q,x,A)\Rightarrow*(q',\varepsilon,\varepsilon)$。

当$n=1$，也就是需要证明$[q,A,q']\Rightarrow^1 x$，则一定使用的第②类产生式，x是ε或单个字符，则$\delta(q,x,A)$包含(q',ε)，因此有$(q,x,A)\Rightarrow(q',\varepsilon,\varepsilon)$。

假设对每个$n\leqslant k(k\geqslant1)$时命题成立，证明$n=k+1$时也成立，如果$(q,A,q')\Rightarrow^{k+1}x$，则$(q,x,A)\Rightarrow*(q',\varepsilon,\varepsilon)$。既然$k\geqslant1$，则$x$的第一步推导一定是$[q,A,q']\Rightarrow a[q_1,B_1,q_2][q_2,B_2,q_3]\cdots[q_m,B_m,q']$，且$[q_i,B_i,q_{i+1}]\Rightarrow^k x_i$，$x=ax_1x_2\cdots x_m$。根据归纳假设，$(q_i,x_i,B_i)\Rightarrow*(q_{i+1},\varepsilon,\varepsilon)$，其中$1\leqslant i\leqslant m$，$q_{m+1}=q'$。根据第③类产生式可知$\delta(q,x,A)$包含$(q_1,B_1B_2\cdots B_m)$，则有$(q,x,A)=(q,ax_1x_2\cdots x_m,A)\Rightarrow(q_1,x_1x_2\cdots x_m,B_1B_2\cdots B_m)$。根据上面动作可以得到

$$(q_1,x_1x_2\cdots x_m,B_1B_2\cdots B_m)\Rightarrow(q_2,x_2\cdots x_m,B_2\cdots B_m)\Rightarrow\cdots\Rightarrow(q',\varepsilon,\varepsilon)$$

充分性得证。

再证明必要性。证明如下结论：对任意$n\geqslant1$，如果$(q,x,A)\Rightarrow^n(q',\varepsilon,\varepsilon)$，则$[q,A,q']\Rightarrow*x$。

当$n=1$，证明$(q,x,A)\Rightarrow^1(q',\varepsilon,\varepsilon)$，则$x$是$\varepsilon$或单个字符，$\delta(q,x,A)$包含$(q',\varepsilon)$，根据第②类产生式构造方式，有$[q,A,q']\rightarrow x$，即$[q,A,q']\Rightarrow*x$。

假设对每个$n\leqslant k(k\geqslant1)$时命题成立，则需要证明$k+1$时命题也成立，即证明如果$(q,x,A)\Rightarrow^{k+1}(q',\varepsilon,\varepsilon)$，则$[q,A,q']\Rightarrow*x$。设$x=ay$，则推导的第一步是$(q,x,A)=(q,ay,A)\Rightarrow(q_1,y,B_1B_2\cdots B_m)$，且$(q_1,y,B_1B_2\cdots B_m)\Rightarrow*(q',\varepsilon,\varepsilon)$，则存在中间步骤和字符$x_1x_2\cdots x_m=y$，使得$(q_1,y,B_1B_2\cdots B_m)\Rightarrow*(q_2,x_2\cdots x_m,B_2\cdots B_m)\Rightarrow\cdots\Rightarrow(q',\varepsilon,\varepsilon)$，即有$(q_i,x_i,B_i)\Rightarrow*(q_{i+1},\varepsilon,\varepsilon)$，其中$1\leqslant i\leqslant m$，$q_{m+1}=q'$。根据归纳假设，$[q_i,B_i,q_{i+1}]\Rightarrow*x_i$，所以$[q,A,q']\Rightarrow a[q_1,B_1,q_2][q_2,B_2,q_3]\cdots[q_m,B_m,q']\Rightarrow*ax_1x_2\cdots x_m\Rightarrow x$。必要性得证。证毕。

【例 6-33】对于语言 $Ł=\{xcx^r \mid x\in\{a,b\}*\}$，接受它的 PDA 的状态转换函数如表 6-8 所示，构造 CFG $G=(V,\sum,P,S)$ 如下。

表 6-8 识别 $\{xcx^r \mid x\in\{a,b\}*\}$ 的下推自动机的状态转移表

动作序号	状态	输入	栈符号	动作
1	q_0	a	Z	(q_0,aZ)
2	q_0	b	Z	(q_0,bZ)
3	q_0	a	a	(q_0,aa)
4	q_0	b	a	(q_0,ba)
5	q_0	a	b	(q_0,ab)
6	q_0	b	b	(q_0,bb)
7	q_0	c	Z	(q_1,Z)
8	q_0	c	a	(q_1,a)
9	q_0	c	b	(q_1,b)
10	q_1	a	a	(q_1,ε)
11	q_1	b	b	(q_1,ε)
12	q_1	ε	Z	(q_2,Z)
其他组合形式				无

表 6-8 中动作序号为 1~6 的动作模拟遇到 c 之前将输入字符压入到栈，7~9 动作模拟遇到 c 时，保持栈不变，仅仅改变状态，10~11 步模拟遇到 c 后，将栈符号弹出与输入字符比较，12 步模拟扫描完整个输入字符串，且栈内容为空（起始状况），此时为接受状态。

$V=\{S\}\cup\{[p,A,q] \mid A\in\Gamma,p,q=q_0,q_1\}$，$P$ 应该包含所有的 p 和 q 的组合，共有 35 条产生式规则，列举几条如下：

① $S\to[q_0,Z,q]$

② $[q_0,Z,q]\to a[q_0,A,p][p,Z,q]$

③ $[q_0,Z,q]\to b[q_0,B,p][p,Z,q]$

④ $[q_0,A,q]\to a[q_0,A,p][p,A,q]$

⑤ $[q_0,A,q]\to b[q_0,B,p][p,A,q]$

⑥ $[q_0,B,q]\to a[q_0,A,p][p,B,q]$

⑦ $[q_0,B,q]\to b[q_0,B,p][p,B,q]$

⑧ $[q_0,Z,q]\to c[q_1,Z,q]$

⑨ $[q_0,A,q]\to c[q_1,A,q]$

⑩ $[q_0,A,q]\to c[q_1,B,q]$

⑪ $[q_1,B,q_1]\to a$

⑫ $[q_1,B,q_1]\to b$

⑬ $[q_1,Z,q_1]\to\varepsilon$

PDA 识别字符串“bacab”和 CFG 推导出该字符串的最左推导过程如下所示。

	S
(q_0,bacab,Z)	$\Rightarrow[q_0,Z,q_1]$
$\Rightarrow(q_0,\mathrm{acab},BZ)$	$\Rightarrow \mathrm{b}[q_0,B,q_1][q_1,Z,q_1]$
$\Rightarrow(q_0,\mathrm{cab},ABZ)$	$\Rightarrow \mathrm{ba}[q_0,A,q_1][q_1,B,q_1][q_1,Z,q_1]$
$\Rightarrow(q_1,\mathrm{ab},ABZ)$	$\Rightarrow \mathrm{bac}[q_1,A,q_1][q_1,B,q_1][q_1,Z,q_1]$
$\Rightarrow(q_1,\mathrm{b},BZ)$	$\Rightarrow \mathrm{baca}[q_1,B,q_1][q_1,Z,q_1]$
$\Rightarrow(q_1,\varepsilon,Z)$	$\Rightarrow \mathrm{bacab}[q_1,Z,q_1]$
$\Rightarrow(q_1,\varepsilon,\varepsilon)$	$\Rightarrow \mathrm{bacab}$

这个方法构造的文法有大量冗余，也使得 CFG 在推导过程中看起来有很多种最左推导，如以 $S\Rightarrow[q_0,Z,q_0]$ 开始，但往往在最后一步发现前面的推导得不到想要的结果。如何化简文法，删除不必要的文法也是一个很受关注的问题，请读者参阅有关文献，这里不再介绍。

6.3.3 图灵机

英国数学家图灵全面分析了人在计算过程中的行为特点，把计算建立在一些简单、明确的基本操作之上，并于 1936 年发表文章，给出了一种抽象的计算模型，也称为自动机。该计算模型有自己的“指令系统”，每条“指令”代表一种基本操作，任何算法可计算函数都可通过由指令序列组成的“程序”在该自动机上完成计算。图灵的工作第一次把计算和自动机联系起来，对以后计算科学和人工智能的发展产生了巨大的影响。这种“自动机”就是现在人们熟知的“图灵机”。

1. 图灵机的定义

图灵的基本思想是用机器来模拟人们用纸和笔进行数学运算的过程，他把这样的过程看作下列两种简单的动作：

(1) 在纸上写上或擦除某个符号。

(2) 把注意力从纸的一个位置移动到另一个位置。

在计算的每个阶段，人要决定下一步的动作（进入下一个状态）依赖于两个方面：

(1) 此人当前所关注的纸上某个位置的符号。

(2) 此人当前思维的状态。

对应于上述 4 个方面，一台图灵机应由以下 4 部分组成：

(1) 作为“纸”的一条两端无穷的“带子”，被分割成一个个小格，可以理解为“寄存器”，可以向“寄存器”中“写入”或“擦除”某个符号。

(2) 有一个移动装置，能够在“纸上”从一个“寄存器”到另一个“寄存器”移动。

(3) 在移动装置上有一个“读头”能“读出”和“改写”某个“寄存器”中的内容。

(4) 有一个状态存储器，能够记录当前的状态。

将上述 4 个部分组装起来便是一台图灵机，图 6-15 是图灵机模型的示意图。

定义 6-44　图灵机 $M=(Q,\Sigma,\Gamma,\delta,q_0,B,F)$，其中，$Q$ 是有穷的状态集合 $\{q_0,q_1,\cdots,q_n\}$；$q_0\in Q$，是初始状态；Γ 是所允许的带符号集合，其中 $B\in\Gamma$ 是空白符；$\Sigma\subseteq\Gamma-\{B\}$ 是

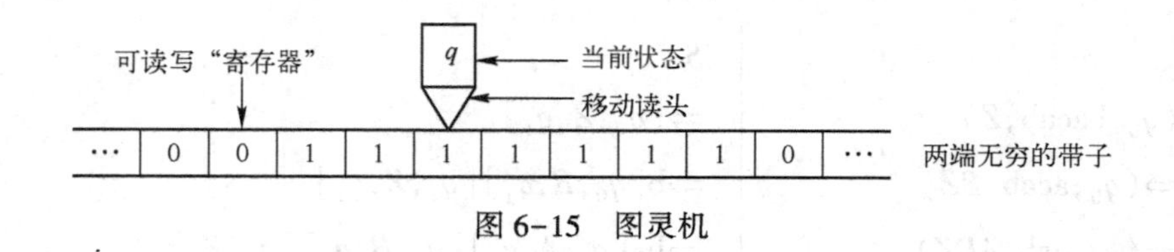

图 6-15 图灵机

输入字符集合；$F\subseteq Q$ 是终止状态集合。δ 称为指令集合：由形如 $q_iS_j\to S_kR(LN)q_n$ 的命令组成，其中，q_i是机器目前所处的状态，S_j是机器从方格中读入的符号，S_k是机器用来代替 S_j 写入方格的符号，R，L，N 分别表示右移一格、左移一格、不移动。q_n为下一步的状态。

对于指令集，有时也用动作（状态转移）函数来表述，也就是 δ 是一个 $Q\times\Gamma\to\Gamma\times\{L,R,N\}\times Q$ 函数，$\delta(q,a)=(b,z,p)$表示状态 q 下读头所读符号为 a 时，读头位置的符号变为 b；同时读头根据 z 的值进行动作，如果 z 为 L 读写头左移，如果 z 为 R 读写头右移，如果 z 为 N 读写头不移动；同时状态变为 p。

机器从给定带子上的某起点出发，其动作完全由其初始状态值及机内指令集来决定。计算结果是从机器停止时带子上的信息得到。

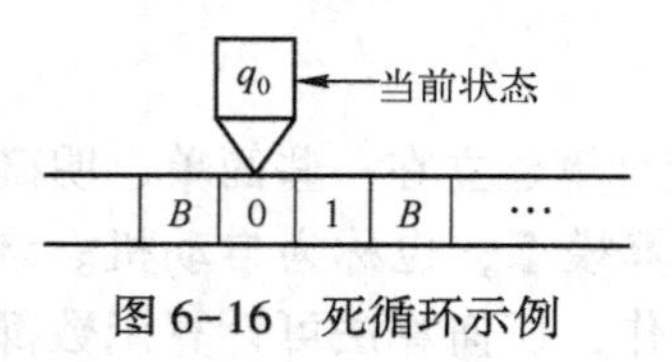

图 6-16 死循环示例

指令死循环：假设 $Q=\{q_0,q_1,q_2,q_3\}$，$\{q_3\}$是终止状态集，$\sum=\{0,1\}$，$\Gamma=\{0,1,B\}$，指令集为$\{q_00\to0Nq_1,q_10\to0Rq_2,q_21\to1Lq_1\}$、如果带上的符号为“01”，机器处于 q_0状态，并且指向字符 0，则根据该指令系统，机器永不停机，如图 6-16 所示。

指令二义性：假设 $Q=\{q_0,q_1,q_2\}$，指令集为$\{q_10\to0Rq_2,q_20\to1Lq_1\}$，则在 q_1状态下遇到字符 0 时不能确定该执行哪个动作，从而导致二义性。

【例 6-34】 $Q=\{q_0,q_1,q_2,q_3\}$，$\{q_3\}$ 是终止状态集，$\sum=\{0,1\}$，$\Gamma=\{0,1,B\}$，指令集为：$\{q_00\to1Lq_1;q_01\to0Lq_2;q_0B\to BNq_3;q_10\to0Lq_1;q_11\to1Lq_1;q_1B\to BNq_3;q_20\to1Lq_1;q_21\to0Lq_2;q_2B\to1Lq_3\}$。该图灵机执行加 1 操作。如果带子上的输入信息为 010，读写头位对准最右边第一个为 0 的方格，且状态为 q_0，也就是初始状态，如图 6-17 所示。

按照上述指令集执行后输出正确的结果是什么？执行过程如下：执行命令 $q_00\to1Lq_1$，结果如图 6-18 所示；再执行命令 $q_11\to1Lq_1$，结果如图 6-19 所示；继续执行命令 $q_10\to0Lq_1$，结果如图 6-20 所示；最后执行命令 $q_1B\to BNq_3$进入停机状态，如图 6-21 所示。

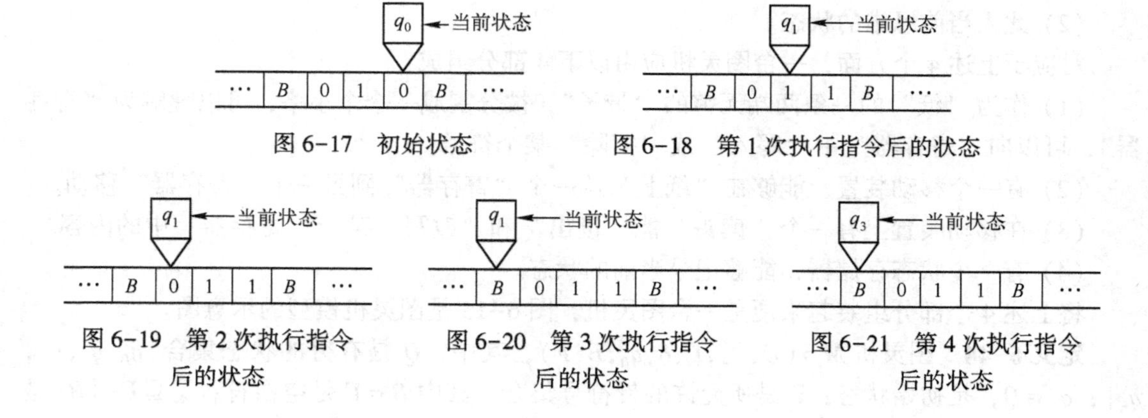

图 6-17 初始状态

图 6-18 第 1 次执行指令后的状态

图 6-19 第 2 次执行指令后的状态

图 6-20 第 3 次执行指令后的状态

图 6-21 第 4 次执行指令后的状态

【例 6-35】设计一个图灵机，该图灵机能求有符号的二进制数的补码运算。

分析：首先输入字符集和带符集分别为 $\Sigma=\{0,1\}$ 和 $\Gamma=\{0,1,B\}$。对于有符号数的求补码，可分为两种情况，也就是正数的补码是它本身，不需要做任何处理，负数的补码，除符号位外，逐位取反，然后再加 1 即可。在求补码的过程中，首先，要判断是正数，还是负数，如果是正数，也就是最高位为 0，则终止计算过程。如果是负数，也就是最高位为 1，需要进行求补码的运算，该过程可以分为两步：首先把除符号位的其他各位都取反，然后再执行加 1 操作，这样，就需要一个状态记住逐位取反的过程，不妨用 q_1 记录该状态，带头从左向右移动，逐位取反即可，当遇到空白符 B 时，就转变为加 1 的操作，加 1 的操作需要两个状态来记录，就是有进位和没进位的情况，分别用 q_2 和 q_3 表示，进行加 1 操作时的初始状态也没有进位，所以处于 q_3 状态。同样的，因为求补码不存在溢出的问题，所以，最后遇到符号位肯定是 q_3 的状态下，读取最高位 1，这时候，不需要改变带符，应继续右移就遇到了空白符 B，进入终止状态 q_4，结束执行过程。据此，可以如下设计求补码的图灵机：输入字符集和带符集分别为 $\Sigma=\{0,1\}$ 和 $\Gamma=\{0,1,\mathrm{B}\}$，$Q=\{q_0,q_1,q_2,q_3,q_4\}$，$\{q_4\}$ 是终止状态集，指令集为：$\{q_0B\to BRq_0;q_00\to 0Nq_4;q_01\to 1Rq_1;q_11\to 0Rq_1;q_11\to 0Rq_1;q_1B\to BLq_3;q_30\to 1Lq_3;q_31\to 0Lq_2;q_21\to 0Lq_2;q_20\to 1Lq_3;q_3B\to BNq_4\}$。

定义 6-45　设当前带上字符串为 $x_1x_2\cdots x_n$，当前状态为 q，读头正在读 x_i，图灵机的瞬时描述 ID 为：$x_1x_2\cdots x_{i-1}qx_i\cdots x_n$。

定义 6-46　设当前的瞬时描述 $ID_1=x_1x_2\cdots x_{i-1}qx_i\cdots x_n$，若有 $\delta(q,x_i)=(p,y,L)$，则图灵机瞬时描述变为 $ID_2=x_1x_2\cdots x_{i-2}px_{i-1}y\cdots x_n$。若有 $\delta(q,x_i)=(p,y,R)$，则图灵机瞬时描述变为 $ID_2=x_1x_2\cdots x_{i-1}ypx_{i+1}\cdots x_n$。

定义 6-47　瞬时描述 ID_1 经过一步变为瞬时描述 ID_2，称 ID_1 与 ID_2 具有一步变化关系，表示为 $ID_1\Rightarrow ID_2$。若 ID_1 经过 n 步变为 $ID_2(n\geqslant 0)$，即有 $ID_1\Rightarrow ID\Rightarrow\cdots\Rightarrow ID_2$，称 ID_1 与 ID_2 具有多步变化关系，简记为 $ID_1\Rightarrow^* ID_2$。

定义 6-48　对于图灵机 $M=(Q,\sum,\Gamma,\delta,q_0,B,F)$，定义图灵机接受的语言集 $Ł(M)=\{w\mid w\in\sum*\wedge\exists u_0\exists u\exists v\exists q\exists q_f(u_0\in\sum^*\wedge u\in\sum^*\wedge v\in\sum^*\wedge q\in Q\wedge q_f\in F\wedge q_0w\Rightarrow^* u_0qB\Rightarrow^* uq_fv)\}$。

2. 图灵机与短语文法之间的关系

图灵机在识别语言的过程中，实际上是在扫描给定的输入串，并且在扫描的过程中根据需要以重印刷符号的形式给出一些记号，这些记号被用来记录当前已经完成了什么，以后还需要完成什么，以便给后续的处理提供方便。这种方法在许多短语结构语言的文法的构造中是非常有用的。读者在研究构造产生语言 $\{ww\mid w\in\{0,1\}\}$ 的文法和语言 $\{1^n2^n3^n\mid n\geqslant 1\}$ 的文法时应该有所体会。下面是产生语言 $\{0^n\mid n$ 为 2 的非负整数次幂$\}$ 的文法。

G_1:	$S\to 0$	产生句子
	$S\to AC0B$	产生句型 $AC0B$，A、B 分别表示左右端点，C 作为向右的倍增“扫描器”
	$C0\to 00C$	C 向右扫描，将每一个 0 变成 00，实现 0 个数的加倍
	$CB\to DB$	C 到达句型的右端点，变成 D，准备进行从右到左的扫描，以实现句型中 0 的个数的再次加倍
	$CB\to E$	C 到达句型的左端点，变成 E，表示加倍工作已完成，准备结束
	$0D\to D0$	D 移回到左端点

$AD \to AC$　当 D 到达左端点时，变成 C，此时已经做好了进行下一次加倍的准备工作

$0E \to E0$　E 向右移动，寻找左端点 A

$AE \to \varepsilon$　E 找到 A 后，一同变成 ε，从而得到一个句子

由于产生句子的长度是 2 的若干次幂，也就是说，句子的长度为 $1,2,4,8,\cdots$。其规律是从 1 开始，每次都加倍，因此考虑顺序地扫描已经出现在句型中的终极符号 0，每遇到一个，就再增加一个，从而达到“倍增”的目的。在上述文法中，C 作为从左到右的“扫描器”，D 作为从右到左的“扫描器”，它们交替地工作，直到产生出希望个数的 0 来。其中，C 完成加倍，D 完成将“扫描器”的指针移回左端的工作。A 作为句型的左端点记号，B 作为句型的右端点记号。如下文法可以产生同样的语言，且具有更高的效率。$G_2: S \to AC0B, C0 \to 00C, CB \to DB, 0D \to D00, CB \to E, AD \to AC, AC \to F, F0 \to 0F, 0E \to E0, AE \to \varepsilon, FB \to \varepsilon$。

按照乔姆斯基体系的分类方法，上述两个文法都是短语结构文法，它们产生的语言为短语结构语言。在这两个文法的构造过程中，实际上就像是在构造一个图灵机。因此，很容易将相应的构造思想用于识别这一语言的图灵机的构造。另外，在进行语言类别的划分时，曾经将短语结构的文法称为递归集合，人们也将图灵机识别的语言定义为递归可枚举语言，即递归集合，也就是说短语结构文法与图灵机应该是等价的。

定理 6-7　任一短语结构文法 $G=(V,T,P,S)$，存在图灵机 M，使得 $Ł(M)=Ł(G)$。

定理 6-8　对于任一图灵机 M，存在短语结构文法 $G=(V,T,P,S)$，使得 $Ł(G)=Ł(M)$。

根据定理 6-7 和定理 6-8 可知图灵机是与短语结构文法等价的。

3. 线性界限自动机

线性界限自动机（linear bounded automaton，LBA）是一种非确定的图灵机，该图灵机满足如下两个条件：

（1）输入字母表包含两个特殊的符号#和$，其中#作为输入符号串的左端标志，$作为输入符号串的右端标志；

（2）LBA 的读头只能在#和$之间移动，且 LBA 不能在端点符号#和$上面打印另外一个符号。

所以，LBA 可以被看成是一个九元组 $M=(Q,\Sigma,\Gamma,\delta,q_0,B,F,\#,\$)$，其中，$Q$，$\Sigma$，$\Gamma$，$\delta$，$q_0$，$B$，$F$ 的意义与图灵机相同，$\# \notin \Sigma$，$\$ \notin \Sigma$，$M$ 接受的语言 $Ł(M)=\{w \mid w \in (\Sigma-\{\#,\$\})^*$ 且 $\exists q \in F$，使得 $q_0\#w\$ \Rightarrow^* \#\alpha q\beta\$\}$。

定理 6-9　如果 $Ł$ 是 CSL，$\varepsilon \notin Ł$，则存在 LBA M，使得 $Ł=Ł(M)$。

定理 6-10　对于任意 $Ł$，$\varepsilon \notin Ł$，存在 LBA M，使得 $Ł=Ł(M)$，则 $Ł$ 是 CSL。

6.3.4 通用图灵机

可以把图灵机看作程序，同样每个程序都可以用一个图灵机实现，也就是说编写的每个程序就是一个图灵机，而计算机完成了图灵机的计算任务，它的输入是图灵机。那么有没有以图灵机为输入的数学模型能模拟图灵机的运行过程呢？答案是肯定的，这就是通用图灵机。

1. 通用图灵机模型

由于一般的图灵机只是一个程序，当给它一个输入 x 后，可以计算出 $f(x)$ 作为输出。

它只相当于一个计算 $f(x)$ 的专用机。为了克服这种弱点，英国数学家图灵（Turing）引进了通用图灵机的概念，这种图灵机 M 具有这样的功能：输入一个数对 $<t,x>$ 后，M 可以先找到以 t 为下标的图灵机 M_t，然后模仿 M_t 输入 x 后的运行过程。这样 M 所计算的二元函数 g 便满足下列条件：对任何 x 和 y，$g(x,y)=f(y)$，其中 g 称通用函数。图灵于 1936 年最早证明了这种通用图灵机的存在性。从某种意义上说，通用图灵机具有所有图灵机的功能。其工作原理如图 6-22 所示。对于通用图灵机及其应用，请参阅相关文献。

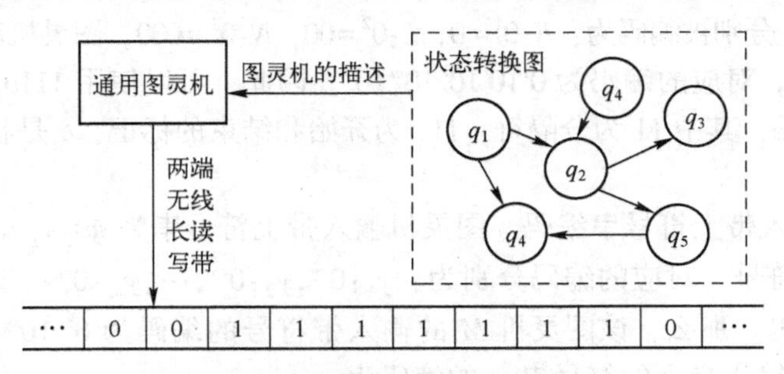

图 6-22　通用图灵机原理图

美籍匈牙利数学家冯·诺依曼（von Neumann）在 1946 年所设计的存贮程序计算机和这种思想非常相似。这是理论先于实际的一个例子。上述的通用图灵机与通用函数的概念可以很容易地推广到多元的情形。

2. 图灵机编码

为了使通用图灵机模拟某个图灵机 M，需要将图灵机 M 作为通用图灵机的输入信息对待，这就需要对图灵机 M 有一个统一的、合理的编码，便于通用图灵机识别该图灵机的动作。如果图灵机 M 接收给定的输入串，则通用图灵机就接收图灵机 M 和它所接收的输入串。换句话说，为了使通用图灵机模拟某个图灵机 M，需要设计一个编码系统，它在实现对图灵机 M 表示的同时，可以实现对该图灵机处理句子的表示。当考察一个输入串是否被一个给定的图灵机接收时，就将这个给定的图灵机和该输入串作为通用图灵机的输入，再由通用图灵机去模拟该图灵机 M 的运行。

由于通用图灵机需要模拟所有的图灵机，因此通用图灵机的字母表有可能非常巨大，甚至可能是无穷的，而使用有穷的符号和规则表示无穷信息正是形式化方法的要求。对图灵机统一编码的方案可以有多种。一种最简单的思路是：用 0、1 对图灵机的符号进行编码。具体而言，就是用 0 对图灵机的除了空白符号以外的其他符号进行编码，这样，图灵机的输入带上的符号集合可以为某个字母表（可能包含多个字母），而通用图灵机的输入带上的符号集合仅仅为 $\{0,B\}$，输入符号集合也仅为 $\{0\}$。同时，使用 0 对图灵机的状态转换函数进行编码；使用 1 表示编码之间的分隔。

对于任意图灵机 $M=(Q,\sum,\Gamma,\delta,q_0,B,F)$，为了使通用图灵机能够模拟该图灵机 M，需要对 M 进行编码。编码由三部分构成，分别是编码开始部分、状态转换函数编码和输入带上的符号串 w 的编码。

（1）编码的开始部分。假设图灵机有 n 个状态 $q_1,q_2,\cdots,q_n$，对应的编码分别为：q_1:0，q_2:00，…，q_n:0^n。

假设图灵机有 m 个带上符号，其中前 k 个为输入符号 1，对应的编码分别为：

$x_1:0, x_2:00, \cdots, x_k:0^k, \cdots, x_m:0^m$。

该图灵机 M 编码的开始部分为：$0^n10^m10^k10^s10^t10^r10^u10^v$，其中 0^s、0^t 和 0^r 分别是开始状态、接收状态和拒绝状态的编码：

0^u 代表输入带左端点处的编码，此处，令 $u=k+1$。

0^v 代表输入带空白符号 B 的编码，此处，令 $v=m$。

（2）状态转换函数编码。同样使用0、1对图灵机的动作函数进行编码。图灵机读写头的移动方向为 R、L、N，分别被编码为：$R:0^1=0$，$L:0^2=00$，$N:0^3=000$。图灵机动作函数的一般形式为 $q_iS_j \to S_kR(LN)q_n$，对应的编码为 $0^i10^j10^k10^m10^n$。因此，可以使用 $111\delta_1 11\delta_2 11\cdots\delta_r 111$ 来表示整个图灵机的编码，其中11为分隔符，111为开始和结束的标记，δ_i 是状态转换函数对应的编码。

（3）图灵机输入带上符号串编码。图灵机输入带上符号串为 $w=y_1y_2\cdots y_m$，有 m 个带符号，前 k 个为输入符号，对应的编码分别为：$y_1:0^{z_1}, y_2:0^{z_2}, \cdots, y_m:0^{z_m}$，其中，$z_i$ 表示 y_i 的序号，0^{z_i} 表示 y_i 的编码。那么，该图灵机 M 的输入带符号的编码为 $0^{z_1}10^{z_2}1\cdots10^{z_m}$。最后得到图灵机 M 的编码和输入带上的符号串 w 的编码为：

$$0^n10^m10^k10^s10^t10^r10^u10^v111\delta_1 11\delta_2 11\cdots\delta_r 1110^{z_1}10^{z_2}1\cdots10^{z_m}$$

6.4 实践内容：词法分析器的设计

编译原理是研究把高级语言翻译成低级语言的学科，编译系统的改进将会直接对其上层的应用程序的执行效率和执行原理产生深刻的影响。编译原理的目的是将源语言翻译成目标语言。与翻译的区别就是，编译将高级语言编译成低级语言。至于达到什么样的低级语言，在不同的系统中是不同的，对于不同的机器都要用相应的指令系统，编译的目的就是将编译出来的语言用目标机的指令系统执行，一般而言是翻译到汇编语言的层次，但也有特例，如Java虚拟机是将高级语言编译到中间语言环节，这样就可以在不同的机型上运行了，这种独特的创意造就了与平台无关的语言识别器——虚拟机的出现，从本质上来说也是用到了编译原理。

为了设计和实现一个词法分析器，首先需要知道什么是词法分析器，它的功能是什么。词法分析是编译程序进行编译时第一个要进行的任务，主要是对源程序进行编译预处理，如去除注释、无用的回车换行、找到包含的文件等，之后再对整个源程序进行分解，分解成一个个单词，这些单词有且只有五类，分别是标识符、保留字、常数、运算符、界符，以便为下面的语法分析和语义分析做准备。可以说词法分析面向的对象是单个的字符，目的是把它们组成有效的单词（字符串）；而语法的分析则是利用词法分析的结果作为输入来分析是否符合语法规则并且进行语法制导下的语义分析，最后产生四元组（中间代码），进行优化（可有可无）之后最终生成目标代码。可见词法分析是所有后续工作的基础，如果这一步出错，如“<=”被拆分成“<”和“=”就会对下文造成不可挽回的影响。

6.4.1 目标语言的定义

用C或C++语言编写一个简单的词法分析程序，扫描C语言一个子集的源程序，根据给定的词法规则，识别单词，填写相应的表。如果产生词法错误，则显示错误信息、位置，并试图从错误中恢复。简单的恢复方法是忽略该字符（或单词）重新开始扫描。C 语言的这个子集描述如下：

1. 字符表

保留字：main，int，if，else，while，do 等 C 语言的保留字。

字母（小写和大写字母）：a，b，c，…，x，y，z，A，B，C，…，X，Y，Z。

数字：0，1，2，3，4，5，6，7，8，9。

运算符和界符：<，>，!=，>=，<=，==，,，;，(，)，{，}。

2. 种别码

种别码如表 6-9 所示。

表 6-9　种别码表

关键字	种别码	关键字	种别码	关键字	种别码
main	0	else	21	++	42
auto	1	switch	22	--	43
short	2	case	23	+=	44
int	3	for	24	-=	45
long	4	do	25	*=	46
float	5	while	26	/=	47
double	6	goto	27	==	48
char	7	continue	28	!=	49
struct	8	break	29	>	50
union	9	default	30	<	51
enum	10	sizeof	31	>=	52
typedef	11	return	32	<=	53
const	12	变量	33	(	54
usigned	13	int 常量	34	)	55
signed	14	实型常量	35	[	56
extern	15	char 常量	36	]	57
register	16	=	37	{	58
static	17	+	38	}	59
volatile	18	-	39	,	60
void	19	*	40	:	61
if	20	/	41	;	62

3. 文法描述

<标识符>→<字母>|<标识符><字母>|标识符><数字>

<常量>→<无符号整数>

<无符号整数>→<数字序列>

<数字序列>→<数字>|<数字序列><数字>

<字母>→a|b|c|…|x|y|z|A|B|…|Z

<数字>→0 | 1 | 2 | 3 | 4 | 5 | 6 | 7 | 8 | 9

<算术运算符>→+ | - | * | / | ++ | -- | += | -= | *= | /=

<关系运算符>→< | > | != | >= | <= | ==

<分界符>→, | ; | (|) | { | }

<保留字>→main | auto | short | int | long | float | double | char | struct | union | enum | typedef | const | unsigned | signed | extern | register | static | volatile | void | if | else | switch | case | for | do | while | goto | continue | break | default | sizeof | return

6.4.2 程序实现

需要两个数组分别存储保留字和运算符及分界符：

```
string key[34] = {"main","auto","short","int","long","float","double","char","struct",
                  "union","enum","typedef","const","unsigned","signed","extern",
                  "register","static","volatile","void","if","else","switch","case","for",
                  "do","while","goto","continue","break","default","sizeof","return"};
string opera[26] = { "=","+","-","*","/","++","--","+=","-=","*=","/=","=
                  =","!=",">","<",">=","<=","(",")","[","]",
                  "{","}",",",":",";" };
```

源程序一般是放在文件里，词法分析器首先读取磁盘上的文件内容，然后逐次扫描，如果是空格就跳过，直至遇到第一个字符。如果第一个字符是数字，则按照数字的文法进行分析；如果遇到的第一个字符是字母，则按照标识符的文法进行分析，在分析完后，再和保留字 key[34]中的符号进行匹配，得到其对应的种别码；如果遇到的是运算符，则就向前探测一下，看看运算符的种类，再根据 opera[26]中的信息找到操作符的种别码；如果是分解符，则按照分解符处理，根据 opera[26]中的信息找到它的种别码。具体的编程实现并不难，如果把文法的描述转化为自动机，就更清晰了，留给读者自己完成。

6.5 本章小结

本章要掌握语言的表示方法，以及语言之间的各种运算。最简单的语言是正则语言，它可以用正则表达式表示，可以用正则文法生成，还可以用有限自动机识别，要掌握正则表达式、正则文法和有限自动机之间的相互转化。其次就是上下文无关语言，可以由上下文无关文法生成，也可以由下推自动机识别，需要掌握上下文无关文法和下推自动机之间的转换。理解并掌握图灵机的原理和工作过程，这会更好地帮助理解计算机的工作过程。掌握形式语言和自动机理论在编译系统中的应用，特别是词法分析器的设计，了解自动机理论在语法分析中的应用。

6.6 习题

1. 为下列正规集，构造生成它们的正则文法。

(1) {a,b} *。

（2）以 abb 结尾的由 a 和 b 组成的所有字符串的集合。

（3）以 b 为首后跟若干个 a 的字符串的集合。

（4）含有两个相继 a 和两个相继 b 的由 a 和 b 组成的所有字符串的集合。

2. 给出文法，使其语言是偶正整数的集合。要求：

（1）允许 0 打头。

（2）不允许 0 打头。

3. 构造上下文无关文法能够产生 $Ł=\{\omega \mid \omega \in \{a,b\}*$ 且 ω 中 a 的个数是 b 的两倍$\}$。

4. 给出生成下述语言的上下文无关文法：

（1）$\{a^n b^n a^m b^m \mid n,m>=0\}$

（2）$\{1^n 0^m 1^m 0^n \mid n,m>=0\}$

5. 文法 $G=(\{E\},\{i\},P,E)$，规则 P 由如下规则构成：$E\to T \mid E+T \mid E-T; T\to F \mid T*F \mid T/F; F\to(E) \mid i$。证明 $E+T*F$ 是它的一个句型，指出这个句型的所有短语、直接短语和句柄。

6. 若 $\Sigma=\{0,1\}$，给出一个 NFA，它能接受全部含有偶数个 0 或偶数个 1 的串。

7. 设计 NFA，能识别以 0101 为子串的 0、1 串。

8. 一个有限自动机的状态图如图 6-23 所示，请给出一个与该自动机等价的文法。

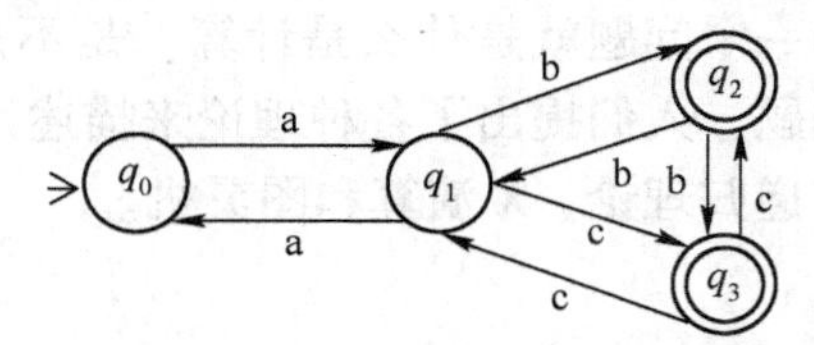

图 6-23　习题 8 的自动机状态图

9. 给出与文法 $G=(\{S\},\{0,1\},\{S\to 00S, S\to 11S, S\to 00, S\to 11\},S)$ 等价的自动机。

10. 设计接受语言 $\{0^m 1^n \mid m\leqslant n\}$ 的 PDA。

11. 设下推自动机 $M=(\{q_0,q_1\},\{a,b\},\{Z,X\},\delta,q_0,Z)$，其中 δ 如下：

$\delta(q_0,b,Z)=\{(q_0,XZ)\}, \delta(q_0,\varepsilon,Z)=\{(q_0,\varepsilon)\}, \delta(q_0,b,X)=\{(q_0,XX)\}$

$\delta(q_1,b,X)=\{(q_1,\varepsilon)\}, \delta(q_0,b,X)=\{(q_1,X)\}, \delta(q_1,a,Z)=\{(q_0,Z)\}$

试构造文法 G 使得 $Ł(G)=Ł(M)$。

12. 给定如下的图灵机 $M=(\{q_0,q_1,q_f\},\{0,1\},\{0,1,B\},\delta,q_0,B,\{q_f\})$，其中 δ 为：

$$\delta(q_0,0)=\{(q_1,1,R)\}, \delta(q_1,1)=\{(q_0,0,R)\}, \delta(q_1,B)=\{(q_f,B,R)\}$$

描述该图灵机的工作过程及其所接受的语言。

第 7 章　递归理论及其应用

本章主要内容

迭代、归纳和递归是程序设计过程中的基本技能，以多种形式出现在数据模型、数据结构和算法中，熟练掌握和运用这些知识也会大大提高编程的技能。这一章主要讨论递归理论，及其相关的迭代和归纳，内容包含递归理论、程序设计语言中递归的执行过程，以及求解递归式的方法，并讨论了用堆栈来模拟递归的方法。

7.1　递归与计算

计算机科学技术中涉及的一个问题就是什么是计算？是不是所有的问题都是可计算的？为了说清楚什么是可计算的问题，人们提出了各种理论来描述计算，也得到了各种描述计算的模型，最重要的理论模型有递归理论、λ 演算和图灵机。

7.1.1　递归、归纳和迭代

递归函数理论比较适合描述问题的求解过程。人们在处理实际问题时，往往是把一个大的问题化为子问题，如果这些子问题能够一次性解决，那就解决，并得到一个答案；如果不能解决，就把子问题继续分解，得到更小的问题，直至一次性能够解决时，在得到子问题的解后，就综合子问题的解，形成原问题的解。如果大问题可以分解为类似的小问题，并且它们的求解过程相同，那么这个过程可以用递归描述出来。求解问题的步骤也称为算法，所以也是算法的递归描述。

递归也非常适合计算机的编程方式，它在计算机科学中具有重要的位置。如 C 语言、Java 语言等都涉及递归程序设计。而且在很多离散结构中都存在递归现象，如数据结构中常见的“串”和“树”。“串”被定义为某字符集上的有穷序列，“树”是图的一种特殊情况，常见的树结构是有根树，其中二叉树是比较特殊的有根树。

递归定义的集合首先在基本步中给定集合的若干初始值，然后在归纳步中给定由初始值构造其他值的规则。对于这些递归定义的结构和集合，通过归纳法的变种——结构归纳法来证明。首先在基本步中证明递归定义的基本部分满足某个要证的结论；然后在归纳步中假设用于构造新元素的元素满足这个结论，并在此假设下证明新构造出来的元素同样满足这个结论即可。

递归关系可以很容易解决一些比较复杂的问题，将问题简化，但是由于递归算法将占用大量的资源，所以大家通常都禁忌使用递归。相应地，迭代占用资源较少，人们更多的是用迭代，而不是递归，这样有时候就需要把递归描述的问题求解步骤变成迭代的形式。当然，有很多问题不可避免地要使用递归。总之，本章除了讨论递归理论之外，还会涉及其他两个主题，就是归纳和迭代。

7.1.2 可计算的含义

直观地看，计算一般是指运用事先规定的规则，将一组数值变换为另一组（所需的）数值的过程。对某一类问题，如果能找到一组确定的规则，对于任意实例都可以完全机械地在有限步内求出结果，则说这类问题是可计算的，这种规则就是算法，这类可计算问题也称之为存在算法的问题。这就是直观能行可计算或算法可计算的概念。例如，对于函数 $g(n)=3n$，只要给定一个整数 n，就能计算出结果来。再如下面的函数 $f(n)$，只要给出 n 的值，总能求出 $f(n)$ 的值来。

$$f(n)=\begin{cases}1, & n=1 \text{ 或 } 2\\ f(n-1)+f(n-2), & n>2\end{cases}$$

在 20 世纪以前，人们普遍认为，所有的问题类都是有算法的，人们的计算研究就是找出算法来。真的是所有的问题都能求解出答案来吗？20 世纪初，人们发现有许多问题已经过长期研究，却仍然找不到算法，下面就是这样的一个例子。

$$g(n)=\begin{cases}0, & \pi \text{ 的展式中有 } n \text{ 个连续的 } 8\\ 1, & \text{否则}\end{cases}$$

对于 n 的一个取值，如果能找到一个连续的 n 个 8，则就输出为 0，但 π 是无理数，它是无限不循环的，所以可能存在找不到解，却是一直在找的情况，也就是不能输出结果，所以此函数是不可计算的。于是人们开始怀疑，是否对这些问题来说，根本就不存在算法，即它们是不可计算的。这种不存在性当然需要证明，这时人们才发现，无论对算法还是对可计算性，都没有精确的定义。按前述对计算的直观描述，根本无法做出不存在算法的证明，因为无法说明什么是“完全机械地”，什么是“确定的规则”。

人们针对上述问题进行了探索。哥德尔（Gödel）在 1934 年提出了一般递归函数的概念，并指出：凡算法可计算函数都是一般递归函数，反之亦然。同年，丘奇（Church）证明了他提出的 λ 可定义函数与一般递归函数是等价的，并提出算法可计算函数等同于一般递归函数或 λ 可定义函数，这就是著名的“丘奇论点”。

哥德尔的一般递归函数给出了可计算函数的严格数学定义，但在具体的计算过程中，就某一步运算而言，选用什么初始函数和基本运算仍有不确定性。为消除所有的不确定性，图灵从一个全新的角度定义了可计算函数。他全面分析了人的计算过程，把计算归结为最简单、最基本、最确定的操作动作，从而用一种简单的方法来描述那种直观上具有机械性的基本计算程序，使任何机械（能行）的程序都可以归约为这些动作，人们把他提出的这种抽象模型称为“图灵机”。

受图灵机的抽象模型思想的影响，冯·诺依曼提出了存储程序原理，并给出了现代计算机的体系结构，所以现代计算技术的出现是计算理论发展的结果。同样，现代计算技术的诞生和发展，又大大扩展了计算的应用领域。计算理论的成果已经被广泛应用于计算机科学的各个领域，如算法设计与分析、计算机体系结构、数据结构、编译方法与技术、程序设计语言语义分析等。

目前，计算学科正以令人惊异的速度发展，并大大延伸到传统的计算机科学的边界之外，成为一门范围极为宽广的学科，计算已不再是一个一般意义上的概念，而是各门科学研究的一种基本视角、观念和方法，并上升为一种具有世界观和方法论特征的哲学范畴。通过对本章的学习，不仅能了解到计算概念的形成与发展，以及计算的本质，而且能感受数学的魅力和数学家们在建立计算理论过程中所展现出的聪颖与智慧。

7.1.3 递归理论的发展历史

递归论讨论的是从形式上刻画一个运算或一个进程的“能行”性这种直观的观念，也就是从原则上讲，它们能机械地进行而产生一个确定的结果。“能行”的这个概念含有可具体实现的、有效的、有实效的等意思。法国数学家保莱尔首先在 1898 年他的函数论教科书中引进了这个词，他把数学的对象局限于能行的对象，这种主张实际上就是“法国经验主义”。因为函数论主要讨论集合、函数、积分等，从这种观点产生出描述集合论、拜尔函数等概念。

递归论中所讨论的函数是比较简单的，只讨论有效可计算的函数，也就是递归函数。递归函数在历史上曾从不同角度提出来，后来证明它们都是等价的。

1931 年秋天，丘奇在普林斯顿开了一门逻辑课，克林和罗塞尔当时作为学生记了笔记。丘奇在讲课中引进了他的系统，并且在其中定义自然数。这就很自然引起一个问题，在丘奇系统中如何发展一个自然数理论。于是克林开始进行研究，结果克林和丘奇得到一类可计算的函数，他们称之为 λ 可定义函数。

1934 年春天，哥德尔在普林斯顿做了一系列讲演，引进了另外一套可以精确定义的可计算函数类，他称为一般递归函数。据他讲，他是受了厄布朗的启发得到的。

这时自然出现了一个问题。一般递归函数类是否包括所有能行可计算的函数，它是否与克林与丘奇研究的 λ 可定义函数类重合。1934 年春末，丘奇和哥德尔讨论一般递归函数问题，结果丘奇明确提出他的“论点”，所有直觉上可看成能行可计算函数都是 λ 可定义函数。当时克林表示怀疑，他认为这论点不太可能是对的，他想如果从 λ 可定义函数类用对角化方法可以得出另外一个能行可计算函数，那么它就不是 λ 可定义的。但他又想到这事行不通。不久之后，丘奇和克林在 1936 年分别发表论文，证明了 λ 可定义函数类是一般递归函数类。有了这个有力证据，丘奇公开发表了他的“论点”。

在 1936 年，英国年轻数学家图灵发表了另外一篇重要文章，这标志着所谓图灵机的产生。在这篇文章中，图灵也定义了一类可计算函数，也就是用图灵机可以计算的函数。同时，他也提出他的一个论点：“能行可计算的函数”与“用图灵机可计算的函数”是一回事。1937 年图灵证明了用图灵机可计算的函数类与可定义函数类是一致的，当然，也就和一般递归函数类相重合。这样一来，丘奇的论点与图灵的论点就是一回事。当时许多人对丘奇的论点表示怀疑，由于图灵的思想表述得如此清楚，从而消除了许多人的疑虑，哥德尔就是其中一位。从这时起大家对丘奇-图灵论点一般都抱支持的态度了。

递归的概念并不难理解，它就是由前面的结果可以递推得到后面的结果。哥德尔等人引进的实际上是一般递归函数，一般递归函数都可以由原始递归函数算出来。

苏联数学家马尔科夫在 1947 年发表《算法论》，首先明确提出算法的概念。但是它同以前定义的递归函数及可计算函数的计算过程都是等价的。这几个定义表面上很不相同，并有着十分不同的逻辑出发点，却全都被证明是等价的。它表明：所有这些定义都是同一个概念，而且这个概念是自然的、基本的、有用的，这就是“算法”概念精确的数学定义。大家都接受了这个定义之后，判定问题从人们平时直观的概念也上升为精确的数学概念，判定问题也成为一门数理逻辑的重要分支。

判定问题有了精确的数学表述之后，立即在数学基础乃至整个数学中产生了巨大的影响。因为这时一些不可判定命题的出现，标志着人们在数学历史上第一次认识到：有一些问题是不可能找到算法求解的。在过去，人们一直模模糊糊地觉得，任何一个精确表述的数学问题总可以通过有限步骤来判定它是对还是错，是有解还是没有解。找到不可判定问题再一次说明用有限过程应对无穷的局限性，也从另外一个角度反映了数学内在的固有矛盾。

怎样得到这些结果的呢？丘奇的论点发表之后，不难看出存在不可计算的函数，也就是非一般递归的函数。因为所有可能不同的算法共有可数无穷多，通俗地讲，算法都是用有限多个字来描述的，可是所有数论函数的集合却是不可数的。

不过，第一个明显不可判定的结果是 1936 年丘奇得到的。他首先得到与 λ 可定义性有关的不可判定结果；然后，他把这个结果应用到形式系统的判定问题上，证明了形式化的一阶数论 N 是不可判定的。也是在 1936 年，丘奇证明纯粹的谓词演算也是不可判定的。当时大家的反应是：这种不完全性的范围究竟有多广？

甚至，像丘奇这样的数学家，也想找到一条能避开哥德尔结果的出路。例如，可以采用与哥德尔所用的系统完全不同的其他的特殊系统，但大家认识到很难避开哥德尔不完全性定理的影响，可计算性和不完全性这两个概念是紧密联系在一起的。

克林在 1936 年也证明了，在能行地识别公理和证明的形式系统中，哥德尔的定理仍然成立，消去量词方法对许多理论行不通。一般的判定问题是试图找出一个能行的步骤，通过这个步骤可以决定什么东西具有某种指定的元数学特征。

在纯粹逻辑演算的元理论中，有最明显的一类判定问题：对于给定的演算和给定类的公式，求出一个步骤，能够在有限步内判定这类的任何特殊公式是否可以形式地推导出来。有些情形、问题已经得到肯定的解决，在另外一些情形，答案是否定的，可以证明不存在这样一个步骤。这种否定的证明，特别对于数学理论，很大程度上依赖于递归论。

7.2　递归函数理论

这一节介绍递归函数理论的基本知识。

7.2.1　构造函数的方法

设 A 和 B 是非空数集，如果按照某种确定的对应关系 f，使得集合 A 中的任意一个数 x，在集合 B 中都有唯一确定的数 $f(x)$ 和它对应，那么就称 f：$A\to B$ 为从集合 A 到集合 B 的一个函数，记作 $y=f(x)$，$x\in A$。其中，x 叫作自变量，与 x 值相对应的值 y 叫作函数值。

1. 数论函数

根据高等数学的知识可知，函数有基本初等函数和复合函数。基本初等函数有：

(1) 常函数：$y=C$。

(2) 幂函数：$y=x^a$。

(3) 指数函数：$y=a^x$，a 的取值范围为：$a>0$ 且 $a\neq 1$。

(4) 对数函数：$y=\log_a(x)$，a 的取值范围为：$a>0$ 且 $a\neq 1$。

(5) 三角函数。

(6) 反三角函数。

有了基本初等函数概念后，人们进一步提出了初等函数的概念：

(1) 基本初等函数都是初等函数；

(2) 初等函数通过有限次的加、减、乘、除以及复合运算得到的新函数仍为初等函数。

初等函数讨论的是实数域上的函数，但在讨论可计算性时，主要关注数论函数，也就是只以自然数（正整数及零）作为讨论的对象。为什么要作这个限制呢？因为这样可以把问题简化，但又不影响问题的实质。例如，后面将要讲的构造函数的递归式和摹状式，都是从自然数集的研究而产生的，直到目前为止，它只能使用到自然数集上；即使推广，推广后的集合本质上仍和自然数集相同，因此，最好把讨论自始至终限于自然数集，以省去许多麻烦，这便是把讨论对象限于自然数集的主要原因。

作了这个限制后，函数的应用范围会不会大大减小呢？不会的！

第一，有了自然数后，整数可以看作自然数对，如$+3=(3,0)$，$-3=(0,3)$。

第二，有理数可以看作自然数的三元组，如$+\frac{1}{2}=(1,0,2)$，$-\frac{1}{2}=(0,1,2)$。

第三，实部和虚部为有理数的复数可以看作自然数的六元组，如$\frac{1}{2}-\frac{2}{3}i=(1,0,2,0,1,3)$。

第四，实数可以看作自然数序列；复数可以看作自然数序列对，或看作一种特殊的自然数序列。要把实数看作自然数序列，可以采用如下方法：把每一实数先写成整数加正小数的形式，再把小数部分展成二进制小数，这时，用序列的前两项表示该实数的整数部分，第三项表示小数点与“1”之间“0”的个数，从第四项起，序列的每项表示相邻两个“1”之间“0”的个数。例如，对于实数$-2.2492=-3+0.7508$，把其正小数部分展成二进制便可写成$-3+0.110000000011010001\cdots$，故这实数可用自然数序列“0，3，0，0，8，0，1，3，…”来表示。反之，自然数序列“0，2，1，4，0，2，3，0，0，1，…”便表示实数“$-2+0.010000110010001110 1\cdots$”，写成十进制为“$-2+0.2735\cdots$”。这样一来，通常在数学中所讨论的各种数，都可表示成自然数组，也可能是自然数有限序列，也可能是自然数无穷序列。因为人们对各种数的认识，正是由自然数出发，一步一步地深入后才认识的，所以这一点也不奇怪。至于由实数或复数出发，进一步讨论矢量、矩阵、超复数系等，其推广过程更是显而易见，可以化归到有穷或无穷自然数序列，因此，即使递归函数论仅限于讨论自然数集，但也不妨碍它在数学各个领域中的应用。

凡以自然数集为定义域及值域的函数叫作数论函数。递归函数论所讨论的数只限于自然数，所以，它所讨论的函数也就限于数论函数了。因此，本小节所说的“数”专指自然数，所谓“函数”专指数论函数。

2. 构造函数的方法

定义 7-1 函数叠加 设函数$f(x,x_1,\cdots,x_{n-1})$为一个n元函数，定义$g(u,x_1,\cdots,x_{n-1})=\sum_{x\leqslant u}f(x,x_1,\cdots,x_{n-1})=f(0,x_1,\cdots,x_{n-1})+\cdots+f(u,x_1,\cdots,x_{n-1})$，则称$\sum_{x\leqslant u}$为函数叠加操作。

定义 7-2 函数叠乘 设函数$f(x,x_1,\cdots,x_{n-1})$为一个n元函数，定义$g(u,x_1,\cdots,x_{n-1})=\prod_{x\leqslant u}f(x,x_1,\cdots,x_{n-1})=f(0,x_1,\cdots,x_{n-1})*\cdots*f(u,x_1,\cdots,x_{n-1})$，则称$\prod_{x\leqslant u}$为函数叠乘操作。

对于复合函数的概念，一般定义为：对于两个函数 $y=f(u)$ 和 $u=g(x)$，如果通过变量 u，y 可以表示成 x 的函数，那么称这个函数为函数 $y=f(u)$ 和 $u=g(x)$ 的复合函数，记做 $y=f(g(x))$。这种构造函数的方法称为迭置或合成。

定义 7-3　(m,n) 迭置法　设有一个 m 元函数 $f(y_1,\cdots,y_m)$，有 m 个 n 元函数 $g_1(x_1,\cdots,x_n)$、$\cdots$、$g_m(x_1,\cdots,x_n)$，令 $h(x_1,\cdots,x_n)=f(g_1,\cdots,g_m)$，称之为 (m,n) 标准迭置，并称函数 h 是由 m 个 g 对 f 作 (m,n) 迭置而得，简记为 $h=f(g_1,\cdots,g_m)$。

下面再说明另外一种构造函数的方法，先用一个例子来说明。对于一个整数 n，求其阶乘，可以进行如下定义：首先定义 0 的阶乘 $0!=1$，然后，再定义 $n!=n*((n-1)!)$。用函数的形式表达出来就是如下的公式：

$$f(n)=\begin{cases}1, & n=0\\ n*f(n-1), & n>0\end{cases}$$

这种解决问题的思路也就是先指定 $n=0$ 时的值，然后再由 n 和 $f(n)$ 来构造 $f(n+1)$ 的值。更一般化，函数 f 还可以是一个多元函数，例如，如下定义的函数。

$$f(x,n)=\begin{cases}x, & n=0\\ 2^{f(x,n-1)}, & n>0\end{cases}$$

对于表达式 $n\times f(n-1)$ 和 $2^{f(x,n-1)}$，可以看作函数 $h(x,y)=x\times y$ 和 $h(x,y,f(x,y))=2^{f(x,y)}$，分别有：

$$f(n)=\begin{cases}1, & n=0\\ h(n,f(n-1)), & n>0\end{cases} \quad 和 \quad f(x,n)=\begin{cases}x, & n=0\\ h(x,n-1,f(x,n-1)), & n>0\end{cases}$$

这也是一种构造新函数的方法，其一般形式如定义 7-4 所示。

定义 7-4　设 g 和 h 分别是给定的 n 元和 $n+2$ 元的函数，那么下列关于 f 的函数方程组称为定义 f 的原始递归式（primitive recursion），其中 $x_1,x_2,\cdots,x_n$ 是递归参数，y 称为递归变元。

$$f(x_1,x_2,\cdots,x_n,y)=\begin{cases}g(x_1,x_2,\cdots,x_n), & y=0\\ h(x_1,x_2,\cdots,x_n,y-1,f(x_1,x_2,\cdots,x_n,y-1)), & y>0\end{cases}$$

在上式中，变元 y 每次减 1，直到变为 0 结束。下面考虑其扩展形式，也就是定义一个函数 $\mu(x_1,x_2,\cdots,x_n,y)$，该函数随着其变元 y 归于 0 其值也归于 0，把这样的函数称为归属于 0 的函数，在做了这样的扩展后，也就得到了如下的一般递归式。

定义 7-5　设 g 和 h 分别是给定的 n 元和 $n+2$ 元的函数，$G(x_1,x_2,\cdots,x_n,y)$ 是一个关于 y 归属于 0 的函数，那么下列关于 f 的函数方程组称为定义 f 的一般递归式（general recursion）。

$$f(x_1,x_2,\cdots,x_n,y)=\begin{cases}g(x_1,x_2,\cdots,x_n), & y=0\\ h(x_1,x_2,\cdots,x_n,y-1,f(x_1,x_2,\cdots,x_n,G(x_1,x_2,\cdots,x_n,y))), & y>0\end{cases}$$

另外，还有一种称为“无界搜索模式”的定义递归函数的方法，已经证明了这种定义方法和一般递归函数的定义方法的表达能力是一样的。

定义 7-6　如果 $f(X,y)$ 是一个部分递归函数，其中 $X=(x_1,x_2,\cdots,x_n)$，则通过无界搜索模式定义的函数也是部分递归函数。

$$g(X)=\mu y(f(X,y)=0)=\begin{cases}\text{满足}\ \forall z<y(f(X,z)\text{有定义且}f(X,y)=0\text{的最小}\ y, & \text{如果有此}\ y\\ \text{无定义}, & \text{否则}\end{cases}$$

符号“μ”表示“最小”之意，称为“μ-算子”；部分递归函数的定义是在原始递归函数的基础上通过引入“无界搜索模式”加以扩充给出的，因此所有原始递归函数都是部分递归函数；原始递归函数是全函数，即处处有定义，而部分递归函数则可能在有些地方没有定义。例如，当不存在 y 使得 $f(X,y)=0$ 或者存在某个 $z<y$ 使得 $f(X,z)$ 无定义时，$g(X)=\mu y(f(X,y))=0$ 就没有定义，这便是“部分”的真正含义，部分递归函数也称递归函数。

7.2.2 递归函数

递归函数是递归论这门学科中最基本的概念，其产生可以追溯到原始递归式的使用，如人们现在所熟知的数的加法与乘法。在现代计算机应用技术中，大量的计算过程都是运用递归的形式来描述的，可以说递归技术已经成为计算机科学与技术领域重要的方法工具之一。这一节主要介绍递归函数，包含原始递归函数和一般递归函数。

1. 初等函数

先来认识一些最简单的、最直观地可计算的、被人们称为本原函数的函数。本原函数包含如下函数：

(1) 后继函数 S，即对任意的 $x\in N$，$S(x)=x+1$；

(2) 零函数 O，即对任意的 $x\in N$，$O(x)=0$；

(3) 投影函数 P_i^n，即对任意的 n，$x_1,x_2,\cdots,x_n\in N,n\geqslant 1,1\leqslant i\leqslant n$，$P_i^n(x_1,x_2,\cdots,x_n)=x_i$。

这三个函数都是可以按步骤计算的。下面用归纳法定义初等函数集。

(1) 本原函数是初等函数。

(2) 如下定义的减法运算是初等函数：

$$\mathrm{sub}(x,y)=\begin{cases}x-y, & x\geqslant y\\ 0, & \text{否则}\end{cases}$$

(3) 如果 $f(y_1,\cdots,y_k)$ 和 $g_1(X),\cdots,g_k(X)$ 是初等函数，其中 $X=(x_1,x_2,\cdots,x_n)$。则运用迭置产生的函数 $h(X)=f(g_1(X),\cdots,g_k(X))$ 是初等函数。

(4) 设函数 $f(x,x_1,\cdots,x_{n-1})$ 为一个 n 原函数，则使用叠加和叠乘操作得到的函数是初等函数。

$$g(u,x_1,\cdots,x_{n-1})=\sum_{x\leqslant u}f(x,x_1,\cdots,x_{n-1})$$

$$g(u,x_1,\cdots,x_{n-1})=\prod_{x\leqslant u}f(x,x_1,\cdots,x_{n-1})$$

(5) 只有有限次使用上述规则得到的函数是初等函数。

对于函数 $f(x)=2^x$，用 f^n 示函数 f 复合 n 次，并约定 $f^0(x)=x$ 为恒等函数或一元函数，$f^{n+1}(x)=f(f^n(x))$。令 $g(n,x)=f^n(x)$，那么

$$g(0,x)=f^0(x)=x;g(1,x)=f^1(x)=2^x;g(2,x)=f^2(x)=2^{2^x};\ \cdots;\ g(k,x)=2^{2^{\cdot^{\cdot^{2^x}}}}$$

一直对 n 枚举下去，很显然得到 $g(n,x)=f^n(x)$ 是可计算的，但它却不是初等函数。该函数可以写成如下形式：

$$\begin{cases}g(0,x)=f^0(x)=x\\ g(n+1,x)=f(f^n(x))=f(g(n,x))\end{cases}$$

这个就是前面给出的原始递归式，所以该函数可以通过原始递归式来生成。在初等函数

中再增加原始递归式生成的函数，就得到了原始递归函数集。

对于初等函数，可以用某种程序设计语言来实现计算，所以都是可计算的。同样，它也存在一些严重缺点。例如，前面定义的函数 $g(n,x)$ 完全可以用某种程序设计语言实现，但却不能用初等函数表示出来，也就是说，通过有限次四则运算和复合运算不可能得到所有的可计算函数。那么如何得到所有的可计算函数呢？首先，考察上面的初等函数就可以知道，对于一些简单的函数，可以直接给出其定义，以上称为基本初等函数；对于复杂的函数，可以通过一些操作和运算构造得到。例如，上面的加减乘除四则运算和复合运算。在搞清楚这一过程后，接下来的问题就是，能否有新的构造函数的方法，来扩展初等函数集使之包含所有可计算的函数呢？人们由此开始了对可计算函数的研究，从而提出了原始递归函数和一般递归函数等概念，下面对此做简单介绍。

2. 原始递归函数

递归函数最早的形式是“原始递归函数”（primitive recursive function），定义如下。

定义 7-7　按下述规则产生的函数称为原始递归函数。

（1）基本函数

下列基本函数是原始递归函数：

① 零函数 O，即对任意的 $x \in \mathbf{N}$，$O(x)=0$；

② 后继函数 S，即对任意的 $x \in \mathbf{N}$，$S(x)=x+1$；

③ 投影函数 P_i^n，即对任意的 n，$x_1,x_2,\cdots,x_n \in \mathbf{N}, n \geqslant 1, 1 \leqslant i \leqslant n$，$P_i^n(x_1,x_2,\cdots,x_n)=x_i$。

（2）迭置

设 $f(y_1,\cdots,y_k)$ 和 $g_1(X),\cdots,g_k(X)$ 是原始递归函数，其中 $X=(x_1,x_2,\cdots,x_n)$。则运用迭置产生的函数 $h(X)=f(g_1(X),\cdots,g_k(X))$ 是原始递归函数。

（3）原始递归式

设 $f(X)$ 和 $g(X,y,z)$ 是原始递归函数，其中 $X=(x_1,x_2,\cdots,x_n)$。则运用原始递归式产生的函数是原始递归函数。

$$h(x_1,x_2,\cdots,x_n,y)=\begin{cases} f(x_1,x_2,\cdots,x_n), & y=0 \\ g(x_1,x_2,\cdots,x_n,y-1,h(x_1,x_2,\cdots,x_n,y-1)), & y>0 \end{cases}$$

1931 年，哥德尔在证明其著名的不完全性定理时，给出了原始递归函数的描述，并以原始递归式为主要工具，运用编码技术把所有元数学的概念进行了算术化表示。原始递归函数都是可计算的。

【例 7-1】 证明自然数加法 $f(x,y)=x+y$ 是原始递归函数。

证明： 首先注意到自然数集上的恒等函数 $I(x)=x$ 是原始递归函数，因为 $I(x)=P_1^1(x)$。于是 $f(x,y)=x+y$ 可以通过如下原始递归式定义，所以 $f(x,y)=x+y$ 是原始递归函数。

$$f(x,y)=\begin{cases} I(x), & y=0 \\ S(f(x,y-1)), & y>0 \end{cases}$$

【例 7-2】 证明自然数乘法 $g(x,y)=x\times y$ 是原始递归函数。

证明： 已经证明了 $x+y$ 是原始递归的，在此基础上 $g(x,y)=x\times y$ 可以通过递归模式 $g(x,0)=O(x)$，$g(x,y+1)=g(x,y)+x$ 定义。所以 $g(x,y)=x\times y$ 是原始递归函数。

【例 7-3】 前继函数和适当减法函数。前继函数 pred 和适当减法函数 sub 的定义如下：

$$\text{pred}(x)=\begin{cases}0, & x=0\\ x-1, & x>0\end{cases}\qquad \text{sub}(x,y)=\begin{cases}x-y, & x\geqslant y\\ 0, & \text{否则}\end{cases}$$

由 $\text{pred}(0)=0$ 和 $\text{pred}(k+1)=P_2^2(\text{pred}(k),k)$ 可知 pred 能够由原始递归函数经过原始递归运算得到，所以它是原始递归函数。同样的，可以证明适当减法函数是保证函数值为非负数的减法函数也是原始递归的。由 $\text{sub}(x,0)=x$ 和 $\text{sub}(x,k+1)=\text{pred}(\text{sub}(x,k))$ 可知 sub 是原始递归的。

函数 $g(n,x)=f^n(x)$ 不是初等函数，却是原始递归函数。如下定义的函数：

$$f(x,n)=\begin{cases}x, & n=0\\ 2^{f(x,n-1)}, & n>0\end{cases}$$

对于表达式 $2^{f(x,n-1)}$，可以看作函数 $h(x,y,f(x,y))=2^{f(x,y)}$，即

$$f(x,n)=\begin{cases}x, & n=0\\ h(x,n-1,f(x,n-1)), & n>0\end{cases}$$

所以，$g(n,x)=f^n(x)$ 是原始递归函数。

人们发现所有的初等函数都是原始递归的，于是便开始猜测原始递归函数可能穷尽一切可计算的函数。但很快发现这一猜想是不成立的，其中最著名的可计算的但却不是原始递归函数的例子就是德国著名数学家阿克曼（Ackermann）在 1928 年发表的函数，称为阿克曼函数（Ackermann function），定义如下：

$$A(0,x)=x+1$$
$$A(k+1,0)=A(k,1)$$
$$A(k+1,x+1)=A(k,A(k+1,x))$$

Ackermann 函数是可计算的，但不是原始递归的，从而证明原始递归函数集是可计算函数集的真子集。

3. 部分递归函数

Ackerman 函数是可计算的，但不是原始递归的，这就需要进一步地扩大函数集，能包含所有的可计算函数。1934 年，哥德尔在法国逻辑学家赫尔布兰德（Herbrand）早期工作的启示之下，提出了一般递归函数的定义；1936 年，美国逻辑学家克林又将一般递归函数的概念加以具体化，最终形成了所谓 Herbrand-Gödel-Kleene 部分递归函数（partial recursive function）的概念。其定义如下：

定义 7-8 按下述规则产生的函数称为部分递归函数。

① 原始递归函数是部分递归函数。

② 如果 $f(X,y)$ 是一个部分递归函数，其中 $X=(x_1,x_2,\cdots,x_n)$，则通过无界搜索模式定义的函数也是部分递归函数。

$$g(X)=\mu y(f(X,y)=0)=\begin{cases}\text{满足}\ \forall z<y(f(X,z)\text{有定义，且}f(X,y)=0\text{的最小}\ y & \text{如果有此}\ y\\ \text{无定义} & \text{否则}\end{cases}$$

定理 7-1 Ackermann 函数是一般递归函数。

关于该定理的证明，请参阅相关文献。

7.3 递归与程序设计

递归在计算机科学中是指一种通过重复将问题分解为同类的子问题而解决问题的方法。

递归方法可以解决很多计算机科学的问题，因此，它是计算机科学中十分重要的一个概念。绝大多数编程语言支持函数的自调用，在这些语言中函数可以通过调用自身来进行递归。计算理论证明了递归的作用可以完全取代循环，因此有很多在函数编程语言中用递归来取代循环的例子。

在支持自调用的编程语言中，递归可以通过简单的函数调用来完成，如计算阶乘的程序在数学上可以定义为：

$$\text{fact}(n)=\begin{cases}1, & n=0\\ n\times\text{fact}(n-1), & n\geqslant 1\end{cases}$$

一个函数自身调用自身就是递归，用 C 语言实现如下：

```
int fact(int n)
{
    if(n==0) return 1;
    else return n * f(n-1);
}
```

递归和普通函数调用方式一样，是通过栈来实现的。

（1）主程序 main( ) 函数入口地址和变量地址等压栈；

（2）将外层递归函数的入口地址和产生的局部变量（临时变量）压栈存放；

（3）依次类推直至递归运算结束；

（4）递归运算过程结束后，从栈顶依次取运算结果（临时变量）和函数地址，找回上层递归函数及其变量，直至回溯到 main( ) 函数中去；

（5）完成整个递归过程。

【例 7-4】递归函数 fact(int i) 递归执行的过程如图 7-1 所示。

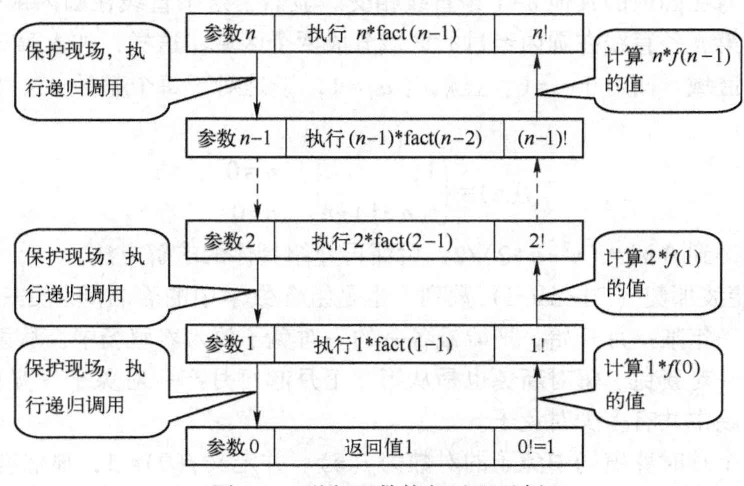

图 7-1　递归函数执行过程示例

7.4　递归式求解

求解问题的方法可以用递归的方式给予描述，对于求解问题方法好坏的评价，例如，时间复杂性的分析也就能用递归式表示出来，所以，递归式的求解问题在很多课程中都有应用，如数据结构和算法分析与设计等。这一节主要讨论递归关系式的建立和递归式求解。

7.4.1 递归关系的建立

定义 7-9 设$\{a_n\}$为一序列，把该序列中a_n和它前面几个$a_i(0\leqslant i\leqslant n-1)$用等号（或大于、小于号）关联起来的方程称作一个递归关系式。

对于一个递归关系式，如果有初值$a_0=d_0,a_1=d_1,\cdots,a_k=d_k,d_i$为常数$(i=0,1,\cdots,k)$，就唯一确定一个序列。

【例 7-5】 关系式$a_n=(n-1)(a_{n-1}+a_{n-2})(n\geqslant 3)$，令$a_1=0$，$a_2=1$为初值，则唯一确定序列$(a_0,a_1,\cdots,a_n,\cdots)$。再如，递归关系式$a_n=3a_{n-1}(n\geqslant 1)$，$a_0=1$作为初值即唯一确定序列 1，3，$3^2$，…，$3^n$，…。

将递归关系和初值结合起来称为带初值的递归关系。例 7-5 中的两个例子描述如下：

$$\begin{cases}a_1=0\\a_2=1\\a_n=(n-1)(a_{n-1}+a_{n-2}),n\geqslant 3\end{cases}\quad 和 \quad \begin{cases}a_0=1\\a_n=3a_{n-1},n\geqslant 1\end{cases}$$

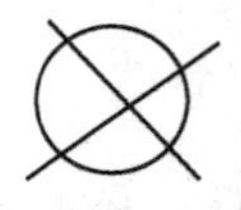
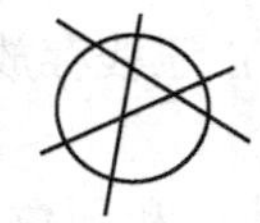

图 7-2 平面分割示例

【例 7-6】 在平面上有一个圆和n条直线，每一条直线在圆内都同其他的直线相交，且没有多于三条的直线相交于一点，这些直线将圆分成多少个不同区域？图 7-2 给出了两个示例。

解： 要求解这个问题，首先必须建立递归关系，然后求解递归关系即可。

设这n条直线将圆分成的区域数为a_n，如果有$n-1$条直线将圆分成a_{n-1}个区域，那么再加入第n条直线与在圆内的其他$n-1$条直线相交。显然，这条直线在圆内被分成n条线段，而每条线段又将第n条直线在圆内经过的区域分成两个区域。这样，加入第n条直线后，圆内就增加了n个区域。而对于$n=0$，显然有$a_0=1$，于是对于每个整数n，可以建立如下带初值的递归关系：

$$f(n)=\begin{cases}1, & n=0\\f(n-1)+n, & n>0\end{cases}$$

解递归关系得到$f(n)=(n^2+n+2)/2$，后面再介绍具体的求解方法。

【例 7-7】 斐波那契（Fibonacci）数列，也是组合数学中的著名问题之一。这个问题可以描述为：从某一年某一月开始，把雌雄各一的一对兔子放入养殖场中，从第二个月雌兔每月产雌雄各一的一对新兔。每对新兔也是从第二个月起每月产一对兔子（见图 7-3）。试问第n个月后养殖场中共有多少对兔子？

解： 设第n个月时养殖场中兔子的对数为$f(n)$。并定义$f(0)=1$，显然有，$f(1)=1$。

由于在第n个月时，除了有第$n-1$个月时养殖场中的全部兔子$f(n-1)$外，还应有$f(n-2)$对新兔子，这是因为在第$n-2$个月就已经有的每对兔子，在第n个月里都应生一对新的兔子。因此，可以建立如下带初值的递归关系：

$$f(n)=\begin{cases}1, & n=0 或 1\\f(n-1)+f(n-2), & n\geqslant 2\end{cases}$$

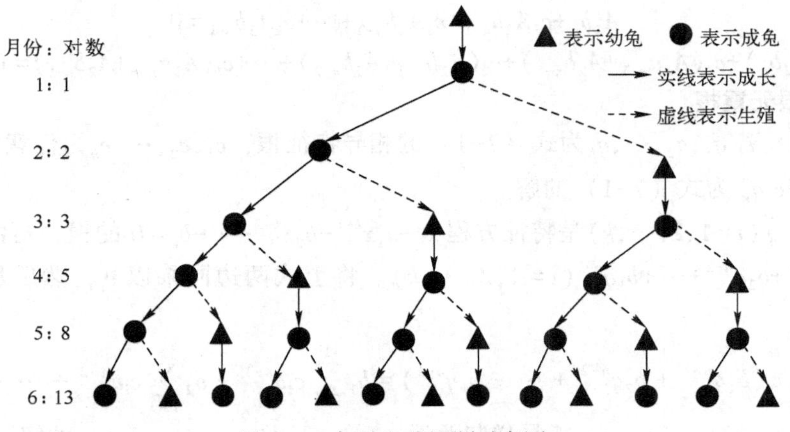

图 7-3　兔子生殖问题示意图

利用该式可以推出 $(f(0),f(1),\cdots,f(n),\cdots)=(1,1,2,3,5,8,13,21,34,55,\cdots)$，常称 $f(n)$ 为斐波那契数，$(f(0),f(1),\cdots,f(n),\cdots)$ 为斐波那契数列。

以上各例均为经典组合数学问题，在算法分析中常用。

7.4.2 常系数齐次线性递归方程

定义 7-10　形如 $a_n=b_1a_{n-1}+b_2a_{n-2}+\cdots+b_ka_{n-k}$ 的递归关系式，其中 $b_1,b_2,\cdots,b_k$ 为常数，$b_k\neq 0,k\leqslant n$，称为常系数齐次线性递归关系式。$a_0=d_0,a_1=d_1,\cdots,a_{k-1}=d_{k-1}$ 称为初始条件，其中 $d_i(i=0,2,\cdots,k-1)$ 是常数。该递归关系还可以写作式（7-1）的形式。

$$a_n-b_1a_{n-1}-b_2a_{n-2}-\cdots-b_ka_{n-k}=0 \tag{7-1}$$

$a_n=na_{n-1}$ 不是常系数的；$a_n=a_{n-1}+(a_{n-2})^2$ 不是线性的；$a_n=2a_{n-1}+1$ 不是齐次的。式（7-1）中的 a_i 可以用 x^i 表示，就成了式（7-2）：

$$x^k-b_1x^{k-1}-b_2x^{k-2}-\cdots-b_k=0 \tag{7-2}$$

定义 7-11　$C(x)=x^k-b_1x^{k-1}-b_2x^{k-2}-\cdots-b_k$ 称为式（7-1）的特征多项式；式（7-2）称为式（7-1）的特征方程，即 $C(x)=0$；式（7-2）的 k 个根 $q_1,q_2,\cdots,q_k$ 称为式（7-1）的特征根，其中 q_i 是复数 $(i=1,2,\cdots,k)$。

定理 7-2　设 $q\neq 0$，$a_n=q^n$ 为递归关系 $a_n=b_1a_{n-1}+b_2a_{n-2}+\cdots+b_ka_{n-k}$ 的解当且仅当 q 为特征方程式（7-2）的根。

证明：若 $q\neq 0$，$a_n=q^n$ 是递归关系 $a_n=b_1a_{n-1}+b_2a_{n-2}+\cdots+b_ka_{n-k}$ 的解

$$\Leftrightarrow q^n=b_1q^{n-1}+b_2q^{n-2}+\cdots+b_kq^{n-k}\qquad (n\geqslant k)$$

$$\Leftrightarrow q^k=b_1q^{k-1}+b_2q^{k-2}+\cdots+b_k$$

$\Leftrightarrow q$ 是特征方程 $x^k-b_1x^{k-1}-b_2x^{k-2}-\cdots-b_k=0$ 的根。证毕。

定理 7-3　若 $\{a_n\}$ 和 $\{b_n\}$ 是式（7-1）的解，那么 $\{A_1a_n+A_2b_n\}$ 也是式（7-1）的解。

证明：由 $\{a_n\}$ 和 $\{b_n\}$ 是式（7-1）的解可知：

$$a_n+c_1a_{n-1}+c_2a_{n-2}+\cdots+c_ka_{n-k}=0$$

$$b_n+c_1b_{n-1}+c_2b_{n-2}+\cdots+c_kb_{n-k}=0$$

$$A_1a_n+c_1A_1a_{n-1}+c_2A_1a_{n-2}+\cdots+c_kA_1a_{n-k}=0$$

$$A_2b_n+c_1A_2b_{n-1}+c_2A_2b_{n-2}+\cdots+c_kA_2b_{n-k}=0$$

$$(A_1a_n+A_2b_n)+c_1(A_1a_{n-1}+A_2b_{n-1})+c_2(A_2b_{n-2}+A_2b_{n-2})+\cdots+c_k(A_1a_{n-k}+A_2b_{n-k})=0$$ 证毕。

1. 特征根无重根

定理 7-4 若 $q_1,q_2,\cdots,q_k$为式（7-1）的相异特征根，$c_1,c_2,\cdots,c_k$为任意常数，则 $a_n=c_1q_1^n+c_2q_2^n+\cdots+c_kq_k^n$ 为式（7-1）的解。

证明：由 $q_i(i=1,2,\cdots,k)$是特征方程 $x^k-b_1x^{k-1}-b_2x^{k-2}-\cdots-b_k=0$ 的根，再由定理 7-2 得到：$q_i^n=b_1q_i^{n-1}+b_2q_i^{n-2}+\cdots+b_kq_i^{n-k}(i=1,2,\cdots,k)$。将上式两边同乘以 c_i，然后从 1 到 k 求和得到：

$$\sum_{i=1}^{k}c_iq_i^n=\sum_{i=1}^{k}c_i(b_1q_i^{n-1}+b_2q_i^{n-2}+\cdots+b_kq_i^{n-k})=b_1\sum_{i=1}^{k}c_iq_i^{n-1}+b_2\sum_{i=1}^{k}c_iq_i^{n-2}+\cdots+b_k\sum_{i=1}^{k}c_iq_i^{n-k}$$

因此，$a_n=c_1q_i^n+c_2q_i^n+\cdots+c_kq_i^n$ 是递归关系 $a_n=b_1a_{n-1}+b_2a_{n-2}+\cdots+b_ka_{n-k}$的解。证毕。

定义 7-12 如果式（7-1）的每个解 a_n都存在一组常数 $d_1,d_2,\cdots,d_k$，使得 $a_n=d_1q_1^n+d_2q_2^n+\cdots+d_kq_k^n$ 成立，则称 $a_n=c_1q_1^n+c_2q_2^n+\cdots+c_kq_k^n$ 是式（7-1）的通解，其中 $c_1,c_2,\cdots,c_k$为任意常数。

下面的定理给出了由相异特征根给出通解的方法。

定理 7-5 若 $q_1,q_2,\cdots,q_n$为式（7-1）的相异特征根，则 $a_n=c_1q_1^n+c_2q_2^n+\cdots+c_kq_k^n$ 为式（7-1）的通解，其中 c_i由初始条件确定。

证明：由定理 7-4 可知，$a_n=c_1q_1^n+c_2q_2^n+\cdots+c_kq_k^n$ 是递归关系 $a_n=b_1a_{n-1}+b_2a_{n-2}+\cdots+b_ka_{n-k}$的解。只需证明，由 a_n满足递归关系式 $a_n=b_1a_{n-1}+b_2a_{n-2}+\cdots+b_ka_{n-k}$的任意初值条件式 $a_0=d_0,a_1=d_1,\cdots,a_{k-1}=d_{k-1}$所得到的关于 $c_1,c_2,\cdots,c_k$的线性方程组有唯一解即可。

由初值条件式 $a_0=d_0,a_1=d_1,\cdots,a_{k-1}=d_{k-1}$，得到

$$\begin{cases}c_1+c_2+\cdots+c_k=d_0\\ q_1c_1+q_2c_2+\cdots+q_kc_k=d_0\\ \vdots\\ q_1^{k-1}c_1+q_2^{k-1}c_2+\cdots+q_k^{k-1}c_k=d_0\end{cases}\tag{7-3}$$

该方程组的系数矩阵是

$$A=\begin{bmatrix}1&1&\cdots&1\\ q_1&q_2&\cdots&q_k\\ \vdots&\vdots&&\vdots\\ q_1^{k-1}&q_2^{k-1}&\cdots&q_k^{k-1}\end{bmatrix}$$

这是一个范德蒙行列式，故有 $|A|=\prod\limits_{1\leqslant i\leqslant k}(q_j-q_i)\neq 0$。因此，式（7-3）关于 $c_1,c_2,\cdots,c_k$有唯一解，所以 $a_n=c_1q_1^n+c_2q_2^n+\cdots+c_kq_k^n$ 是式（7-1）的通解。证毕。

【例 7-8】 斐波那契数列的递归关系式为$f(n)=f(n-1)+f(n-2)\ (n\geqslant 2)$，求解斐波那契数列的通项公式。

解：特征方程 $x^2-x-1=0$ 有两个不等的特征根：$q_1=\dfrac{1+\sqrt{5}}{2}$，$q_2=\dfrac{1-\sqrt{5}}{2}$

根据定理可知该递归关系式有通解：

$$f(n)=c_1\left(\frac{1+\sqrt{5}}{2}\right)^n+c_2\left(\frac{1-\sqrt{5}}{2}\right)^n, c_1,c_2\text{为常数}$$

因为$f(0)=0$，$f(1)=1$，得到$\begin{cases}c_1+c_2=0\\(1+\sqrt{5})c_1/2+(1+\sqrt{5})c_2/2=1\end{cases}$

解得$c_1=1/\sqrt{5}$，$c_2=-1/\sqrt{5}$，所以，斐波那契数列的通项公式为

$$f(n)=\frac{1}{\sqrt{5}}\left(\frac{1+\sqrt{5}}{2}\right)^n-\frac{1}{\sqrt{5}}\left(\frac{1-\sqrt{5}}{2}\right)^n$$

【例7-9】 某人有$n(n\geqslant 1)$元钱，他每天买一次物品，或者买一元钱的甲物品，或者买两元钱的乙物品或丙物品。问此人有多少种方式花完这n元钱？

解： 设花完这n元钱有a_n种方式。可分三种情况：①第一天买甲物品，共有a_{n-1}种方式花完剩余的钱；②第一天买乙物品，有a_{n-2}种方式花完剩余的钱；③第一天买丙物品，有a_{n-2}种方式花完剩余的钱。根据加法原理，有$a_n=a_{n-1}+2a_{n-2}(n\geqslant 3)$。

该递归关系的特征方程为$x^2-x-2=0$，有两个不等的特征根$q_1=2$，$q_2=-1$，所以其通解为$a_n=c_12^n+c_2(-1)^n$。又因为$a_1=1$，$a_2=3$，所以，解得$c_1=2/3$，$c_2=1/3$，所以，$a_n=(2/3)2^n+(1/3)(-1)^n$。

2. 特征根有重根

定理7-6　若q为式（7-1）的特征方程的一个m重特征根，则$q^n,nq^n,\cdots,n^{m-1}q^n$为式（7-1）的解。

证明： 令$P(x)=x^k-b_1x^{k-1}-b_2x^{k-2}-\cdots-b_k, P_n(x)=x^{n-k}P(x)=x^n-b_1x^{n-1}-b_2x^{n-2}-\cdots-b_kx^{n-k}$。

由于q是$P(x)=0$的m重根，故q也是$P_n(x)=0$的m重根，由高等数学的知识可知，q也是$P'_n(x)=0$的$(m-1)$重根，那么q也是$xP'_n(x)=0$的$(m-1)$重根，即q是方程$nx^n-b_1(n-1)x^{n-1}-b_2(n-2)x^{n-2}-\cdots-b_k(n-k)x^{n-k}=0$的$(m-1)$重根。类似地，$q$是方程$n^2x^n-b_1(n-1)^2x^{n-1}-b_2(n-2)^2x^{n-2}-\cdots-b_k(n-k)^2x^{n-k}=0$的$(m-2)$重根；以此类推，一般地，对任意的$i$，$i<m$，$q$是方程$n^ix^n-b_1(n-1)^ix^{n-1}-b_2(n-2)^ix^{n-2}-\cdots-b_k(n-k)^ix^{n-k}=0$的$(m-i)$重根。

即有$n^iq^n-b_1(n-1)^iq^{n-1}-b_2(n-2)^iq^{n-2}-\cdots-b_k(n-k)^iq^{n-k}=0$。

分别令$i=1,2,\cdots,m-1$，知$nq^n,n^2q^n,\cdots,n^{m-1}q^n$都是式（7-1）的解；定理7-2中已经证明$q^n$是式（7-1）的解。证毕。

定理7-7　若$q_1,q_2,\cdots,q_t$分别为式（7-1）的特征方程的相异$m_1,m_2,\cdots,m_t$重特征根，且$\sum_{i=1}^{t}m_i=k$，则

$$\begin{aligned}a_n=&(c_{11}+c_{12}n+\cdots c_{1m_1}n^{m_1-1})q_1^n+\\&(c_{21}+c_{22}n+\cdots c_{2m_2}n^{m_2-1})q_2^n+\cdots+\\&(c_{t1}+c_{t2}n+\cdots c_{tm_t}n^{m_t-1})q_t^n\end{aligned}\tag{7-4}$$

为式（7-1）的通解，其中c_{ij}由初始条件确定。

【例7-10】 求解递归关系式$a_0=1$，$a_1=0$，$a_2=1$，$a_3=2$，$a_n=-a_{n-1}+3a_{n-2}+5a_{n-3}+2a_{n-4}(n\geqslant 4)$。

解： 递归关系式的特征方程为$x^4+x^3-3x^2-5x-2=0$，其根为$x_1=-1$，$x_2=-1$，$x_3=-1$，

$x_4=2$，所以，递归关系式通解为 $a_n=(c_1+c_2n+c_3n^2)(-1)^n+c_42^n$。

代入初始条件 $a_0=1$，$a_1=0$，$a_2=1$，$a_3=2$ 得

$$\begin{cases} c_1+c_4=1 \\ -c_1-c_2-c_3+2c_4=0 \\ c_1+2c_2+4c_3+4c_4=1 \\ -c_1-3c_2-9c_3+8c_4=2 \end{cases}$$

解得 $c_1=7/9$，$c_2=-1/3$，$c_3=0$，$c_4=2/9$，所以，通解为 $a_n=(7/9-n/3)(-1)^n+2^{n+1}/9$

【例 7-11】 计算 n 阶行列式的值：

$$\begin{vmatrix} 2 & 1 & 0 & 0 & \cdots & 0 & 0 & 0 \\ 1 & 2 & 1 & 0 & \cdots & 0 & 0 & 0 \\ 0 & 1 & 2 & 1 & \cdots & 0 & 0 & 0 \\ \vdots & \vdots & \vdots & \vdots & & \vdots & \vdots & \vdots \\ 0 & 0 & 0 & 0 & \cdots & 2 & 1 & 0 \\ 0 & 0 & 0 & 0 & \cdots & 1 & 2 & 1 \\ 0 & 0 & 0 & 0 & \cdots & 0 & 1 & 2 \end{vmatrix}$$

解：设具有以上形式的 n 阶行列式的值为 a_n，按第一列展开有

$$\underbrace{\begin{vmatrix} 2 & 1 & 0 & 0 & \cdots & 0 & 0 & 0 \\ 1 & 2 & 1 & 0 & \cdots & 0 & 0 & 0 \\ 0 & 1 & 2 & 1 & \cdots & 0 & 0 & 0 \\ \vdots & \vdots & \vdots & \vdots & & \vdots & \vdots & \vdots \\ 0 & 0 & 0 & 0 & \cdots & 2 & 1 & 0 \\ 0 & 0 & 0 & 0 & \cdots & 1 & 2 & 1 \\ 0 & 0 & 0 & 0 & \cdots & 0 & 1 & 2 \end{vmatrix}}_{n\text{维}} = 2\underbrace{\begin{vmatrix} 2 & 1 & 0 & 0 & \cdots & 0 & 0 & 0 \\ 1 & 2 & 1 & 0 & \cdots & 0 & 0 & 0 \\ 0 & 1 & 2 & 1 & \cdots & 0 & 0 & 0 \\ \vdots & \vdots & \vdots & \vdots & & \vdots & \vdots & \vdots \\ 0 & 0 & 0 & 0 & \cdots & 2 & 1 & 0 \\ 0 & 0 & 0 & 0 & \cdots & 1 & 2 & 1 \\ 0 & 0 & 0 & 0 & \cdots & 0 & 1 & 2 \end{vmatrix}}_{n-1\text{维}} -$$

$$\underbrace{\begin{vmatrix} 1 & 0 & 0 & 0 & \cdots & 0 & 0 & 0 \\ 1 & 2 & 1 & 0 & \cdots & 0 & 0 & 0 \\ 0 & 1 & 2 & 1 & \cdots & 0 & 0 & 0 \\ \vdots & \vdots & \vdots & \vdots & & \vdots & \vdots & \vdots \\ 0 & 0 & 0 & 0 & \cdots & 2 & 1 & 0 \\ 0 & 0 & 0 & 0 & \cdots & 1 & 2 & 1 \\ 0 & 0 & 0 & 0 & \cdots & 0 & 1 & 2 \end{vmatrix}}_{n-1\text{维}} = 2\underbrace{\begin{vmatrix} 2 & 1 & 0 & 0 & \cdots & 0 & 0 & 0 \\ 1 & 2 & 1 & 0 & \cdots & 0 & 0 & 0 \\ 0 & 1 & 2 & 1 & \cdots & 0 & 0 & 0 \\ \vdots & \vdots & \vdots & \vdots & & \vdots & \vdots & \vdots \\ 0 & 0 & 0 & 0 & \cdots & 2 & 1 & 0 \\ 0 & 0 & 0 & 0 & \cdots & 1 & 2 & 1 \\ 0 & 0 & 0 & 0 & \cdots & 0 & 1 & 2 \end{vmatrix}}_{n-1\text{维}} -$$

$$\underbrace{\begin{vmatrix} 2 & 1 & 0 & 0 & \cdots & 0 & 0 & 0 \\ 1 & 2 & 1 & 0 & \cdots & 0 & 0 & 0 \\ 0 & 1 & 2 & 1 & \cdots & 0 & 0 & 0 \\ \vdots & \vdots & \vdots & \vdots & & \vdots & \vdots & \vdots \\ 0 & 0 & 0 & 0 & \cdots & 2 & 1 & 0 \\ 0 & 0 & 0 & 0 & \cdots & 1 & 2 & 1 \\ 0 & 0 & 0 & 0 & \cdots & 0 & 1 & 2 \end{vmatrix}}_{n-2\text{维}}$$

得到如下递归关系 $a_n=2a_{n-1}-a_{n-2}$，且有 $a_1=2$，$a_2=3$。这个递归关系的解就是 $a_n=1+n$。

7.4.3　常系数非齐次线性递归方程

定义 7-13　序列 $\{a_0,a_1,a_2,\cdots,a_n,\cdots\}$ 中相邻的 $k+1$ 项之间的关系为

$$a_n+b_1a_{n-1}+b_2a_{n-2}+\cdots+b_ka_{n-k}=f(n)(n\geqslant k) \quad (7-5)$$

则称为序列的 k 阶常系数线性非齐次递归关系，其中系数 b_i 为常数，$i=1,2,\cdots,k,b_k\neq 0$，$f(n)\neq 0$，$n\geqslant k$。

定义 7-14　在式（7-5）中，若 $f(n)=0$，则称

$$a_n+b_1a_{n-1}+b_2a_{n-2}+\cdots+b_ka_{n-k}=0(n\geqslant k) \quad (7-6)$$

为由式（7-5）导出的常系数线性齐次递归关系。

定理 7-8　若 $\overline{a}_n$ 为式（7-5）的一个特解，而 a_n^* 是由式（7-5）导出的线性齐次递归关系式（7-6）的通解，则 $a_n=\overline{a}_n+a_n^*$ 为式（7-5）的通解。

由定理 7-7 知，要求式（7-5）的通解，只要求它的一个特解及导出的齐次递归关系的通解即可。对非齐次线性递归关系的特解，下面针对 $f(n)$ 的特殊形式给予讨论。

1. $f(n)$ 是 n 的 t 次多项式

（1）1 不是齐次递归关系式（7-6）的特征根，这时式（7-5）的特解形式为 $\overline{a}_n=A_0n^t+A_1n^{t-1}+\cdots+A_{t-1}n+A_t$，其中 $A_0,A_1,\cdots,A_{t-1}$，A_t 为待定常数。

【例 7-12】 求解 Hanoi 塔问题的递归关系式。

$$\begin{cases}a_n=2a_{n-1}+1, & n\geqslant 2\\ a_1=1, & n=1\end{cases}$$

解： 由上述递归关系导出的齐次递归关系为 $a_n-2a_{n-1}=0$，其特征方程为 $x-2=0$，故其特征根为 $x=2$。由定理 7-5 可知导出的齐次递归关系的通解为 $a_n^*=2^nc$，由于 $f(n)=1$，故其特解为 $\overline{a}_n=A$，将其代入上述递归关系式得 $A-2A-1=0$，所以 $A=-1$，$\overline{a}_n=-1$，由定理 7-8 可知上述递归关系式的通解为 $a_n=\overline{a}_n+a_n^*=-1+2^nc$。又由初始条件 $a_1=1$ 得 $-1+2^1c=1$，即 $c=1$，最后得到解为 $a_n=2^n+1$。

（2）1 是齐次递归关系式（7-6）的 m 重特征根 $(m\geqslant 1)$，这时式（7-5）的特解形式为

$$\overline{a}_n=(A_0n^t+A_1n^{t-1}+\cdots+A_{t-1}n+A_t)n^m$$

其中 A_0、A_1、$\cdots$、A_{t-1} 和 A_t 为待定常数。

【例 7-13】 求解递归关系

$$\begin{cases}a_n=a_{n-1}+2(n-1), & n\geqslant 2\\ a_1=2, & n=1\end{cases}$$

解： 由上述递归关系式导出的齐次递归关系为 $a_n-a_{n-1}=0$，其特征方程为 $x-1=0$，故其特征根为 $x=1$。由定理 7-5 可知所导出的齐次递归关系的通解为 $a_n^*=c\times 1^n$。由于 $f(n)=2(n-1)$，设其特解为 $\overline{a}_n=A_0n+A_1$，则待定系数求不出来，原因是其导出的齐次递归关系的特征根为 1。因此，在这种情况下必须舍弃特征解的形式为 $\overline{a}_n=(A_0n+A_1)n$，将其代入递归关系式得 $A_0n^2+A_1n=A_0(n-1)^2+A_1(n-1)+2(n-1)$，化简得 $2A_0n+A_1-A_0=2n-2$，比较上式 n 和常数项的系数得 $A_0=1$，$A_1-A_0=-2$，所以 $A_1=-1$，由此 $\overline{a}_n=n^2-n$。

由定理 7-8 可知上述递归关系的通解为 $a_n=\overline{a}_n+a_n^*=n^2-n+c$，又有初始条件 $a_1=2$ 得 $c=2$。故有，$a_n=n^2-n+2$。

2. $f(n)$是β^n的形式

(1) β 不是导出的齐次线性递归关系的特征根，这时式（7-5）的特解形式为$\overline{a}_n=A\cdot\beta^n$，其中 A 为待定常数。

【例 7-14】 求解递归关系 $a_n+2a_{n-1}+a_{n-2}=2^n$的通解。

解： 由上述递归关系式导出的齐次递归关系为 $a_n+2a_{n-1}+a_{n-2}=0$，其特征方程为 $x^2+2x+1=0$，故其特征根为 $x_1=x_2=-1$。由定理 7-5 可知所导出的齐次递归关系的通解为 $a_n^*=(c_1+c_2n)\times(-1)^n$。由于$f(n)=2^n$，是$\beta^n$的形式，且$\beta=2$ 不是上述递归关系所导出的齐次递归关系式的特征根，故设其特解为$\overline{a}_n=A\times 2^n$，将其代入递归关系式得 $A\times 2^n+2\times A\times 2^{n-1}+A\times 2^{n-2}=2^n$，求解得到 $A=4/9$，所以$\overline{a}_n=(4/9)2^n$。

由定理 7-8 可知上述递归关系的通解为 $a_n=\overline{a}_n+a_n^*=(4/9)2^n+(c_1+c_2n)(-1)^n$。

(2) β 是导出的齐次线性递归关系的 m 重特征根($m\geqslant 1$)，这时式（7-5）的特解形式为$\overline{a}_n=A\cdot n^m\beta^n$，其中 A 为待定常数。

【例 7-15】 求解递归关系 $a_n-4a_{n-1}+4a_{n-2}=2^n$的通解。

解： 由上述递归关系式导出的齐次递归关系为 $a_n-4a_{n-1}+4a_{n-2}=0$，其特征方程为 $x^2-4x+4=0$，故其特征根为 $x_1=x_2=2$。由定理 7-5 可知所导出的齐次递归关系的通解为 $a_n^*=(c_1+c_2n)\times 2^n$。由于$f(n)=2^n$，是$\beta^n$的形式，且$\beta=2$ 是上述递归关系式所导出的齐次递归关系式的二重特征根，故设其特解为$\overline{a}_n=A\times n^2\times 2^n$，将其代入递归关系式得 $A\times n^2\times 2^n-4\times A\times(n-1)^2\times 2^{n-1}+4\times A\times(n-2)^2\times 2^{n-2}=2^n$，求解得到 $A=1/2$，即$\overline{a}_n=(n^2/2+A_1n+A_2)2^n$。

由定理 7-8 可知上述递归关系的通解为

$$a_n=\overline{a}_n+a_n^*=(n^2/2+A_1n+A_2)2^n+(c_1+c_2n)2^n=n^2 2^{n-1}+c_3n2^n+c_4 2^n$$

$c_3=A_1+c_2$和 $c_4=A_2+c_1$由初值确定。

(3) $f(n)=\beta^n g(n)$，其中 $g(n)$为 n 的 t 次多项式，β 是导出的齐次线性递归关系的 m 重特征根，这时式（7-5）的特解形式为$\overline{a}_n=(A_0n^t+A_1n^{t-1}+\cdots+A_{t-1}n+A_t)n^m\beta^n$，其中 A_0、A_1、…、A_{t-1}和 A_t为待定常数。

【例 7-16】 求 $S_n=1^3+2^3+3^3+\cdots+n^3$

解： 可以得出如下的递归关系 $S_n=S_{n-1}+n^3$，这是一个非齐次的递归关系。类似的有 $S_{n-1}=S_{n-2}+(n-1)^3$，所以得到 $S_n-2S_{n-1}+S_{n-2}=-3n^2+3n-1$，这同样是一个非齐次的递归关系，也可以得到类似的公式 $S_{n-1}-2S_{n-2}+S_{n-3}=-3(n-1)^2+3(n-1)-1$，类似前面一个例子，这样继续下去就得到一个递推式

$$\begin{cases}S_0=0,S_1=1,S_2=9,S_3=36,S_4=100\\ S_n-5S_{n-1}+10S_{n-2}-10S_{n-3}+5S_{n-4}-S_{n-5}=0,n\geqslant 5\end{cases}$$

其对应的特征方程是四重根，$q=1$。由此可知齐次递归关系的通解为 $S_n=c_0+c_1n+c_2n^2+c_3n^3+c_4n^4$。

已知 S_n为 n 的四次式，不妨设 $S_n=d_0\times\dot{C}(n,0)+d_1\times\dot{C}(n,1)+d_2\times\dot{C}(n,2)+d_3\times\dot{C}(n,3)+d_4\times\dot{C}(n,4)$。

再由初始条件 $S_0=0$，$S_1=1$，$S_2=3$ 和 $S_4=100$ 可得下列各式：

$S_0=d_0=0$。$S_1=d_0+d_1=1$，所以 $d_1=1$。$S_2=d_0+2d_1+d_2=9$，所以 $d_2=7$。$S_3=d_0+3d_1+3d_2+d_3=36$，所以 $d_3=12$。$S_4=d_0+4d_1+6d_2+4d_3+d_4=100$，所以 $d_4=6$。故得到递归关系式为 $S_n=[n^2(n+1)^2]/4$。

7.4.4　迭代法

利用迭代法求解序列 $a_0,a_1,\cdots,a_n$ 的递归关系时，先根据递归关系用 a_n 前面的 $a_0,a_1,\cdots,a_{n-1}$ 若干项表示 a_n。然后反复利用递归关系把 $a_0,a_1,\cdots,a_{n-1}$ 替换，直至得到 a_n 的显式公式。

【例 7-17】 求解 Hanoi 塔问题的递归式。设含有 n 个圆盘的 Hanoi 塔问题至少需要移动 $f(n)$ 步，也就是求序列 $f(n)$ 的显式公式。对于 $f(n)$ 有如下的递归关系：

$$f(n)=\begin{cases}1, & n=1\\ 2f(n-1)+1, & n>1\end{cases}$$

将迭代法用于该递归关系，有：

$$f(n)=2f(n-1)+1=2[2f(n-2)+1]+1=\cdots=2^{n-1}f(1)+2^{n-2}+\cdots+2+1=2^n$$

【例 7-18】 种群数目的增长。设 $n=0$ 时刻动物园有 100 只猴，每过一个单位时间，也就是从 $n-1$ 到 n，猴的数目增长 20%。将 n 时刻猴的数目记为 $f(n)$，故初始化条件为 $f(0)=100$。$n-1$ 到 n 时刻，猴的数目增长 $f(n)-f(n-1)$ 为 $n-1$ 时刻猴数目的 20%。可得递归关系 $f(n)-f(n-1)=0.2\times f(n-1)$，即有 $f(n)=1.2\times f(n-1)$。利用迭代法求解递归关系得到：

$f(n)=1.2\times f(n-1)=\cdots=(1.2)^n\times f(0)=100\times(1.2)^n$。

这是一种指数增长关系。

7.4.5　归纳法

【例 7-19】 求解递归关系

$$\begin{cases}a_n=a_{n-1}+2(n-1), & n\geqslant 2\\ a_1=2, & n=1\end{cases}$$

解：用归纳法求解的过程如下。先用初值条件 $a_1=2$ 求出前几项，并观察其规律。

$$a_2=a_1+2(2-1)=4(=2^2-0=2^2-2+2)$$
$$a_3=a_2+2(3-1)=8(=3^2-1=3^2-3+2)$$
$$a_4=a_3+2(4-1)=14(=4^2-2=4^2-4+2)$$
$$a_5=a_4+2(5-1)=22(=5^2-3=5^2-5+2)$$

由上面所得到的值，可以猜想解的一般的公式为：$a_n=n^2-n+2$

为了证实上述猜想确实是递归关系的解，可以用归纳法证。由上面计算前几项的值，显然，当 $n=1,2,3,4,5$ 时，结论成立。假设 $n=k$ 时，结论成立，即有 $a_k=k^2-k+2$，则当 $n=k+1$ 时，有 $a_{k+1}=a_k+2(k+1-1)=k^2-k+2+2k=(k+1)^2-(k+1)+2$。所以，当 $n=k+1$ 时，结论也是成立的。

7.4.6　母函数法

定义 7-15　给定序列 $a_0,a_1,a_2,\cdots,a_n,\cdots$，记为 $\{a_n\}$。函数

$$f(x)=a_0+a_1x+\cdots+a_nx^n+\cdots$$

称为该序列的母函数。

【例 7-20】 设有 2 个红球，3 个白球，1 个黑球和 1 个黄球。求从这些球中取出 5 个的不同方案数。

解：设从所给球中取出 i 个的不同方案数为 a_i，则由题设可得 $\{a_i\}$ 的母函数为

$$\begin{aligned}f(x)&=(1+x+x^2)(1+x+x^2+x^3)(1+x)^2\\&=1+4x+8x^2+11x^3+11x^4+8x^5+4x^6+x^7\end{aligned}$$

【例 7-21】 求用 1 元和 2 元的钞票支付 n 元的不同方式数。

解：设所求不同方式数为 a_n，则由题设可得 $\{a_n\}$ 的母函数为

$$\begin{aligned}f(x)&=[1+x+x^2+\cdots][1+x^2+(x^2)^2+(x^2)^3+\cdots]\\&=\frac{1}{1-x}\times\frac{1}{1-x^2}=\frac{1}{(1+x)(1-x)^2}=\frac{1}{4}\left[\frac{2}{(1-x)^2}+\frac{1}{1-x}+\frac{1}{1+x}\right]\end{aligned}$$

由 $\frac{1}{1-x}=\sum\limits_{n=0}^{\infty}x^n$，两边求导得到 $\frac{1}{(1-x)^2}=\sum\limits_{n=1}^{\infty}nx^{n-1}=\sum\limits_{n=1}^{\infty}(n+1)x^n$，于是

$$\begin{aligned}f(x)&=\frac{1}{4}\left[2\sum_{n=0}^{\infty}(n+1)x^n+\sum_{n=0}^{\infty}x^n+\sum_{n=0}^{\infty}(-1)^nx^n\right]\\&=\sum_{n=0}^{\infty}\frac{2n+3+(-1)^n}{4}x^n\end{aligned}$$

7.5 实践内容：用堆栈模拟递归

递归的方法很容易理解和实现，但在实际应用中，递归在空间和时间上却不占优势，使用迭代的方法在时间和空间上更合适。造成这种情况的原因就是递归程序的执行过程中需要现场保护，存储大量的信息；同样在恢复现场时，也需要占用时间，所以人们有时候也会把递归的方法转化为迭代的方法，这一节讨论从递归到迭代的转化方法。

7.5.1 斐波那契数列问题的递归和迭代的比较

这一节以斐波那契数列问题的递归实现为例来讨论递归函数的执行过程。可以用递归函数编程计算斐波那契数列，C 语言的代码如下：

```
int Fib_Rec(int n)
{   if(n < 2) return 1;
    return Fib_Rec(n-1)+ Fibonacci-Recursion(n-2);
}
```

如果从另一个角度看这个递归式，也可以采用迭代的方式编程，对于整数 n，首先 $f(0)=f(1)=1$；$f(2)=f(1)+f(0)$；$f(3)=f(2)+f(1)$；…；$f(n)=f(n-1)+f(n-2)$。所以，可以使用循环语句，逐次计算就可以了。如果只保留最后结果，则只使用四个变量即可，如 Fib_Ite1(int n)所示；如果把每次计算的值保存下来，则需要用动态数组，如 Fib_Ite2(int n)所示。

```
int Fib_Ite1(int n) //迭代函数 1
{   int i, Res1=1, Res2=1, Temp;
    for(i=2;i<n;i++)
        {   Temp=Res1+Res2;
            Res1=Res2; Res2=Temp;
        }
    return Res2;
}
```

```
int Fib_Ite2(int n) //迭代函数 2
{   int i, *Res=(int *)malloc(sizeof(int)*n);
    Res[0]=1;Res[1]=1;
    for(i=2;i<n;i++)
        Res[i]=Res[i-1]+Res[i-2];
    return Res[n-1];
}
```

迭代和递归运行时间的比较如表7-1所示，这些数据是在同一台机器上的运行结果，在其他机器上，时长可能会变化，但这种变化的趋势不会改变。

表7-1　迭代和递归运行时间的比较示例

n 的值	迭代1的时长	迭代2的时长	递归的时长
20	0	0	1
30	0	0	37
35	0	0	381
40	0	0	4159
45	0	0	46081
50	0	0	518314

从表7-1可以看出，递归函数的运行时间随着问题规模的增加增长很快，在 n 为50时，递归的运行时间就很长了，而迭代算法的运行效率就明显快多了。所以在实际问题中还是尽量避免使用递归，解决的途径就是把递归程序转化为迭代程序。

7.5.2　用堆栈模拟递归

这里讨论用堆栈来模拟递归程序的执行过程。首先来分析一下斐波那契递归函数的执行过程，这里从用反编译得到的斐波那契递归函数的汇编程序开始讨论。

```
Fib:
.LFB0:
    .cfi_startproc
    pushl%ebp              //将ebp(堆栈数据指针)寄存器的值压入栈,esp=esp-ox10后面要用
    .cfi_def_cfa_offset 8
    .cfi_offset 5, -8
    movl%esp, %ebp         //将ebp=esp
    .cfi_def_cfa_register 5
    pushl%ebx              //将ebx入栈,esp=esp-ox10,ebx保存函数返回值
    subl$20, %esp          //esp=esp-ox20(ox20十六进制,因为前面pushl了两次
    cmpl$1, 8(%ebp)        //对应变量n(int型8bit),这里即比较n与1,对应C中的n<2
    jg.   L2               //jg:如果n>1就跳转到.L2
    .cfi_offset 3, -12
```

```
        cmpl $0, 8(%ebp)        //比较 n 与 0
        setne %al               //接下来容易理解,就是赋值为 1,这里编译器已经做了优化
        movzbl  %al, %eax       //eax 保存返回值
        jmp.    L3              //跳转 .L3,主要是返回
    .L2:                        //函数递归主要看这里
        movl 8(%ebp), %eax      //eax=n
        subl $1, %eax           //n-1
        movl %eax, (%esp)       //ss:[esp]=eax
        call  Fib               //调用 Fib 段,最后到达边界条件时在这里会跳出,整个函数返回。
        movl %eax, %ebx         //ebx=eax,保存 Fib(n-1)的返回值到 ebx
        movl 8(%ebp), %eax      //eax 保存 Fib(n-1)的返回值
        subl $2, %eax           //n-2
        movl %eax, (%esp)       //n=n-2
        call  Fib               //调用 Fib
        addl %ebx, %eax         //Fbi(n-1)+Fbi(n-2)
    .L3:
        addl $20, %esp
        popl %ebx
        .cfi_restore 3
        popl %ebp
        .cfi_def_cfa 4, 4
        .cfi_restore 5
        ret
        .cfi_endproc
```

在上面的程序中，有压栈的语句和退栈的语句，这就说明在函数调用时会把很多信息保存到堆栈里面去，这也就是所谓的保护现场。等到调用的函数结束，然后再把保护起来的数据恢复，这就是所谓的恢复现场。递归程序的执行过程中，需要频繁地进行保护现场和恢复现场的工作，这势必增加了系统的开销。另外，编译系统在设计时，不可能准确地区分哪些信息是必须保存的，哪些信息是可以不用保存的，为了增加其通用性，势必会保留一些不必要保留的信息，这也增加了系统的空间开销。从上面的程序可以看出来，完全可以利用堆栈来模拟递归程序，并进行优化。例如，下面的程序就是用堆栈来模拟了斐波那契递归程序。

```
#include<stack>
#include<stdlib.h>
#include<iostream>
using namespace std;
typedef struct Node{
    int n = 0;                  //结点下标
    int tag = 0;                //标志信息:程序调用入口
};
int Fibnacci(int n)
```

```
{ int sum = 0;
  stack<Node> s;
  Node w;
  do
  {   while (n > 1)            //先依次压入栈
      {   w.n = n;
          w.tag = 1;
          s.push(w);
          n--;
      }
      sum = sum + n;
      while (!s.empty())
      {   w = s.top();
          s.pop();
          if (w.tag == 1)   //如果已经进入该点一次,则把程序入口标记改为2,压栈,n减2
          {   w.tag = 2;
              s.push(w);
              n = w.n - 2;
              break;
          }
      }
  } while (!s.empty());
  return sum;
}
```

这里只是讨论了用堆栈来模拟递归的思路，对于用堆栈模拟递归程序也需要优化处理，否则效率上不仅不能得到改善，甚至更糟糕，对于这一点需要在实践中得到提升。

7.6 本章小结

本章的主要目的是让读者了解递归理论的基本知识，以及递归方程的求解方法和递归在计算机科学中的应用。需要掌握原始递归函数、一般递归函数的知识，掌握几种递归关系的建立方法；理解并掌握常系数线性齐次及非齐次递归关系的求解方法；能运用迭代归纳法求解递归关系；理解 Fibonacci 数的定义及递归公式。掌握程序设计语言中递归程序的执行过程，以及用堆栈来模拟递归过程的转换步骤。

7.7 习题

1. 给出一个递归函数，输出 n 个正整数构成的集合 $A=\{a_1,a_2,a_3,\cdots,a_n\}$ 的全排列。
2. 求和 $\sum_{i=1}^{n} i^2$。
3. 5 个人坐在一起，问第五个人多少岁，他说比第 4 个人大 2 岁。问第 4 个人多少岁，他说比第 3 个人大 2 岁。问第三个人，又说比第 2 人大 2 岁。问第 2 个人，说比第一个人大 2 岁。最后问第一个人，他说是 10 岁。请问第五个人多大？要求用递归解答。

4. 已知一对兔子每一个月能生一对小兔子，而一对小兔子出生后第二个月就开始生小兔子，假如一年内没有发生死亡，则一对兔子一年能繁殖成多少对？

5. 求递归关系

$$\begin{cases} a_1 = 1, & n=1 \\ a_n = a_{n-1} + 2n, & n \geqslant 2 \end{cases}$$

6. 求递归关系

$$\begin{cases} a_1 = 1, & n=1 \\ a_n = a_{n-1} + 3^n, & n \geqslant 2 \end{cases}$$

第 8 章　组合理论初步

本章主要内容

组合理论以研究离散对象为主，涉及离散对象的存在、计数以及构造等方面的问题，在信息技术的很多领域都有应用，如算法分析与设计、网络设计等。本章主要介绍组合理论中的排列组合与二项式定理、排列组合生成算法、鸽巢原理及其在算法分析和网络设计中的应用、组合设计等。

8.1　组合理论简介

组合理论是指研究满足一定条件的组态（也称组合模型）的存在性问题、计数性问题、构造性问题以及最优化问题等的数学理论，主要内容包括组合计数、组合设计、组合矩阵、组合优化（最佳组合）等，这些内容在信息技术的诸多领域都有应用。

组合数学是一个古老而又年轻的数学分支，最早起源于幻方问题。相传大禹在 4000 多年前就观察到了神龟背上的幻方。1977 年美国旅行者 1 号、2 号宇宙飞船携带了幻方作为地球人类智慧的信号。2003 年，科学家借助现代科技手段初步破译了 2000 多年前写在羊皮纸上的阿基米德手稿副本，结果发现这篇论文解决的是组合数学问题“十四巧板”。中国最早的组合数学理论可追溯到宋朝时期的“贾宪三角”，后来被杨辉引用，所以普遍称之为“杨辉三角”。这一理论在西方是由帕斯卡在 1654 年才提出的，比中国晚了 400 多年。这个三角形在其他数学分支的应用也屡见不鲜。同一时期，帕斯卡和费马均发现了许多与概率论有关的经典组合学的结果。1666 年莱布尼茨所著《论组合的艺术》一书问世，这是组合数学的第一部专著，首次提出了组合论（combinatorics）一词，是组合学一词在数学的意义下首次应用。书中提出一切推理和发现，不管是否用语言描述，都能归结为如数、字、声、色这些元素经过某种组合的有序集合。因此，西方人认为组合学开始于 17 世纪。18 世纪 30 年代欧拉解决了哥尼斯堡七桥问题，发现了多面体（首先是凸多面体，即平面图的情形）的顶点数、边数和面数之间的简单关系，被人们称为欧拉公式；甚至，当今人们所称的哈密顿圈的首创者也应该是欧拉，他取得的成果不仅成为组合学的一个重要组成部分，还使得图论成为拓扑学发展的先驱。同时，欧拉提出的组合设计中的拉丁方猜想也使得组合设计成为当今组合学中的另一个重要组成部分，直到 1959 年他的这一猜想才得到完全的解决。

19 世纪初，高斯提出的组合系数，今称高斯系数，在经典组合学中也占有重要地位。同时，他还研究过平面上的闭曲线的相交问题，由此所提出的猜想称为高斯猜想，直到 20 世纪高斯猜想才得到解决。这个问题不仅贡献于拓扑学，而且也贡献于组合学中图论的发展。

19 世纪 30 年代，由英国数学家乔治·布尔发现且被当今人们称为布尔代数的分支已经成为组合学中序理论的基石。

从20世纪初期开始组合学进入了发展的第二个阶段。法国数学家庞加莱联系多面体问题发展了组合学的概念与方法，导致了近代拓扑学从组合拓扑学到代数拓扑学的发展。于20世纪的中、后期，组合学发展之迅速也许是人们意想不到的。首先，费希尔（Fisher）和耶茨（Yates）于1920年发展了实验设计的统计理论，其结果导致后来的信息论，特别是编码理论的形成与发展。坎托罗维奇（Канторович）于1939年发现了线性规划问题并提出解乘数法。丹齐克（Dantzig）于1947年给出了一般的线性规划模型和理论，他所创立的单纯形方法奠定了这一理论的基础，阐明了其解集的组合结构，直到今天仍然是应用最广泛的数学方法之一。这些理论又导致以网络流为代表的运筹学中的一系列问题的形成与发展。开拓了人们称为组合最优化的一个组合学的新分支。20世纪50年代，中国也发现并解决了一类称为运输问题的线性规划的图上作业法，它与一般的网络流理论确有异曲同工之妙。在此基础上又出现了国际上通称的中国邮递员问题。

另外，自1940年以来，生于英国的塔特（Tutte）在解决拼方问题中取得了一系列有关图论的结果，这些不仅开辟了现今图论发展的许多新研究领域，而且对于20世纪30年代，惠特尼（Whitney）提出的拟阵论以及人们称为组合几何的发展都起到了核心的推动作用。在这一时期，随着电子技术和计算机科学的发展越来越显示出组合学的潜在力量。同时，也为组合学的发展提出了许多新的研究课题。例如，以大规模和超大规模集成电路设计为中心的计算机辅助设计提出了层出不穷的问题。其中一些问题的研究与发展正在形成一种新的几何，人们称之为组合计算几何。关于算法复杂性的研究，自1971年库克（Cook）提出NP完全性理论以来，已经将这一思想渗透到组合学的各个分支以及数学和计算机科学中的一些分支。

近20年来，用组合学中的方法已经解决了一些即使在整个数学领域也是具有挑战性的难题。例如，范·德·瓦尔登（van der Waerden）于1926年提出的关于双随机矩阵积和式猜想的证明；希伍德（Heawood）于1890年提出的曲面地图着色猜想的解决；著名的四色定理的计算机验证和扭结问题的新组合不变量发现等。在数学中正在形成着诸如组合拓扑、组合几何、组合数论、组合矩阵论、组合群论等与组合学密切相关的交叉学科。此外，组合学也正在渗透到其他自然科学以及社会科学的各个方面，如物理学、力学、化学、生物学、遗传学、心理学以及经济学、管理学，甚至政治学等。在中国当代的数学家中，也有很多人在组合学的研究中做出了很大贡献，如华罗庚、吴文俊、万哲先等数学家，在这个领域都取得了很多研究成果。

根据组合学研究与发展的现状，它可以分为：经典组合学、组合设计、组合序、图与超图和组合多面形与最优化五个分支。本章只简单介绍组合理论的初步知识。

8.2 排列、组合与二项式定理

排列组合是组合学最基本的概念。所谓排列，就是指从给定个数的元素中取出指定个数的元素进行排序；所谓组合则是指从给定个数的元素中仅仅取出指定个数的元素，不考虑排序；其中心问题是研究给出的排列或组合可能出现的情况及数量，本节讨论与之相关的知识。

8.2.1　基本计数原理

加法原理和乘法原理是排列组合问题的基本问题，绝大多数的排列组合问题都会应用到这两个原理，所以需要充分地了解和掌握它们。

1. 加法原理

假设完成某件事情有 n 类方法，每一类方法中的每一种途径都可以独立地完成此任务；两类不同办法中的具体方法，互不相同（即分类不重）；完成此任务的任何一种方法，都属于某一类（即分类不漏）。那么完成这个事件的方法就是各类方法的和，这就是所谓的加法原理。

加法原理：做一件事，完成它可以有 n 类办法，在第一类办法中有 m_1 种不同的方法，在第二类办法中有 m_2 种不同的方法，…，在第 n 类办法中有 m_n 种不同的方法，那么完成这件事共有 $N=m_1+m_2+m_3+\cdots+m_n$ 种不同方法。

加法原理指的是如果一件事情是分类完成的，那么总的情况数等于每类情况数的总和。

【例 8-1】 从甲城市到乙城市有乘火车、飞机、轮船 3 种交通方式可供选择，坐火车有 G1、G2、G3 三个班次，坐飞机有 F1、F201 两个航班，坐轮船有 L202 和 L301 两班客轮，那么从甲城市到乙城市共有 3+2+2 种方式可以实现。

2. 乘法原理

假设完成某项任务需要分成 n 个步骤，并且任何一步的一种方法都不能完成此任务；必须且只需连续完成这 n 步才能完成此任务；各步计数相互独立；只要有一步中所采取的方法不同，则对应的完成此事的方法也不同；那么完成这个任务的方法的数量就是每一步数量的乘积，这就是所谓的乘法原理。

乘法原理：做一件事，完成它需要分成 n 个步骤，做第一步有 m_1 种不同的方法，做第二步有 m_2 种不同的方法，…，做第 n 步有 m_n 种不同的方法，那么完成这件事共有 $N=m_1\times m_2\times m_3\times\cdots\times m_n$ 种不同的方法。

【例 8-2】 从甲城市到乙城市中间必须经过丙城市，从甲城市到丙城市共有 3 条路线，从丙城市到乙城市共有 2 条路线，那么，从甲城市到乙城市共有 3×2=6 条路线。

加法原理和乘法原理是两个基本原理，它们的区别在于一个与分类有关，另一个与分步有关。运用以上两个原理的关键在于分类要恰当，分步要合理。加法原理的分类要依据同一标准划分，必须包括所有情况，但又不能出现重复现象；乘法原理的分步应使各步依次完成，保证整个事件得以完成，不得有多余、重复，也不得缺少某一步骤。在解决某个实际问题时可能会同时用到加法原理和乘法原理，下面的例子说明了这一点。

【例 8-3】 利用数字 1，2，3，4，5 共可组成多少个数字不重复的偶数的问题，分为 5 种情况：

一位偶数，只有两个 2 和 4。

二位偶数，共有 8 个，也就是个位数是在 2 和 4 中选择一个，有两种选择，十位数从剩下的 4 个数中选择一个，有 4 种选择，所以共有 2×4=8 个数。

三位偶数，共有 24 个，也就是个位数是在 2 和 4 中选择一个，有两种选择；十位数从剩下的 4 个数中选择一个，有 4 种选择；百位数从剩下的 3 个数中选择一个，有 3 种选择；所以共有 2×4×3=24 个数。

四位偶数，共有 48 个，也就是个位数是在 2 和 4 中选择一个，有两种选择；十位数从剩下的 4 个数中选择一个，有 4 种选择；百位数从剩下的 3 个数中选择一个，有 3 种选择；千位数从剩下的 2 个数中选择一个，有两种选择；所以共有 $2\times4\times3\times2=48$ 个数。

五位偶数，共有 48 个，也就是个位数是在 2 和 4 中选择一个，有两种选择；十位数从剩下的 4 个数中选择一个，有 4 种选择；百位数从剩下的 3 个数中选择一个，有 3 种选择；千位数从剩下的 2 个数中选择一个，有两种选择；万位数只有一种选择了；所以共有 $2\times4\times3\times2\times1=48$ 个数。

由加法原理，偶数的个数共有 $2+8+24+48+48=130$。

8.2.2　排列与组合

定义 8-1　排列　从 n 个不同的元素中，取 $m(m\leqslant n)$ 个不重复的元素，按次序排列，称为从 n 中取 m 个元素的排列，排列的个数称为排列数，记为 A_n^m，计算公式为 $A_n^m=n(n-1)(n-2)\cdots(n-m+1)=(n!)/((n-m)!)$。

规定 $0!=1$。排列恒等式如下：

① $A_n^m=(n-m+1)A_n^{m-1}$

② $A_n^m=(n/(n-m))A_{n-1}^m$

③ $A_n^m=nA_{n-1}^{m-1}$

④ $nA_n^n=A_{n+1}^{n+1}-A_n^n$

⑤ $A_{n+1}^m=A_n^m+mA_n^{m-1}$

6$1!+2!+3!+\cdots+n!=(n+1)!-1$

【例 8-4】用 0~9 这 10 个数字，可组成多少个没有重复数字的四位偶数？

一个数字是不是偶数是看个位上的数字是不是偶数，即个位数上是不是 0，2，4，6，8 数字中的一个。当个位数上排 0 时，千位、百位、十位上可以从余下的九个数字中任选 3 个来排列，故有 A_9^3 个；当个位上在 2，4，6，8 中任选一个来排，则千位上从余下的八个非零数字中任选一个，百位、十位上再从余下的八个数字中任选两个来排，按乘法原理有 $A_1^4A_8^1A_8^2$（个），所以，没有重复数字的四位偶数有 $A_9^3+A_4^1A_8^1A_8^2=504+1792=2296$(个)。

定义 8-2　组合　从 n 个不同元素中，任取 $m(m\leqslant n)$ 个元素组成一组，叫作从 n 个不同元素中取出 m 个元素的一个组合；从 n 个不同元素中取出 $m(m\leqslant n)$ 个元素的所有组合的个数，叫作从 n 个不同元素中取出 m 个元素的组合数，用符号 C_n^m 表示，计算公式为 $C_n^m=A_n^m/(m!)$。

组合的性质和等式如下：

① $C_n^0=1$

② $C_n^m=C_n^{n-m}$

③ $C_n^m+C_n^{m-1}=C_{n+1}^m$

④ $C_n^m=[(n-m+1)/m]C_n^{m-1}$

⑤ $C_n^m=[n/(n-m)]C_{n-1}^m$

⑥ $C_n^m=(n/m)C_{n-1}^{m-1}$

⑦ $C_n^0+C_n^1+\cdots+C_n^n=2^n$

⑧ $C_r^r+C_{r+1}^r+\cdots+C_n^r=C_{n+1}^{r+1}$

⑨ $C_n^1+C_n^3+\cdots=C_n^0+C_n^2+C_n^4+\cdots=2^{n-1}$

⑩ $C_n^1+2C_n^2+\cdots+nC_n^n=n2^{n-1}$

⑪ $C_m^rC_n^0+C_m^{r-1}C_n^1+\cdots+C_m^0C_n^r=C_{n+m}^r$

⑫ $(C_n^0)^2+(C_n^1)^2+\cdots+(C_n^n)^2=C_{2n}^n$

排列和组合之间的关系，可以由式 $A_n^m=m!C_n^m$ 表达。

【例 8-5】 男运动员 6 名，女运动员 4 名，其中男、女队长各 1 人，选派 5 人外出比赛，要求其中男运动员 3 名，女运动员 2 名。

选派 3 名男队员的方法有 C_6^3 种方法，选派两名女运动员有 C_4^2 种方法，共有$C_6^3\times C_4^2$ 种方法，即 120 种。

8.2.3　多重集的排列组合

第 2 章讨论的是康托尔的朴素集合论，其中不允许元素重复出现，对于允许元素重复出现的集合，称为多重集。例如，一个盒子里面有 3 个苹果，2 个梨，4 个草莓，那么集合$\dot{M}$={3 苹果,2 梨,4 草莓}就是一个多重集合。

定义 8-3　多重集　k 种不同类型的元素 a_i，每一种类型的元素重复次数是 $n_1,n_2,n_3,\cdots,n_k$，$n_i(1\leqslant i\leqslant k)$称为重数，可以是有限数，也可以是无限（∞），把$\{n_1a_1,n_2a_2,\cdots,n_ka_k\}$称为多重集，用$\dot{M}$及其上、下标形式表示。

1. 多重集的排列

定义 8-4　多重集的排列　从多重集$\dot{M}=\{n_1a_1,n_2a_2,\cdots,n_ka_k\}$中有序选取 r 个元素叫作$\dot{M}$的一个 r（可重）排列。当 $r=n_1+n_2+\cdots+n_k$时，叫作$\dot{M}$的一个排列。

定理 8-1　多重集合$\dot{M}=\{n_1a_1,n_2a_2,\cdots,n_ka_k\}$的 r 排列数为 n^r，这里 $n=n_1+n_2+\cdots+n_k$。

定理 8-2　设$\dot{M}=\{n_1a_1,n_2a_2,\cdots,n_ka_k\}$，且 $n=n_1+n_2+\cdots+n_k$，那么$\dot{M}$的排列数目为 $n!/(n_1!\times n_2!\times\cdots\times n_k!)$。

证明： 从$\dot{M}$中选出 n_1 个位置放 a_1，有 $C_n^{n_1}$ 种放法；再选出 n_2 个位置放 a_2，有 $C_{n-n_1}^{n_2}$ 种放法……；再选出 n_k 个位置放 a_k，有 $C_{n-(n_1+n_2+\cdots+n_{k-1})}^{n_k}$ 种放法。由乘法原理得

$$C_n^n=C_n^{n_1}C_{n-n_1}^{n_2}C_{n-(n_1+n_2)}^{n_3}\cdots C_{n-(n_1+n_2+\cdots+n_{k-1})}^{n_k}$$

$$=\frac{n!}{n_1!(n-n_1)!}\cdot\frac{(n-n_1)!}{n_2!(n-n_1-n_2)!}\cdot\frac{(n-n_1-n_2)!}{n_3!(n-n_1-n_2-n_3)!}\cdot\cdots\cdot\frac{(n-n_1-n_2-\cdots-n_{k-1})!}{n_k!(n-n_1-n_2-\cdots-n_k)!}$$

$$=\frac{n!}{n_1!\ n_2!\ n_3!\ \cdots\ n_k!\ 0!}=\frac{n!}{n_1!\ n_2!\ n_3!\ \cdots\ n_k!}$$

证毕。

从上述证明可以看出，重复元素排列的个数少于不重复元素的排列个数。这是因为重复元素排列中有相同的元素，相同元素之间交换位置，不会产生新的排列；而在不同元素之间交换位置，肯定能构成新的排列。

【例 8-6】 考虑 3 种类型 7 个元素的多重集$\dot{M}=\{2a,2b,3c\}$，S 的 6 排列的个数可以分为

如下三种情况：

① $\{2a,2b,2c\}$ 的 6 排列，有 $6!/(2!\times2!\times2!)=90$

② $\{1a,2b,3c\}$ 的 6 排列，有 $6!/(1!\times2!\times3!)=60$

③ $\{2a,1b,3c\}$ 的 6 排列，有 $6!/(2!\times1!\times3!)=60$

所以，$\dot{M}$的 6 排列的个数为 $90+60+60=210$。

推论 8-1　设 $n_1,n_2,n_3,\cdots,n_k$为 k 个正整数，且 $n=n_1+n_2+\cdots+n_k$。将 k 个不同的物品放入 n 个不同的盒子 $B_1,B_2,\cdots,B_n$中去，使得 B_j中恰好有 k_j个物品，不同的放法数为 $n!/(n_1!\times n_2!\times\cdots\times n_k!)$。

【例 8-7】 将平面分成 $m\times n$ 个网格，从原点$(0,0)$走到点(m,n)，问有多少种走法？问题相当于求把 m 个 x 和 n 个 y 进行全排列的总数，也就是多重集合$\dot{M}=\{mx,ny\}$的全排列个数，易知一共有$(m+n)!/(m!n!)$种。

2. 多重集的组合

定义 8-5　多重集的组合　从多重集$\dot{M}=\{n_1a_1,n_2a_2,\cdots,n_ka_k\}$中无序选取 r 个元素叫作$\dot{M}$的一个 r（可重）组合。

定理 8-3　多重集$\dot{M}=\{\infty a_1,\infty a_2,\cdots,\infty a_k\}$的 r 组合个数为 $C_{r+k-1}^{r}=C_{r+k+1}^{k-1}$。

证明： 设$\dot{M}=\{\infty a_1,\infty a_2,\cdots,\infty a_k\}$，使得$\dot{M}$的任意 r 组合成$\{x_1a_1,x_2a_2,\cdots,x_ka_k\}$的形式，其中 $x_1,x_2,\cdots,x_k$均为非负整数，且 $x_1+x_2+\cdots+x_k=r$。反过来，每个满足 $x_1+x_2+\cdots+x_k=r$ 的非负整数序列 $x_1,x_2,\cdots,x_k$对应于$\dot{M}$的一个组合。因此，$\dot{M}$的 r 组合个数等于方程 $x_1+x_2+\cdots+x_k=r$ 的解的个数。这些解的个数等于两种不同类型元素的多重集 $T=\{r\cdot1,(k-1)\}$的排列的个数。于是多重集$\dot{M}$的 r 组合数目等于多重集 T 的排列的个数$(r+k-1)!/(r!(k-1)!)=C_{r+k-1}^{r}$。证毕。

【例 8-8】 面包店出售 8 种水果面包。如果一个礼盒内可以装 12 个水果面包，那么顾客可以买到多少种不同的礼盒呢？

解： 假设面包店现有大量各种水果面包（每种至少 12 个）。由于问题中假设礼盒内的水果面包顺序与购买者无关，因此，这是一个组合问题。不同盒装的数量等于每种元素都可提供无限多个数的 8 种类型元素的多重集的 12 组合数，即$(12+8-1)!/(12!(8-1)!)=50388$。

8.2.4　二项式定理

二项式定理（binomial theorem），又称牛顿二项式定理，由牛顿于 1665 年提出。该定理给出两个数之和的整数次幂展开为类似项之和的恒等式。二项式定理可以推广到任意实数次幂，即广义二项式定理。

1. 二项式定理的形式

二项式定理描述的是关于 $x+y$ 的任意次幂展开成和的形式，叙述如下：

$$(x+y)^n=C_n^0x^ny^0+C_n^1x^{n-1}y^1+C_n^2x^{n-2}y^2+\cdots+C_n^nx^0y^n$$

其中 C_n^k 称作二项式系数。其正确性证明如下：

当 $n=1$ 时，结论是成立的。

假设 $n=k$ 时成立，即 $(x+y)^k=C_k^0x^ky^0+C_k^1x^{k-1}y^1+C_k^2x^{k-2}y^2+\cdots+C_k^kx^0y^k$

则 $(x+y)^{k+1}=(x+y)(x+y)^k=(x+y)(C_k^0x^ky^0+C_k^1x^{k-1}y^1+C_k^2x^{k-2}y^2+\cdots+C_k^kx^0y^k)$

$=x^{k+1}y^0+(C_k^0+C_k^1)x^ky^1+(C_k^1+C_k^2)x^{k-2}y^2+\cdots+(C_k^{k-1}+C_k^k)x^1y^k+x^0y^{k+1}$

$=(x^{k+1}y^0+C_{k+1}^1x^ky^1+C_{k+1}^2x^{k-2}y^2+\cdots+C_{k+1}^k)x^1y^k+x^0y^{k+1}$

$=(C_{k+1}^0x^{k+1}y^0+C_{k+1}^1x^ky^1+C_{k+1}^2x^{k-2}y^2+\cdots+C_{k+1}^k)x^1y^k+C_{k+1}^0x^0y^{k+1}$

所以，对于 $n=k+1$ 时，结论也成立。根据归纳原理可知结论成立。

2. 二项式定理的推广形式

(1) 二项式定理的推广

二项式定理可以推广到对任意实数次幂的展开。

$$(x+y)^\alpha=C_\alpha^0x^\alpha y^0+C_\alpha^1x^{\alpha-1}y^1+C_\alpha^2x^{\alpha-2}y^2+\cdots+C_\alpha^nx^{\alpha-n}y^n+\cdots$$

其中，$C_\alpha^k=\alpha(\alpha-1)\cdots(\alpha-k+1)/(k!)$

当 $\alpha=n$ 时还原为二项式定理。下面列出几个有用的级数展开式。

① $|x|<1,(1+x)^\alpha=C_\alpha^0+C_\alpha^1x+\cdots+C_\alpha^kx^k+\cdots$

② 令 $\alpha=-n,C_{-n}^k=(-1)^nC_{n+k-1}^k$

③ $|x|<1,(1+x)^{-n}=C_{-n}^0+(-1)^1C_{-n}^1x+\cdots+C_{-n}^kx^k+\cdots$

④ $|x|<1,(1-x)^{-n}=C_{-n}^0+C_{-n}^1(-x)+\cdots+C_{-n}^k(-x)^k+\cdots$

(2) 牛顿二项式扩充定理

设函数 $F(x)=f^n(x)$，其中 $f(x)=a_0+a_1x+a_2x^2+a_3x^3+\cdots+a_kx^k$。根据二项式定理，得 $F(x)$ 的项形如 $(a_0)^{n-m}C_n^m(a_1+a_2x+a_3x^2+\cdots+a_kx^{k-1})^mx^m$。

同理，$(a_1+a_2x+a_3x^2+\cdots+a_kx^{k-1})^m$ 中的项形如 $(a_1)^{m-p}C_m^p(a_2+a_3x+a_4x^2+\cdots+a_{k-1}x^{k-2})^px^p$

$(a_2+a_3x+a_4x^2+\cdots+a_kx^{k-2})^p$ 中的项形如 $(a_2)^{p-q}C_p^q(a_3+a_4x+a_5x^2+\cdots+a_{k-2}x^{k-3})^qx^q$

以此类推可知最后一项形如 $(a_r)^jC_j^0(a_{r+1}+a_{r+2}x+a_{r+3}x^2+\cdots+a_{k-1}x^{k-2})^0x^0=(a_r)^jC_j^0$

依次代入得到 $x^{0+j+\cdots+q+p+m}$ 的任意一个系数为以上各式系数之积，即为：

$$(a_0)^{n-m}(a_1)^{m-p}(a_2)^{p-q}\cdots(a_r)^jC_n^mC_m^pC_p^q\cdots C_j^0$$

设 $M=0+j+\cdots+q+p+m$，而且 x^M 项的系数 CM 为：

$$CM=\sum((a_0)^{n-m}(a_1)^{m-p}(a_2)^{p-q}\cdots(a_r)^jC_n^mC_m^pC_p^q\cdots C_j^0)$$

由此得到牛顿二项式扩充定理。

3. 二项式定理与一元高次方程的关系

对于任意一个 n 次多项式，总可以只借助最高次项和 $(n-1)$ 次项，根据二项式定理，凑出完全 n 次方项，其结果除了完全 n 次方项，后面既可以有常数项，也可以有一次项、二次项、三次项等，直到 $(n-2)$ 次项。特别地，对于三次多项式，配立方，其结果除了完全立方项，后面既可以有常数项，也可以有一次项。以最高次项系数为 1 的三次多项式为例，其配立方的过程如下：

$$x^3+Px^2+Qx+R=x^3+3\frac{P}{3}x^2+3\left(\frac{P}{3}\right)^2x+\left(\frac{P}{3}\right)^3+\left(Q-\frac{P^2}{3}\right)x+\left(R-\frac{P^3}{27}\right)$$

$$=\left(x+\frac{P}{3}\right)^3+\left(Q-\frac{P^2}{3}\right)x+\left(R-\frac{P^3}{27}\right)$$

$$=\left(x+\frac{P}{3}\right)^3+\left(Q-\frac{P^2}{3}\right)\left(x+\frac{P}{3}\right)-\left(Q-\frac{P^2}{3}\right)\cdot\frac{P}{3}+\left(R-\frac{P^3}{27}\right)$$
$$=\left(x+\frac{P}{3}\right)^3+\left(Q-\frac{P^2}{3}\right)\left(x+\frac{P}{3}\right)-\frac{PQ}{3}+\frac{P^2}{9}+R-\frac{P^3}{27}$$
$$=\left(x+\frac{P}{3}\right)^3+\left(Q-\frac{P^2}{3}\right)\left(x+\frac{P}{3}\right)+\left(R+\frac{2P^3}{27}-\frac{PQ}{3}\right)$$

一元二次方程只需配出关于 x 的完全平方式，然后将后面仅剩的常数项移到等号另一侧，再开平方，就可以推出通用的求根公式。但是二次以上的多项式，在配 n 次方之后，并不能总保证在完全 n 次方项之后仅有常数项。于是，对于二次以上的一元整式方程，往往需要大量的巧妙的变换，无论是求解过程，还是求根公式，其复杂程度都要比一次、二次方程高很多。

8.3 排列组合生成算法

8.3.1 生成排列

排列在很多方面的理论和应用上都很重要。对于计算机科学中的排序技术，排列对应未排序的输入数据。下面讨论生成$\{1,2,\cdots,n\}$的所有排列的一些算法。

1. 邻位互换法

对于有 n 个元素的集合，排列的数量很大。对于形如$\{1,2,\cdots,n\}$的集合，全排列的数量有 $n!$ 个。Gardner 给出互换算法，即：

如果将整数 n 从$\{1,2,\cdots,n\}$的一个排列中删除，那么得到的结果是$\{1,2,\cdots,n-1\}$的一个排列。即$\{1,2,\cdots,n-1\}$的每一个排列都可以由$\{1,2,\cdots,n\}$的 n 个排列中删除 n 而得到。

反之，要得到 n 个元素的排列，简单的处理方法是在已知 $n-1$ 个元素的排列$\{1,2,\cdots,n-1\}$中，将 n 插入到排列的不同位置，就得到了 n 个元素的排列$\{1,2,\cdots,n\}$。也就是说，如果要得到排列$\{1,2,\cdots,n\}$，首先要知道排列$\{1,2,\cdots,n-1\}$；而要得到排列$\{1,2,\cdots,n-1\}$，必须先得到排列$\{1,2,\cdots,n-2\}$……。在插入元素 n 的过程中，除了第一个排列外的每一个排列都由前一个排列通过交换两个相邻的元素而得到。因此，只要把排列中任意相邻的两个元素交换位置，就可以得到一个新的排列。这种方法，称为邻位互换法。

Even 提出了邻位互换过程中可以参考的做法。

给定一个整数 k，通过 k 上面的箭头表示方向。对于$\{1,2,\cdots,n\}$，将其中的每一个整数都给定一个方向。如果一个整数 k 的箭头指向的与其相邻的整数比它小，则称整数 k 是活动的。

【例 8-9】 例如，$\overrightarrow{3}\,\overrightarrow{2}\,\overleftarrow{4}\,\overrightarrow{6}\,\overleftarrow{1}\,\overrightarrow{5}$，3、4、6 是活动的，2、1、5 不是（事实上，1 不可能是活动的，因为在$\{1,2,\cdots,n\}$中 1 始终是最小的数）。在$\{1,2,\cdots,n\}$中，整数 n 是最大的数，所以它只有在下述情况下才不是活动的：

① n 是第一个整数，而且它的方向指向左；

② n 是最后一个整数，而且它的方向指向右。

根据活动的整数 k 的规定，就可以生成$\{1,2,\cdots,n\}$的排列的算法。

以排列 $\vec{1}\,\vec{2}\cdots\vec{n}$ 为起始排列，当存在活动的整数时，按以下步骤操作：

① 找出最大的活动整数 m；

② 交换 m 与其箭头所指向的相邻数；

③ 改变所有满足 $p>m$ 的整数 p 的方向。

【例 8-10】 以 $n=3$ 为例，讨论上述方法。

① $\overleftarrow{1}\,\overleftarrow{2}\,\overleftarrow{3}$：初始排列，3 是最大活动数。

② $\overleftarrow{1}\,\overleftarrow{3}\,\overleftarrow{2}$：3 依次与箭头方向的相邻数交换位置。

③ $\overleftarrow{3}\,\overleftarrow{1}\,\overleftarrow{2}$：3 到达最左边，此时 3 是不活动的，2 是活动的最大数。

④ $\overrightarrow{3}\,\overleftarrow{2}\,\overleftarrow{1}$：2 与 1 交换位置，且 3 改变方向，3 成为最大的活动数。

⑤ $\overleftarrow{2}\,\overrightarrow{3}\,\overleftarrow{1}$：3 依次与箭头方向的相邻数交换位置。

⑥ $\overleftarrow{2}\,\overleftarrow{1}\,\overrightarrow{3}$：3 到达最右边，此时没有活动数，算法终止。

在最后一步 $\overleftarrow{2}\,\overleftarrow{1}\,\overrightarrow{3}$ 中，交换 1 和 2 的位置，并改变 3 的方向，就回到了初始排列 $\overleftarrow{1}\,\overleftarrow{2}\,\overleftarrow{3}$。整个算法是可循环的。

2. 序数法

序数法基于一一对应概念。首先在排列和一种特殊的序列之间建立一种一一对应关系，然后再给出由序列产生排列的方法。由于序列的产生非常方便，这样就可以得到一种利用序列来生成排列的方法。那么如何建立这种一一对应呢？

n 个元素的全排列有 $n!$ 个，如果将排列按顺序编号，并能够按照某种方法建立起每一个序号与一个排列之间的对应关系，那么就可以根据序号确定排列，反过来也可以根据排列确定它的序号。根据排列的序号生成对应排列的方法称为序数法。

通常使用的计数法是十进制数。十进制数的位权是 10，也就是逢十进一。另外，还有二进制、八进制和十六进制等，它们的位权分别是 2、8 和 16。

排列数与 n 的阶乘密切相关，因此，可以用一种阶乘进制数来建立排列与它的序号的对应关系。阶乘进制数用 0!，1!，2!…分别作为（从右向左的）第一位、第二位……的位权，显然这是一种可变的位权。例如，一个多位数 123，如果是十进制，它的大小是 $3\times10^0+2\times10^1+1\times10^2=(123)_{10}$，就是十进制的 123。如果是八进制，就是 $(123)_8=3\times8^0+2\times8^1+1\times8^2=(83)_{10}$，就是十进制的 83。如果是阶乘进制，它就是 $3\times0!+2\times1!+1\times2!=(7)_{10}$，即十进制的 7。

某一个 n 阶排列的序号是 m，那么将 m 转换为阶乘进制数后，阶乘进制数的第 i 位就是在 i 右面比 i 小的元素个数。如 4 阶排列中（从 0 开始计数的）第 19 个排列的序号是 19，将 19 转换成阶乘进制数是 3010，那么，第一位是 0，表明 1 的右面没有比 1 小的元素，而第二位是 1，则 2 的右面有一个元素小于 2，第三位是 0，即 3 的右面没有比它小的元素，第四位是 3，4 的右面有 3 个元素小于它。显然，这个排列 4213。

序数法生成全排列的算法如下：

第一步：将排列的序号 m 转换成阶乘进制数。

第二步：根据阶乘进制数的各位数值将元素 1，2，…，n 赋给数组 p 的相应元素。

在第一步中，从十进制数转换成阶乘进制数，步骤与一般十进制转换成其他进制数相同，也就是用要转换的数制的位权除十进制数取余数。

第二步中则与递增进位法相同，将数字 n，$n-1$，…，1 填入 n 个空格的相应位置。

3. 递增进位法

集合$\{1,2,\cdots,n-1,n\}$的全排列中，只有原始排列$1,2,\cdots,n$的各个元素的顺序是自然顺序，其余排列的元素的顺序都要改变。为了说明元素间顺序的改变，引入了排列的逆序的概念，它在行列式理论中起着重要的作用。

设集合$\{1,2,\cdots,n\}$的一个排列是 $p_0p_1\cdots p_{n-1}$，如果对于任意的 k 和 $l(0\leqslant k,l\leqslant n-1)$，当 $k<l$ 有 $p_k>p_l$，则称数对(p_k,p_l)是排列 $p_0p_1\cdots p_{n-1}$ 的一个逆序对。在排列 $p_0p_1\cdots p_{n-1}$ 中，在元素 p_j 左面比它大的元素的个数为 $q_j(j=0,1,\cdots,n-1)$，那么，称 $q_0,q_1,\cdots,q_{n-1}$ 为这个排列的逆序序列，而数 $q_0+q_1+\cdots+q_{n-1}$ 叫作这个排列的逆序数。

【例 8-11】 排列 48625137 中，1 前面比它大的数有 5 个，2 前面比它大的数有 3 个，……，因此，这个排列的逆序序列是 5，3，4，0，2，1，1，0，它的逆序数则是 5+3+4+0+2+1+1+0=16。

因为在集合$\{1,2,\cdots,n\}$中，至多有 $n-1$ 个整数大于 1，同样，至多有 $n-2$ 个整数大于 2，…，而没有其他的数大于 n。所以，集合$\{1,2,\cdots,n\}$的任何一个排列的逆序序列 $q_0,q_1,\cdots,q_{n-1}$ 都满足条件：

$0\leqslant q_0\leqslant n-1,0\leqslant q_1\leqslant n-2,\cdots,0\leqslant q_{n-2}\leqslant 1,q_{n-1}=0$。

于是，集合$\{1,2,\cdots,n\}$的全排列中，逆序数最小的排列是 $123\cdots n$，它的逆序数是 0，而逆序数最大的排列是 $n(n-1)\cdots 321$，它的逆序数是 $n(n-1)/2$。

在排列与逆序序列之间存在一一对应关系，不同的逆序序列对应着不同的排列，所以可以从逆序序列生成对应的排列。下面是根据排列的逆序序列生成排列的算法。

用 n 个元素的数组 p 存放排列的元素，用数组 q 存放排列的逆序序列，当排列的逆序序列已知时，按下列步骤可以生成一个排列：

第一步：将数组 p 全部初始化为 0。

第二步：将 1 放在左起的第 $q[0]$ 个空位处。再将 2 放在余下空位中左起的第 $q[1]$ 个空位处……，一般地，将 k 放在余下的空位中左起的第 $q[k-1]$ 个空位处……，直到将 n 放入最后一个空位。

执行完上述步骤后，就得到了集合$\{1,2,\cdots,n\}$的一个排列，它的逆序序列是 $q[0],q[1],\cdots,q[n-1]$。

n 个数的全排列中第一个排列是 $123\cdots n$，它的逆序序列是 0，0，…，0，将它看作是一个 n 位数 $00\cdots 0$，给它加 1，得到的是 $00\cdots 10$，对应的逆序序列是 0，0，…，1，0，根据它生成的排列是前一个排列的后继排列，继续加 1，就可以生成全体排列了。应当注意的是，q_{n-1} 总是保持为 0，累加从 q_{n-2} 开始，在累加时，当该数其中某一位超出它的表示范围时需要进位。但是要注意逆序序列所要满足的条件，所以进位方法需要采用一种称为递增进位的方法。一般来说，在递增进位法中，因为 $0\leqslant q_i<n-i$，所以，当 $q_{n-i}\geqslant i$ 时就发生进位。当第一个逆序序列是 $00\cdots 00$，对它进行累加，也就是将 q_{n-2} 加 1，因为 q_{n-2} 必须小于等于 1，所以当 q_{n-2} 再加 1 后，$q_{n-2}=2$ 就需要进位。同样，对于 q_{n-3} 来说，当 $q_{n-3}=3$ 时也要进位……。这就

是将它称为递增进位法的原因。

4. 递减进位法

在递增进位法中，逆序序列最低位是逢 2 进 1，进位频繁。排列的逆序序列 $q_0,q_1,\cdots,q_{n-1}$ 中记录的是每个排列的元素左边比该元素大的元素个数。如果将它改成记录每个元素右边比该元素小的元素个数，就得到了一个新的序列 $a_0,a_1,\cdots,a_{n-1}$，称它为中介数序列，它具有与逆序序列相似的性质：

$$a_0=0,0\leqslant a_1\leqslant 1,0\leqslant a_2\leqslant 2,\cdots,0\leqslant a_i\leqslant i,\cdots,0\leqslant a_{n-1}\leqslant n-1$$

很明显，满足这种条件的中介数序列也有 $n!$ 个，并且它们与集合 $\{1,2,\cdots,n\}$ 的全排列一一对应，不同的中介数序列对应着不同的全排列，所以也可以根据中介数序列生成对应的全排列。

给定了中介数序列，可以用与递增进位法类似的方法生成全排列。将一个中介数序列作为一个 n 位数，将它加 1，就得到另一个中介数序列，对应的是另一个排列。由于累加时要满足以上条件，因此，$a_{n-1}=n-1$ 时进位，$a_{n-2}=n-2$ 时进位……，显然这是递减进位方式。

对于递减进位算法，不必先计算出排列的中介数序列，再来安排元素的位置，而可以直接从现在的排列求出后继排列。具体算法如下：

第一步：如果 $p[0]\neq n$，即 n 不在排列的左端，则从排列左端开始，找出 n 所在位置 i，再将 $p[i]$ 与 $p[i-1]$ 交换，然后返回第一步。否则转第二步。

第二步：如果 $p[0]=n$，n 在排列的左端，则找出一个从左端开始的连续递减序列 $n,n-1,\cdots,i$。

第三步：继续找出序列最后元素 i 之后的元素 $i-1$，将它与左边相邻的数字交换。

第四步：将前面找到的连续递减序列从排列左端删除，再以相反顺序加在排列右端，所得到的新的排列就是原排列的后继排列。

【例 8-12】 求 894231567 的下一个排列。因为 9 不在最左端第 0 位而在第 1 位，则将它与左边第 0 位的 8 交换，就得到一个新的排列 984231567。继续找下一个排列，这时，9 在最左端第 0 位，第 1 位是 8，但第 2 位是 4……，所以连续递减序列是 98，8 后面的数是 7，将 7 与其左方相邻数字 6 对调得到 984231576，再将 98 从左端删除，按相反顺序排到最右端，于是得到的下一个排列是 423157689。

只要从原始排列开始，不断运用上述的算法处理每一个新产生的排列，就可以找出 n 个元素的全体全排列。

5. 字典序法

字典序法就是按照字典排序的思想逐一产生所有排列。

在数学中，字典或词典顺序（也称为词汇顺序、字典顺序、字母顺序或词典顺序）是基于字母顺序排列的单词按字母顺序排列的方法。这种泛化主要在于定义完全有序集合（通常称为字母表）的元素的序列（通常称为计算机科学中的单词）的总顺序。

对于集合 $\{1,2,\cdots,n\}$ 的排列，不同排列的先后关系是从左到右逐个比较对应的数字的先后来决定的。例如对于 5 个数字的排列 12354 和 12345，排列 12345 在前，排列 12354 在后。按照这样的规定，5 个数字的所有的排列中最前面的是 12345，最后面的是 54321。

下面讨论用字典序法找到形如 $\{1,2,\cdots,n\}$ 的全排列的过程：

① 设$\{1,2,\cdots,n\}$为起始排列。

② 从右向左，找出第一个左边小于右边的数，该位置设为i。

③ 从右向左，找出第一个大于i的数，该位置设为j。

④ 交换i、j位置的数。

⑤ 将i位置后面的数，按照由小到大的顺序排列。

⑥ 右边的数始终小于左边的数，算法终止。

【例 8-13】 假设一个字典序排列由 1~4 组成，问第 21 个排列是多少（排名从 0 开始数，当然也可以从 1 开始）？

该字典排列总共有$n!=4!=24$种。

① 先固定第一位数为 1，它在字典序中的最小排名为$0\times3!+0\times2!+0\times1!=0$(即 1234)，在字典序中的最大排名为$0\times3!+2\times2!+1\times1!=5$。所以第一位为 1 的排列是不行的。由此进行下去，当第一位为 4 时，它在字典序中的最小排名为$3\times3!+0\times2!+0\times2!+0\times1!=18$，在字典序中最大的排名为$3\times3!+2\times2!+1\times1!=23$。因此，该排列的第一位数确定为 4。

② 先固定第二位数为 1，则它在字典序中对应的最小排名为，$3\times3!+0\times2!+0\times1!=18$，在字典序中的最大排名为$3\times3!+0\times2!+1\times1!=19$。依次往下找，第二位为 2 时，对应的最小排名为$3\times3!+1\times2!+0\times1!=20$，在字典序中的最大排名为$3\times3!+1\times2!+1\times1!=21$，符合寻找的要求。因此，该排列的第一位为 4，第二位为 2，同时还需要满足前两位固定后的最大排名，即为 4231。

$$1234,1243,1324,1342,1423,1432,\cdots,4321$$

图 8-1 中展示了 4 位数的字典序的排列。

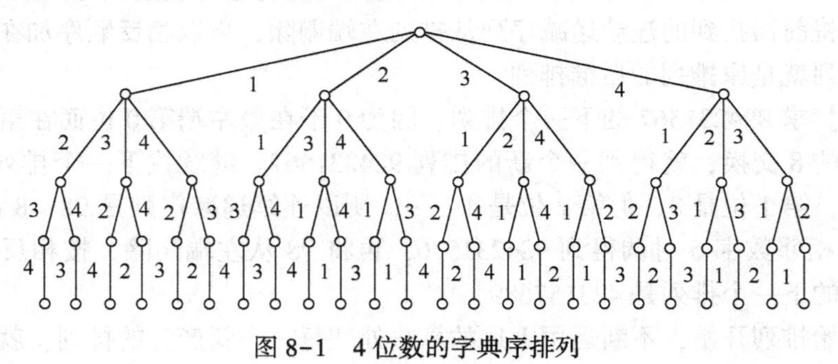

图 8-1　4 位数的字典序排列

8.3.2　生成组合

令$S=\{x_{n-1},x_{n-2},\cdots,x_1,x_0\}$，需要寻找生成$S$的$2^n$个组合（子集）的算法。要找一个将$S$的所有组合列出的系统过程。算法的结果应包含$S$的所有组合，而且没有重复。

给定S的一个组合A，则每一个元素x_i属于A或不属于A。用 1 表示属于，用 0 表示不属于，就能够用2^n个 0 和 1 的n元组$\{x_{n-1},x_{n-2},\cdots,x_1,x_0\}=a_{n-1}a_{n-2}\cdots a_1a_0$区分$S$的$2^n$个组合。对于每个$i=0,1,2,\cdots,n-1$，令$n$元组的第$i$项$a_i$对应元素$x_i$。

【例 8-14】 令$S=\{x_6,x_5,x_4,x_3,x_2,x_1,x_0\}$。对应于组合$\{x_5,x_4,x_2,x_0\}$的 7 元组 0110101。对应于 7 元组 1010001 的组合是$\{x_6,x_4,x_0\}$。

由于n个元素集合的组合可以用 0 和 1 的n元组确定，为了生成n个元素集合的所有组合，只要给出 0 和 1 的 2^n 个 n 元组的系统的过程就可以了。每一个 n 元组都可以看作是基为 2 的一个数。例如，10011 是整数 19 的二进制数，因为 $19=1\times2^4+0\times2^3+0\times2^2+1\times2^1+1\times2^0$。一般地，给定一个从 0 到 2^n-1 的整数 m，则 m 可以由如下形式表示：$m=a_{n-1}\times2^{n-1}+a_{n-2}\times2^{n-2}+\cdots a_1\times2^1+a_0\times2^0$，其中，每个 a_i 是 1 或 0，它的二进制数是 $a_{n-1}a_{n-2}\cdots a_1a_0$。

下面描述生成 n 个元素集合的组合算法。

生成 $\{x_{n-1},x_{n-2},\cdots,x_1,x_0\}$ 组合的基 2 算法：

从 $a_{n-1}a_{n-2}\cdots a_1a_0=00\cdots00$ 开始。当 $a_{n-1}a_{n-2}\cdots a_1a_0\neq11\cdots11$ 时：

① 求出使得 $a_j=0$ 的最小的整数 j（在 $n-1$ 和 0 之间）；

② 用 1 代替 a_j 并用 0 代替 $a_{j-1},\cdots,a_0$ 中的每一个（由对 j 的选择可知，在用 0 代替以前它们都是 1）；

③ 当 $a_{n-1}a_{n-2}\cdots a_1a_0=11\cdots11$ 时算法结束，它是在结果中最后的二进制 n 元组。通过基 2 的生成方案产生的 0 和 1 的 n 元组的顺序称为 n 元组的字典序。在这种顺序下，假设有两个 n 元组 $a_{n-1}a_{n-2}\cdots a_1a_0$ 和 $b_{n-1}b_{n-2}\cdots b_1b_0$，从左边开始，出现第一个位置不同，例如，$a_j=0$ 而 $b_j=1$，那么 $a_{n-1}a_{n-2}\cdots a_1a_0$ 就出现在另一个 n 元组 $b_{n-1}b_{n-2}\cdots b_1b_0$ 的前面。在 0 作为第一个“字母”而 1 作为第二个“字母”的字母表中，把 n 元组看成字母表中长度为 n 的“单词”，字典序就是这些单词出现在字典中的顺序。

把 n 元组看作集合 $\{x_{n-1},x_{n-2},\cdots,x_1,x_0\}$ 的组合，则对于每一个满足 $n-1>j$ 的 j，$\{x_j,\cdots,x_1,x_0\}$ 的所有组合先于至少含有 $x_{n-1},\cdots,x_{j+1}$ 中一个元素的那些组合。由于这个原因，n 元组的字典序也叫作组合的压缩序。4 元组 $\{x_3=4,x_2=3,x_1=2,x_0=1\}$ 的压缩序如下：

∅	4
1	1,4
2	2,4
1,2	1,2,4
3	3,4
1,3	1,3,4
2,3	2,3,4
1,2,3	1,2,3,4

也可以用几何的形式表示。把 0 和 1 的一个 n 元组当作是 n 维空间一个点的坐标。$n=1$ 就是一条直线上的点，如图 8-2（a）所示；$n=2$，就是 2 维空间或平面上的点，如图 8-2（b）所示；$n=3$，就是 3 维空间中的点，如图 8-2（c）所示。

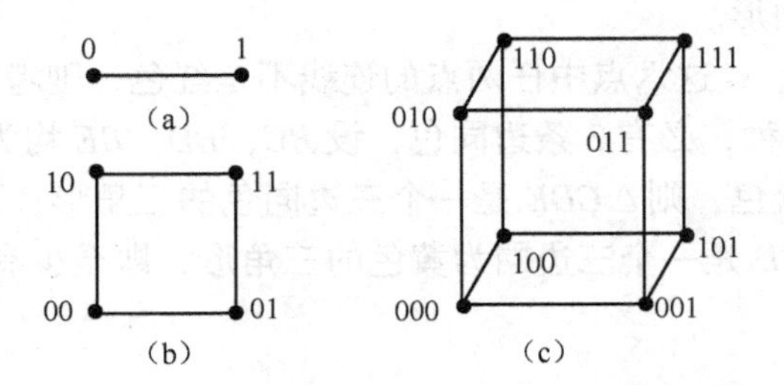

图 8-2　1~3 元组字典序空间示例

推广到任意的 n 方体有 2^n 个角，它们的坐标是 0 和 1 的 2^n 个 n 元组。在一个 n 方体中，当两个角的坐标只在一处不同时恰好有一条边连接这两个点。生成 0 和 1 的 n 元组的算法对应着沿 n 方体的边访问每一个顶点恰好一次的路径，其中，这个 n 元组具有性质：n 元组的后继仅仅在一处与该 n 元组不同。这样，任意一条路径（或 n 元组的结果列表）称为 n 阶 Gray 码。如果能够再穿过一条边从路径的终点回到起点，那么称 Gray 码是循环的。

8.4 鸽巢原理

鸽巢原理（抽屉原理）是组合数学中一个重要的原理，由德国数学家狄利克雷于 1834 年提出，它的简单形式为：如果要把 $n+1$ 个物体，放进 n 个盒子，那么至少有一个盒子里包含两个或更多的物体。

8.4.1 第一抽屉原理

原理 8-1 把多于 $n+1$ 个物品放到 n 个抽屉里，则至少有一个抽屉里的物品不少于两件。

证明（反证法）：如果每个抽屉至多只能放进一个物体，那么物体的总数至多是 n，而不是题设的 $n+k(k\geqslant1)$，故不成立。证毕。

原理 8-2 把多于 $mn+1$（n 不为 0）个物品放到 n 个抽屉里，则至少有一个抽屉里有不少于 $(m+1)$ 个物品。

证明：（反证法）若每个抽屉至多放进 m 个物体，那么 n 个抽屉至多放进 mn 个物体，与题设不符，故不成立。证毕。

原理 8-3 把比无数还多 1 件的物体放入 n 个抽屉，则至少有一个抽屉里有无数个物体。

原理 8-1、原理 8-2、原理 8-3 都是第一抽屉原理的表述。

【例 8-15】 17 名科学家，每名科学家都和其他任一科学家互相通信，在他们的通信中共讨论 3 个问题，而任意两个科学家之间仅讨论 1 个问题。证明：至少有 3 个科学家，他们彼此通信讨论的是同一个问题。

证明：17 名科学家看成 17 个点，若两名科学家互相通信就连边，从 17 个点中的一点，如点 A 处共有 16 条边，共有三种颜色，由抽屉原理至少有 6 条边同色，设为 AB，AC，AD，AE，AF，AG 且均为红色。

若 B，C，D，E，F，G 这六个点中有两点连线为红线，设这两点为 B，C，则 $\triangle ABC$ 是一个三边同为红色的三角形。

若 B，C，D，E，F，G 这六点中任两点的连线不是红色，则考虑 5 条边 BC，BD，BE，BF，BG 的颜色只能是两种，必有 3 条边同色，设 BC，BD，BE 均为黄色，再研究 $\triangle CDE$ 的三边的颜色，要么同为蓝色，则 $\triangle CDE$ 是一个三边同色的三角形，要么至少有一边为黄色，设这条边为 CD，则 $\triangle BCD$ 是一个三边同为黄色的三角形，即至少有三个科学家关于同一个题目互相通信。证毕。

8.4.2 鸽巢原理的加强形式

定理 8-4 设 $q_1, q_2, \cdots, q_n$ 都是正整数，如果把 $q_1+q_2+\cdots+q_n-n+1$ 个物品放入 n 个盒子，

那么或者第 1 个盒子至少包含 q_1 个物品，或者第 2 个盒子至少包含 q_2 个物品，……，或者第 n 个盒子至少包含 q_n 个物品。

证明：若对所有的 $i(1\leqslant i\leqslant n)$，第 i 个盒子至多只有 q_i-1 个物品，则 n 个盒子中至多有 $(q_1-1)+(q_2-1)+\cdots+(q_n-1)=(q_1+q_2+\cdots+q_n)-n$ 个物品，这与现有 $q_1+q_2+\cdots+q_n-n+1$ 个物品矛盾，故定理成立。证毕。

显然 $q_1+q_2+\cdots+q_n-n+1$ 为结论成立的最小数。

把这个数记为 $N(q_1,q_2,\cdots,q_n;1)$，即 $N(q_1,q_2,\cdots,q_n;1)=q_1+q_2+\cdots+q_n-n+1$。

令 $q_1=q_2=\cdots=q_n=2$，则定理变成了鸽巢原理的简单形式。

令 $q_1=q_2=\cdots=q_n=r$，则得到如下推论。

推论 8-2　若将 $n(r-1)+1$ 个物品放入 n 个盒子中，则至少有一个盒子中有 r 个物品。

推论 8-3　设 $m_1,m_2,\cdots,m_n$ 为 n 个整数，且有 $(m_1+m_2+\cdots+m_n)/n>r-1$，则在 $m_1,m_2,\cdots,m_n$ 中至少存在一个 $m_i\geqslant r(1\leqslant i\leqslant n)$。

证明：因为 $(m_1+m_2+\cdots+m_n)/n>r-1$，即有 $m_1+m_2+\cdots+m_n>n(r-1)$，所以 $m_1+m_2+\cdots+m_n\geqslant n(r-1)+1$。由推论 8-2 可知，在 $m_1,m_2,\cdots,m_n$ 中至少存在一个 $m_i\geqslant r(1\leqslant i\leqslant n)$。证毕。

推论 8-4　若将 m 个物品放入 n 个盒子中，则至少有一个盒子中有不少于 $\lceil m/n\rceil$ 个物品，其中 $\lceil m/n\rceil$ 是不小于 m/n 的最小整数。

证明：（反证法）若每个盒子中物品个数皆小于 $\lceil m/n\rceil$，则 n 个盒子中所放入物品总数 $m\leqslant n(\lceil m/n\rceil-1)=n(m/n+\delta-1)=m-n(1-\delta)<m$，其中 $0\leqslant\delta<1$。产生矛盾，所以结论成立。证毕。

8.4.3　Ramsey 数及其在信息技术中的应用

在讨论了鸽巢原理及其推广之后，还有一个需要讨论的主题，那就是 Ramsey 数，其由英国数学家 Ramsey 在 1930 年提出并给出证明，它在信息领域有着广泛应用。

1. Ramsey 定理及 Ramsey 数

定理 8-5　设 $q_1,q_2,\cdots,q_n,t$ 都是正整数，且 $q_i\geqslant t(i=1,2,\cdots,n)$，则存在最小的正整数 r，记作 $r(q_1,q_2,\cdots,q_n,t)$，使得对任意 m 元集合 S，若 $m\geqslant r$，当把 S 的所有 t 元子集放到 n 个盒子里时，那么存在某个 $i(1\leqslant i\leqslant n)$ 和某 q_i 个元素，它的所有 t 元子集都在第 i 个盒子里，称 $r(q_1,q_2,\cdots,q_n,t)$ 为 Ramsey 数。

当 $t=1$ 时，定理就是加强形式的鸽巢原理，且容易求出

$$r(q_1,q_2,\cdots,q_n,1)=\sum_{i=1}^{n}(q_i-n+1)$$

Ramsey 定理是组合论中一个重要的定理，但 Ramsey 定理只保证了 Ramsey 数的存在性，并没有给出计算 Ramsey 数的有效方法。目前，确定 Ramsey 数的问题仍是一个尚未解决的难题，要找到一个很小的 Ramsey 数是很困难的。虽然如此，由于其重要的理论价值和广泛的应用价值，确定 Ramsey 数是很有意义的。下面用两个例子说明 Ramsey 数在信息检索、分组交换网设计等信息领域中的应用。

2. Ramsey 数与折半查找

查找是计算机科学中一个基本而又重要的问题。如何组织数据，使用什么样的查找方

法，对查找的效率有很大的影响。有序表是指按照大小顺序排列的表，在有序表结构上的查找方法中有一种称为折半查找的方法，也称为二分查找。设表 r 的长为 n，low、high 和 mid 分别指向待查元素所在区间的上界、下界和中点，k 为给定值。查找 k 是否在表中出现，如果出现，则返回 k 在表中的位置；如果不在表中，则返回失败。采用顺序存储结构的有序表查找过程每次将待查记录所在区间缩小一半，基本过程如下描述：

第一步：令 low=1，high=n。

第二步：mid=$\lfloor$(low+high)/2$\rfloor$。

第三步：让 k 与 mid 指向的记录比较，若 $k=r$[mid].key，查找成功，返回 mid 的值；若 $k<r$[mid].key，则 high=mid−1；若 $k>r$[mid].key，则 low=mid+1。

第四步：若 low>high，则返回查找失败；否则，转第二步。

那么二分搜索是效率最好的算法吗？利用 Ramsey 数回答了这个问题，也就是证明了折半查找是有序表查找最快的算法。

信息检索的计算复杂性依赖于表结构和搜索策略。复杂性的度量是最坏情形下确定是否在 r 中所需要的询问次数。例如，对有序表结构，如果用折半查找，所需要的询问次数是 $[\log_2(n+1)]$。复杂性 $f(m,n)$ 定义为所有的 (m,n) 表结构和搜索策略下的复杂性的最小值。关于 $f(m,n)$ 有下面的结论。

定理 8-6 对每个 n 存在数 $N(n)$ 使得 $f(m,n)=[\log_2(n+1)]$ 对所有 $m\geqslant N(n)$ 成立。

此定理说明，对充分大的 m，就查找来说，用有序表结构是最有效的办法。利用下述两个引理，立即可得此定理的证明。

引理 8-1 若 $m\geqslant 2n-1$，$n\geqslant 2$，对于按置换排序的表结构，无论采用何种策略，在最坏情形下要确定是否在 r 中至少需要 $[\log_2(n+1)]$ 次比较操作。

引理 8-2 给定 n，存在数 $N(n)$ 满足如下性质：若 $m\geqslant N(n)$，且给定一个 (m,n) 表结构，则存在有 $2n-1$ 个键的集合 K，使得对应于 K 的 n 元子集的表形成按置换排序的表结构。

证明： n 个键的集合 $S=\{j_1,j_2,\cdots,j_n\}$ 以某种次序存放在表结构中，如果 $j_1<j_2<\cdots<j_n$ 且 j_1 存放在表中 u_1 项中，则 S 对应 $(1,2,\cdots,n)$ 的置换 $(u_1,u_2,\cdots,u_n)$。按置换排序的表结构中，每个 n 键集都对应同一置换。给定一个 $R(u_1,u_2,\cdots,u_n)$ 表结构，设 $R(u_1,u_2,\cdots,u_n)=\{S\mid S$ 是 n 个键的集合，且对应的置换是 $(u_1,u_2,\cdots,u_n)\}$。令 $q_1=q_2=\cdots=q_k=2n-1$，$k=n!$，$t=n$，又设 $N(n)$ 是 Ramsey 数 $r(q_1,q_2,\cdots,q_n,t)$。假设 $m\geqslant N(n)$，把键空间 M 的 t 元子集（即 n 元子集）分成 $k=n!$ 个部分，每一部分恰对应一个集合 $o(u_1,u_2,\cdots,u_n)$，其中的 t 元子集（$2n-1$ 元子集）为 K，K 的所有 n 元子集都属于某个 $R(u_1,u_2,\cdots,u_n)$，故引理 8-2 成立。证毕。

至此，利用 Ramsey 数证明了引理 8-2。对一个给定的 (m,n) 表结构和搜索策略以及 $m\geqslant N(n)$，可找到满足引理 8-2 的集合 K，再由引理 8-1，即使限制在集合 K 上，在最坏情况下至少需要 $[\log_2(n+1)]$ 检查。因而有 $f(m,n)\geqslant[\log_2(n+1)]$。但有序表上的折半查找的最坏情形复杂性是 $[\log_2(n+1)]$，故有 $f(m,n)=[\log_2(n+1)]$，这就证明了定理 8-6，从而知道折半查找对于大的键空间是最好的查找方法。

3. 分组 Ramsey 数与交换网的设计

网络是当今计算机发展的一个特点，是进入信息社会的巨大推动力。分组交换网是采用分组交换技术的网络，它从终端或计算机接收报文，把报文分割成分组，并按某种策略选择最佳路径在网中传输，到达目的地后再将分组合并成报文交给目的终端或计算机。分组交换技术在网络设计中被广泛采用，Ramsey 数在称作 Bell 系统信令网络（Bell System Singnaling Network）的分组交换网设计中用到了。

用顶点表示通信设备、用边表示通信链路，这样得到一个图。假定该图是完全图，即任意两点间都有一条边相连。在某些应用场合，顶点两两配对作为一个整体。保证在某些链路出故障不能使用时，任两对配对顶点间都至少有一条链路畅通无阻，如图 8-3 所示。

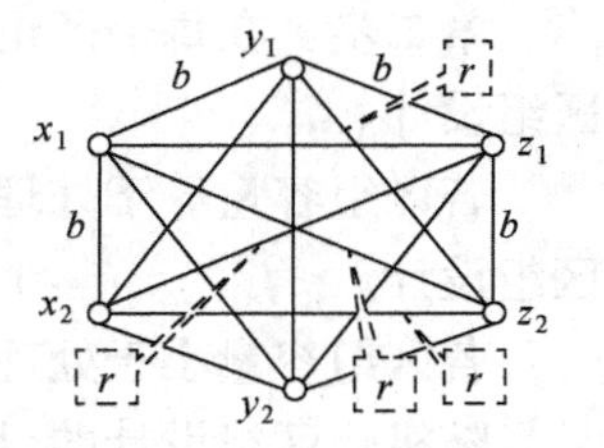

图 8-3　蓝(b)红(r)白(无标注)

设顶点 x_1 和 x_2 为一对，y_1 和 y_2 为一对，z_1 和 z_2 为一对，且故障发生在诸如微波塔、中继站等中间设施上。在此类设施上的故障将影响所有共享该设施的链路。对共享同一个中间设施的链路，用同一种颜色来标记它们，如图 8-3 表示一个有 3 种中间设施的通信网络。若标记红色的中间设施出了故障，那么在顶点对 x_1 和 x_2 和顶点对 z_1 和 z_2 之间没有可用的链路，而这对应于下列事实：4 条边(x_i, z_i)构成一个单色的 C_4（4 个顶点的回路）。一般来说，设计一个网络需决定中间设施的数量以及哪个链路使用哪个设施。此外，在任何一个中间设施损坏时，希望所设计的网络中任两对配对顶点间有一个可使用的链路。根据上面的讨论，应该避免出现单色的 C_4。

已证 Ramsey 数 $r(C_4, C_4)=6$。因此，如果只有两个中间设施，那么存在一个 5 个顶点的网络使得可以安排一种不出现单色 C_4 的连接方式，并且已经证明了 Ramsey 数 $r(C_4, C_4, C_4)=11$，所以存在一个 10 个顶点的网络，它使用 3 个中间设施且没有单色的 C_4。

设计一个网络需要决定中间设施的数量以及哪个链路使用哪个设施。中间设施是很昂贵的，因而希望使其量尽可能地少。所以，人们自然要问：如果有一个 n 个顶点的网络，在不出现单色 C_4 的条件下中间设施的最少个数是多少？换句话说，满足 $r(C_4, C_4, \cdots, C_4)>n$ 的最小的 r 是多少？例如，图 8-3 中有 $n=6$，由于 $r(C_4, C_4)=6$，$r(C_4, C_4, C_4)=11$，所以 $r=3$，即需要 3 个中间设施。

8.5　组合设计

8.5.1　区组设计

1. 随机化区组设计

由于试验条件不均匀，如试验场地、人员、设备、试验材料等存在一些差异，因此可能会对试验结果造成不良影响。

为解决这样的问题，把全部试验单元分为若干个区组，使得每个区组内各试验单元之间的差异尽可能的小，而区组间允许存在一些差异，这样的试验设计称为区组设计。划分区组也是试验设计的基本原则之一。

特点：每个处理在每个区组内仅出现一次；每个区组内各种处理也仅出现一次，且其次序是随机的。

(1) 随机化区组设计

设有 v 个处理需要比较，有 n 个试验单元用于试验。

第一步：把 n 个试验单元均分为 k 个组($k=n/v$)，使每个组内的试验单元尽可能相似，这样的组称为区组；

第二步：在每个区组内对各试验单元以随机方式实施不同处理，这样的设计称为随机化区组设计。

若区组容量等于处理个数 v，这样的设计称为随机化完全区组设计，即一般所称的随机区组设计。

若区组容量小于处理个数 v，这样的设计称为随机化不完全区组设计。

随机化区组设计的目的，是把区组引起的变异从随机误差的变异中分离出来，降低了随机误差，提高了统计分析的可靠性。

随机化区组设计可应用于单因子试验或复因子试验，可以考察因子间的交互作用。

(2) 随机化区组设计的数据

随机化区组设计中设有 v 个处理和 b 个区组，共有 $n=vb$ 次试验，记 y_{ij} 表示第 i 个处理在第 j 个区组内的观察值，见表 8-1。

表 8-1 随机化区组设计表

处理 区组	1	2	…	b	(处理) 和	均值
1	y_{11}	y_{12}	…	y_{1b}	T_1	$\overline{T}_1$
2	y_{21}	y_{22}	…	y_{2b}	T_2	$\overline{T}_2$
⋮	⋮	⋮	⋮	⋮	⋮	⋮
v	y_{v1}	y_{v2}	…	y_{vb}	T_v	$\overline{T}_v$
(区组) 和	B_1	B_2	…	B_b	$T=\sum_{i=1}^{v}\sum_{j=1}^{b}y_{ij}$	
均值	$\overline{B}_1$	$\overline{B}_2$	…	$\overline{B}_h$	$\overline{y}=\frac{T}{vb}$	

在 v 个处理和 b 个区组场合的统计模型为

$$y_{ij}=\mu+a_i+b_j+\varepsilon_{ij}, i=1,2,\cdots,v; j=1,2,\cdots,b$$

其中，y_{ij}是第 i 个处理在第 j 个区组内的试验结果；μ 是总均值；a_i是第 i 个处理的效应；b_j是第 j 个区组的效应；ε_{ij}是试验误差。

2. 平衡不完全区组设计

在随机区组和拉丁方等设计中，任一个区组中都包含着所有的试验处理，这种区组称为完全区组。

在科学试验中，由于受到试验条件的限制，有时一个区组中无法容纳全部的试验处理，而只能容纳其中一部分，这种区组称为不完全区组。这样的区组设计称为不完全区组设计。

不完全区组设计种类很多，其中应用非常广泛的设计之一是平衡不完全区组设计（balanced incomplete block design，BIBD）。

(1) BIBD 的一般定义

在随机化完全区组设计中，若去掉部分试验，余下部分试验就组成一个不完全区组设计。

将 v 个处理安排到 b 个区组的一个不完全区组设计称为平衡不完全区组设计。

完全区组设计、不完全区组设计、平衡不完全区组设计示例如表 8-2~表 8-4 所示。

表 8-2　完全区组设计表

处理区组	1	2	3	4
1	y_{11}	y_{12}	y_{13}	y_{14}
2	y_{21}	y_{22}	y_{23}	y_{24}
3	y_{31}	y_{32}	y_{33}	y_{34}
4	y_{41}	y_{42}	y_{43}	y_{44}

表 8-3　不完全区组设计表

处理区组	1	2	3	4
1	y_{11}	y_{12}	y_{13}	
2	y_{21}		y_{23}	y_{24}
3		y_{32}		y_{34}
4	y_{41}	y_{42}		y_{44}

表 8-4　平衡不完全区组设计表

处理区组	1	2	3	4
1		y_{12}	y_{13}	y_{14}
2	y_{21}		y_{23}	y_{24}
3	y_{31}	y_{32}		y_{34}
4	y_{41}	y_{42}	y_{43}	

(2) BIBD 需要满足的条件

每个区组都含有 k 个不同处理，k 称为区组容量；

每个处理都在 r 个不同区组中出现，r 称为处理重复数；

任一对处理在 λ 个不同区组中相遇，λ 称为相遇数。

从上述定义可以看出，一个 BIBD 中的 v 个处理可以得到公平的比较；一个 BIBD 有 v，b，k，r，λ 五个设计参数。

BIBD 存在的必要条件是：五个参数间同时有下列关系式：$vr=bk$，$r(k-1)=\lambda(v-1)$ 和 $b\geqslant v$，$r\geqslant k$。5 个参数中，任意确定 3 个，即可计算其余 2 个。表 8-5 给出了 $4\leqslant v\leqslant 10$ 和 $r\leqslant 10$ 的一些 BIBD。

表 8-5　部分 BIBD 设计表

v	k	r	b	λ	E①	设计编号②	v	k	r	b	λ	E①	设计编号②
4	2	3	6	1	2/3	1	8	2	7	28	1	4/7	9
	3	3	4	2	8/9	*		4	7	14	3	6/7	10
5	2	4	10	1	5/8	2		7	7	8	6	48/49	*
	3	6	10	3	5/6	*	9	2	8	36	1	9/16	*
	4	4	5	3	15/16	*		3	4	12	1	3/4	11

续表

v	k	r	b	λ	E①	设计编号②	v	k	r	b	λ	E①	设计编号②
6	2	5	15	1	3/5	3		4	8	18	3	27/32	12
	3	5	10	2	4/5	4		5	10	18	5	9/10	13
	3	10	20	4	4/5	5		6	8	12	5	15/16	14
	4	10	15	6	9/10	6		8	8	9	7	63/64	*
	5	5	6	4	24/25	*	10	2	9	45	1	5/9	15
7	2	6	21	1	7/12	*		3	9	30	2	20/27	16
	3	3	7	1	7/9	7		4	6	15	2	5/6	17
	4	4	7	2	7/8	8		5	9	18	4	8/9	18
	6	6	7	5	35/36	*		6	9	15	5	25/27	19
								9	9	10	8	80/81	*

注：① $E=v\lambda/rk$ 是效率因子，表示该 BIBD 相对于随机化完全区组设计的效率，该值越接近 1 越好。
② * 表示此类 BIBD，从 v 个处理中取 k 个组成区组，此种区组共有 $b=C_v^k$ 个此类 BIBD，不再列出所有区组。

(3) BIBD 的统计模型

BIBD 只适用于因素和区组间没有交互作用的试验问题，其统计模型为：

$$y_{ij}=\mu+a_i+b_j+\varepsilon_{ij}, i=1,2,\cdots,v; j=1,2,\cdots,b$$

其中，y_{ij}是第 i 个处理在第 j 个区组内的试验结果；μ 是总均值；a_i是第 i 个处理的效应（满足 $a_1+a_2+\cdots+a_v=0$）；b_j是第 j 个区组的效应（满足 $b_1+b_2+\cdots+b_b=0$）；ε_{ij}是试验误差。

(4) BIBD 优缺点

优点：

① 经济性：全部试验水平可以不安排在同一个区组内进行，对区组的要求较低，经济的解决了试验成本。

② 平衡性：每个试验水平重复次数相同（r 相同）；每个区组包含的水平个数相同（k 相同）；任意两个水平对，在整个试验中出现的重复次数相同（λ 相同）。

③ 灵活性：可以根据 k 的大小，灵活、分散的进行试验。

④ 计算的严密性：有严格的数学方法有效的消除系统误差，故试验精度高。

缺点：计算复杂。

8.5.2 拉丁方设计

传说普鲁士的腓特列大帝曾组成一支仪仗队，仪仗队共有 36 名军官，来自 6 支部队。每支部队中，上校、中校、少校、上尉、中尉、少尉各 1 名。他希望这 36 名军官排成 6×6 的方阵，方阵的每一行、每一列的 6 名军官来自不同的部队并且军衔各不相同。如果用（1,1）表示来自第一支部队具有第一种军衔的军官，用（1,2）表示来自第一支部队具有第二种军衔的军官，……，用（6,6）表示来自第六支部队具有第六种军衔的军官，则该问题就变成如何将这 36 个数对排成方阵，使得每行每列的数无论从第一个数看还是从第二个数看，都恰好是由 1，2，3，4，5，6 组成。历史上称这个问题为三十六军官问题。

腓特列大帝无论怎么绞尽脑汁也排不成队形。后来，他去求教著名数学家欧拉。欧拉发现这是一个不可能完成的任务。

尽管很容易将三十六军官问题中的部队数和军衔数推广到一般的 n 的情况，而相应的满足条件的方队被称为 n 阶欧拉方。欧拉曾猜测：对任何非负整数 t，$n=4t+2$ 阶欧拉方都不存在。$t=1$ 时，就是三十六军官问题。

三十六军官问题提出后，很长一段时间没有得到解决，直到 20 世纪初才被证明这样的方队是排不起来的。但是对于欧拉猜想的研究中，人们发现当 $t=2$ 时，$n=10$，数学家能构造出 10 阶欧拉方，这说明欧拉猜想不对。到 1960 年，数学家们彻底解决了这个问题，证明了 $n=4t+2(t\geqslant 2)$ 阶欧拉方都是存在的，而且有多种构造的方法。

1. 拉丁方

令 n 为一正整数，令 S 为 n 个不同元素的集合。基于集合 S 的 n 阶拉丁方（拉丁方阵的简称）是一个 n 行 n 列的阵列，阵列上的每个元素均为 S 的元素，使得 S 的 n 个元素中的每一个均在每一行出现且只出现一次，在每一列出现且只出现一次。因此，拉丁方的每一行和每一列都是 S 的元素的一个排列。

通常拉丁方 S 的元素取为 $Z_n=\{0,1,2,\cdots,n-1\}$，此时拉丁方的行列计数为 $0,1,2,\cdots,n-1$。

【例 8-16】 如图 8-4 所示的拉丁方。在拉丁方的第 0 行上，元素以 $0,1,2,\cdots,n-1$ 的自然顺序出现，称为拉丁方的标准型。所有拉丁方都可以通过交换元素 $0,1,2,\cdots,n-1$ 所占位置而得到。

$$\begin{bmatrix} 0 & 1 & 2 \\ 1 & 2 & 0 \\ 2 & 0 & 1 \end{bmatrix}$$

图 8-4　拉丁方示例

令 n 为一正整数。令 A 为 n 行 n 列的阵列，位于 i 行 j 列上的元素 $a_{ij}=i+j(\bmod n)$，$(i,j=0,1,2,\cdots,n-1)$，则 A 为基于 Z_n 的 n 阶拉丁方。

令 n 为一正整数。r 为 Z_n 中的非零整数，使 r 和 n 的 GCD 为 1。令 A 为 n 行 n 列的阵列，位于 i 行 j 列上的元素 $a_{ij}=r\times i+j(\bmod n),(i,j=0,1,2,\cdots,n-1)$，则 A 为基于 Z_n 的 n 阶拉丁方。

2. 正交拉丁方

令 A 和 B 是两个基于 Z_n 中的整数的拉丁方。在并置阵列 $A\times B$ 中，如果 Z_n 中整数的每一序偶 (i,j) 恰好出现一次，则称 A 和 B 是正交的。

一般地，令 $A_1,A_2,\cdots,A_k$ 均为基于 Z_n 的 n 阶拉丁方。如果它们中的任意一对 A_i，$A_j(i\neq j)$ 都是正交的，就称 $A_1,A_2,\cdots,A_k$ 是互相正交的，将互相正交的拉丁方记为 MOLS。

正交拉丁方可以用于试验设计。为了能够得到有意义的结论，在试验设计中变差需要保持在最小值。

3. 正交拉丁方用于化学试验设计实例

正交试验设计，是指研究多因素多水平的一种试验设计方法。根据正交性从全面试验中挑选出部分有代表性的点进行试验，这些有代表性的点具备均匀分散、齐整可比的特点。正交试验设计是分式析因设计的主要方法。当试验涉及的因素在 3 个或 3 个以上，而且因素间可能有交互作用时，试验工作量就会变得很大，甚至难以实施。针对这个困扰，正交试验设计无疑是一种更好的选择。正交试验设计的主要工具是正交表，试验者可根据试验的因素数、因素的水平数以及是否具有交互作用等需求查找相应的正交表，再依托正交表的正交性从全面试验中挑选出部分有代表性的点进行试验，可以实现以最少的试验次数达到与大量全面试验等效的结果，因此，应用正交表设计试验是一种高效、快速而经济的多因素试验设计方法。

在合成某化合物的试验中，需要用到稀土元素作为催化剂。反应条件中，温度、催化剂用量、反应时间都会对试验结果造成很大影响。如何选取最佳的温度、催化剂用量、反应时间等条件，需要通过多次试验确定。试验中共有三种因素，每种因素又需要选取三个水平，如果按照常规试验设计，共需进行 3×3×3＝27 次实验。

在实际工作中，可以使用正交拉丁方进行试验设计，用最少的试验次数获得最佳的试验效果。

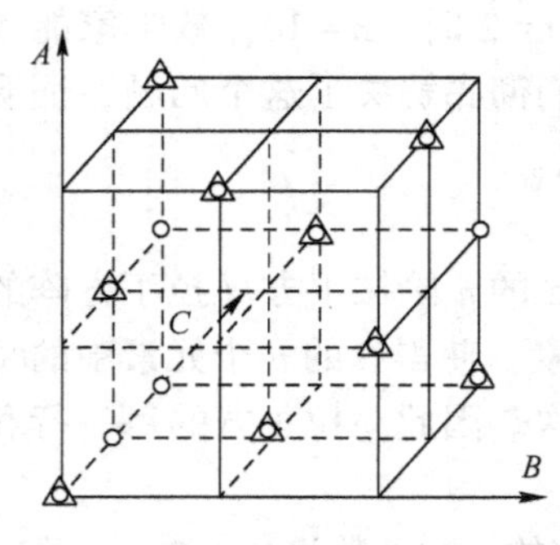

图 8-5 三因素三水平正交试验分布示意图

(1) 试验因素

选用三个可变因素：反应温度（℃）、催化剂用量（g）、反应时间（h）。如图 8-5 所示。

根据文献资料和专业知识，确定每个可变因素分别取三个水平：

反应温度：$A_1=60$(℃)，$A_2=80$(℃)，$A_3=100$(℃)

催化剂用量：$B_1=3$(g)，$B_2=6$(g)，$B_3=9$(g)

反应时间：$C_1=1$(h)，$C_2=1.5$(h)，$C_3=2$(h)

(2) 正交试验方案与试验结果

选用 $L9(3^4)$ 正交表进行试验设计，试验结果如表 8-6 所示。

表 8-6 试验产率数据及分析

试验号		因素			
		反应温度/℃	催化剂用量/g	反应时间/h	试验结果
		水平			
		1	2	3	产率/%
1		1(60)	1(3)	1(1)	31
2		1(60)	2(6)	2(1.5)	54
3		1(60)	3(9)	3(2)	38
4		2(80)	1(3)	2(1.5)	53
5		2(80)	2(6)	3(2)	49
6		2(80)	3(9)	1(1)	42
7		3(100)	1(3)	3(2)	57
8		3(100)	2(6)	1(1)	62
9		3(100)	3(9)	2(1.5)	64
因素试验结果之和	Ⅰ	123	141	135	
	Ⅱ	144	165	171	
	Ⅲ	183	144	144	
因素试验结果平均值	K_1	41	47	45	$T=450$
	K_2	48	55	57	
	K_3	61	48	48	
R（极差）		20	8	12	

从表 8-6 的数据分析可以看出，反应温度（℃）的最优水平为 3（100℃），催化剂用量的最优水平为 2（6 g），反应时间的最优水平为 2（1.5 h）。

在实际应用过程中，还需要使用 3 种因素的最优水平进行验证试验。

【例 8-17】构造 $N\times N$ 阶的拉丁方阵（$2\leqslant N\leqslant 9$），使方阵中的每一行和每一列中数字 1~N 只出现一次。如 $N=4$ 时，如图 8-6 所示。

$$\begin{bmatrix} 1 & 2 & 3 & 4 \\ 2 & 3 & 4 & 1 \\ 3 & 4 & 1 & 2 \\ 4 & 1 & 2 & 3 \end{bmatrix}$$

图 8-6　例 8-17 中的拉丁方阵

构造拉丁方阵的方法很多，这里给出最简单的一种方法。观察给出的例子，可以发现：若将每一行中第一列的数字和最后一列的数字连起来构成一个环，则该环正好是由 1~N 顺序构成；对于第 i 行，这个环的开始数字为 i。按照此规律可以很容易地写出程序。下面给出构造 6 阶拉丁方阵的程序。

```
#define N 6                           /* 确定N值 */
int main( )
{  int i,j,k,t;
   printf("The possble Latin Squares of order %d are:\n",N);
   for(j=0;j<N;j++)                  /* 构造N个不同的拉丁方阵 */
   {  for(i=0;i<N;i++)
      {  t=(i+j)%N;                  /* 确定该拉丁方阵第i行的第一个元素的值 */
         for(k=0;k<N;k++)            /* 按照环的形式输出该行中的各个元素 */
         printf("%d",(k+t)%N+1);
         printf("\n");
      }
      printf("\n");
   }
}
```

程序运行结果如表 8-7 所示。

表 8-7　程序运行结果

第　一　组	第　二　组	第　三　组
1 2 3 4 5 6 2 3 4 5 6 1 3 4 5 6 1 2 4 5 6 1 2 3 5 6 1 2 3 4 6 1 2 3 4 5	2 3 4 5 6 1 3 4 5 6 1 2 4 5 6 1 2 3 5 6 1 2 3 4 6 1 2 3 4 5 1 2 3 4 5 6	3 4 5 6 1 2 4 5 6 1 2 3 5 6 1 2 3 4 6 1 2 3 4 5 1 2 3 4 5 6 2 3 4 5 6 1
第　四　组	**第　五　组**	**第　六　组**
4 5 6 1 2 3 5 6 1 2 3 4 6 1 2 3 4 5 1 2 3 4 5 6 2 3 4 5 6 1 3 4 5 6 1 2	5 6 1 2 3 4 6 1 2 3 4 5 1 2 3 4 5 6 2 3 4 5 6 1 3 4 5 6 1 2 4 5 6 1 2 3	6 1 2 3 4 5 1 2 3 4 5 6 2 3 4 5 6 1 3 4 5 6 1 2 4 5 6 1 2 3 5 6 1 2 3 4

8.6 本章小结

本章需要掌握排列组合的基本概念，包含加法原理、乘法原理及其应用、排列组合生成方法；掌握二项式定理及其推广形式，熟练运用二项式定理来确定多项式系数、了解二项式定理与一元高次方程的关系；掌握鸽巢原理，能利用鸽巢原理解决实际问题，如算法的复杂性分析、网络设计等；能够熟练运用组合设计，包含区组设计和拉丁方设计，并能给予编程实现。

8.7 习题

1. 红、白、黑三色球各 8 个，现从中取出 9 个，要求 3 种颜色的球都有，问有多少种不同取法？

2. 设学生会有 26 名成员，要选一名主席、一名副主席、一名秘书长，且规定一人不得担任一个以上职务，问有多少种选法？

3. 26 个英文小写字母进行排列，要求 x 和 y 之间有 5 个字母的排列数。

4. 求 1~1000 中不被 5 和 7 整除，但被 3 整除的数的数目。

5. 8 个人围坐一圈，问有多少种不同的坐法？

6. 以 3 种不同的长度，8 种不同的颜色和 4 种不同的直径生产粉笔，试问总共有多少种不同种类的粉笔？

7. N 个代表参加会议，试证其中至少有两个人各自的朋友数相等。

8. 证明：在边长为 1 的等边三角形内任取 5 点，试证至少有两点的距离小于 1/2。

9. 任取 11 个整数，求证其中至少有两个数它们的差是 10 的倍数。

10. 任取 5 个整数，试求其中必存在 3 个数，其和能被 3 整除。

11. 确定具有 k 种不同物体且重复数分别为 $n_1, n_2, \cdots, n_k$ 的多重集的（任何大小的）组合的总数。

12. 对于 $\{x_7, x_6, \cdots, x_1, x_0\}$ 的下列每一个组合，通过使用基为 2 的生成算法确定其直接后继组合：

(1) $\{x_4, x_1, x_0\}$

(2) $\{x_7, x_5, x_3\}$

(3) $\{x_7, x_5, x_4, x_3, x_2, x_1, x_0\}$

(4) $\{x_0\}$

13. 当使用基为 2 的生成算法时，$S=\{x_7, x_6, \cdots, x_1, x_0\}$ 的哪个组合是 S 的组合列表中的第 150 个组合？第 200 个组合？第 250 个组合？

14. 举出一个 3 阶非循环 Gray 码的例子。

15. 用二项式定理求出 $(2x+y)^{25}$ 的展开式中 $x^{12}y^{13}$ 的系数。

16. 编程实现 8 阶拉丁方阵。

参 考 文 献

[1] ROSEN K H. Discrete mathematics and its applications. 8th ed. NewYork：McGraw-Hill，2019.
[2] JECH T. An introduction to set theory. Berlin：Springer-Verlag，2006.
[3] MENDELSON E. Introduction to mathematical logic. Boca Raton：Chapman and Hall/CRC，2009.
[4] DOUGLAS B W. Introduction to graph theory. 2nd ed. Englewood：Prentice Hall，2001.
[5] HUNGERFORD T W，LEEP D. Abstract algebra：an introduction. 3rd edition. California：Cengage Learning，2012.
[6] 王元元．可计算性引论［M］．南京：东南大学出版社，1990.
[7] POST E L. Finite combinatory processes：formulation 1. The Journal of Symbolic Logic，1936，1（3）：103-105.
[8] HINDLEY J R，SELDIN J P. Introduction to combinators and λ-calculus. 2nd ed. Cambridge：Cambridge University Press，2008.
[9] BARENDREGT H P. The Lambda Calculus，Its syntax and semantics. Amsterdam：North Holland Publishing Company，1984.
[10] HERKEN R. The universal turing machine：a half-century survey. NewYork：Oxford University Press，1992.
[11] RALPH G. Discrete and combinatorial mathematics：an applied introduction. 5th ed. Boston：Addison-Wesley Longman Publishing Co.，2012.
[12] 詹青龙，卢爱芹，李立宗，等．数字图像处理技术．北京：清华大学出版社，2010.
[13] RABINER L R，SCHAFER R W. 数字语音处理理论与应用．刘加，张卫强，何亮，等译．北京：电子工业出版社，2011.
[14] DENVIR T. Introduction to discrete mathematics for software engineering. London：Macmillan Education Ltd.，1986.
[15] HOPCROFT J E，MOTWANI R，ULLMAN J D. 自动机理论、语言和计算导论．孙家啸，等译．3 版．北京：机械工业出版社，2008.
[16] TEKALP A M. 数字视频处理．曹铁勇，译．2 版．北京：机械工业出版社，2017.
[17] STEELE G L. Common LISP：the language. 2nd ed. Burlington：Digital Press，1990.
[18] MAX B. Logic programming with prolog. Berlin：Springer，2005.
[19] 麦中凡．程序设计语言原理．北京：北京航空航天大学出版社，2011.
[20] SEBESTA R W. 程序设计语言原理．张勤，王方矩，译．8 版．北京：机械工业出版社，2008.
[21] RUSSELL S，NORVIG P. Artificial intelligence：a modern approach. 3rd ed. New Jersey：Prentice Hall，2009.
[22] POOLE D，MACKWORT A. Artificial intelligence：foundations of computational agents. 2nd ed. Cambridge：Cambridge University Press，2017.
[23] 张立昂．计算理论基础．2 版．北京：清华大学出版社，2006.
[24] YAO A C. Should tables be sorted. Journal of the Association for Computing Machinery，28（3）：615-628.
[25] GRAHAM R L，ROTHSCHILD B L，SPENCER J H. Ramsey theory：wiley-interscience series in discrete mathematics and optimization. 2nd ed. New York：John Wiley and Sons，Inc.，1990.
[26] BRUALDI R A. 组合数学：4 版．冯舜玺，罗平，裴伟东，译．北京：机械工业出版社，2005.
[27] REINHARD D. Graph Theory. 5th ed. Berlin：Springer，2016.

[28] 栾尚敏．计算的理论与实践．北京：清华大学出版社，2020.
[29] 冈萨雷斯．数字图像处理：3 版．北京：电子工业出版社出版，2010.
[30] 王向东．数字音频处理 [M]．北京：高等教育出版社，2013.
[31] KALMANSON K. An introduction to discrete mathematics and its applications. Boston：Addison-Wesley Longman Publishing Co.，Inc.，1986.
[32] OXLEY A. Discrete mathematics and its applications. Teaching Mathematics And Its Applications：An International Journal of the IMA，29 (3)：155-163.
[33] SIPSER M. 计算机理论导引．张立昂，译．北京：机械工业出版社，2000.
[34] KLEENE S C. 元数学导论．莫绍揆，译．北京：科学出版社，1984.
[35] 莫绍揆，王元元．可计算性理论．北京：科学出版社，1987.
[36] 栾尚敏，王树．智能推理及其在信念修正中的应用．北京：科学出版社，2016.
[37] DEMOUCRON G，MALGRANGE Y，PETUISET R. Graph plainaires：reconaissance et constructien de representations planares topologiques，Rev. Francaise Recherche Operationnelle，8 (1)，1964，34-37.
[38] 王朝瑞．图论：3 版．北京：北京理工大学出版社，2001.